大数据分布式基础与编程实践

祝翠玲　杨成伟　刘位龙　编著

Big Data Distributed Foundations and Programming Practice

中国财经出版传媒集团

经济科学出版社
Economic Science Press
·北京·

图书在版编目（CIP）数据

大数据分布式基础与编程实践 / 祝翠玲，杨成伟，刘位龙编著. -- 北京 ：经济科学出版社，2024. 11.
ISBN 978 – 7 – 5218 – 6435 – 9

Ⅰ. TP274

中国国家版本馆 CIP 数据核字第 2024NM2501 号

责任编辑：冯　蓉
责任校对：靳玉环
责任印制：范　艳

大数据分布式基础与编程实践
祝翠玲　杨成伟　刘位龙　编著
经济科学出版社出版、发行　新华书店经销
社址：北京市海淀区阜成路甲 28 号　邮编：100142
总编部电话：010 – 88191217　发行部电话：010 – 88191522
网址：www. esp. com. cn
电子邮箱：esp@ esp. com. cn
天猫网店：经济科学出版社旗舰店
网址：http：//jjkxcbs. tmall. com
北京季蜂印刷有限公司印装
710 × 1000　16 开　32. 25 印张　545000 字
2024 年 11 月第 1 版　2024 年 11 月第 1 次印刷
ISBN 978 – 7 – 5218 – 6435 – 9　定价：78. 00 元

前　言

在数字化浪潮席卷全球的今天，大数据已成为推动社会进步与产业升级的重要力量。其庞大的数据量、高速的流动性和多样化的类型，不仅挑战着传统数据处理技术的极限，也孕育了前所未有的创新机遇。从党的十八大以来，我国深入实施国家大数据战略，协同推进数字产业化和产业数字化。党的二十大报告也指出，要加快建设网络强国、数字中国。习近平总书记深刻指出："加快数字中国建设，就是要适应我国发展新的历史方位，全面贯彻新发展理念，以信息化培育新动能，用新动能推动新发展，以新发展创造新辉煌。"① 在这样一个历史机遇下，我们如何贯彻执行党的二十大精神和指示，快速适应大数据时代的新特征，已经成为构建数字中国和推动数字经济、数字社会、数字政府等各领域融合发展的首要任务。

本书以党的二十大精神为引领，探索和提供大数据管理与应用中的相关支撑技术和方法，以期能够为加快数字中国建设尽绵薄之力。分布式框架能够从数据存储、数据处理、资源管理等方面提供一种新的解决方案。Hadoop 作为 Apache 软件基金会旗下的一种开源分布式框架，以其高扩展性、高容错性和低成本的优势，成为处理大规模数据集的首选工具，它不仅能够处理 PB 级的数据量，还能在成百上千的廉价硬件上实现高效运行，为数据密集型应用提供了强有力的支持。本书聚焦于 Hadoop 的分布式环境部署和编程实践，通过理论讲解、环境部署与编程实践相结合的方式，

① 习近平关于网络强国论述摘编［M］. 北京：中央文献出版社，2021：46.

每一章都辅以丰富的示例代码、图片展示和详细的操作步骤，使读者能够轻松上手，快速掌握相关知识、相关环境部署及编程技巧。

本书共分为三部分：工具实践篇、数据库实践篇和编程实践篇。工具实践篇主要介绍在大数据分布式环境中的各种基础环境的安装和部署及简单应用；数据库实践篇主要介绍在大数据分布式环境中关系型数据库、非关系型数据库以及数据仓库的安装部署及使用；编程实践篇主要介绍在已经部署的分布式环境中进行HDFS程序设计、MapReduce分布式编程、Python分布式编程实践以及利用Spark环境进行编程实践。

全书共分为13章，具体内容简介如下：

工具实践篇：

第1章主要介绍大数据与Linux基础实践。首先介绍了大数据的基础环境Linux操作系统概况、特点及常用的Ubuntu操作系统概况；其次介绍了Linux虚拟机的概念及常用的虚拟机软件VirtualBox和VMware工作站；再次分别介绍了VirtualBox和VMWare工作站两种虚拟机软件的下载及安装过程；最后分别介绍了在VirtualBox和VMWare工作站中安装Ubuntu操作系统的具体过程及Linux虚拟机的导入/导出操作。

第2章主要介绍Hadoop分布式框架实践。首先介绍Hadoop分布式框架概况、运行模式以及优势和不足；其次介绍了安装Hadoop所需要的基础JDK工具包；最后介绍了在Linux虚拟机中利用伪分布式模式安装部署Hadoop的具体过程。

第3章主要介绍Spark分布式框架实践。首先介绍了Spark的发展史、Spark与MapReduce的区别、Spark的优势；其次介绍了Spark生态系统以及Spark的三种部署方式；最后介绍了在Ubuntu环境中安装和部署Spark的过程。

第4章主要介绍HDFS分布式文件系统实践。首先介绍了分布式文件系统DFS和常见的分布式文件系统及其特点；其次介绍了 Hadoop 分布式文件系统 HDFS 概况；最后介绍了分布式文件系统 HDFS 中的文件和目录操作的相关命令及使用方式。

第 5 章主要介绍在 Linux 环境中的 Anaconda 应用实践。首先介绍了 Python 的开发环境 Anaconda 概况；其次介绍了在 Linux 中对 Anaconda 的安装部署过程；最后介绍了 conda 的环境管理和包管理情况。

第 6 章主要介绍在分布式环境中的 Python 应用实践。首先介绍 Python 的发展史、特点、常用的内置库和标准库；其次介绍在 Ubuntu 中 Python 的安装部署；最后，介绍在 IDEA 集成开发环境中利用安装 Python 插件的方式进行 Python 项目开发的过程和具体步骤。

数据库实践篇：

第 7 章主要介绍 MySQL 关系型数据库实践。首先介绍关系型数据模型、结构化查询语言 SQL 和 MySQL 数据库及其特点；其次介绍了在 Linux 虚拟机中安装 MySQL 的具体过程和安装过程中经常遇到的问题及解决方法；最后介绍在 MySQL 中对数据库、数据表和数据记录的常用操作。

第 8 章主要介绍 HBase 非关系型数据库实践。首先介绍非关系型数据库（NoSQL 数据库）的相关概念、NoSQL 数据库和 SQL 数据库的区别以及常见的四种 NoSQL 数据库及其特点；其次详细介绍了数据库 HBase 概况、所使用的数据模型和在 HBase 中的常用的 Shell 命令及操作实例；最后介绍在 Hadoop 分布式环境中 HBase 的安装、部署及使用。

第 9 章主要介绍 Redis 非关系型数据库实践。首先介绍内存数据库的相关概念、Redis 内存数据库的概况以及 Redis 数据库的数据类型和主要功能；其次介绍内存数据库 Redis 的安装和部署；最后介绍 Redis 数据库的具体使用。

第 10 章主要介绍 Hive 数据仓库实践。首先介绍数据仓库的概念和特点；其次详细介绍了数据仓库 Hive 概况、体系结构、数据模型、三种部署方式、HiveQL 的执行过程以及常用的 HiveQL 命令；最后介绍数据仓库 Hive 的安装、部署与使用。

编程实践篇：

第 11 章主要介绍 HDFS 分布式文件系统编程实践。首先介绍在分布式文件系统 HDFS 中进行程序设计的相关概念、HDFS 中的 Java API 操作以及在 HDFS 中进行程序设计的集成开发环境 IDEA 概况；其次介绍 IDEA 集成开发环境的安装和部署；最后详细介绍在 IDEA 中进行 HDFS 程序设计的相关操作。

第 12 章主要介绍了 MapReduce 分布式编程实践。首先介绍分布式计算的相关概念并引出分布式编程模型 MapReduce；其次介绍 MapReduce 的架构演变及在相应架构下 MapReduce 的组成和作业执行过程；再次介绍 MapReduce 编程模型中的五大核心组件、工作流程、主要功能及在 MapReduce 中的 Shuffle 过程；最后通过求聚合、求均值、去重和单表 join 连接四个例子详细介绍利用集成开发环境 IDEA 开发 MapReduce 程序的详细过程。

第 13 章主要介绍 Python 分布式编程实践。首先介绍了四种常用的 Python 开发环境；其次介绍了在 IDEA 中编写 Python 爬虫程序的具体实践过程。

附录部分介绍了 Hadoop3. 2. 0 中 HDFS 常用命令的语法格式及各命令中包含的参数及其含义，以方便读者进行使用参考。

本书在编写过程中，很多老师给团队给予了大量宝贵的意见，山东财经大学管理科学与工程学院的学生胡明远、梁倓倓、王允芃、袁久存、胡博毓、蒋开通、王鹏、于新荷等提供了大量辅助性工作，在此对他们表示感谢。本书的写作还得到了山东省自然基金（编号：ZR2019MG037）；山东省重点研发计划（重大科技创新工程）项目（编号：2020CXGC010110）；山东省重点研发计划（重大科技示范工程）项目（编号：2021SFGC0102）、2024 年度山东省社科规划研究青年项目（编号：24DGLJ08）和 2024 年度教育部人文社会科学研究青年基金（AI 道德失范识别赋能基层

“德治”中的双刃剑效应研究）的支持以及学校、学院的大力支持。另外，本书在撰写的过程中参考了部分国内外教材、论文，在此不再一一列举，一并向他们表示感谢。

由于团队水平和能力有限，虽经多次校对，书中难免有疏漏和不足之处，衷心希望广大同行和读者批评指正。

祝翠玲

2024 年 8 月 29 日

目　录

第一篇　工具实践篇

第 一 篇

工具实践篇

我们要坚持以推动高质量发展为主题，把实施扩大内需战略同深化供给侧结构性改革有机结合起来，增强国内大循环内生动力和可靠性，提升国际循环质量和水平，加快建设现代化经济体系，着力提高全要素生产率，着力提升产业链供应链韧性和安全水平，着力推进城乡融合和区域协调发展，推动经济实现质的有效提升和量的合理增长。

——引自二十大报告

第1章

大数据与Linux系统实践

本章学习目的

- 了解Linux操作系统的发展史、特点和常见的Linux操作系统及其特点，熟悉Ubuntu操作系统及其特点。
- 了解Linux虚拟机，掌握常用的虚拟机软件及其安装过程。
- 掌握在虚拟机中安装部署Ubuntu的过程。
- 了解Linux虚拟机导入/导出操作。

1.1 Linux操作系统

1.1.1 Linux操作系统

1. Linux操作系统简介

Linux，全称GNU/Linux，是一套免费使用和自由传播的类Unix（Unix

Like）操作系统，是一个基于 POSIX 和 Unix 的多用户、多任务、支持多线程和多 CPU 的操作系统。Linux 内核最初只是由芬兰人林纳斯·托瓦兹（Linus Torvalds）在赫尔辛基大学上学时出于个人爱好而编写的。伴随着云计算和互联网技术的快速发展和普及，Linux 得到了来自全世界软件爱好者、组织、公司的支持和青睐，使它除了能够在服务器应用领域保持强劲的发展势头，还在个人电脑、嵌入式系统方面都有着长足的进步。使用者不仅可以直观地获取 Linux 操作系统的实现机制和原理，而且可以根据自身的需要及编程习惯和风格来修改和完善 Linux，使其能够最大化地适应用户的需要。

Linux 借鉴了 Unix 优秀的开发经验，对 Unix 能够实现完全的向下兼容，能运行主要的 Unix 工具软件、应用程序和网络协议，支持 32 位和 64 位的硬件，并继承了 Unix 以网络为核心的设计思想，能够实现 Unix 大部分功能，是一个功能强大、性能稳定的多用户网络操作系统。Linux 不仅系统性能稳定，而且是开源软件，具有开放源码、没有版权、技术社区用户多等特点，开放源码使得用户可以自由裁剪、修改和完善，灵活性高，功能强大，成本非常低。例如：系统中内嵌网络协议栈，经过适当的配置就可实现路由器的功能；核心防火墙组件性能高效、配置简单，可以充分保证系统的安全，甚至有时会被当作网络防火墙使用。

从技术上来看，由林纳斯·托瓦兹开发的 Linux 只是一个内核。内核指的是一个提供设备驱动、文件系统、进程管理、网络通信等功能的系统软件，并不是一套完整的操作系统，它只是操作系统的核心，一些组织或厂商将 Linux 内核与各种应用软件和文档包装起来，并提供系统安装界面和系统配置、设定与管理工具，就构成了 Linux 的发行版本。Linux 的各个发行版本使用的是同一个 Linux 内核，因此，在 Linux 内核层不存在兼容性的问题，每个版本有各自的风格，只是在发行版本的最外层（由发行商整合开发的应用）才有所体现。

Linux 的发行版本可以大体分为两类：商业公司维护的发行版本，以著名的 Red Hat 为代表；社区组织维护的发行版本，以 Debian 为代表。目前市面上较知名的 Linux 发行版有：Ubuntu、RedHat、CentOS、Debian、Fedora、SuSE、OpenSUSE、Arch Linux、SolusOS 等。下面就以 Red HAT Linux、Ubuntu Linux、SuSe Linux 和 Gentoo Linux 为例，对 Linux 的发行版做简单介绍。

（1）Red Hat Linux

Red Hat Linux 是由 Red Hat（红帽公司）开发的一款免费 Linux 操作系统，它使用的 Linux 内核版本是 2.4.20。红帽公司创建于 1993 年，是目前世界上资深的 Linux 厂商，也是最获认可的 Linux 品牌。Red Hat 公司的产品主要包括 RHEL（Red Hat Enterprise Linux，收费版本）和 CentOS（RHEL 的社区克隆版本，免费版本）、Fedora Core（由 Red Hat 桌面版发展而来，免费版本）。Red Hat 是在我国国内使用人群最多的 Linux 版本，资料比较丰富。Red Hat Linux 以其稳定性、可靠性和安全性而闻名，广泛应用于企业级服务器和云计算环境，而且还提供了丰富的软件包和工具，使用户能够轻松地管理和定制他们的系统。

红帽公司不仅提供了 Red Hat Linux 操作系统，还提供了其他关键的企业级开源解决方案，包括操作系统、存储、中间件、虚拟化和云计算等，这些解决方案帮助企业降低成本并提升效能、稳定性和安全性。

（2）Ubuntu Linux

Ubuntu 基于知名的 Debian Linux 发展而来，是一个由全球化的专业开发团队建造的以桌面应用为主开源的 GNU/Linux 操作系统，它几乎包含了用户需要的所有应用程序：浏览器、Office 套件、多媒体程序、即时消息等，它是一个启动速度超快、界面友好、安全性好的操作系统，对硬件的支持非常全面，它适用于桌面电脑、笔记本电脑、服务器以及上网本等，是目前最适合做桌面系统的 Linux 发行版本，而且 Ubuntu 的所有发行版本都免费提供。

Ubuntu 的运作主要依赖 Canonical 有限公司的支持，同时亦有来自 Linux 社区的热心人士提供协助。

（3）SuSE Linux

SuSE Linux 以 Slackware Linux 为基础，并提供完整德文使用界面的产品，原来是德国的 SuSE Linux AG 公司发布的 Linux 版本，1994 年发行了第一版，早期只有商业版本，2004 年被 Novell 公司收购后，成立了 OpenSUSE 社区，推出了自己的社区版本 OpenSUSE。

SuSE 包含了一个安装及系统管理工具 YaST2，它能够进行磁盘分割、系统安装、在线更新、网络及防火墙组态设定、用户管理等，为原来复杂的设定工作提供了方便的组合界面。SuSE 支持在安装时调小 NTFS 硬盘大小，可以将 Linux 安装到一台已经安装有 Windows 的电脑上。此外，SuSE 会自动侦测很多常见的 Windows 调制解调器，并收录了 Linux 下的多个桌面环境，如 KDE 和 GNOME，以及一些视窗管理员，如 Window Maker、Blackbox 等。YaST2 安装程序也会让使用者选择使用 GNOME、KDE 或者不安装图形界面，并为使用者提供了一系列多媒体程序如 K3B（CD/DVD 烧录）、amaroK（音乐播放器）和 Kaffeine（影片播放器），还收录了 OpenOffice 等常用的文字阅读/处理格式，如 PDF 等。

SuSE Linux 广泛应用于企业级环境，特别是在欧洲市场具有较高的市场份额，在我国国内也有较多应用，它吸取了 Red Hat Linux 的很多特质，可以非常方便地实现与 Windows 的交互，拥有界面友好的安装过程、图形管理工具，对于终端用户和管理员来说使用非常方便。

（4）Gentoo Linux

Gentoo Linux 是一套通用的、快捷的、完全免费的 Linux 发行版，它面向开发人员和网络职业人员。Gentoo 最初由丹尼尔·罗宾斯（Daniel Robbins）（FreeBSD 的开发者之一）创建，首个稳定版本发布于 2002 年。Gentoo 以其高度的可配置性和灵活性而著称，是所有 Linux 发行版本里安装最复杂的，到目前为止仍采用源码包编译安装操作系统。

与其他发行版不同的是，Gentoo Linux 拥有一套先进的包管理系统 Portage，具有很多先进的特性，包括文件依赖、精细的包管理、OpenBSD 风格的虚拟安装、安全卸载，系统框架文件、虚拟软件包、配置文件管理等。Gentoo Linux 是一种可以针对任何应用和需要而自动优化和自定义的特殊的 Linux 发行版。Gentoo 拥有优秀的性能、高度的可配置性和一流的用户及开发社区，可以提供丰富的技术资源和支持。

（5）其他 Linux 发行版

除以上 4 种 Linux 发行版外，Linux 还有很多其他版本，表 1-1 罗列了几种常见的 Linux 发行版以及它们各自的特点。

表 1-1　　常见的 Linux 发行版及其特点

版本名称	网址	特点	软件包管理器
Debian Linux	www. debian. org	开放的开发模式，且易于进行软件包升级	apt
Fedora Core	www. redhat. com	拥有数量庞大的用户，优秀的社区技术支持，并且有许多创新	up2date（rpm），yum（rpm）

续表

版本名称	网址	特点	软件包管理器
CentOS	www. centos. org	CentOS 将商业的 Linux 操作系统 RHEL 进行源代码再编译后分发，并在 RHEL 基础上修正了不少已知漏洞，是一种对 RHEL 源代码再编译的产物	rpm
Mandriva	www. mandriva. com	操作界面友好，使用图形配置工具，有庞大的社区进行技术支持，支持 NTFS 分区的大小变更	rpm
KNOPPIX	www. knoppix. com	可以直接在 CD 上运行，具有优秀的硬件检测和适配能力，可作为系统的急救盘使用	apt

目前，Linux 发行版已在社会的各个领域、各种场合得到了广泛应用，从嵌入式设备到超级计算机，并且在服务器领域确定了地位，通常服务器使用 LAMP（Linux + Apache + MySQL + PHP）或 LNMP（Linux + Nginx + MySQL + PHP）组合。而且，Linux 不仅在家庭与企业中使用，而且在政府中也很受欢迎。

2. Linux 特点

（1）完全免费

Linux 是一款完全免费的操作系统，用户可以通过网络或其他途径免费获得，并可以任意修改其源代码。因此，来自全世界的无数优秀程序员参与了 Linux 的修改、编写工作，程序员可以根据自己的兴趣和灵感对其进行改变，也可以根据自己的编程风格和喜好进行修改和设置，这让 Linux 吸收了无数程序员的精华，不断壮大。

（2）完全兼容 POSIX1. 0 标准

Linux 完全兼容 POSIX 1. 0 标准，这意味着用户可以在 Linux 环境下通过特定的模拟器运行常见的 DOS 和 Windows 程序。这一特性消除了许多用户从 Windows 转向 Linux 时的疑虑，因为他们可以确保自己熟悉的程序在新的操作系统中能够正常运行。这种兼容性为用户从 Windows 到 Linux 的迁移提供了便利，也促进了 Linux 的广泛应用。

（3）多用户、多任务

Linux 是一个真正的多用户多任务的操作系统。这意味着多个用户可以同时使用和访问系统资源，如内存、外设和处理器，而不会相互干扰。每个用户对自己的资源，如文件和设备，都有特定的权限。此外，Linux 允许多个用户通过网络联机方式同时使用计算机系统。多任务是现代计算机的主要特点，Linux 通过公平地调度每个进程访问处理器，使得多个程序可以同时并独立地运行。

（4）良好的界面

Linux 为用户提供了两种界面：图形化界面和命令行界面。这种双重界面设计确保了用户可以根据自己的喜好和需求进行选择。命令行界面基于文本，具有强大的程序设计能力，用户可以方便地扩展系统功能，在命令行界面中，Linux 还允许用户通过键盘输入 shell 指令对文件进行操作。而图形界面则类似于 Windows，使得熟悉 Windows 的用户能够轻松过渡到 Linux 的使用上。这种灵活性使得 Linux 成为一个用户友好的操作系统。

（5）丰富的网络功能

Linux 系统具有丰富的网络功能，主要得益于其源于 UNIX 系统的背景，UNIX 本身就拥有强大的网络能力。Linux 的网络功能和其内核紧密相连，在这方面 Linux 要优于其他操作系统。Linux 不仅内置了多种免费的网络服务器软件和开发工具，如 Apache、Sendmail 和 MySQL，还支持多种通信协议，如 TCP/IP、IPX/SPX 和 Apple Talk。这些特性使得 Linux 成为众多企业首选的全方位网络服务器平台。在 Linux 中，用户可以轻松实现网页浏览、文件传输、远程登录等网络工作，并且可以作为服务器提供 WWW、FTP、E-Mail 等服务。

（6）可靠的安全、稳定性能

Linux 操作系统以其可靠的安全系统著称。Linux 采用了多种安全机制，如文件加密、防病毒和木马程序等来防止文件的非法拷贝，以及基于硬件的动态安全机制。此外，Linux 还采用了轻量级文件系统，避免进程间相互干扰；Linux 还实施了读写权限控制、带保护的子系统、审计跟踪和核心授权等安全技术措施，确保网络环境中的用户安全。这些特性使 Linux 在各个领域都得到了广泛的安全稳定性。

（7）良好的可移植性

Linux 操作系统具有出色的可移植性，这意味着它可以在不同的硬件平台上运行，如具有 X86、ARM、MIPS 和 ARM + X86 等处理器的平台，这种跨平台功能主要归功于 Linux 中超过 95% 的代码是用 C 语言编写的。C 语言是一种机器无关的高级语言，因此 Linux 系统能够轻松地在各种硬件上运行，而不会出现问题。这种高度的可移植性使得 Linux 系统能够被移植到各种不同的设备上。Linux 还是一种嵌入式操作系统，可以运行在掌上电脑、机顶盒或游戏机上。2001 年 1 月份发布的 Linux2.4 版内核已经能够完全支持 Intel64 位芯片架构，同时还支持多处理器技术，支持多个处理器同时工作，使系统性能大大提高。

3. Linux 和 Windows 区别

目前，国内 Linux 更多的是应用于服务器上，而桌面操作系统更多使用的是 Windows。Linux 和 Windows 的主要区别如表 1－2 所示。

表 1－2　Linux 和 Windows 的区别

比较项目	Linux	Windows
界面	图形界面风格因发行版本不同而不同，可能会互不兼容。GNU/Linux 的终端都是从 UNIX 继承而来，基本命令和操作方法也几乎一致	界面统一，外壳程序固定，所有 Windows 程序菜单几乎一致，快捷键也几乎相同
驱动程序	由志愿者免费开发，由 Linux 核心开发小组发布，很多硬件厂商基于版权考虑并未提供驱动程序，多数无须手动安装，但是设计安装时则相对比较复杂，新用户很难解决驱动程序问题。全部采用命令方式安装	驱动程序丰富，版本更新频繁。默认安装程序里面一般包含有该版本发行时所流行的硬件驱动程序，新硬件的驱动依赖于硬件厂商提供，硬件厂商会频繁地更新驱动程序
使用习惯	兼具图形界面操作（需要使用带有桌面环境的发行版）和完全的命令行操作，可以只用键盘完成一切操作，新手入门较困难，需要一些学习和指导，一旦熟练之后效率极高	使用比较简单，容易入门。普通用户基本都是纯图形界面下操作使用，依靠鼠标和键盘完成一切操作，用户上手容易入门简单；图形化界面对没有计算机背景知识的用户使用十分有利
学习	系统构造简单、稳定、开源，且知识、技能传承性好，深入学习相对容易	系统构造复杂、更新频繁，且知识、技能淘汰快，深入学习困难
软件与支持	大部分为开源自由软件，可以自由获取，用户可以修改定制和再发布，由于免费没有资金支持，部分软件质量和体验欠佳，同样功能的软件选择较少。由全球所有的 Linux 开发者和自由软件社区提供支持	数量和质量方面有优势，每一种特定功能可能都需要商业软件的支持，需要购买相应的授权才能使用；由微软官方提供重要支持和服务

续表

比较项目	Linux	Windows
安全性	比 Windows 更加安全，自带防火墙可以保证 Linux 系统安全，无须额外安装杀毒软件	打补丁安装系统安全更新，还是会中病毒木马
可定制性	提供了更高的定制性，它支持开发者通过编码来定义适合自己的操作系统	操作范围大多已经受到微软的限制，所以用户只能按系统设置进行操作
应用范畴	主要作为服务器主机，进行复杂的数据处理和运算	无特定的应用范畴
是否开源	免费开源	收费

1.1.2 Ubuntu 操作系统

1. Ubuntu 操作系统简介

Ubuntu Linux 是由南非的马克·沙特尔沃思（Mark Shuttleworth）创办的以桌面应用为主的基于 Debian Linux 操作系统，也是一种基于 Linux 的免费、开源的操作系统，于 2004 年 10 月公布第一个版本（Ubuntu4.10 “Warty Warthog”），适用于云计算、服务器、桌面和物联网（the Internet of Things，IOT）设备。

Ubuntu 基于 Debian 发行版和 GNOME 桌面环境，从 11.04 版起，Ubuntu 发行版放弃了 GNOME 桌面环境，改为 Unity。Ubuntu 拥有庞大的社区力量，用户可以方便地从社区获得帮助。自 Ubuntu 18.04 LTS 起，Ubuntu 发行版重新开始使用 GNOME 桌面环境。Ubuntu 适用于笔记本电脑、桌面电脑和服务器，特别是为桌面用户提供尽善尽美的使用体验。Ubuntu 几乎包含了所有常用的应用软件：文字处理、电子邮件、软件开发工具和 Web 服务等。用户下载、使用、分享未修改的原版 Ubuntu 系统以及到社区获得技术支持，均无须支付任何许可费用。Ubuntu 提供了一个健壮、功能丰富的计算环境，既适合家庭使用又适用于商业环境。

Ubuntu 官方网站提供了丰富的 Ubuntu 版本及衍生版本，根据 Ubuntu 发行版本的用途来划分，可分为 Ubuntu 桌面（Desktop）版、Ubuntu 服务器（Server）版、Ubuntu 云操作系统和 Ubuntu 移动设备系统（Ubuntu Touch）。Ubuntu 已经形成一个比较完整的解决方案，涵盖了 IT 产品的方方面面。

2. Ubuntu 特点

（1）用户友好性

Ubuntu 具有图形用户界面（GUI），使其类似于其他流行的操作系统，如 Windows，操作系统将应用程序表示为图标或菜单选项，可以直接对其进行操作。Ubuntu 的桌面系统使用最新的 GNOME、KDE、Xfce 等桌面环境组件，抛弃烦琐的 X 桌面配置流程，可以轻松使用图形化界面完成复杂的配置；集成最新的 Compiz 稳定版本，使用集成搜索工具，为用户提供方便、智能的桌面资源搜索；“语言选择”程序提供了常用语言支持的安装功能，让用户可以在系统安装后，方便地安装多语言支持软件包；集成 LibreOffice 办公套件，帮助用户完成文字处理、电子表格、幻灯片播放等日常办公任务；提供了全套的多媒体应用软件工具，包括处理音频、视频、图形、图像的工具；拥有成熟的网络应用工具，从网络配置工具到 Firefox 网页浏览器、Gaim 即时聊天工具、电子邮件工具、BT 下载工具等，并支持蓝牙输入设备，如蓝牙鼠标、蓝牙键盘；加强系统对笔记本电脑的支持，包括系统热键以及更多型号笔记本电脑的休眠与唤醒功能，而且 Ubuntu20.04 LTS 还提供对配备指纹识别功能笔记本的支持，可录制指纹和进行登录认证；与著名的开源软件项目 LTSP 合作，内置了 Linux 终端服务器功能，提供对以瘦客户机作为图形终端的支持，提高了 PC 机的利用率。

（2）开源

Ubuntu 是一个免费的开源操作系统，可以直接从其官方网站下载。而 Windows 需要购买许可证才可以使用，而 MacOS 甚至可能需要买一台苹果电脑。Linux 不需要任何费用。

（3）轻量级性能

Ubuntu 不是资源密集型的，它能够在低端设备上运行平稳，Ubuntu MATE、Xubuntu 和 Lubuntu 等 Ubuntu 版本是非常轻量级的操作系统。默认接口可以在少于 1GB 的 RAM 上运行。更重要的是，很多 Ubuntu 桌面环境甚至更轻量级。例如，Lubuntu 可以在 RAM 只有 512MB 的系统上运行。

相比之下，Windows 和 MacOS 都需要相当多的资源，例如，MacOS Big Sur 和 Windows 11 都需要至少 4GB 的 RAM 才能运行，主要因为这些操作系统具有资源密集型用户界面，其中包含高级功能。

（4）隐私和安全

和其他操作系统一样，Ubuntu 也有其数据隐私政策。Ubuntu 在个人信息处理方面遵循四个基本原则：

• Ubuntu 不会要求提供个人数据，除非它出于法律目的确实需要此类信息。

• Ubuntu 不会与任何人共享其用户的个人信息，除非是为了向其客户提供产品和服务，遵守法律并保护其权利。

• Ubuntu 不会存储个人信息，除非是服务运营、提供产品、遵守法律或保护其权利所必需的。

• Ubuntu 还收集一些硬件信息以及位置和使用数据。但是，可以通过设置不适用该服务。例如，可以通过“隐私”设置禁用定位服务。

由于 Ubuntu 是开源的，开源社区的成员会对其不断进行改进和检查。因此，可以快速识别和消除任何安全漏洞。通常，与其他操作系统相比，Linux 发行版具有较少的安全漏洞。而且，Ubuntu 采用了 AppArmor 内核增强功能，可以限制程序的行为方式并限制其资源，它们由包含每个应用程序的访问规则的文本文件组成，AppArmor 可以减轻安全漏洞的影响范围，因为程序没有无限的权限。

此外，Ubuntu 还支持许多安全措施，例如自动安装安全更新，使用 sudo 而不是 root Linux 用户，使用复杂的密码，设置 VPN 服务器，使用 ufw 配置防火墙以及启用 iptables 等。

（5）软件和应用程序

在 Windows 和 MacOS 上可用的大多数应用程序，如 Chrome、Slack、VSCode、Spotify、Firfox 等，都可在 Ubuntu 上使用，可以通过“Ubuntu 软件中心”搜索和安装应用程序。即使没有找到所需要的应用程序，也会有其他的代替软件。在 Linux 中上可用的大多数应用程序都提供 DEB 安装文件，可以将 DEB 文件视为 Windows 上的 EXE 文件或 MacOS 上的 AppImage 文件，只需要下载，并双击该 DEB 文件，就可以启动安装程序，非常方便。

1.2　Linux 虚拟机

1.2.1　虚拟机概念

虚拟机（Virtual Machine，VM）指利用运行在物理计算机上的虚拟机软件来模拟具有完整硬件系统功能并运行在完全隔离环境中的完整计算机系统，是相对于物理计算机的概念，是虚拟出来的、抽象的计算机，但是一种可以像真实机器一样运行程序的计算机的软件实现。虚拟机可以像实际的计算机一样，具有指令集并使用不同的存储区域，它不仅可以执行指令，还可以管理数据、内存和寄存器，而且，这台虚拟的机器在任何平台上都提供给编译程序一个共同的接口，编译程序只需要面向虚拟机，生成虚拟机能够理解的代码，然后由解释器将虚拟机代码转换为特定系统的机器码执行即可。因此，通过虚拟机软件，可以在一台物理计算机上模拟出一台或多台虚拟的计算机，这些虚拟机就像真正的计算机那样进行工作。例如，在虚拟机上可以安装各种操作系统、应用程序、访问网络资源等。对于用户而言，它只是运行在物理计算机上的一个应用程序，但是对于在虚拟机中运行的应用程序而言，它则是一台真正的计算机。虚拟机软件可以在计算机平台和终端用户之间建立一种环境，而终端用户则是基于这个软件所建立的环境来操作软件。

虚拟机一般具有如下特点：

（1）集成性

能够在一台物理计算机上安装运行多个虚拟机，这些虚拟的计算机可以独立运行，也可以安装各自的操作系统、应用软件、杀毒软件等，而且不受物理计算机硬件的限制，也无须对物理硬盘进行重新分区；各虚拟机与物理计算机之间可以进行通信、共享资源；也可以将这些计算机相互连接起来，形成一个网络；多个虚拟机可以共享一台物理计算机的物理资源，但它们相互之间保持完全隔离，如：同一服务器上的虚拟机如果有一台虚拟机出现故障或者中病毒，不会影响到其他虚拟机的使用。虚拟计算机能同时运行的数量由计算机本身的配置决定，而且在虚拟的环境下，用户可以在同时运行的多台虚拟机中来回切换，无须重新启动系统。

（2）移植性

虚拟机实质上是一个软件容器，它将一整套虚拟硬件资源与操作系统及其所有应用捆绑或封装在一起，在物理计算机上只是一个文件，完全独立于其底层物理硬件，仅占用物理计算机的一部分资源，因此，使用者可以直接复制已有的虚拟机文件，到其他装有相应虚拟机软件的计算机上使用，无须对服务器做任何修改即可运行虚拟机，相当于上层操作系统与硬件解耦合，大大缩减了系统安装的时间。

（3）经济性

由于虚拟机是利用软件来模拟完整的计算机系统，能够设定并且随时修改操作系统的操作环境，且每台虚拟机都具有自己的 CPU、内存、硬盘等硬件设备，只是这些硬件设备都是用虚拟机软件模拟出来的。因此，无须添加新的硬件设备，可以真正做到一机多用，同时又节省硬件的配置成本和维护费用。

（4）可维护性

虚拟机与主机之间有良好的隔离性，每个虚拟机系统都对应一个安装的虚拟机文件，该文件被保存在硬盘中指定的位置，不会因为带有危险性的操作实验而破坏物理计算机的系统和用户数据。因此，在教学等领域中利用虚拟机进行的任何操作，对物理机没有任何影响，大大减轻了管理人员维护的工作强度。

1.2.2 常用虚拟机软件

1. 虚拟机 VirtualBox

VirtualBox 是一款开源的免费虚拟机软件，最早是由德国 Innotek 软件公司开发，由 Sun Microsystems 公司出品的软件，使用 Qt（一种跨平台 C++ 图形用户界面应用程序开发框架）编写，在 Sun 被 Oracle 公司收购后正式更名成 Oracle VM VirtualBox，性能有很大提高。VirtualBox 可以在 Linux/Mac 和 Windows 主机中运行，并支持在 VirtualBox 中安装 Windows、Linux、OpenBSD、OS/2 Warp、Solaris 甚至 Android 等系列的客户操作系统，而且 VirtualBox 在图形方面比较好，能进行 2D/3D 加速，操作上有独立的图形界面，易于上手。但对 CPU 的控制不是很好，比较适合有桌面需要的虚拟机。

VirtualBox 下载的官方网站地址是：https：//www. virtualbox. org/。

VirtualBox 主要功能包括：

（1）支持创建和管理虚拟环境

用户可以在 VirtualBox 中创建多个虚拟机，每个虚拟机都可以运行不同的操作系统和应用程序，从而实现了在同一台物理机上运行多个操作系统的功能。

（2）具备高效的资源管理能力

VirtualBox 可以根据不同虚拟机的需求，动态分配 CPU、内存、硬盘等硬件资源，确保每个虚拟机都能获得足够的资源支持，从而提高了系统的整体性能和稳定性。

（3）提供了丰富的网络配置选项

用户可以根据需求设置虚拟机的网络类型、IP 地址、端口映射等参数，实现了虚拟机与物理机、虚拟机与虚拟机之间的灵活通信，为各种应用场景提供了便利。

（4）具备强大的兼容性和扩展性

VirtualBox 支持多种操作系统和硬件设备，同时提供了丰富的插件和 API 接口，用户可以根据自身需求进行定制和扩展，满足了不同领域和行业的虚拟化需求。

总之，VirtualBox 以其强大的功能、高效的资源管理和灵活的网络配置等特点，成为一款广泛应用于企业、教育、科研等领域的虚拟化软件。

2. VMware 工作站

VMware 工作站（VMware Workstation，威睿工作站）是一款功能强大的桌面虚拟计算机软件，提供用户可在单一的桌面上同时运行不同的操作系统，和进行开发、测试、部署新的应用程序的最佳解决方案。VMware 工作站是 VMware 公司销售的商业软件产品之一，不是开源软件，VMware Workstation 可在一台实体机器上模拟完整的网络环境，以及可便于携带的虚拟机器。该工作站软件包含一个用于英特尔 x86 兼容计算机的虚拟机套装，其允许多个 x86 虚拟机同时被创建和运行。每个虚拟机实例可以运行其自己的客户机操作系统，如（但不限于）Windows、Linux、BSD 变生版本。简言之，VMware 工作站允许一台真实的计算机同时运行多个操作系统。其他 VMware 产品帮助在多个宿主计算机之间管理或移植 VMware 虚拟机。VMware 下载的官方网站地址是：https：//www. vmware. com/cn. html。

VMware 的主要功能包括：

（1）服务器虚拟化

VMware 通过服务器虚拟化技术，将物理服务器转化为多个虚拟服务器，从而提高了硬件资源的利用率。每个虚拟服务器可以独立运行不同的操作系统和应用程序，各操作系统运行环境独立，无须进行硬件分区或重新启动，数据和设置互不干扰，可实现资源的灵活分配和动态调整。

（2）桌面虚拟化

VMware 的桌面虚拟化解决方案允许用户通过瘦客户端设备或远程桌面连接，访问运行在数据中心虚拟服务器上的个人桌面环境，不仅可以简化桌面管理，还能够提高数据安全性，并使得用户能够随时随地访问其工作环境。

（3）存储虚拟化

VMware 提供存储虚拟化功能，将物理存储资源池化，并通过虚拟存储网络进行统一管理和分配，有助于简化存储管理、提高存储利用率，并实现数据的灵活备份和恢复。

（4）网络虚拟化

VMware 通过网络虚拟化技术，实现了虚拟网络的创建和管理，使得虚拟机可以像物理机一样在网络中进行通信，同时还提供了网络隔离、流量控制和安全策略等功能。

（5）高可用性

VMware 提供了高可用性解决方案，包括故障转移、负载均衡和容错等功能。这些功能确保了虚拟机在发生故障时能够自动迁移到其他可用的物理服务器上，从而保证了业务的连续性。

（6）资源管理

VMware 提供了强大的资源管理功能，包括对 CPU、内存、存储和网络等资源的监控、分配和调度。这使得管理员能够根据实际业务需求，对资源进行动态调整和优化，提高整体系统性能。

因此，VMware 可以为企业提供全面的虚拟化解决方案和强大的功能支持，帮助企业和用户实现更高效、灵活和安全的 IT 环境，提高资源利用率和业务连续性。

VMWare 工作站和 VirtualBox 都是流行的虚拟化软件，它们允许用户创建、启动、暂停和恢复虚拟机，但两者在功能上存在一些显著的差异，具体如表 1 – 3 所示。

表 1 – 3　　VMware 工作站和 VirtualBox 功能对比

比较项目	VMware 工作站	VirtualBox
功能	一款功能强大的商业虚拟化软件，通常可以提供更多的高级功能和专业技术支持	一款免费的开源虚拟化软件，有开源社区支持，更加灵活和可定制
虚拟技术支持	支持全虚拟化和半虚拟化技术，可以在虚拟机中运行几乎所有主流的操作系统	主要支持全虚拟化技术，只能在相同架构的主机上运行虚拟机
性能和稳定性	表现更出色，对硬件的支持更广泛，虚拟机性能更高效，且具有较强的稳定性和可靠性	在某些情况下性能稍显不足，但它可提供无限数量的快照，易于安装，且占用资源较少
管理工具	提供了丰富的管理工具，可以帮助用户实现对虚拟机的集中管理和监控	虽然提供了一些管理功能，但不如 VMware 工作站那样全面和强大
兼容性	可以在 Windows 和 Linux 上运行	可以在 Windows、Mac 和 Linux 计算机上运行，跨平台方面更具优势
安装	安装后体积庞大，安装时间耗时较久，使用时占用物理机资源较大	安装程序体积小，功能实用，配置简单

综上所述，VMware 工作站和 VirtualBox 在功能、性能、稳定性、管理工具以及兼容性等方面都存在差异，用户可以根据自己的需求和预算选择最适合自己的虚拟化软件。

1.3　虚拟机软件安装部署

1.3.1　虚拟机软件下载

1. VirtualBox 软件下载

要下载 VirtualBox 软件可以到 VirtualBox 官网 https：//www. virtualbox.

org/下载最新版本，如图 1－1 所示。

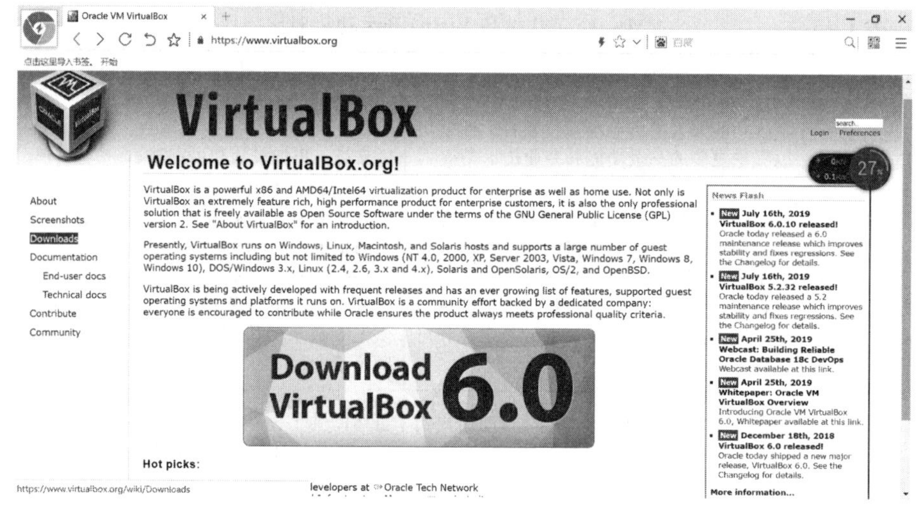

图 1－1　VirtualBox 官网下载主页

在 VirtualBox 官网主页点击“Download VirtualBox 6. 0”或者点击左侧的“Download”，进入下载页面，如图 1－2 所示。

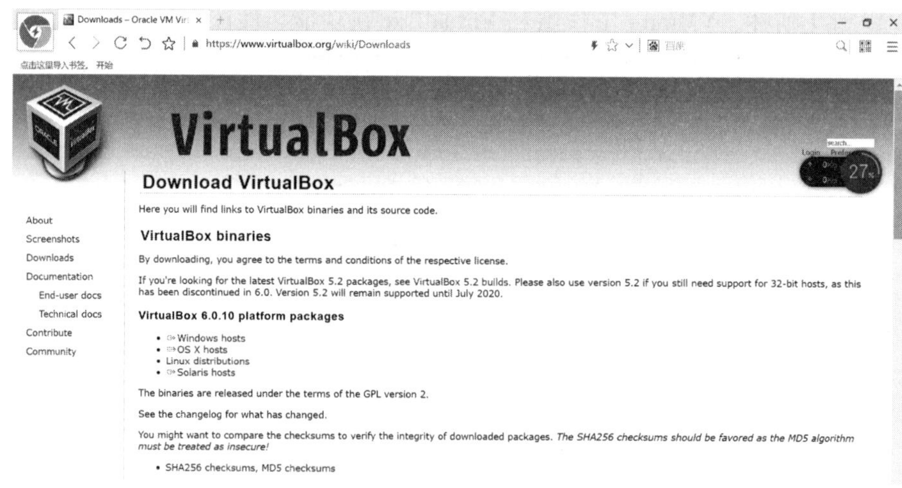

图 1－2　VirtualBox 下载页面

在 VirtualBox 官方下载页面中，根据本地计算机的运行环境选择对应的版本进行下载。在下面的实验中，使用的是 VirtualBox-6. 0. 10-132072-Win. exe 安装文件。

2. VMWare 软件下载

在 VMWare 官方网站 https://vmware. naifeiplus. com/? bd_vid = 11304246898632772205 下载 VMWare 软件，下载的 vmware 版本：VMware-workstation_full_12. 1. 1. 6932. exe。将下载的安装软件放在本地文件夹中，如图 1 – 3 所示。

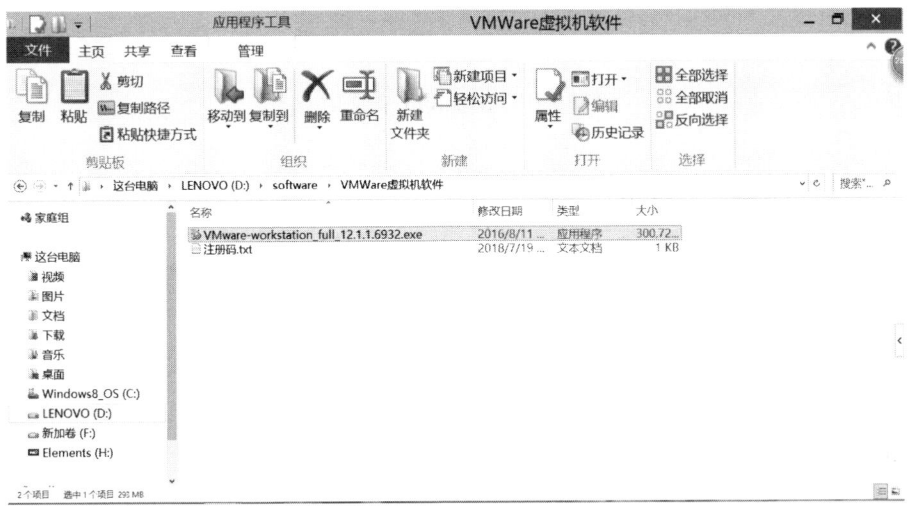

图 1 – 3　VMware 虚拟机软件

1. 3. 2　虚拟机软件安装

1. VirtualBox 虚拟机安装

(1) 启动 VirtualBox 安装向导

首先找到 VirtualBox 的安装程序 VirtualBox-6. 0. 10-132072-Win. exe。

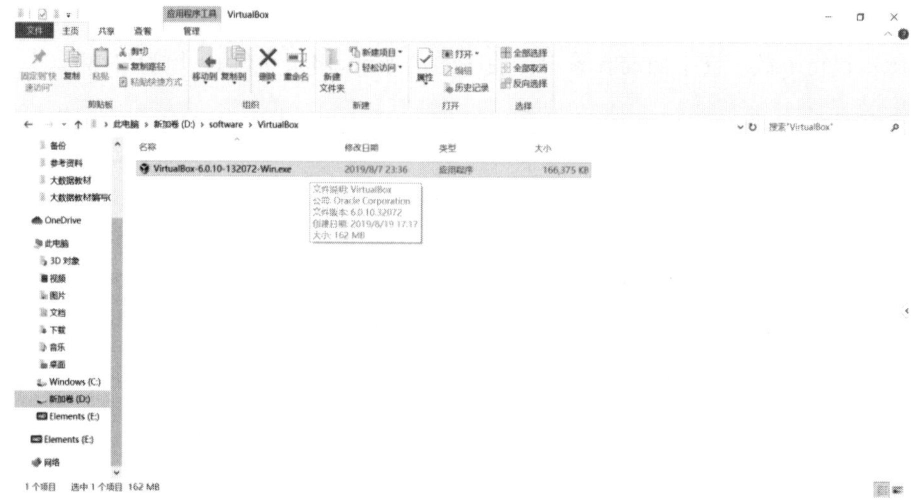

图 1 –4　VirtualBox 安装文件

双击打开，进入如图 1 –5 所示的安装向导界面。

图 1 –5　进入 VirtualBox 安装向导界面

点击“下一步”，进入“自定安装”界面，如图 1 –6 所示。

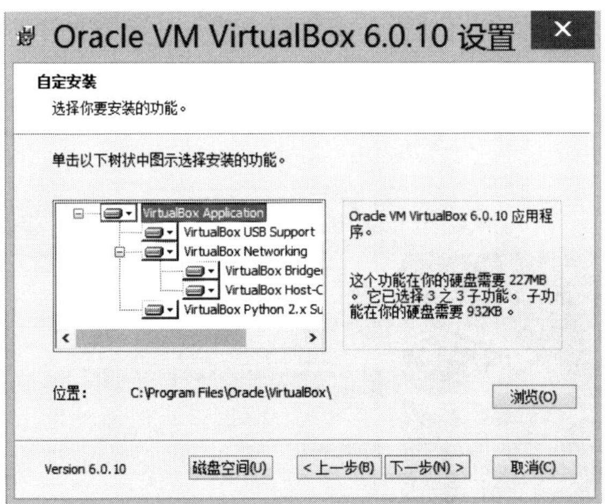

图 1-6　自定义安装向导界面

（2）设置安装功能及安装路径

在自定安装向导界面中进行自定义安装，设置要安装的功能以及安装的路径，设置完之后，点击“下一步”，进入如图 1-7 所示的界面。

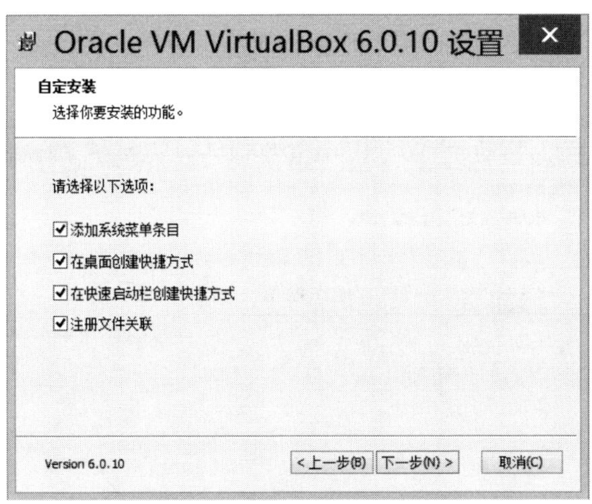

图 1-7　选择安装的功能选项

（3）设置自定义功能安装项

在图自定义功能安装向导界面中，设置“添加系统菜单条目”“在桌面创建快捷方式”“在快速启动栏创建快捷方式”“注册文件关联”等功能选项，这里按默认值（全选），设置好之后，点击“下一步”，进入网络连接警告界面，如图 1-8 所示。

图 1-8　网络连接警告界面

点击“是”，进入如图 1-9 所示的准备安装界面。

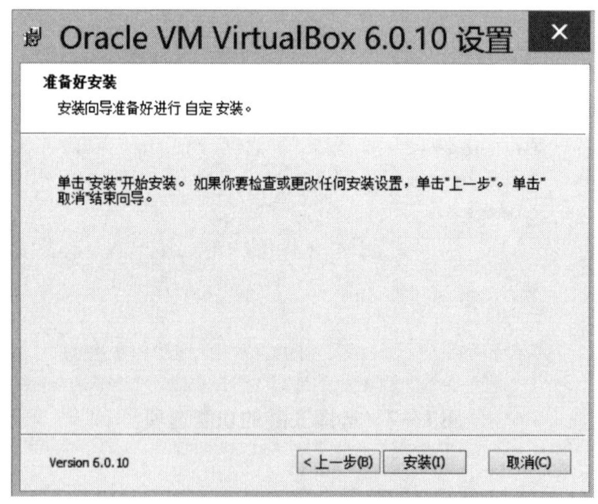

图 1-9　准备安装界面

(4) 进入安装状态

点击“安装”按钮，进入安装状态，如图 1－10 所示，在安装过程中会提示网络界面的警告，选择“是”即可。

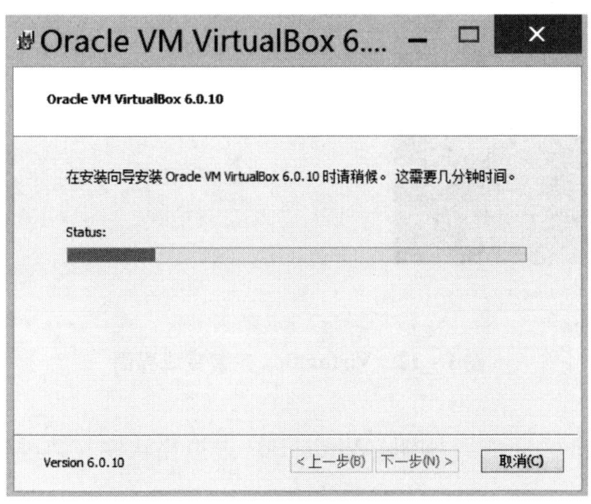

图 1－10　进入安装状态

(5) 安装过程中 Windows 安全提示

在安装过程中，可能会出现如图 1－11 所示的 Windows 安全提示界面，点击“安装”即可。如果这里选择“不安装”会对以后的网络使用产生影响。

图 1－11　Windows 安全警报

(6) 安装完成

安装完成后，会弹出如图 1－12 所示的界面。

图 1－12　VirtualBox 安装完成界面

最后，单击“完成”按钮。VirtualBox 虚拟化软件安装过程完毕。

2. VMWare 虚拟机安装

(1) 启动 VMWare 安装向导

在 VMWare 安装文件中双击“VMware-workstation_full_12.1.1.6932.exe”，启动 VMWare 安装向导，如图 1－13 所示。

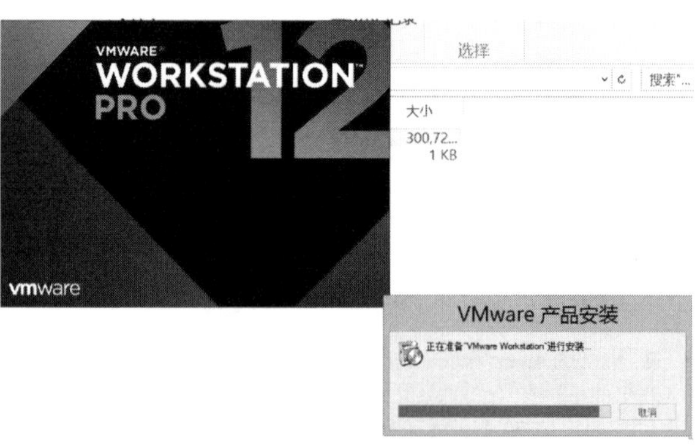

图 1－13　VMware 安装向导（1）

在 VMware 安装向导页面点击按钮“下一步”，如图 1－14 所示。进入

VMWare 最终用户许可协议页面，在未选中“我接受许可协议中的条款”时，按钮“下一步”为灰色，为不可用状态，如图 1－15 所示。

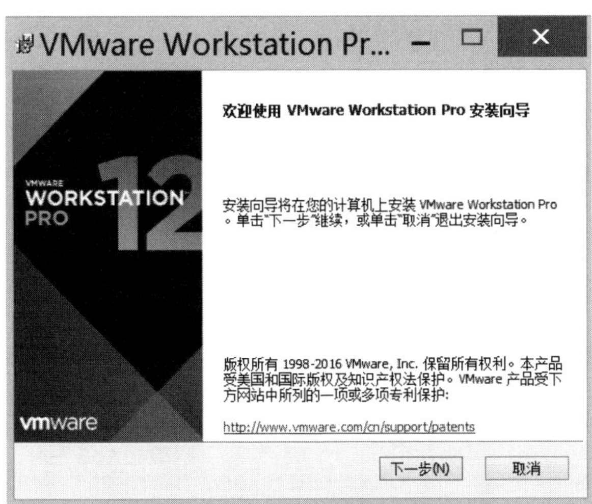

图 1－14　VMware 安装向导（2）

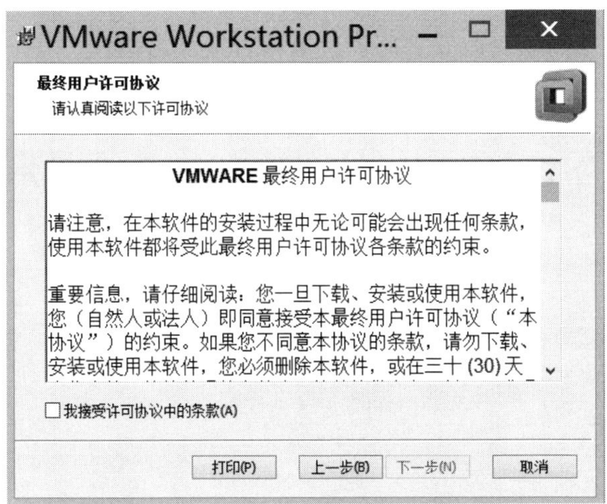

图 1－15　VMWare 最终用户许可协议

（2）设置安装路径

在 VMWare 最终用户许可协议页面，选中“我接受许可协议中的条款”，此时按钮“下一步”变为可用状态，点击按钮“下一步”，进入“自定义安装”界面，来选择安装目标及其他功能，如图 1－16 所示。

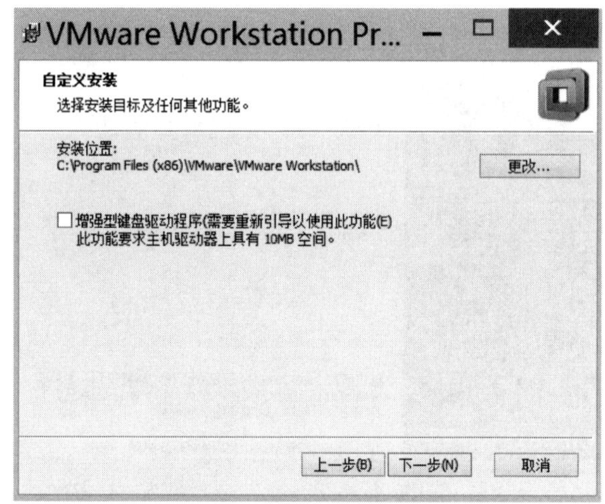

图 1－16　自定义安装界面

在“自定义安装”界面，可以点击“更改”按钮，改变 VMWare 的安装路径，如果不需要更改安装路径，可以直接点击按钮“下一步”，进入如图 1－17 所示的界面。

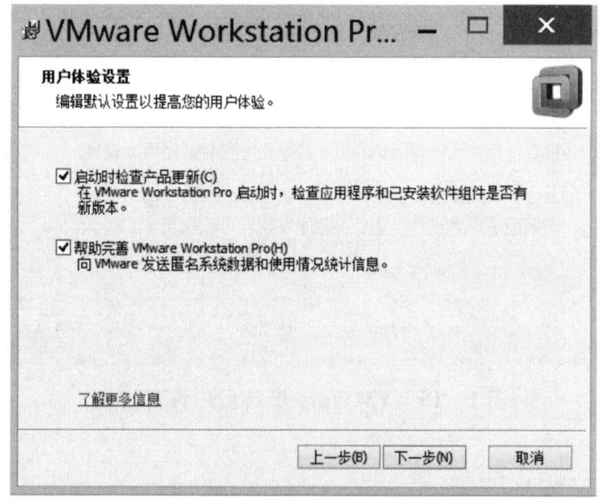

图 1－17　用户体验设置界面

(3) 用户体验设置

在“用户体验设置”界面，可以对“启动时检查产品更新”和“帮助完善 VMware Workstation Pro (H)”两项用户体验进行设置，这里可以按默认值，直接点击按钮“下一步”，如图 1－18 所示。

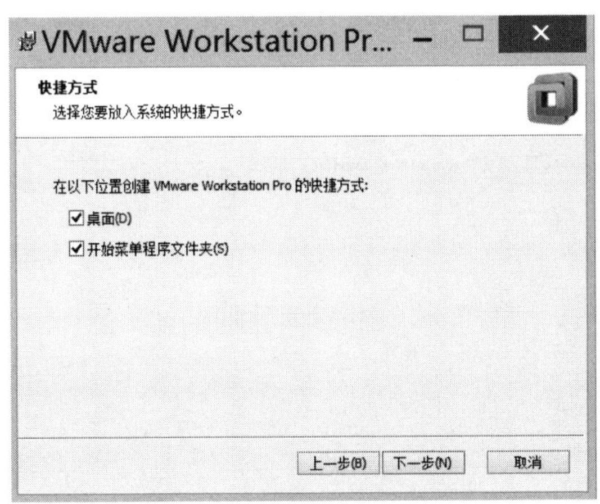

图 1－18　快捷方式创建界面

在“快捷方式创建”界面，可以设置是否在“桌面”和“开始菜单程序文件夹”中创建 VMware Workstation Pro 的快捷方式，此处可以按默认值，然后，点击按钮“下一步”，进入如图 1－19 所示的界面。

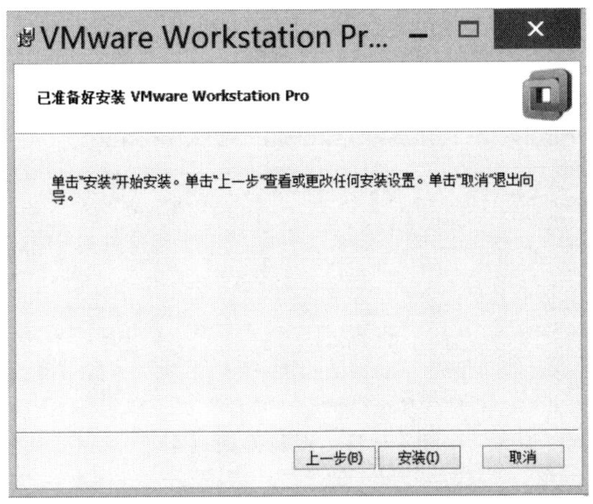

图 1－19　准备好安装

(4) 进入安装状态

在“准备好安装 VMware Workstation Pro”的界面中，点击按钮“安装”，进入安装过程等待界面，如图 1－20 和图 1－21 所示。

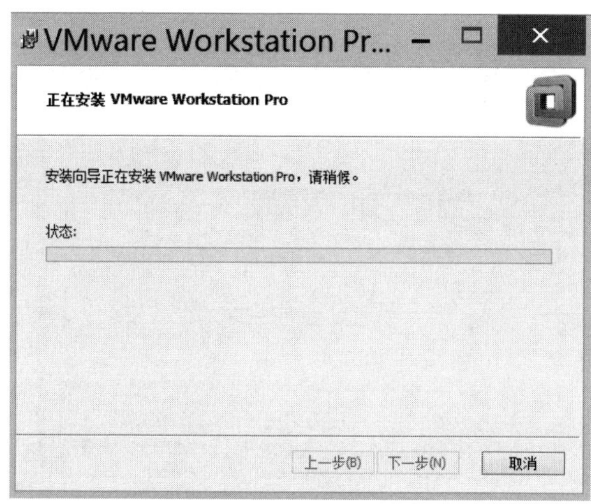

图 1－20　安装界面（1）

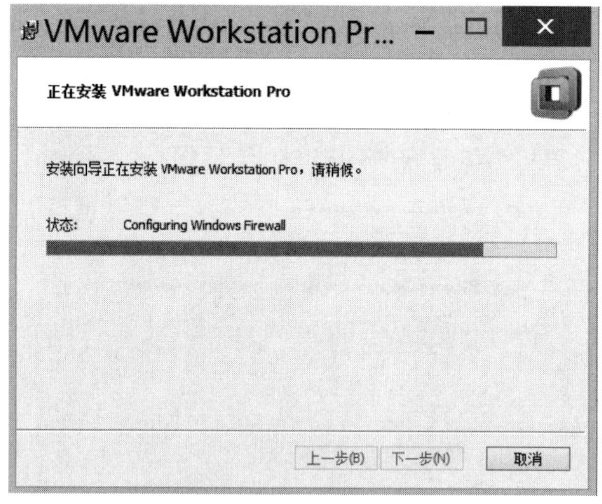

图 1－21　安装界面（2）

安装完成会弹出如图 1－22 所示的界面。

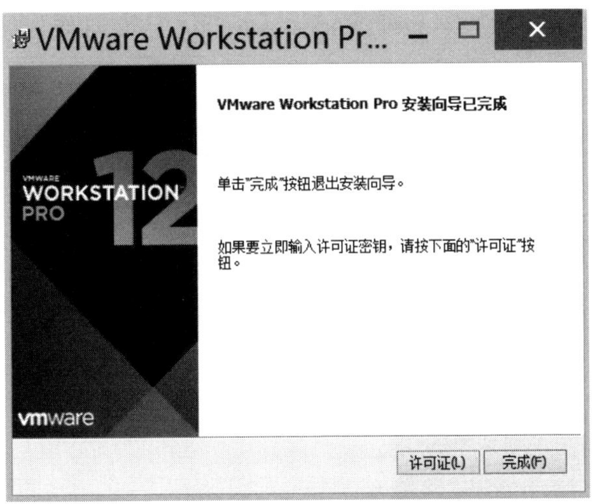

图 1－22　安装完成

在安装完成界面，点击按钮“许可证”，可以弹出“输入许可证密钥”界面，如图 1－23 所示。

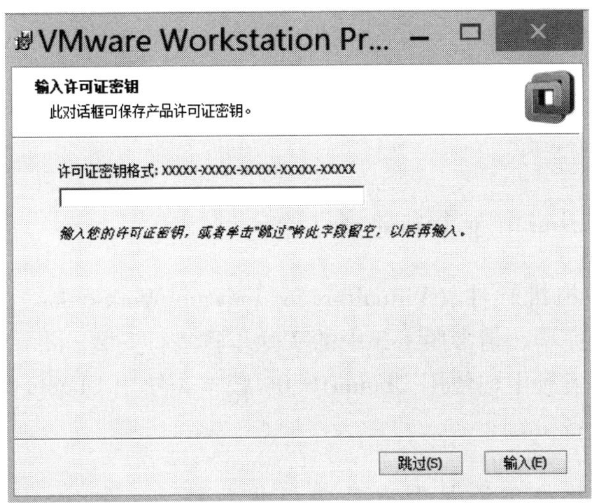

图 1－23　“输入许可证密钥”界面

（5）输入许可证密钥

在“输入许可证密钥”界面的文本框中，输入许可证密钥，点击按钮

"输入"，即可弹出"VMware Workstation Pro 安装向导完成"界面，如图 1－24 所示。

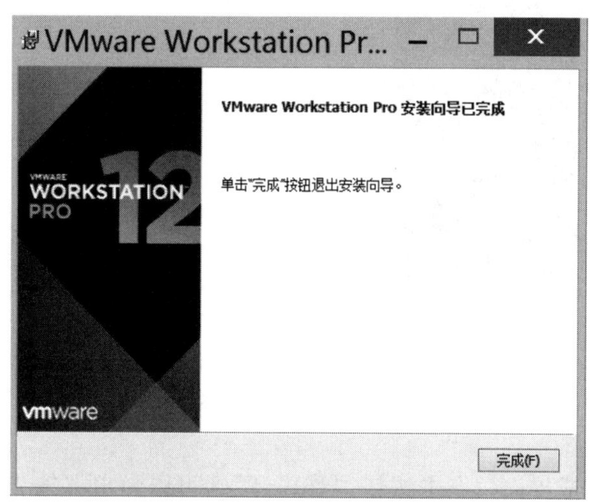

图 1－24　安装向导完成界面

1.4　Linux Ubuntu 安装部署

1.4.1　Ubuntu 安装前准备工作

请确认虚拟机软件（VirtualBox 或 VMware Workstation）已经安装好，如未安装部署完毕，请参照 1.3 中的实验步骤进行安装。

在后面的实验中均使用 Ubuntu16.04 版本，使用 Ubuntu LTS 16.04 ISO 映像文件进行备份。

1.4.2　检查电脑是否支持虚拟化功能

由于虚拟机需要电脑硬件的虚拟化功能支持，所以，首先要检查所用电脑是否支持虚拟化。打开 securable 软件（这是一款检查 CPU 是否支持虚拟化的测试软件），对机器是否支持虚拟化进行测试。

1.4.3 开启电脑虚拟化支持

要开启电脑的虚拟化支持，一般需要两个步骤：

1. 进入 BIOS

如果电脑较新或者内存大于4G，建议选择64位的Ubuntu系统。如果选择的是64位Ubuntu操作系统，那么在安装操作系统前，必须进入电脑的BIOS系统开启CPU虚拟化技术选项，否则无法在VirtualBox中部署64位的Ubuntu系统。

大部分品牌计算机的厂商电脑进入BIOS，只需要在开机首界面按下键盘上Del键即可进入BIOS系统。有些则使用F1热键进入BIOS，如果电脑按Del不能进入BIOS，则需要去互联网上查询该主板进入BIOS的方法。

2. 开启 CPU 虚拟化

进入BIOS系统配置界面，从Advanced中的CPU Setup（或类似选项）中找到Intel Virtualization Technology（Intel 虚拟化技术）选项，将该项由默认的“不可用（Disabled)”状态变为启用（Enabled）即可，如图1-25和图1-26所示。

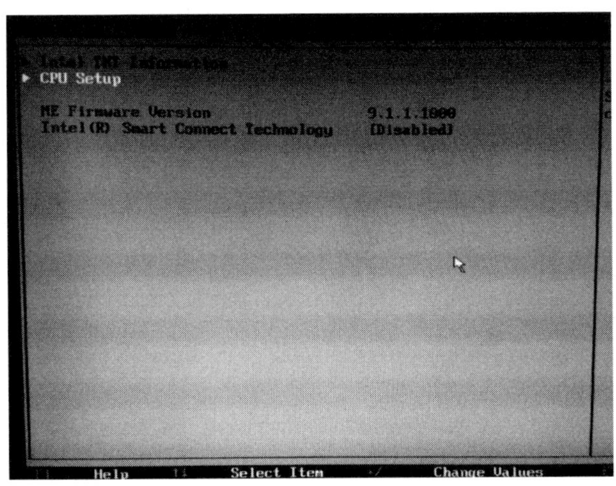

图1-25 进入BIOS界面

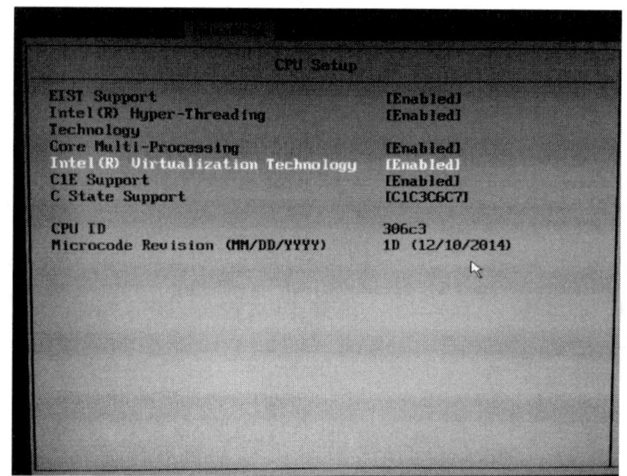

图 1 – 26　设置 CPU 虚拟化

1.4.4　利用 VirtualBox 安装 Ubuntu 操作系统

1. 创建 VirtualBox 虚拟机

（1）创建虚拟机

打开 VirtualBox，点击工具栏上的“新建”按钮或者“控制”菜单下的“新建”子菜单，创建一个虚拟机，如图 1 – 27 所示。

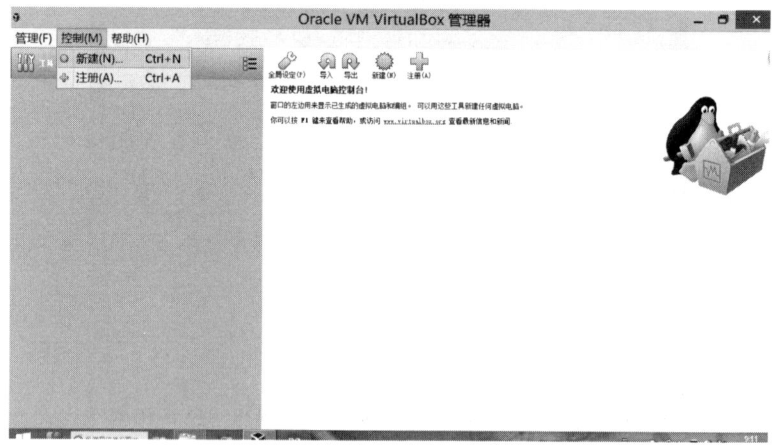

图 1 – 27　打开 VirtualBox 界面

（2）设置虚拟机名称和系统类型

给新建的虚拟机命名，并设置虚拟机文件的存储路径，选择操作系统的类型，以及版本号，如图 1－28 所示。如果要安装的操作系统是 32 位 Ubuntu，那么版本请选择“Ubuntu（32 bit）”；如果要安装的操作系统是 64 位 Ubuntu，那么版本请选择“Ubuntu（64 bit）”，最后点击“下一步”。

注意：如果没有在 BIOS 中开启 CPU 虚拟化，版本中则不会出现 Ubuntu（64 bit）选项。

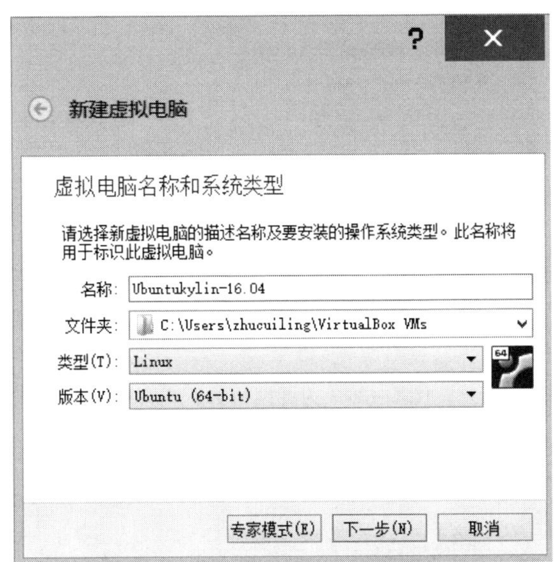

图 1－28　设置虚拟机名称和系统类型

（3）设置虚拟机内存

配置将要分配给虚拟机的内存容量，即分配给运行 Ubuntu 操作系统的内存的大小，所分配的内存要在实际物理内存的基础上进行分配。如果本地计算机的总内存只有 4GB，那么可以划分 2GB 内存给 Ubuntu；如果本地计算机的总内存有 8GB，那么可以划分 4GB 内存给 Ubuntu。如果本地计算机的物理内存大于 8G，推荐分配给虚拟机的内存至少 4G，以保证后续实验的顺利完成，如图 1－29 所示。

（4）创建虚拟硬盘

添加虚拟硬盘到虚拟机中，虚拟硬盘的大小向导会给出相应的建议。有

“不添加虚拟硬盘”“现在创建虚拟硬盘”和“使用已有的虚拟硬盘文件”三个选项，可以根据实际情况进行选择，此处，选择默认值“现在创建虚拟硬盘”选项，然后点击“创建”，如图 1－30 所示。

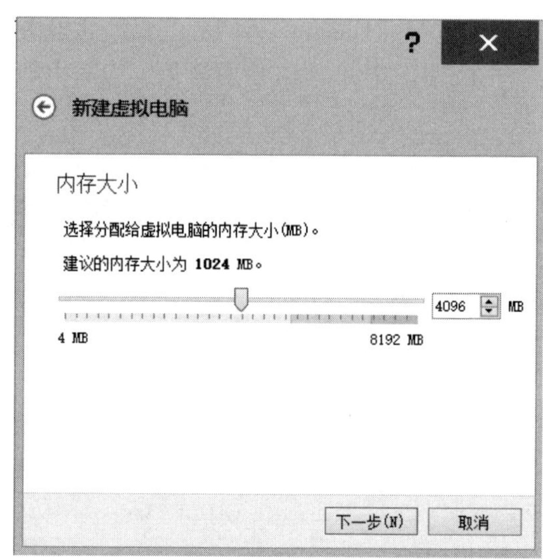

图 1－29　为虚拟机分配内存

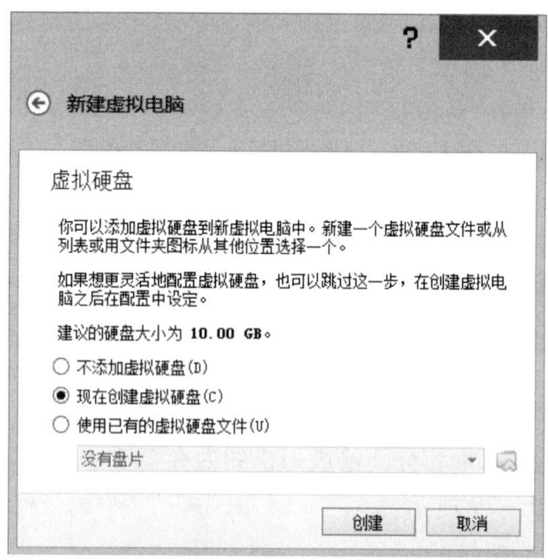

图 1－30　为虚拟机创建虚拟硬盘

（5）选择虚拟硬盘文件类型 VDI

设置虚拟机创建的虚拟硬盘文件类型。VIrtual Box 提供了三种虚拟硬盘文件类型，此处可以选择默认值（VDI（VirtualBox 磁盘映像）），然后点击“下一步”，如图 1－31 所示。

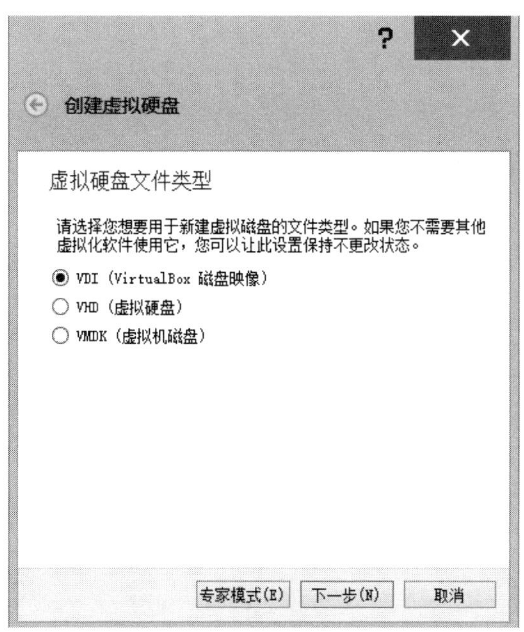

图 1－31　设置虚拟硬盘文件类型

- VDI 是 VirtualBox 自己的磁盘映像文件格式，目前还没有支持这种格式的其他软件。
- VHD 是 Virtual Hard Disk（虚拟磁盘）的缩写，虚拟磁盘 VHD 是一款软件，传统意义上来说，在物理机上安装一个先行版的操作系统，就意味着要格式化硬盘，然后如同安装其他任何 Windows Server 操作系统一样进行安装。
- VMDK 是 VMWare Virtual Machine Disk Format（虚拟机磁盘）的缩写，是专门为虚拟机 VMware 开发、创建的虚拟硬盘格式，文件存在于 VMware 文件系统中，被称为 VMFS（虚拟机文件系统），其他的虚拟机如 Sun xVM，QEMU，VirtualBox 等也都支持这种格式。

VDI，VMDK 和 VHD 都支持动态调整大小，且都支持在 VirtualBox 上做快照。其中，VMDK 具有将存储的文件分割为少于 2GB 文件的附加功能。

（6）设置虚拟硬盘文件的存放方式

如果需要较好的性能，而且硬盘空间足够用，就可以选择固定大小。如果硬盘空间比较紧张，就选择动态分配。这里选择“动态分配”，然后点击“下一步”，如图 1－32 所示。

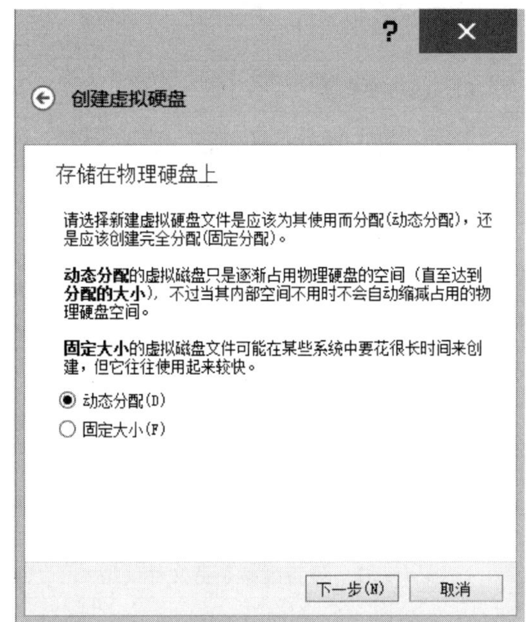

图 1－32　设置虚拟硬盘文件的存放方式

（7）选择虚拟硬盘文件的存储位置及大小

虚拟机默认的虚拟硬盘文件的大小为 8G，拖动蓝色箭头可以调整 VirtualBox 虚拟机上分配的硬件大小。为了顺利完成本书中 Hadoop 大数据的学习任务，应该预留至少 40GB 或更大的虚拟硬盘存储空间，如图 1－33 所示。

（8）虚拟机创建完成

虚拟机创建完成就会在界面的左侧出现相应图标，右侧是该虚拟机的具体设置选项内容，如虚拟机名称、文件位置、内存大小等，如图 1－34 所示。

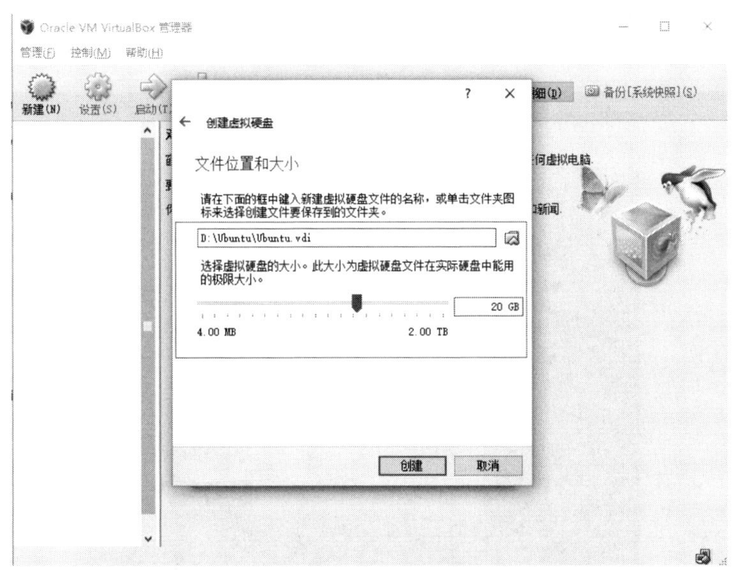

图 1－33　为虚拟硬盘文件设置存储位置和容量大小

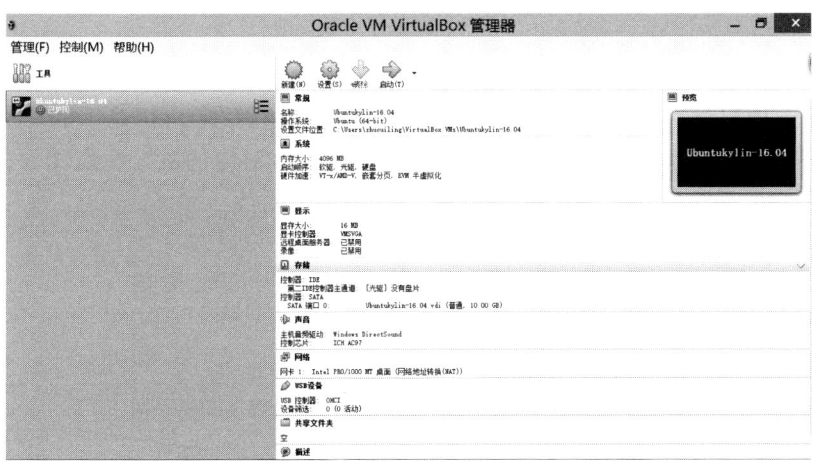

图 1－34　虚拟机创建完成界面

2. 安装 Ubuntu 操作系统

(1) 选择下载的 Ubuntu 的 ISO 镜像安装文件

①虚拟机首次启动时，会自动弹出“选择启动盘”的对话框，如

图 1 - 35 所示。

图 1 - 35　选择启动盘界面

在“选择启动盘”对话窗口的下拉选项中，默认显示“没有盘片”。此时，用鼠标点击右侧按钮“选择一个虚拟光盘文件”，在弹出的“请选择一个虚拟光盘文件”的界面中选择本地磁盘上对应的磁盘镜像文件，如图 1 - 36 所示。

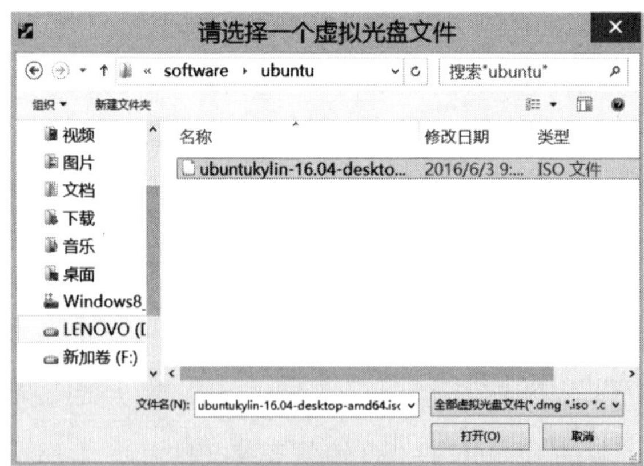

图 1 - 36　选择一个虚拟光盘文件

根据虚拟光盘的路径找到该虚拟光盘文件，这里我们安装 Ubuntu16.0.4，所用的文件是 ubuntukylin-16.04-desktop-amd64.iso 文件，选择该镜像文件，再点击“打开”按钮，弹出如下界面，则选定的文件名字会出现在下拉列表中，点击“启动”进入 Ubuntu 安装界面，如图 1－37 所示。

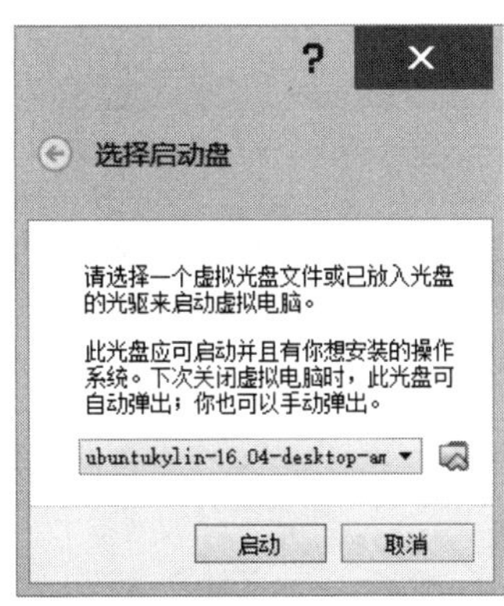

图 1－37　选定启动光盘文件

②如果不是首次启动虚拟机安装系统，则在启动虚拟机时，会弹出如图 1－38 所示的界面。在该界面中，请勿直接点击启动按钮，否则，有可能会导致进程中断。应该先设置“存储”，请点击图 1－38 红框中的按钮，打开存储设置界面。

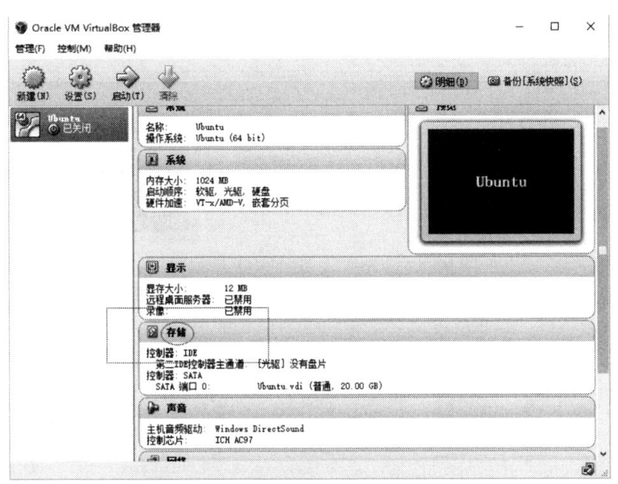

图 1－38　VirtualBox 中显示虚拟机

进入“存储设置”界面（即在“设置”界面中选择左侧的“存储”项）后，选择存储树中的“没有盘片”项目，然后，再点击右侧“光盘”形状的按钮，会弹出一个快捷菜单，点击“选择一个虚拟光驱...”，添加上面下载的 Ubuntu LTS 16.04ISO 镜像文件即可，如图 1－39 所示。

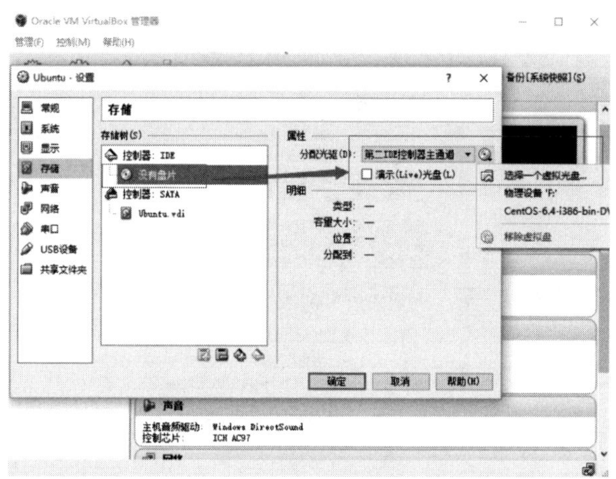

图 1－39　在存储设置界面选择虚拟光盘

选择刚创建的虚拟机 Ubuntu，点击“启动”按钮，或者鼠标左键双击虚拟机，如图 1－40 所示。

图 1－40　启动虚拟机

启动虚拟机后，如果看到如图 1－41 所示的界面，那么请下拉选项选择你刚才选择的 ISO 文件（如果没有出现此界面，直接跳往下一步即可）。

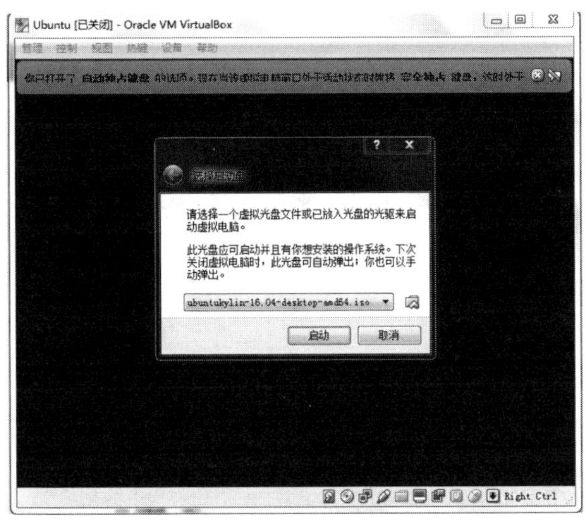

图 1－41　虚拟机中启动光盘

（2）启动 Ubuntu 的安装欢迎界面

进入 Ubuntu 安装的启动界面，设置操作系统的语言，推荐使用“中文（简体）”，单击“安装 Ubuntu Kylin”按钮，如图 1－42 所示。

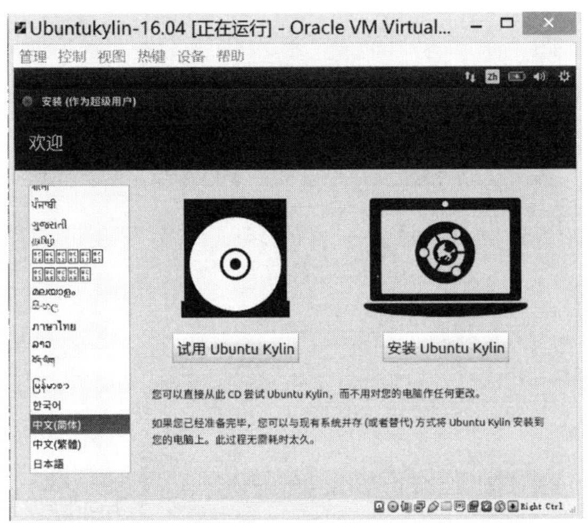

图 1－42　Ubuntu 欢迎安装界面

（3）准备安装 Ubuntu Kylin，选择是否安装第三方软件

准备安装 Ubuntu Kylin，这里按默认值，选择不安装第三方软件，直接点击“继续”按钮，如图 1－43 所示。

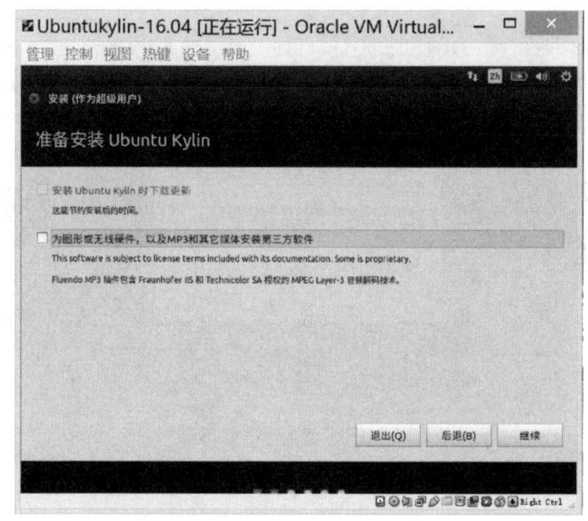

图 1－43　准备安装 Ubuntu，选择是否安装第三方软件

（4）确认安装类型

进入确认“安装类型”界面，这里选择“其他选项”，再点击“现在安装”按钮，如图 1－44 所示。

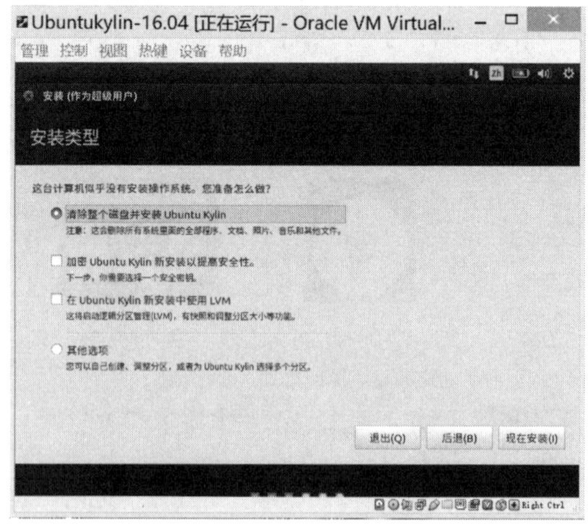

图 1－44　确认安装类型

（5）新建分区表

点击右下方的“新建分区表”按钮，如图 1－45 所示。

图 1－45　新建分区表界面

会弹出“要在此设备上创建新的空分区表吗”的提示窗口，点击“继续”按钮，如图 1－46 所示。

图 1－46　创建空分区表提示窗口

（6）创建分区，添加交换空间和根目录

交换空间和根目录的大小划分，一般来说，选择 512M 或者 1G 大小作为交换空间即可，硬盘留的空间超过 50G 可以再适当调大一些，剩下空间全部用来作为根目录。

如图 1 – 47 所示，选择“空闲”，然后点击“ + ”按钮，用来创建交换空间。

图 1 – 47　创建交换空间步骤 1

点击“ + ”按钮后，会出现如图 1 – 48 所示的界面，进行如下设置：设置默认为 512MB；在新分区的类型中选择“主分区”选项；在新分区的位置中选择“空间起始位置”选项；在用于选项的下拉列表中选择“交换空间”选项；最后点击“确定”按钮完成配置。

图 1 – 48　创建交换空间步骤 2

在根目录的创建中，选择图 1 – 49 中“空闲”，然后再点击“ + ”按钮，用来创建根目录。

图 1 – 49　创建根目录步骤 1

点击“ + ”按钮后，会出现如图 1 – 50 所示的界面，进行如下设置；在大小设置中，不用改动，系统自动分配所有剩余空间；在新分区的类型中，选择“逻辑分区”选项；在新分区的位置中，选择“空间起始位置”选项；在用于下拉列表中选择“EXT4 日志文件系统”选项；在挂载点下拉列表中选择“/”（根）选项。然后，点击“确定”按钮。

图 1 – 50　创建根目录步骤 2

(7) 开始安装

点击“现在安装”按钮，如图 1-51 所示。

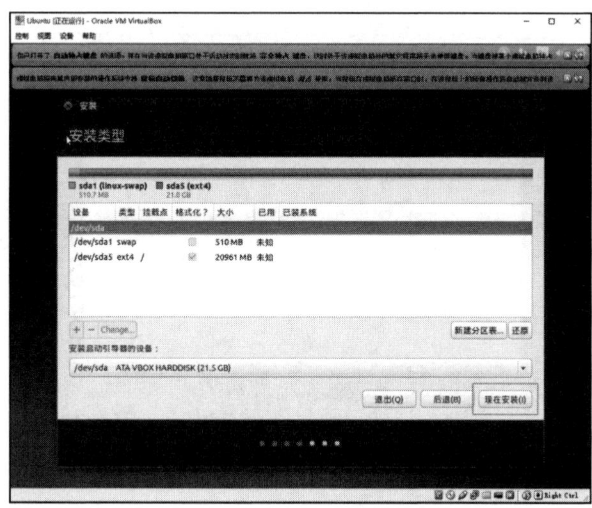

图 1-51　交换空间和根目录设置完毕开始安装界面

点击“现在安装”按钮后，会弹出如图 1-52 所示的界面，询问“将改动写入磁盘吗?”，点击“继续”按钮。

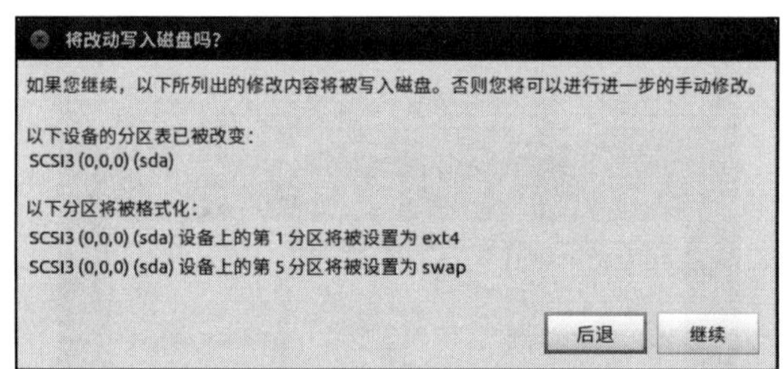

图 1-52　是否将改动写入磁盘的询问界面

(8) 选择时区

时区选择默认即可，点击“继续”，如图 1-53 所示。

图 1－53　选择时区界面

(9) 键盘布局

栏目都选择“汉语”即可，如图 1－54 所示。

图 1－54　选择键盘布局

(10) 设置用户名和密码

建议选择“登录时需要密码”选项。设置完用户名和密码后，点击

"继续"按钮，如图 1－55 所示。

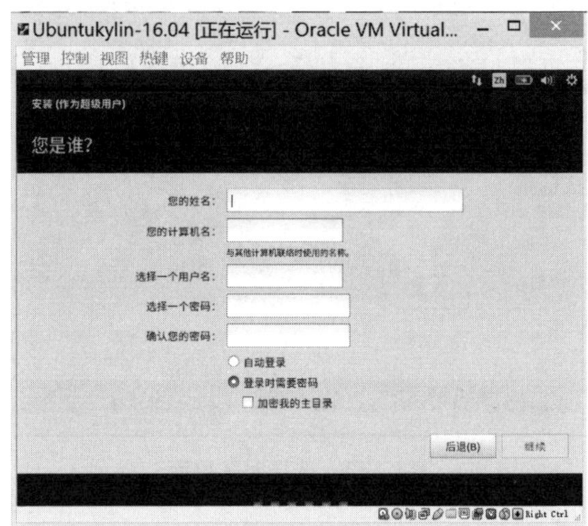

图 1－55　设置用户名和密码界面

（11）安装过程

系统会进行自动安装进度，不要点击跳过按钮，耐心等候系统自动安装完成，如图 1－56～图 1－59 所示。

图 1－56　Ubuntu 安装过程界面 1

图 1-57　Ubuntu 安装过程界面 2

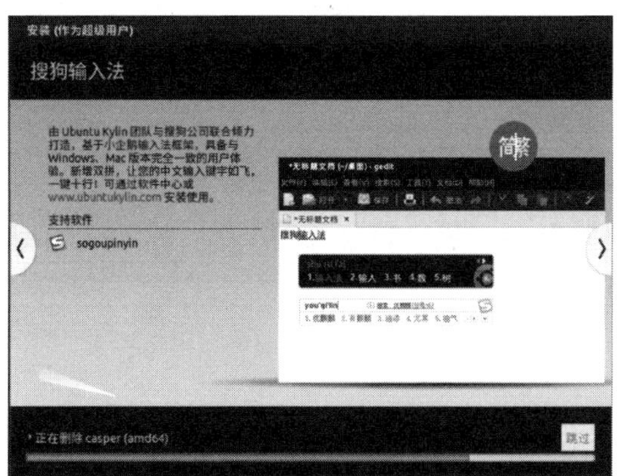

图 1-58　Ubuntu 安装过程界面 3

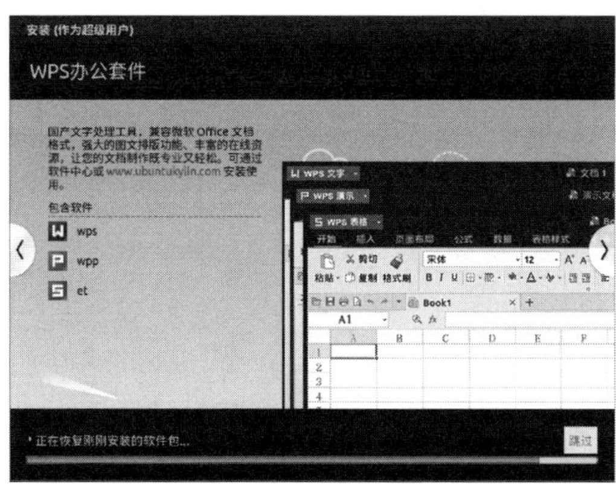

图 1-59　Ubuntu 安装过程界面 4

（12）安装完成，重启

安装终于完成，点击“现在重启”即可，如图 1－60 和图 1－61 所示。注意：“现在重启”只是重启虚拟机系统的运行，并不是重启 Windows 系统。

图 1－60　Ubuntu 安装完毕提示界面

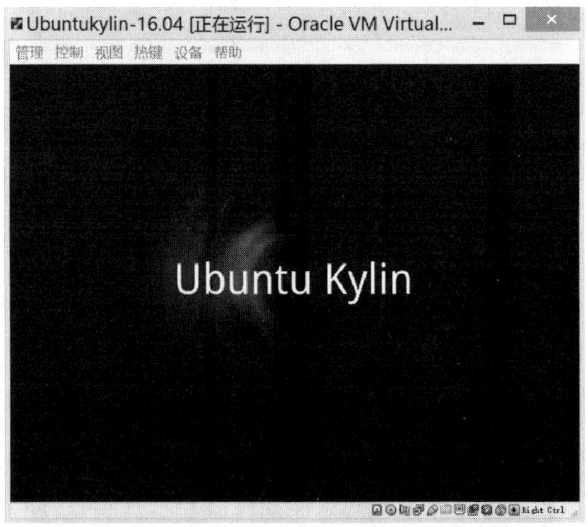

图 1－61　重启 Ubuntu 界面

在第一次启动进入 Ubuntu 系统时，会提示进行软件源更新，如图 1－62 所示；点击“更新”按钮，会弹出密码验证的界面，输入密码，即可进行软件源更新，如图 1－63 所示。

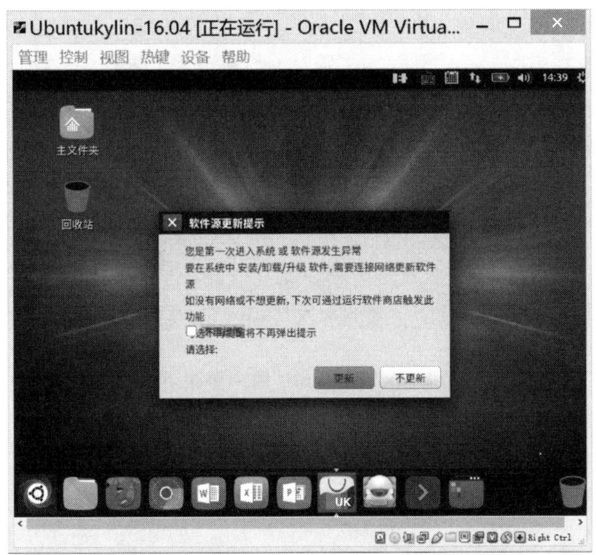

图 1－62　重启 Ubuntu 过程软件源更新提示

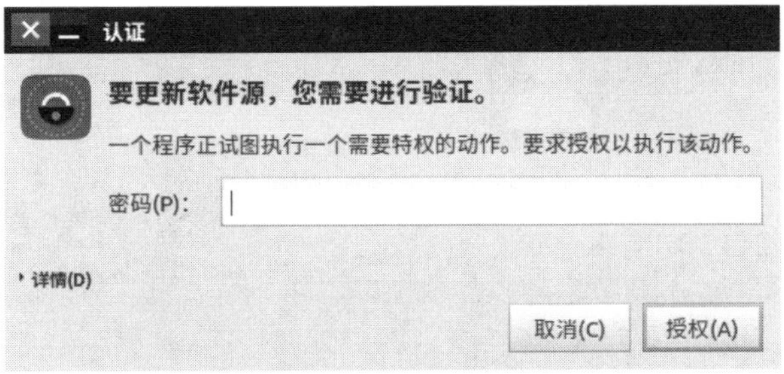

认证

要更新软件源，您需要进行验证。

一个程序正试图执行一个需要特权的动作。要求授权以执行该动作。

密码(P):

详情(D)

取消(C)　授权(A)

图 1－63　软件源更新密码验证界面

更新完毕之后，进入 Ubuntu 登录界面，如图 1－64 所示。

在 Ubuntu 登录界面，点击其中一个用户，此处点击“bigdata”用户，弹出“录入密码”界面，在该界面中输入该用户的密码，即可进入 Ubutu 系统，如图 1－65 所示。

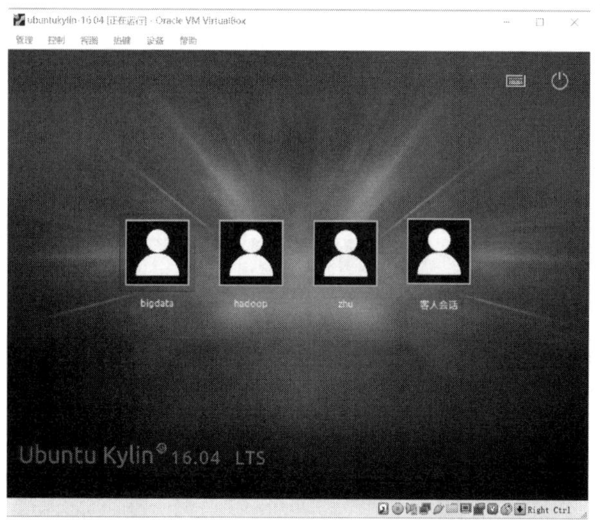

图 1 – 64 Ubuntu 用户登录界面

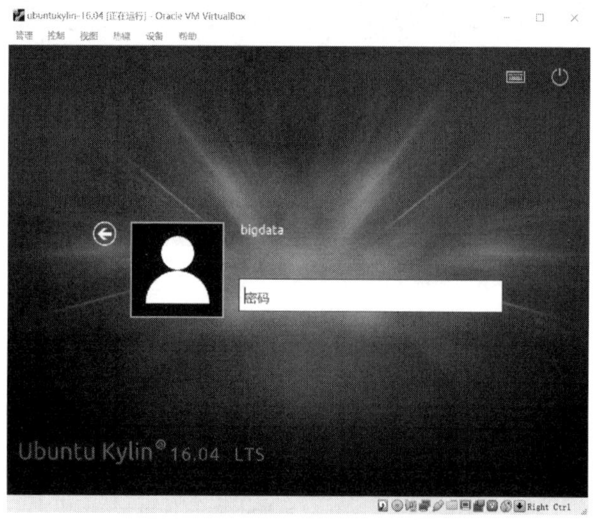

图 1 – 65 用户密码录入界面

在 Ubuntu 系统中，桌面上有常用的工具，任务栏中罗列了常用的任务。如图 1 – 66 所示。

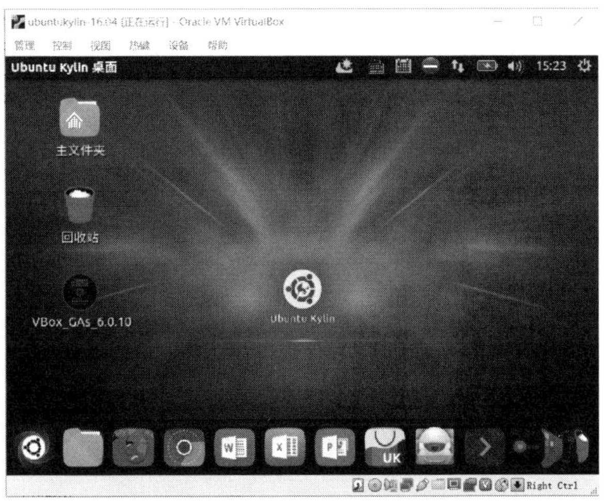

图 1－66　Ubuntu 操作系统桌面

如果要关闭虚拟机，则点击窗口右上角的“×”按钮，则可以弹出如图 1－67 所示的界面，选择“强制退出”选项，可以自己关闭虚拟机系统。

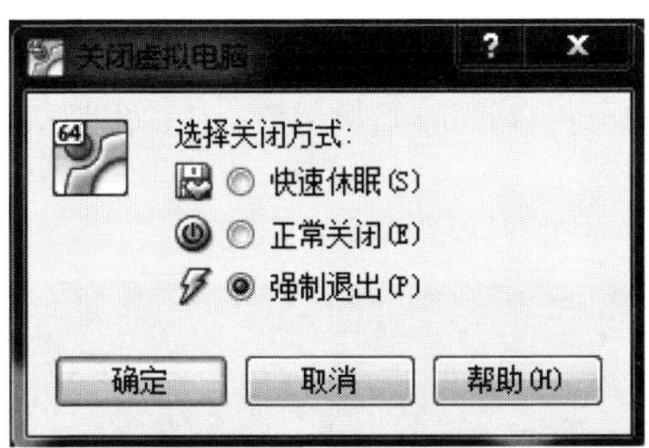

图 1－67　关闭虚拟机

（13）重新启动安装好的 Ubuntu 系统

虚拟机启动后，Ubuntu 系统自身默认是以窗口模式呈现，分辨率比较低。为了让虚拟机支持更大的分辨率，我们需要进行修复。如图 1－68 所示，点击 VirtualBox 的菜单“设备”选项，选择“安装增强功能”，系统会自动安装好增强的功能。

图 1－68　安装共享增强功能

如果没有弹出安装增强功能的提示，也可以使用命令进行安装，打开命令终端，输入如下命令执行：

sudo apt-geti

点击桌面右上角的齿轮形状的按钮，就会弹出快捷菜单，如图 1－69 所示，通过该快捷菜单，可以锁定/切换用户、注销虚拟机、关闭虚拟机等。

图 1－69　关闭虚拟机快捷菜单

选择“关机”选项即可，如图1－70所示，然后再选择“重启”虚拟机。

图1－70 关闭虚拟机

1.4.5 利用VMware Workstation安装Ubuntu操作系统

1. 创建虚拟机

(1) 启动创建虚拟机向导

打开VMWare Workstation，进入VMware初始界面，如图1－71所示。

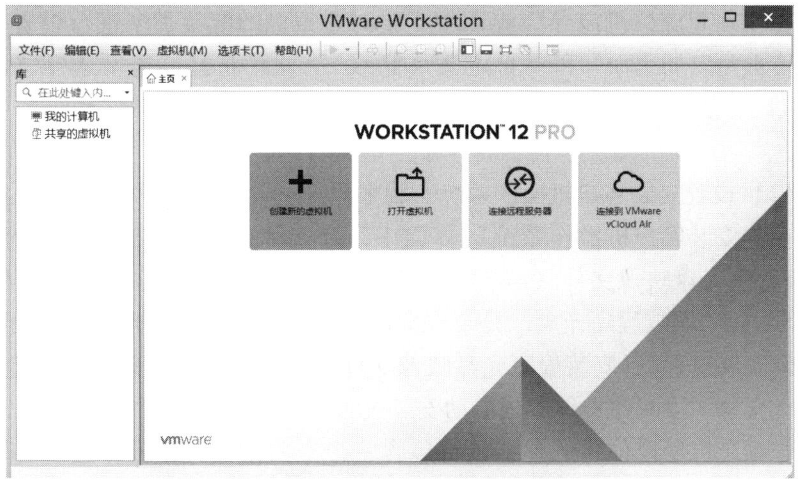

图1－71 VMware Workstation的初始界面

在 VMware Workstation 初始界面中，有“创建新的虚拟机”“打开虚拟机”“连接远程服务器”和“连接到 VMware VCloud Alr”按钮，在这里点击按钮“创建新的虚拟机”，会弹出“新建虚拟机向导”界面，如图 1－72 所示。

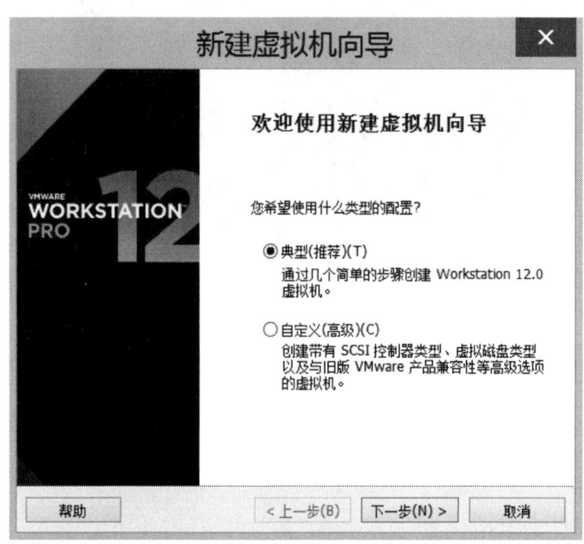

图 1－72　VMware Workstation 新建虚拟机向导

在“新建虚拟机向导”界面中，要对虚拟机的配置类型进行设置，可以有“典型（推荐）”和“自定义（高级）”两种选择，这里选择“典型（推荐）”，然后点击按钮“下一步”，进入“安装客户机操作系统的安装来源”。

（2）设置安装客户机操作系统安装来源

在“安装客户机操作系统”界面中，有三种选择：“安装程序光盘”“安装程序光盘映像文件（iso）”和“稍后安装操作系统”，如图 1－73 所示。其中：“安装程序光盘”是要在驱动器中插入安装程序光盘，以光盘形式启动安装过程；“安装程序光盘映像文件（iso）”是选择安装程序光盘映像 ISO 文件，以映像文件形式启动安装过程；“稍后安装操作系统”是不安装操作系统，使得创建的虚拟机将包含一个空白硬盘，此处，选择“安装程序光盘映像文件（iso）”。

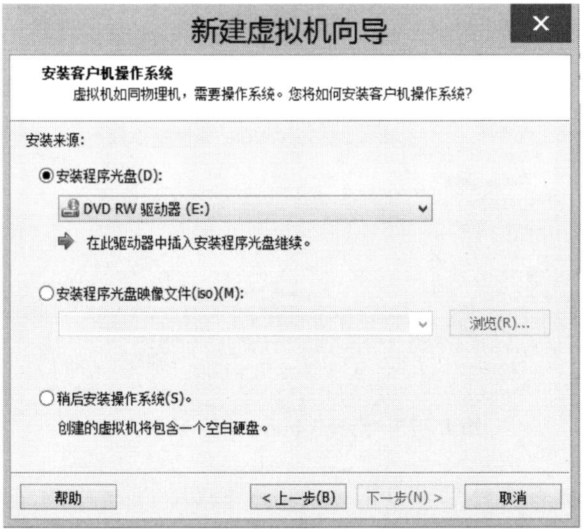

图 1－73　设置“安装客户机操作系统的安装来源”

在如图 1－74 所示的界面中，点击“浏览”按钮，弹出“浏览 ISO 映像”的对话窗口，在该窗口中定位要选择的 Ubuntu 映像文件，此处选择“Ubuntukylin-16. 04-desktop-amd64. iso”，如图 1－75 所示。

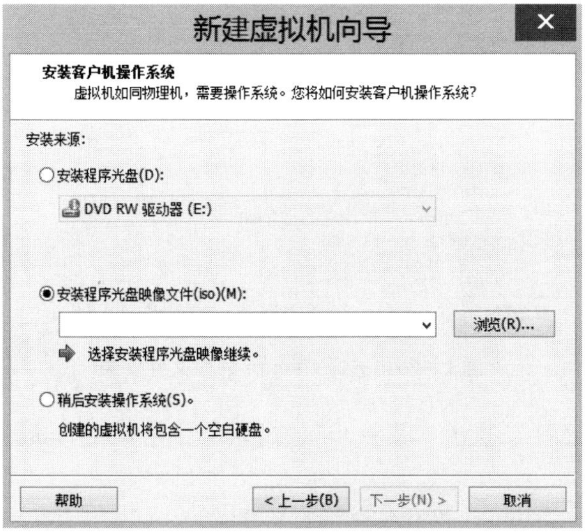

图 1－74　选择“安装程序光盘映像文件（iso）”

图 1－75　选择 Ubuntu ISO 映像文件

选中 ISO 映像文件后，点击“打开”按钮，则选中的文件的绝对路径会填入“浏览”按钮前面的文本框中，表明所选择的 ISO 映像文件的位置。如图 1－76 所示。

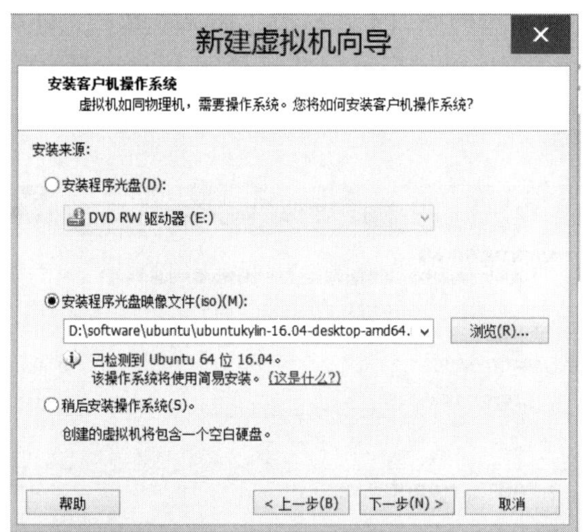

图 1－76　选择 Ubuntu 映像文件安装

在上述界面中，点击“下一步”，进入个性化安装 Linux 的简易安装信息设置界面。

（3）设置 Ubuntu 个性化安装信息

在个性化安装 Linux 的信息设置界面中输入 Linux 的个性化信息，包括全名、用户名、密码及密码确认信息，此处密码设置为“123456”，然后点击“下一步”，弹出虚拟机命名界面，如图 1－77 所示。

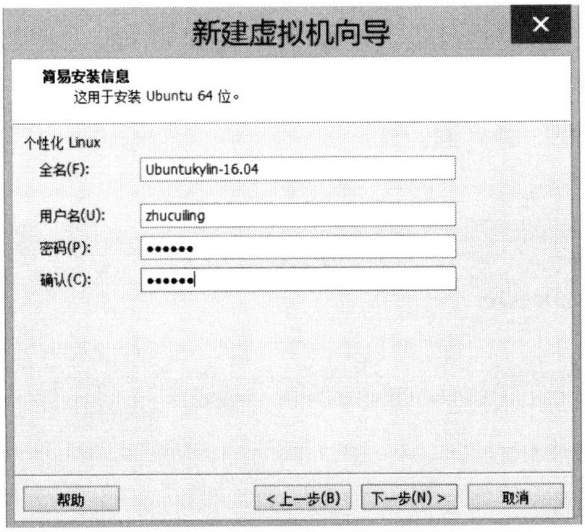

图 1－77　个性化 Liunx 信息

（4）虚拟机命名

在虚拟机命名界面中，可以设置虚拟机名称以及虚拟机的安装位置，此处可以选择默认值，如图 1－78 所示，设置完成之后，点击“下一步”，会弹出“虚拟机磁盘容量”设置界面。

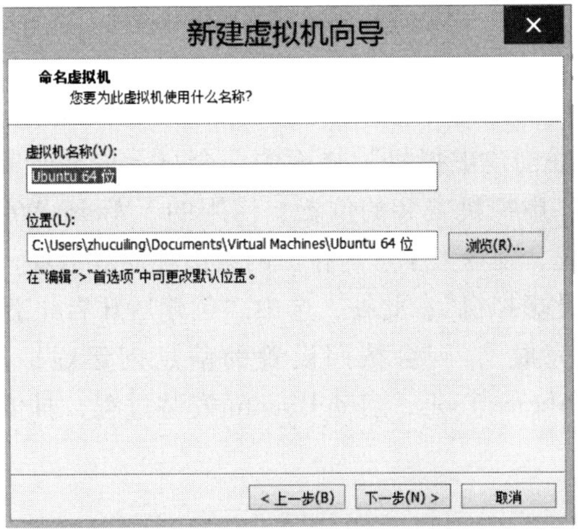

图 1－78　设置虚拟机名称及安装位置

（5）虚拟机磁盘容量设置

在虚拟机磁盘容量设置界面中，可以根据界面中的提示以及在以后的使用过程中需要在虚拟机中安装的生态组件所需要的容量大小来设置所创建虚拟机的磁盘容量，这里建议最大磁盘大小设置为40G，并选择“将虚拟磁盘拆分成多个文件”选项，然后点击“下一步”，如图1－79所示，弹出“已准备好创建虚拟机”的界面。

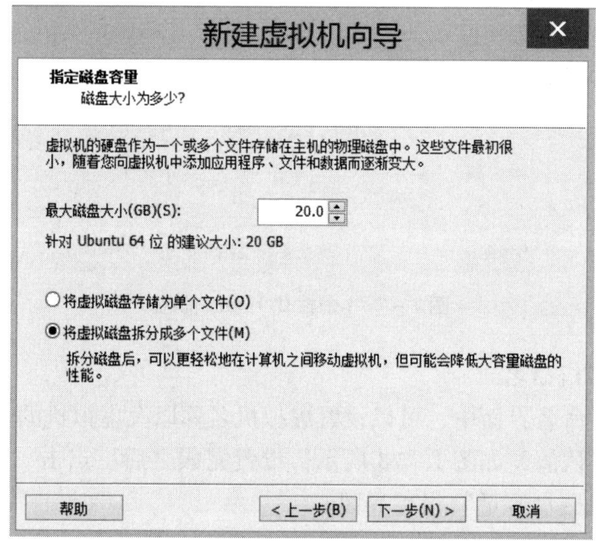

图1－79　设置虚拟机磁盘容量

（6）创建虚拟机完成

在“已准备好创建虚拟机”界面中，会显示前面步骤中设置的信息，包括虚拟机名称、虚拟机安装的位置、使用的VMware Workstation版本号、要安装的操作系统、硬盘大小、内存、网络适配器等信息，并可以选择是否在“创建后开启此虚拟机”，此处，选中“创建后开启此虚拟机”选项，然后，点击按钮“完成”，则会按照设置的信息创建虚拟机，并开始安装Ubuntu 64位和VMware Tools，启动Ubuntu安装过程，具体界面如图1－80所示。

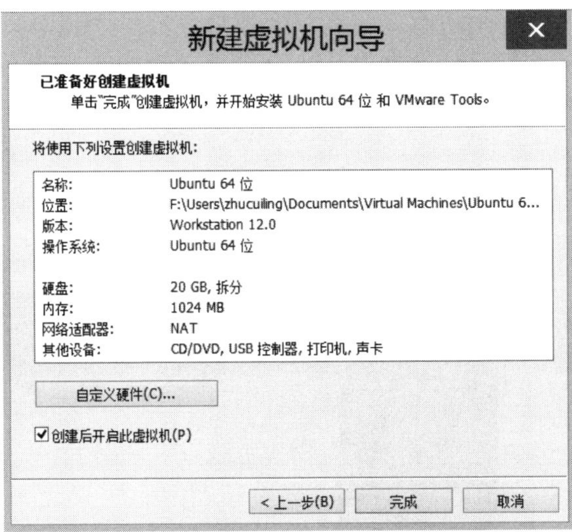

图 1－80　准备好创建虚拟机提示界面

2. 安装 Ubuntu 操作系统

(1) 启动 Ubuntu 安装过程

启动 Ubuntu 安装过程后，在此过程中会弹出一些提示界面，如图 1－81 所示提示更新设置，在此点击“确定”按钮，则继续进行安装。

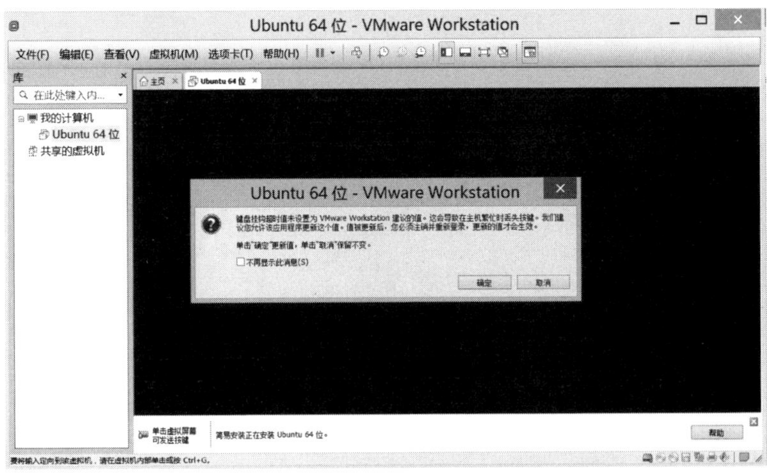

图 1－81　安装过程中提示信息

在安装过程还弹出可移动设备提示窗口，给出“每个设备同时只能连接到主机或一台虚拟机”的提示，在此点击“确定”按钮，即可继续安装Ubuntu，界面如图1－82所示。

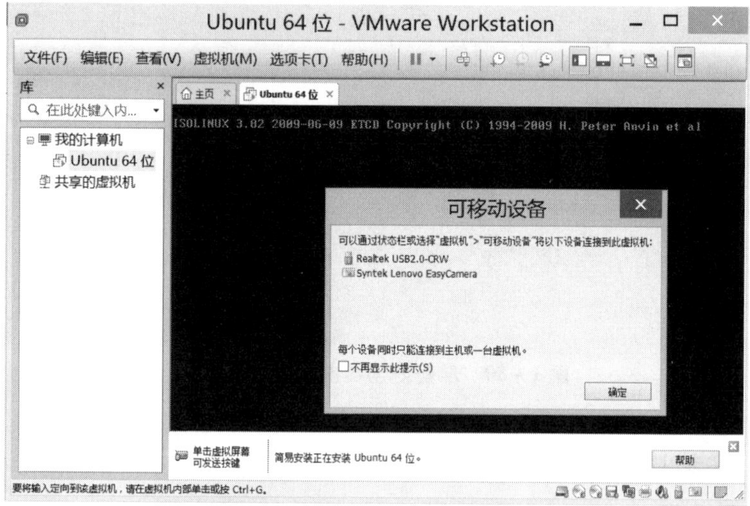

图1－82　可移动设备连接提示窗口

在安装过程中，还会出现安装不同组件时的提示界面，这时只需要等待即可，直至安装完成，具体如图1－83～图1－86所示。

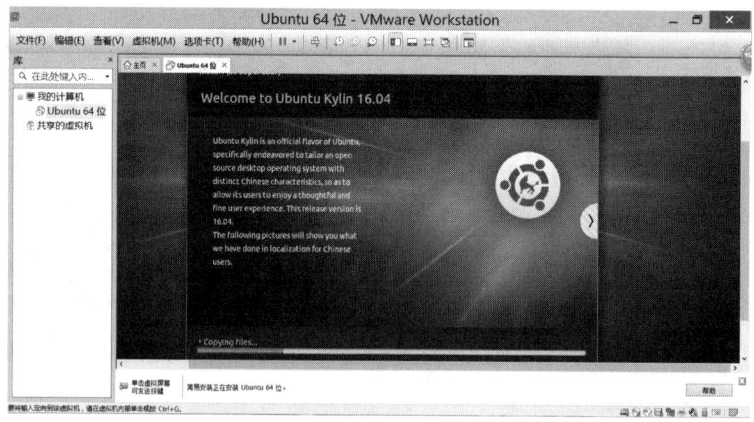

图1－83　安装ubuntu过程界面（1）

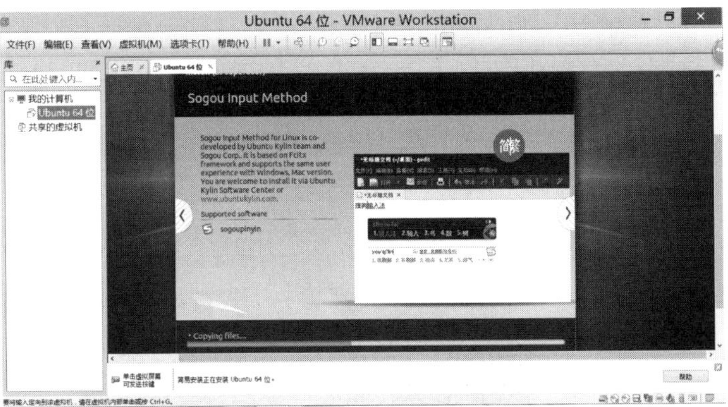

图 1 – 84　安装 ubuntu 过程界面（2）

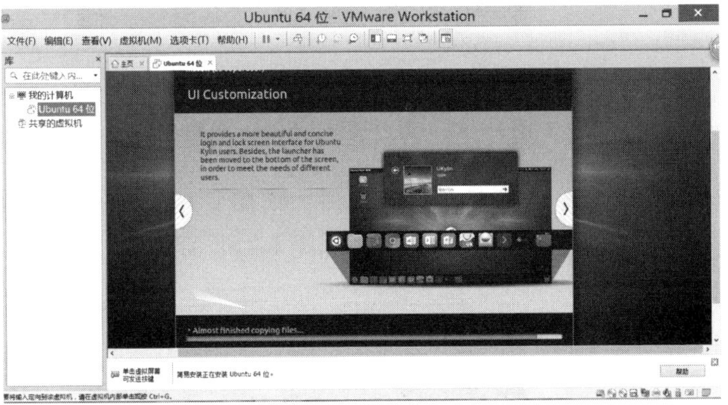

图 1 – 85　安装 ubuntu 过程界面（3）

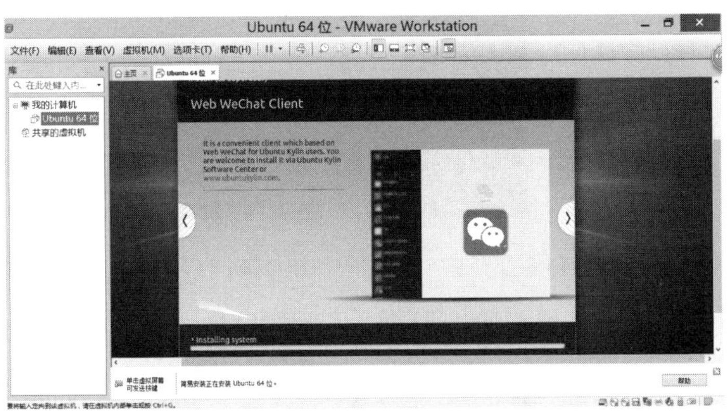

图 1 – 86　安装 Ubuntu 过程界面（4）

(2) 用户登录 Ubuntu 系统

安装完成后，会自动启动 Ubuntu，进入用户登录界面，如图 1－87 所示。

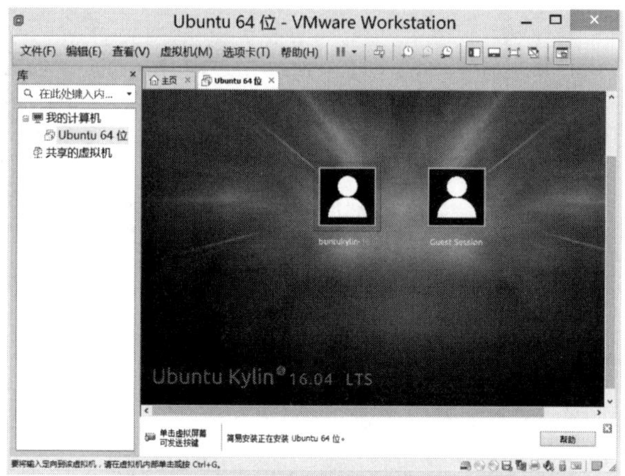

图 1－87　用户登录 Ubuntu 界面

在用户登录界面，单击选中登录用户，则在下方显示输入登录密码的文本框，在文本框中输入该用户的密码，如图 1－88 所示。

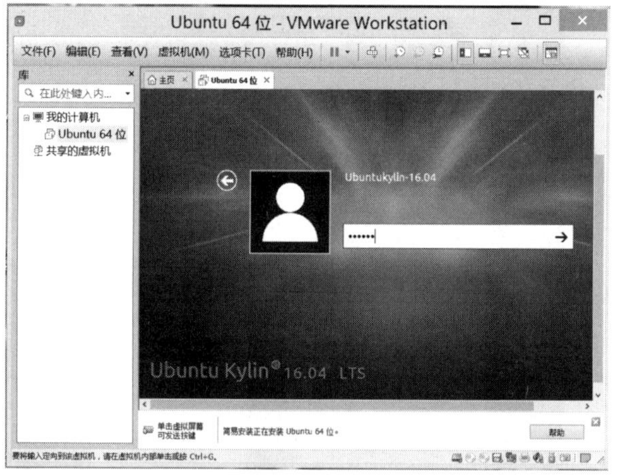

图 1－88　用户输入密码登录 Ubuntu

输入密码完毕，点击回车键，则会以该用户身份进入 Ubuntu 系统的桌面环境。如图 1－89 所示。

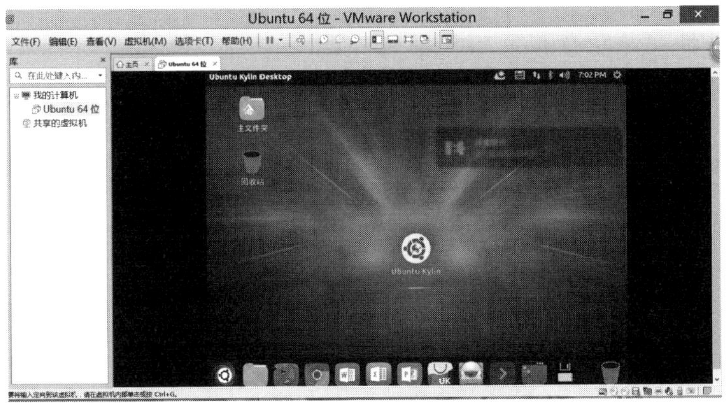

图 1－89　进入 Ubuntu 系统

1.5　Linux 虚拟机导入/导出

1.5.1　在虚拟机导出 Linux 镜像

1. 打开虚拟机软件 VirtualBox

打开虚拟机软件 VirtualBox，点击左上角的“管理”菜单项，弹出如图 1－90 所示的界面。

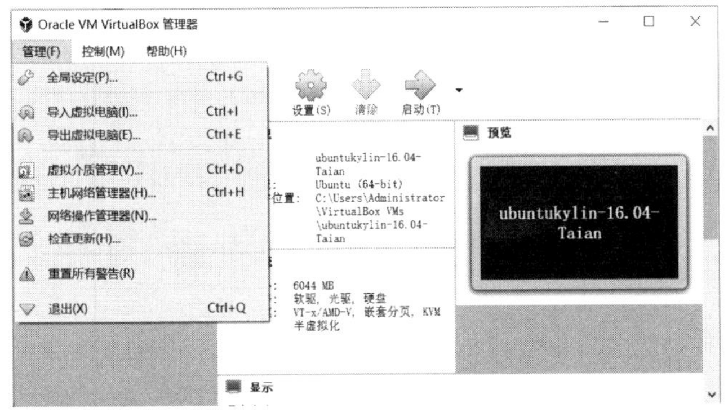

图 1－90　VirtualBox“管理”菜单界面

2. 选择“导出虚拟电脑”功能

在 virtual Box 的“管理”菜单界面，选择并点击“导出虚拟电脑”，会弹出导出虚拟电脑的界面，如图 1 – 91 所示。

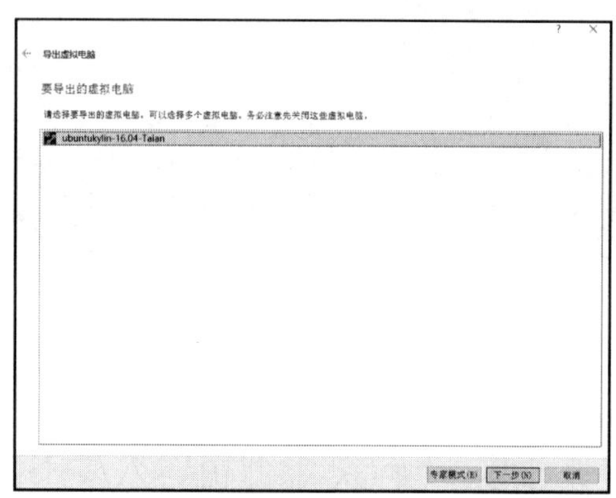

图 1 – 91　导出虚拟电脑向导界面

在这个界面中可以选择要导出的虚拟电脑，按着 Ctrl 键或 Shift 键可以同时选择多个虚拟电脑，但是必须要先关闭这些要导出的虚拟电脑。

3. 虚拟电脑导出设置

在“导出虚拟电脑”向导的界面中，点击“下一步”，进入“虚拟电脑导出设置”界面，如图 1 – 92 所示。

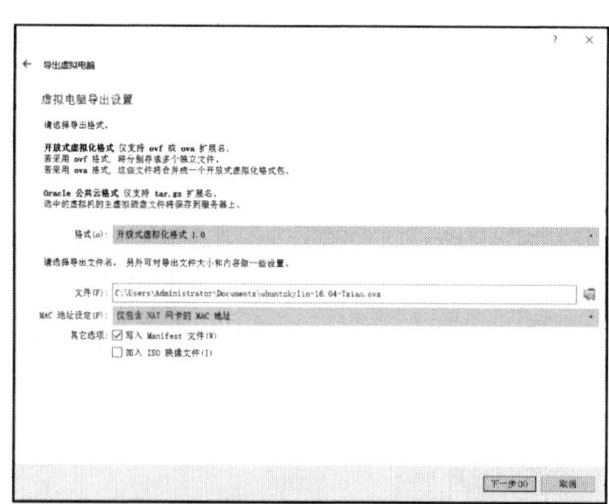

图 1 – 92　虚拟电脑导出设置

在“虚拟电脑导出设置”的界面中，可以选择导出的格式，导出的文件位置及文件名、MAC 地址设定以及“是否写入 Manifest 文件”和“是否加入 ISO 影像文件”等选项。可以供选择的导出格式有“开放式虚拟化格式”和“Oracle 公共云格式”，其中，“开放式虚拟化格式”仅支持 ovf 或 ova 扩展名的形式，若是采用 ovf 格式，则会将导出文件分别存成多个独立文件。若采用 ova 格式，则是将这些导出的文件合并成一个开放式虚拟化格式包；“Oracle 公共云格式”则仅支持 tar. gz 扩展名，选中的虚拟机的主虚拟磁盘文件将保存到云服务器上。

4. 进行虚拟系统描述信息设置

在“虚拟电脑导出界面”中选择要导出的格式，修改要导出的文件要存储的位置以及其他选项之后，点击“下一步”，打开“虚拟系统设置”界面，如图 1 – 93 所示。

图 1 – 93　虚拟系统描述信息设置

在“虚拟系统描述信息设置”界面中，对导出的虚拟电脑进行描述，包括名称、产品、产品 URL，供应商、供应商 URL、版本、描述和许可等项，在这些特征后面，双击即可进行编辑状态，编辑完之后，点击“导出”按钮，即可按照设置将所选择的虚拟电脑导出成相应的文件。

1.5.2 在虚拟机中加载 Linux 镜像

1. 打开虚拟机 VirtualBox

在 Windows 系统中，安装虚拟机 VirtualBox（参照第 1 章），然后，打开虚拟机 VirtualBox，如图 1－94 所示。

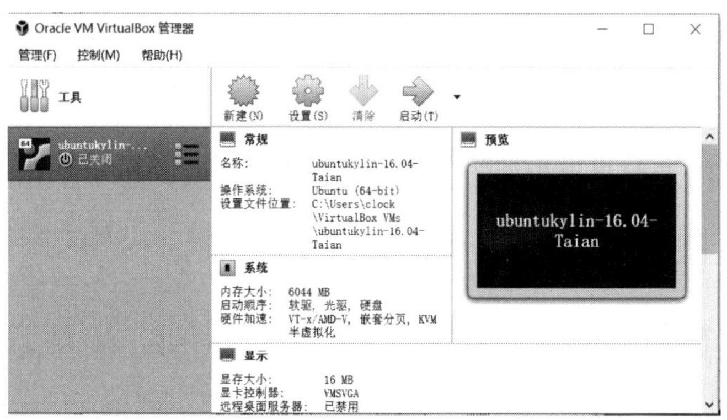

图 1－94 VirtualBox 管理器界面

2. 选择“导入虚拟电脑”功能

在左上角的菜单中，选择“管理”菜单，再选择“导入虚拟电脑”，如图 1－95 所示。

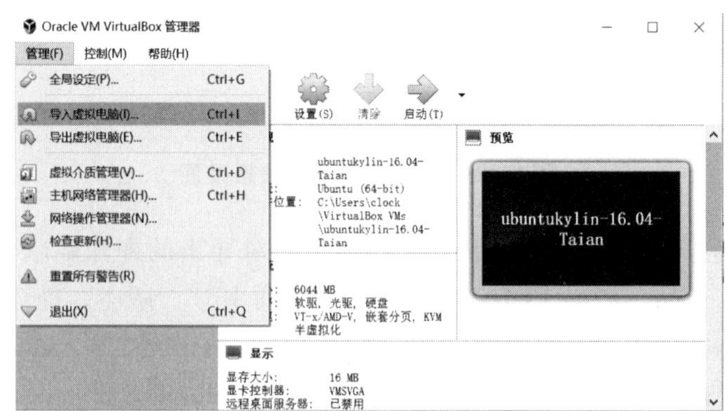

图 1－95 导入虚拟电脑

3. 选择本地镜像文件

在弹出的“导入虚拟电脑”的界面中，找到已经保存到本地的系统镜像文件 bigdatalab-Ubuntu16. 04. ova，点击“下一步”，把镜像导入，就可以生成 Ubuntu 虚拟机，如图 1 – 96 和图 1 – 97 所示。

图 1 – 96　导入虚拟电脑向导界面——选择镜像文件

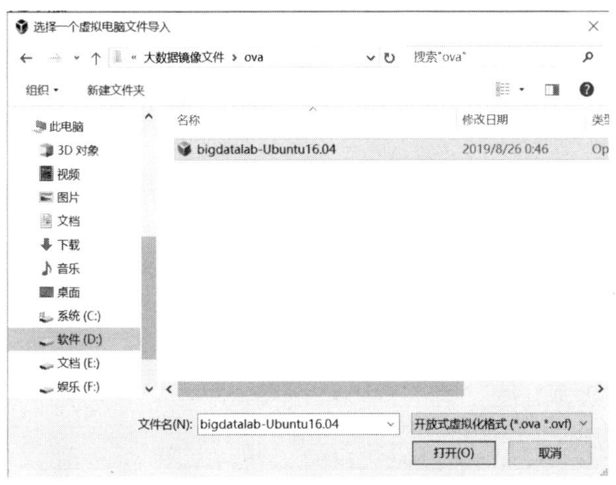

图 1 – 97　在本地选择镜像文件

1.5.3 ROOT 密码设置

第一，由于 Ubuntu 系统默认没有激活 root 用户的管理权限，因此需要获得 root 权限，这需要我们进行手工操作。在命令行界面下，或者在终端中输入如下命令：

```
$sudo passwd 或者 sudo passwd root
$Password:123456
$Enter new UNIX password:123456
$Retype new UNIX password:123456
```

然后会提示成功的信息，如图 1－98 所示。

图 1－98 激活 root 用户

第二，切入到 root 根用户，输入刚刚设置好的密码就可以了，如图 1－99 所示。

```
$su root
```

图 1－99 切换 root 用户

1.6　本章小结

本章首先介绍了 Linux 操作系统的发展、特点以及 Linux 和 Windows 的区别，其次介绍了 Ubuntu 操作系统作为一种非常重要的 Linux 发行版之一，其发展历程及特点。

虚拟机是通过运行在物理计算机上的虚拟机软件来模拟具有完整硬件系统功能并运行在完全隔离环境中的完整计算机系统，可以通过这种虚拟出来的、抽象的计算机来模拟在真实计算机上能够实现的功能，因此，后续的实践环节的内容可以利用虚拟机环境进行。因此，本章又介绍了 Linux 虚拟机的概念和常用的两种虚拟机软件 VirtualBox 和 VMWare 工作站，在此基础上，分别介绍了 VirtualBox 虚拟机和 VMWare 虚拟机软件的下载以及安装的过程。

最后介绍了在 VirtualBox 和 VMware 虚拟机中安装 Ubuntu 操作系统的具体过程以及在 VirtualBox 中导出/导入 Linux 镜像的方法及过程。

本 章 习 题

一、选择题

1. 在 Linux 系统中，不属于 Debian 系列的是（　　）。

A. Ubuntu　　B. Debian　　C. Kali　　D. centos

2. Linux 操作系统内核的创始人是（　　）。

A. Linux　　B. Linus

C. Tove　　D. Mark Shuttleworth

3. 以下不属于 GNU 操作系统的表述是（　　）。

A. GNU 是 GNU's Not UNIX（GNU 不是 UNIX）

B. 自由软件运动

C. 收费操作系统的版权保护

D. GNU 公共许可证

4. Ubuntu Linux 操作系统的创始人是（　　）。

A. Linus　　B. Tove

C. Richard Stallman　　D. Mark Shuttleworth

5. Linux 系统是以哪种方式访问设备的?（　　）

A. 命令　　B. 图形化用户界面

C. 设备文件　　D. 可执行程序

6. 在 Ubuntu 操作系统中，当用户键入 cd 并按 enter 后（　　）。

A. 当前目录为根目录

B. 当前目录改为用户主目录

C. 当前目录改为上一级目录

D. 当前目录没变，屏幕显示当前目录

7. 在 VMware 中，准备新虚拟机的正确操作顺序是（　　）。

A. 创建虚拟机、安装操作系统、加载 VMwareTools，安装补丁程序

B. 创建虚拟机、安装补丁程序、安装操作系统、加载 VMwareTools

C. 创建虚拟机、加载 VMareTools、安装操作系统、安装补丁程序

D. 安装操作系统，创建虚拟机，安装补丁程序、加载 VKV/areTools

8. 下列关于虚拟机快照的说法中，哪一项是正确的?（　　）

A. 快照作为单个文件记录，存储在虚拟机的配置目录中

B. 虚拟机一次只能拍摄一张快照

C. 在拍摄快照过程中可以选择是否捕获虚拟机的内存状态

D. 只能从命令行管理快照

9. 常用的虚拟机软件包括（　　）。

A. VMWARE　　B. JVM　　C. VMP　　D. VirtualBox

10. 虚拟机的应用领域有（　　）。

A. 演示环境　　B. 保证主机的快速运行

C. 避免重新安装　　D. 测试一下不熟悉的应用

二、判断题

1. 一台虚拟机只能连接到一个虚拟网络。（　　）

2. 我们常提到的“Windows 装个 VMware 装个 Linux 虚拟机”属于系统虚拟化。（　　）

3. VMware workstation 的使用需要（CPU 虚拟化）的支持，若未打开则虚拟客户机会无法使用。（　　）

4. 网络的每一层都可看作一种虚拟机，它向上一层提供特定服务。(　　)

5. 在 VirtualBox 中安装 Ubuntu 操作系统时，需要开启 CPU 虚拟化功能。(　　)

6. 在虚拟机中安装的 Linux 操作系统，可以跟实际的 Linux 操作系统一样，具有相同的功能。(　　)

7. 在虚拟机中可以安装多个不同的操作系统。(　　)

8. Linux 操作系统就是 Linux 内核。(　　)

9. Linux 的各个发行版本使用的是同一个 Linux 内核，因此，在 Linux 内核层不存在兼容性的问题。(　　)

10. Ubuntu 使用的是 GNOME 桌面环境。(　　)

三、问答题

1. 简述 Linux 操作系统的特点。

2. 为什么虚拟机是搭建大数据分布式环境的首选?

3. VirtualBox 相比于 VMWare Workstation 的优势在哪里?

四、操作实践题

1. 安装 VirtualBox 虚拟机。

2. 创建 VirtualBox 虚拟机实例。

3. 在虚拟机中安装 Ubuntu 操作系统。

4. 掌握在虚拟机中启动 Ubuntu 的方法并能进行导入/导出操作。

我们要坚持马克思主义在意识形态领域指导地位的根本制度，坚持为人民服务、为社会主义服务，坚持百花齐放、百家争鸣，坚持创造性转化、创新性发展，以社会主义核心价值观为引领，发展社会主义先进文化，弘扬革命文化，传承中华优秀传统文化，满足人民日益增长的精神文化需求，巩固全党全国各族人民团结奋斗的共同思想基础，不断提升国家文化软实力和中华文化影响力。

——引自二十大报告

第2章

Hadoop 分布式框架实践

本章学习目的

- 初步掌握 Hadoop 分布式框架的整体概况，掌握 Hadoop 运行模式以及 Hadoop 优势和不足。
- 了解部署 Hadoop 所需要的环境。
- 掌握利用伪分布式模式部署 Hadoop 的过程，掌握在伪分布式部署 Hadoop 时两个系统配置文件的作用及其使用方式；掌握在系统配置文件中配置的关键属性及其作用。
- 掌握正常启动/停止 Hadoop 服务的方法；掌握验证部署 Hadoop 是否成功的方法。

2.1　Hadoop 分布式框架

2.1.1　Hadoop 简介

Hadoop 是一个由 Apache 基金会开发的分布式系统基础架构，能够利用集群对海量数据进行分布式处理和存储。Hadoop 框架最核心的设计是：HDFS（Hadoop Distributed File System）和 MapReduce，其中，HDFS 被设计用来部署在低廉的硬件上，具有高容错性的特点，为海量的数据提供了存储，而且它提供高吞吐量来访问应用程序的数据，适合那些有着超大数据集的应用程序，并且 HDFS 放宽了 POSIX 的要求，可以以流的形式访问文件系统中的数据；而 MapReduce 采用“分而治之”的思想，可以将一个大的数据集拆分成许多个小数据块分别在多个节点上进行并行处理，并遵循“计算向数据靠拢”的原则，减少数据传输的开销，为数据的处理提供了海量的计算能力。此外，Hadoop 生态系统还包括 Hive、HBase、ZooKeeper、Pig、Avro、Sqoop、Flume、Mahout 等项目，为 Hadoop 提供了一个非常完整的生态系统。

在 Hadoop 中，HDFS 负责利用集群中各个节点的存储空间来解决大规模数据的存储问题，在 HDFS 中，主要包含 NameNode 和 DataNode 两类节点，其中 NameNode 是整个文件系统的管理节点，维护整个文件系统的文件/目录树，文件/目录的元数据和每个文件对应的数据块列表，还可以接收来自用户的请求；DataNode 是整个文件系统中实际存储数据的节点，每个 DataNode 节点都有自己的本地 Linux 文件系统，用于存储文件划分的各个数据块以及数据块的校验和。MapReduce 负责利用集群的资源以并行处理的方式来解决大规模数据的计算问题，它将整个计算过程主要分为两个阶段：Map 阶段和 Reduce 阶段，其中 Map 阶段主要是并行处理输入的数据，Reduce 阶段是要对 Map 结果进行汇总规约。在 Hadoop2. x 中，增加了 Yarn，MapReduce 只负责运算，Yarn 只负责资源的调度，Yarn 主要包括 ResourceManager、NodeManager、ApplicationMaster（AM）和 Container，其中 ResourceManager 主要负责接收和处理来自客户端的请求，启动或监控 ApplicationMaster，监控 NodeManager 的状态，以及集群中资源的分配与调度；NodeManager 主要负责管理单个节点上的资源，并处理来自 ResourceManager 和 ApplicationMaster 发来的指令，并将 ResourceManager 分配下来的资源分配给运行的 Application；ApplicationMaster 主要用来负责数据的切分，为所负责的应用程序申请资源并分配给内部的任务，以及任务的监控与容错；Container 是 Yarn 中的资源抽象，是一种动态的资源分配单位，它封装了某个节点上的多维度资源，如内存、CPU、磁盘、网络等。

2.1.2 Hadoop 运行模式

Hadoop 有 3 种运行模式：本地运行模式、伪分布运行模式和完全分布运行模式。

1. 本地模式

本地模式也称为单机模式（Local Mode 或 Standalone Mode），是 Hadoop 的默认运行模式，在这种模式下，Hadoop 只在一台单机上运行，没有分布式文件系统 HDFS，而是直接在本地操作系统中的文件系统中进行文件读写操作，不与其他节点进行交互，也不存在守护进程，所有进程都运行在一个 JVM（Java Virtual Machine，Java 虚拟机）上，只需配置/etc/hadoop/hadoop-env.sh 中的 JAVA_HOME，其他配置文件为空。本地模式只适用于开发阶段测试运行 MapReduce 程序（注意：不是运行在 Yarn 中，作一个独立的 Java 程序来运行），这也是最少使用的一个模式。

2. 伪分布模式

伪分布式运行模式（Pseudo-Distrubuted Mode）是在单台服务器上模拟 Hadoop 的完全分布模式，单机上的分布式并不是真正的分布式，而是使用线程模拟的分布式，但是在这种模式下，可以使用 Hadoop 的全部功能，所有的节点包括 NameNode、DataNode、ResourceManager、NodeManager、SecondaryNameNode 等都是以守护进程的方式运行在同一台机器上，并采用分布式文件系统 HDFS 进行存储，只是 HDFS 的 NameNode 和 DataNode 都在同一台机器上。

由于伪分布式运行模式的 Hadoop 集群只是用一个节点上启动的多个线程进行模拟，所以 HDFS 中的块复制将限制为单个副本，其 Master 节点、

SecondaryNameNode 和 Slave 节点都运行于本地主机。此种模式除了并非真正意义的分布式之外，其程序执行逻辑完全类似于完全分布式，因此，常用于开发人员测试程序的执行。

3. 完全分布式模式

完全分布式模式（Full Distributed Mode）是真正的分布式环境，通常用于生产环境，使用多台物理主机组建成一个 Hadoop 集群，Hadoop 守护进程运行在每台主机之上。在完全分布式模式中，NameNode、DataNode、SecondaryNameNode 运行在不同的主机上，由于 NameNode 的重要性，一般会选取一台性能比较优异的主机来承担 NameNode 的角色。而且，在完全分布式环境下，Master 主节点和 Slave 从节点会分开，因此，在完全分布式模式中，至少需要三台物理计算机作为节点，其中一台为 Master 主节点，配置成 NameNode、SecondaryNameNode 和 ResourceManager，另外，两台为 Slave 从节点，配置成 DataNode，NodeManager，存储采用分布式文件系统 HDFS。

2.1.3　Hadoop 特点

1. Hadoop 优势

（1）高可靠性

Hadoop 在进行数据存储时，对每个文件会划分成多个 block（块），在进行数据存储时则采用冗余复制的方式保存每个 block 的多个副本（replication），对于每个 block 的多个副本（默认 3 个）不会存储在同一个 DataNode 上，这样，当 Hadoop 集群中的某个节点发生故障时，该节点上所存放的每个 block 都会在其他节点上找到相同的副本，从而不会导致数据的丢失。

（2）高扩展性

在 Hadoop HA（High Available，高可用性）中对集群的规模没有限制，Hadoop 中的各个节点可以通过文件配置很方便地扩展到数以千计的节点，而且集群中的各个节点可以协同工作，可以在集群中的各个节点间分配任务。HDFS 可以很容易地通过添加更多的节点（DataNode）来扩展存储容量和计算能力；HDFS 提供了丰富的 API 和工具，使得开发者可以方便地对 HDFS 进行扩展和定制，以满足特定的业务需求；HDFS 提供了多种机制来扩展 NameNode 的处理能力，如使用 Federation（联邦）模式提高元数据管理的可扩展性。

（3）高效性

Hadoop 可以利用集群的威力进行高速运算和存储，通过分布式系统基础架构，用户可以在不了解分布式底层细节的情况下开发分布式程序，提高分布式程序的开发效率；Hadoop 实现了一个分布式文件系统（HDFS），其高容错性和高吞吐量的特点，使得 Hadoop 适合处理超大数据集的应用程序；HDFS 放宽了 POSIX 的要求，可以以流的形式访问文件系统中的数据，进一步提高了数据处理的效率；Hadoop 使用 MapReduce 处理方式，能够将一个大的任务通过“分而治之”的方式进行分解，并分配到各个节点并行完成，加快任务处理的速度，提高数据处理的效率。

（4）高容错性

在 Hadoop 集群中，如果有节点出现故障，系统能够自动地将该节点进行隔离，并启用数据恢复机制，将出现故障的节点上存储的数据块利用其在其他正常节点上存储的数据副本复制到集群的其他正常节点上，以保证集群中每个数据块的副本数跟系统配置文件中设置的参数保持一致，保障数据的正确性和一致性；当出现故障的节点还未完成 Hadoop 分配的子任务时，Hadoop 会自动将失败的子任务分配给其他正常的节点继续执行，从而可以正确完成整个任务。

（5）成本低

Hadoop 对集群中节点的硬件性能没有过高的要求，普通的非常廉价的 PC 都可以非常方便地加入集群，而且部署过程非常简单、方便，因此部署 Hadoop 集群成本比较低。

2. Hadoop 不足

Hadoop 作为一个处理大数据的软件框架，虽然受到众多商业公司的青睐，但是其自身的技术特点也决定了它不能完全解决大数据的问题。

（1）不适合低延迟数据访问

HDFS 面向大规模数据批处理设计，采用流式数据处理，具有很高的数据吞吐率，但这也意味着有较高的延时，对于低延迟访问数据的业务需求不适合 HDFS。

（2）不能够高效地存储小文件数据

Hadoop 的数据存储是基于 HDFS 文件存储系统，HDFS 是采用块 block

为基本单位存储数据，Hadoop2. x 之后，每个数据块大小为 128MB，如果一个文件达不到 128MB，也会存储成一个独立的块。如果存在大量的小文件（假设都小于 128MB），那么会造成每个块都无法存储满，造成大量的空间浪费。

HDFS 是采用主从节点架构。集群中只设置一个主节点（可能有备份主节点）以及多个从节点，主节点负责集群管理、资源配置、作业调度等，从节点负责数据的存储与读取。HDFS 采用主节点管理元数据，启动 Hadoop 服务时，主节点会将文件系统的元数据加载在内存中，因此，HDFS 中所能存储的文件总数受限于 NameNode 的内存容量。而且，客户端可以根据主节点存储的元数据快速查询到数据块位置、数据块号，再从节点读写数据。如果存在大量小文件，则会使得在主节点中存储的元数据大幅度上升，直接导致查询效率降低，主节点的效率下降。

（3）不支持用户并发写入并修改文件

HDFS 适合一次写入、多次读取的场景，对于上传到 HDFS 上的文件，不支持文件的随机修改。Hadoop 目前不允许多个用户对同一文件同时执行写操作，只允许一个文件有一个写入者，不允许多个线程同时写，而且只允许对文件进行追加操作，即每次写入都只能添加在文件末尾。

2.2 JDK 工具包

JDK（Java Development Kit）是 Java 语言的软件开发工具包，是一种用于在 Java 平台上构建与发布应用程序、Applet 和组件的开发环境，它提供了开发和调试 Java 应用程序所需的工具和资源，是整个 Java 开发的核心。JDK 包含了 Java 的运行环境（Java Runtime Environment，JRE）、Java 工具和 Java 基础类库。具体地，JDK 为 Java 开发提供了编译工具（javac）和运行时环境（java），同时还包括了一整套 Java 开发工具（如 javadoc 和 jdb 等）和 Java 基础类库（如 rt. jar），这些工具和类库使得 Java 开发者能够方便地进行 Java 程序的开发、调试和部署。使用 JDK，Java 开发者可以编译、调试以及运行 Java 应用程序，包括将源代码编译成字节码、打包应用程序、启动 Java 虚拟机（Java Virtual Machine，JVM）和管理 Java 应用程序的运行时环境。

JDK 是 java 语言开发最基础的工具包，是 java 程序运行的基础，也是各种 IDE 开发环境的基础，不管是进行 java 编程、jsp web 开发环境搭建、android 开发环境搭建，还是分布式环境搭建都需要使用到 JDK。JDK 的更新也会带来新的特性和对旧有特性的改进，使得 Java 开发者能够利用这些新的特性和改进来编写更加高效、安全、易维护的 Java 程序。

JDK 主要用于开发和调试 Java 应用程序，其中包含的工具和资源有助于开发人员进行以下操作：

①编写和编译 Java 源代码；

②调试和测试 Java 应用程序；

③执行 Java 程序；

④创建和管理 Java 库和模块；

⑤文档和示例的生成和维护；

⑥性能分析和优化。

在 JDK 的 bin 目录中提供了有助于软件开发过程的各种功能和工具。JDK 包含的其他基本组件包括：

①编译器（javac）：将 Java 源代码程序编译为可执行的 Java 字节码。

②打包工具（jar）：用于创建、管理和发布 Java 库和应用程序，可以将大量相关的类文件打包成一个 JAR 文件。

③文档生成器（javadoc）：从源码注释中提取文档，可以检查类的名称和包含在类中的方法，以及使用特殊注释来为 Java 代码创建应用程序编程接口（API）文档。

④Jdb 调试器：是一种查错工具，可以帮助开发人员在代码中定位和解决问题。

⑤java 运行编译后的 java 程序（. class 后缀的）appletviewer：小程序浏览器，一种执行 HTML 文件上的 Java 小程序的 Java 浏览器。

⑥模块系统：有助于创建、管理和组织 Java 模块。

⑦示例代码库：包含各种示例代码，帮助开发人员学习和理解 Java API。

JDK 还包含许多用于检查 JVM 运行时行为的工具，包括 Java Mission Control（JMC）、Java Flight Recorder（JFR）和 VisualVM。JDK 可以提供 Java 开发所需的一切工具和资源，但具体版本和组件可能因不同的 JDK 发行版而有所差异。

由于在 Linux 中安装 Hadoop 大数据分布式系统，需要 Java JDK 的支持。因此，在 Hadoop 安装之前，需要安装 JDK 软件包，并配置环境变量。

2.3　Hadoop 分布式部署

2.3.1　软件下载

Hadoop 软件可以到官网进行下载，可以从 http：//mirror. bit. edu. cn/apache/ hadoop/common/或者 http：//mirrors. cnnic. cn/apache/hadoop/common/选择稳定版本进行下载，即下载“stable”下的 **hadoop-x. y. z. tar. gz** 这个格式的文件。该文件是已经编译好的版本，另一个包含 src 的则是 Hadoop 源代码，需要进行编译后才可安装，如图 2－1 所示。

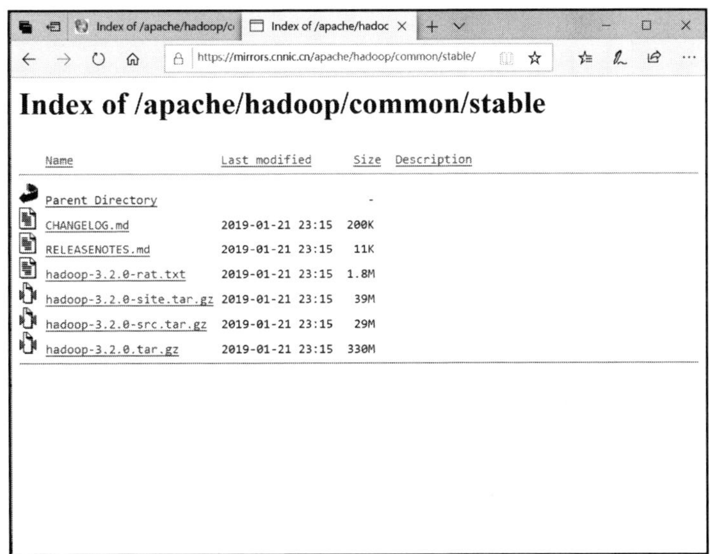

图 2－1　hadoop 下载界面

初学者为了保证顺利完成安装部署，推荐使用已下载好的版本，文件默认在虚拟机镜像文件/usr/my_software/hadoop-2. 7. 1. tar. gz 中。

2.3.2 安装准备

1. 创建 hadoop 用户

如果在安装 Ubuntu 系统的时候没有创建“hadoop”用户，则需增加一个名为 hadoop 的用户。操作过程如下，同时按住 ctrl + alt + t 打开终端窗口，创建一个新用户，并使用/bin/bash 作为 shell，在所给的提示中设置密码为“123456”，命令如下：

```
$sudo useradd -m hadoop -s /bin/bash   //创建一个名字为 hadoop 的用户
$sudo passwd hadoop   //设置 hadoop 用户的密码
$sudo adduser hadoop sudo   //将 hadoop 用户添加到管理员权限组中
```

注销当前用户（Ubuntu 系统中点击屏幕右上角的齿轮图标，选择“注销”选项，在弹出的选择界面中选择“登出”），即可返回系统登录主界面。在登录主界面中选择使用刚创建成功的 hadoop 用户重新登录。

2. apt 更新

下面很多时候需要使用 apt 工具来安装软件。因此，通过 hadoop 用户登录系统之后，首先更新一下 apt 组件。同时按下 ctrl + alt + t 打开终端窗口，执行如下命令，结果如图 2 – 2 所示。

```
$sudo apt-get update
```

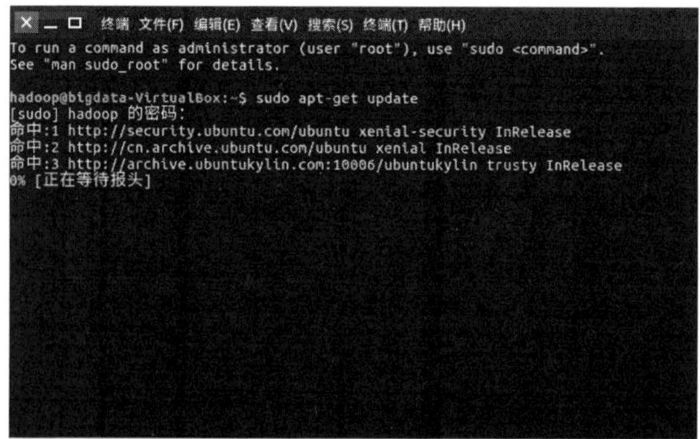

图 2 – 2　更新 apt 组件

如果网络不好，可能会出现“Hash 校验和不符”的警告提示，这时可通过更改软件源的方式重新安装来解决问题。这一提示也不会影响 Hadoop 的安装，也可以忽略此提醒。

3. SSH 无密码登录配置

Hadoop 需要用到 SSH 命令在不同节点之间登录以共享信息，Ubuntu 默认已安装了 SSH client 端的软件，但还需要安装 SSH server 端的软件，并使用如下命令测试 SSH 登录能否成功，命令如下，结果如图 2－3 所示。

```
$sudo apt-get install openssh-server    //安装 SSH 的服务器端
```

```
hadoop@bigdata-VirtualBox:~$ sudo apt-get install openssh-server
正在读取软件包列表... 完成
正在分析软件包的依赖关系树
正在读取状态信息... 完成
将会同时安装下列软件:
  ncurses-term openssh-sftp-server ssh-import-id
建议安装:
  ssh-askpass rssh molly-guard monkeysphere
下列【新】软件包将被安装:
  ncurses-term openssh-server openssh-sftp-server ssh-import-id
升级了 0 个软件包，新安装了 4 个软件包，要卸载 0 个软件包，有 389 个软件包未被升级。
需要下载 633 kB 的归档。
解压缩后会消耗 5,136 kB 的额外空间。
您希望继续执行吗? [Y/n]
```

图 2－3　安装 SSH 的服务器端

在提示中输入“Y”，点击回车，进入 SSH 服务器端安装过程，出现如图 2－4 所示界面即为安装完成。

```
终端 文件(F) 编辑(E) 查看(V) 搜索(S) 终端(T) 帮助(H)
获取:2 http://cn.archive.ubuntu.com/ubuntu xenial-updates/main amd64 openssh-sftp-server amd64 1:7.2p2-4ubuntu2.
8 [38.9 kB]
错误:2 http://security.ubuntu.com/ubuntu xenial-security/main amd64 openssh-sftp-server amd64 1:7.2p2-4ubuntu2.8
  连接失败 [IP: 91.189.91.23 80]
获取:3 http://cn.archive.ubuntu.com/ubuntu xenial-updates/main amd64 openssh-server amd64 1:7.2p2-4ubuntu2.8 [33
5 kB]
获取:2 http://security.ubuntu.com/ubuntu xenial-security/main amd64 openssh-sftp-server amd64 1:7.2p2-4ubuntu2.8
 [38.9 kB]
获取:4 http://cn.archive.ubuntu.com/ubuntu xenial/main amd64 ssh-import-id all 5.5-0ubuntu1 [10.2 kB]
已下载 596 kB，耗时 2分 37秒 (3,783 B/s)
正在预设定软件包 ...
正在选中未选择的软件包 ncurses-term。
(正在读取数据库 ... 系统当前共安装有 173271 个文件和目录。)
正准备解包 .../ncurses-term_6.0+20160213-1ubuntu1_all.deb  ...
正在解包 ncurses-term (6.0+20160213-1ubuntu1) ...
正在选中未选择的软件包 openssh-sftp-server。
正准备解包 .../openssh-sftp-server_1%3a7.2p2-4ubuntu2.8_amd64.deb  ...
正在解包 openssh-sftp-server (1:7.2p2-4ubuntu2.8) ...
正在选中未选择的软件包 openssh-server。
正准备解包 .../openssh-server_1%3a7.2p2-4ubuntu2.8_amd64.deb  ...
正在解包 openssh-server (1:7.2p2-4ubuntu2.8) ...
正在选中未选择的软件包 ssh-import-id。
正准备解包 .../ssh-import-id_5.5-0ubuntu1_all.deb  ...
正在解包 ssh-import-id (5.5-0ubuntu1) ...
正在处理用于 man-db (2.7.5-1) 的触发器 ...
正在处理用于 systemd (229-4ubuntu21.21) 的触发器 ...
正在处理用于 ureadahead (0.100.0-19) 的触发器 ...
正在处理用于 ufw (0.35-0ubuntu2) 的触发器 ...
正在设置 ncurses-term (6.0+20160213-1ubuntu1) ...
正在设置 openssh-sftp-server (1:7.2p2-4ubuntu2.8) ...
正在设置 openssh-server (1:7.2p2-4ubuntu2.8) ...
Creating SSH2 RSA key; this may take some time ...
2048 SHA256:0aAaUN4xztZsHyfQvS05N0Z+J/DMKYzFwm6hpj8a/iI root@bigdata-VirtualBox (RSA)
Creating SSH2 DSA key; this may take some time ...
1024 SHA256:lHiJNnjBkB7x28Pm+rWkn97r8eSQT3/EoX1W5PFevcw root@bigdata-VirtualBox (DSA)
Creating SSH2 ECDSA key; this may take some time ...
256 SHA256:/gChFPE0lOKknywyaTmm4+ZFMxj/ZQ18clkgLZwGoXg root@bigdata-VirtualBox (ECDSA)
Creating SSH2 ED25519 key; this may take some time ...
256 SHA256:L08oAQcxhHLCLNey3yYsCSpn50wWACN8PIRtH+cnlKk root@bigdata-VirtualBox (ED25519)
正在设置 ssh-import-id (5.5-0ubuntu1) ...
正在处理用于 systemd (229-4ubuntu21.21) 的触发器 ...
正在处理用于 ureadahead (0.100.0-19) 的触发器 ...
正在处理用于 ufw (0.35-0ubuntu2) 的触发器 ...
hadoop@bigdata-VirtualBox:~$
```

图 2－4　安装完成

$ssh localhost //ssh 连接测试

注意：SSH 首次登录会进行提示，输入“yes”，如图 2－5 所示。

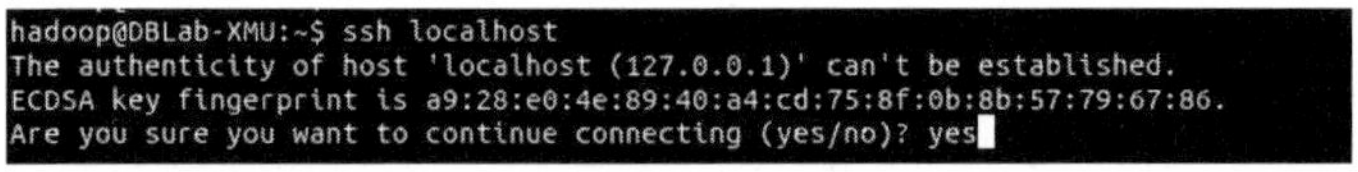

```
hadoop@DBLab-XMU:~$ ssh localhost
The authenticity of host 'localhost (127.0.0.1)' can't be established.
ECDSA key fingerprint is a9:28:e0:4e:89:40:a4:cd:75:8f:0b:8b:57:79:67:86.
Are you sure you want to continue connecting (yes/no)? yes
```

图 2－5 登录提示

并按提示输入 hadoop 登录密码（123456）。

如果 Ubuntu 有新的版本可用，则会提示是否要升级，如图 2－6 所示。

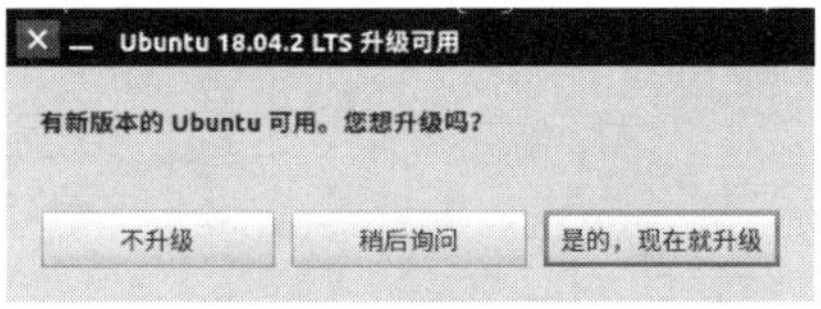

图 2－6 提示升级

此处选择“不升级”并确定不升级。

SSH 登录本机测试成功，如图 2－7 所示。

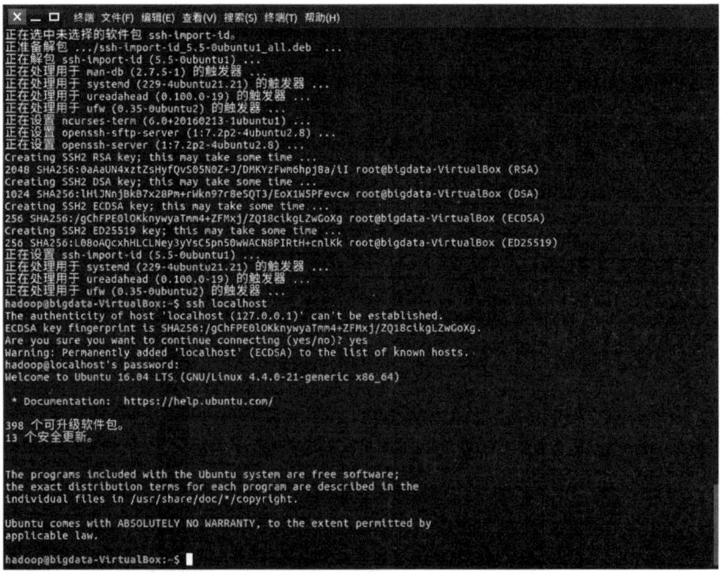

```
终端 文件(F) 编辑(E) 查看(V) 搜索(S) 终端(T) 帮助(H)
正在选中未选择的软件包 ssh-import-id。
正准备解包 .../ssh-import-id_5.5-0ubuntu1_all.deb  ...
正在解包 ssh-import-id (5.5-0ubuntu1) ...
正在处理用于 man-db (2.7.5-1) 的触发器 ...
正在处理用于 systemd (229-4ubuntu21.21) 的触发器 ...
正在处理用于 ureadahead (0.100.0-19) 的触发器 ...
正在处理用于 ufw (0.35-0ubuntu2) 的触发器 ...
正在设置 ncurses-term (6.0+20160213-1ubuntu1) ...
正在设置 openssh-sftp-server (1:7.2p2-4ubuntu2.8) ...
正在设置 openssh-server (1:7.2p2-4ubuntu2.8) ...
Creating SSH2 RSA key; this may take some time ...
2048 SHA256:0aAaUN4xztZsHyfQvS05N0Z+J/DMKYzFwm6hpj8a/iI root@bigdata-VirtualBox (RSA)
Creating SSH2 DSA key; this may take some time ...
1024 SHA256:lHiJNnjBkB7x28Pm+rWkn97r8eSQT3/EoX1W5PFevcw root@bigdata-VirtualBox (DSA)
Creating SSH2 ECDSA key; this may take some time ...
256 SHA256:/gChFPE0lOKknywyaTmm4+ZFMxj/ZQ18cikgLZwGoXg root@bigdata-VirtualBox (ECDSA)
Creating SSH2 ED25519 key; this may take some time ...
256 SHA256:L08oAQcxhHLCLNey3yYsC5pn50wWACN8PIRtH+cnlKk root@bigdata-VirtualBox (ED25519)
正在设置 ssh-import-id (5.5-0ubuntu1) ...
正在处理用于 systemd (229-4ubuntu21.21) 的触发器 ...
正在处理用于 ureadahead (0.100.0-19) 的触发器 ...
正在处理用于 ufw (0.35-0ubuntu2) 的触发器 ...
hadoop@bigdata-VirtualBox:~$ ssh localhost
The authenticity of host 'localhost (127.0.0.1)' can't be established.
ECDSA key fingerprint is SHA256:/gChFPE0lOKknywyaTmm4+ZFMxj/ZQ18cikgLZwGoXg.
Are you sure you want to continue connecting (yes/no)? yes
Warning: Permanently added 'localhost' (ECDSA) to the list of known hosts.
hadoop@localhost's password:
Welcome to Ubuntu 16.04 LTS (GNU/Linux 4.4.0-21-generic x86_64)

 * Documentation:  https://help.ubuntu.com/

398 个可升级软件包。
13 个安全更新。


The programs included with the Ubuntu system are free software;
the exact distribution terms for each program are described in the
individual files in /usr/share/doc/*/copyright.

Ubuntu comes with ABSOLUTELY NO WARRANTY, to the extent permitted by
applicable law.

hadoop@bigdata-VirtualBox:~$
```

图 2－7 SSH 登录本机测试成功

为了便于 Hadoop 节点之间的互访，需要配置成 SSH 无密码登录。首先从刚才的 SSH 远程登录退出来，回到了原先节点的终端中，如图 2－8 所示，然后利用 ssh-keygen 命令生成密钥，并将密钥加入到授权中，具体命令如下，结果如图 2－9 所示。

$exit　//注销 SSH 登录

```
hadoop@bigdata-VirtualBox:~$ exit
注销
Connection to localhost closed.
```

图 2－8　注销 SSH 登录

$cd ~/. ssh/　//如果提示无该目录,请执行一次 ssh localhost, ~代表用户的主文件夹“/home/用户名”

$ssh-keygen -t rsa　//中间的提示依次确定即可

```
hadoop@bigdata-VirtualBox:~$ cd ~/.ssh/
hadoop@bigdata-VirtualBox:~/.ssh$ ssh-keygen -t rsa
Generating public/private rsa key pair.
Enter file in which to save the key (/home/hadoop/.ssh/id_rsa):
Enter passphrase (empty for no passphrase):
Enter same passphrase again:
Your identification has been saved in /home/hadoop/.ssh/id_rsa.
Your public key has been saved in /home/hadoop/.ssh/id_rsa.pub.
The key fingerprint is:
SHA256:xlK0V4vhjQxkjU2ot0bhzdWFeI/b9UG3YvrX6V3BhKk hadoop@bigdata-VirtualBox
The key's randomart image is:
+---[RSA 2048]----+
|    o*.  o o.    |
|   o+ o o +   o..|
|   oo+.... o o..o|
|  ..+=oB .. oo+o |
|   oo.B S  Eo..+.|
|    oo o  ...   o|
|    .        .  +|
|              . o+|
|               o..|
+----[SHA256]-----+
hadoop@bigdata-VirtualBox:~/.ssh$
```

图 2－9　生成密钥

$cat ./id_rsa. pub ＞＞./authorized_keys

最后使用 ssh localhost 命令进行测试，如果不需要密码就能够直接登录，表示免密登录设置成功，如图 2－10 所示。

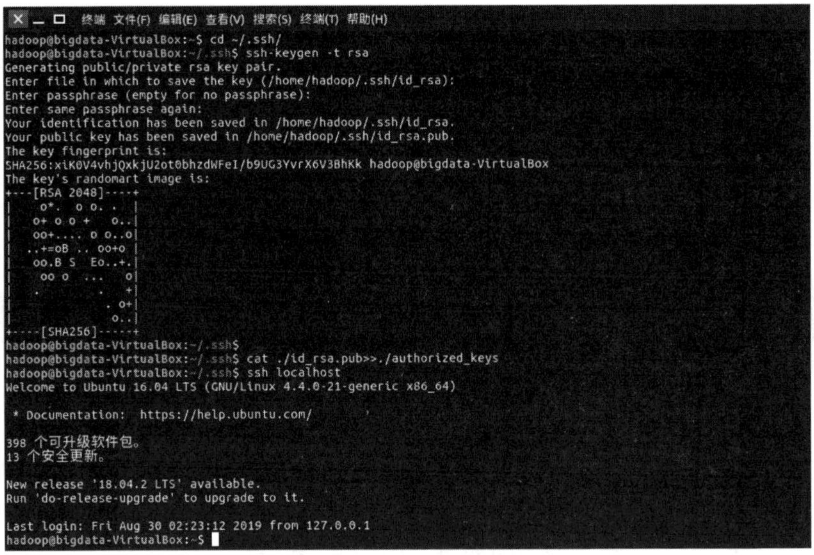

```
终端 文件(F) 编辑(E) 查看(V) 搜索(S) 终端(T) 帮助(H)
hadoop@bigdata-VirtualBox:~$ cd ~/.ssh/
hadoop@bigdata-VirtualBox:~/.ssh$ ssh-keygen -t rsa
Generating public/private rsa key pair.
Enter file in which to save the key (/home/hadoop/.ssh/id_rsa):
Enter passphrase (empty for no passphrase):
Enter same passphrase again:
Your identification has been saved in /home/hadoop/.ssh/id_rsa.
Your public key has been saved in /home/hadoop/.ssh/id_rsa.pub.
The key fingerprint is:
SHA256:xiK0V4vhjQxkjU2ot0bhzdWFeI/b9UG3YvrX6V3BhKk hadoop@bigdata-VirtualBox
The key's randomart image is:
+---[RSA 2048]----+
|    o*.  o o. .  |
|   o+ o o +   o..|
|   oo+.... o o..o|
|  ..+=oB .. oo+o |
|   oo.B S  Eo..+.|
|    oo o  ...   o|
|   .        .   +|
|              . o+|
|              o..|
+----[SHA256]-----+
hadoop@bigdata-VirtualBox:~/.ssh$
hadoop@bigdata-VirtualBox:~/.ssh$ cat ./id_rsa.pub>>./authorized_keys
hadoop@bigdata-VirtualBox:~/.ssh$ ssh localhost
Welcome to Ubuntu 16.04 LTS (GNU/Linux 4.4.0-21-generic x86_64)

 * Documentation:  https://help.ubuntu.com/

398 个可升级软件包。
13 个安全更新。

New release '18.04.2 LTS' available.
Run 'do-release-upgrade' to upgrade to it.

Last login: Fri Aug 30 02:23:12 2019 from 127.0.0.1
hadoop@bigdata-VirtualBox:~$
```

图 2-10　SSH 无密码登录

2.3.3　JDK 环境部署

1. JDK 下载

从 https://www.oracle.com/java/technologies/javase/javase-jdk8-downloads.html（Oracle 官网）上下载 Linux 操作系统所支持的 JDK 版本，不同 Linux 版本所对应的文件不同，如图 2-11 所示。

Java SE Development Kit 8u181
您必须接受 针对 Java SE 的 Oracle 二进制代码许可协议才能下载该软件。
接受许可协议　不接受许可协议

产品 / 文件说明	文件大小	下载
Linux ARM 32 硬浮点 ABI	72.95 MB	jdk-8u181-linux-arm32-vfp-hflt.tar.gz
Linux ARM 64 硬浮点 ABI	69.89 MB	jdk-8u181-linux-arm64-vfp-hflt.tar.gz
Linux x86	165.06 MB	jdk-8u181-linux-i586.rpm
Linux x86	179.87 MB	jdk-8u181-linux-i586.tar.gz
Linux x64	162.15 MB	jdk-8u181-linux-x64.rpm
Linux x64	177.05 MB	jdk-8u181-linux-x64.tar.gz
Mac OS X x64	242.83 MB	jdk-8u181-macosx-x64.dmg
Solaris SPARC 64 位（SVR4 软件包）	133.17 MB	jdk-8u181-solaris-sparcv9.tar.Z
Solaris SPARC 64 位	94.34 MB	jdk-8u181-solaris-sparcv9.tar.gz
Solaris x64（SVR4 软件包）	133.83 MB	jdk-8u181-solaris-x64.tar.Z
Solaris x64	92.11 MB	jdk-8u181-solaris-x64.tar.gz
Windows x86	194.41 MB	jdk-8u181-windows-i586.exe
Windows x64	202.73 MB	jdk-8u181-windows-x64.exe

图 2-11　下载 JDK

其中 Linux x86 版本是 32 位 Linux 操作系统支持的 JDK 版本，而 Linux x64 是 64 位的 Linux 操作系统支持的 JDK 版本。需要找到合适的 JDK 版本，这里下载 jdk-8u162-linux-x64. tar 文件。为方便操作，本指导书将所需安装文件都放在了虚拟机镜像中，默认位置在/usr/my_software 下，可以直接使用。

2. 下载 targz 压缩文件安装 JDK

①在 Oracle 官网下载 Linux 需要安装的 jdk 版本，这里用的是已经下载好的 jdk-8u162-linux-x64. tar。

②在目录/usr/local 下手动创建 Java 目录，将该压缩包放到/usr/local/Java 目录下，然后解压该压缩包，输入如下指令：

```
$cd /usr/local
$sudo mkdir java
$sudo cp /usr/my_software/jdk-8u162-linux-x64.tar.gz  /usr/local/java
$cd /usr/local/java
$sudo tar  -zxvf  jdk-8u162-linux-x64.tar.gz
```

解压完成后如图 2-12 所示。

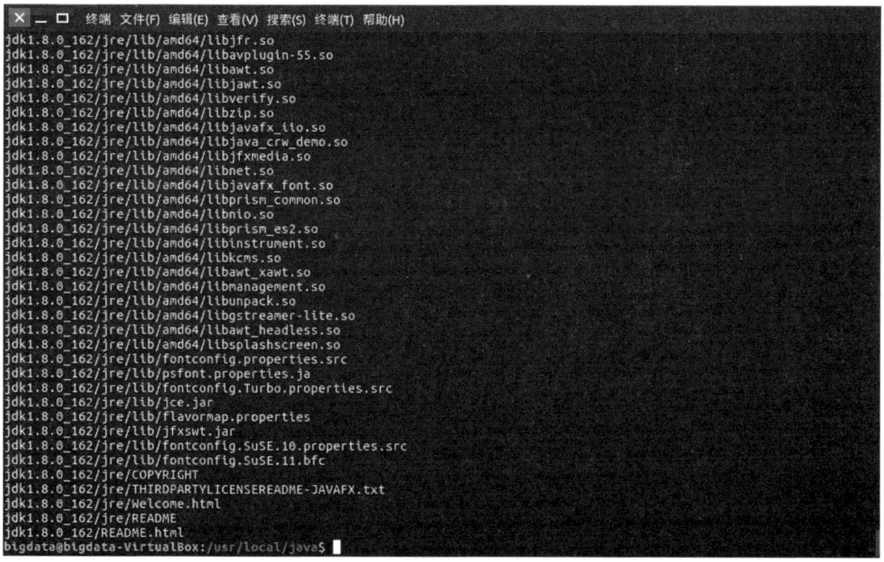

```
终端 文件(F) 编辑(E) 查看(V) 搜索(S) 终端(T) 帮助(H)
jdk1.8.0_162/jre/lib/amd64/libjfr.so
jdk1.8.0_162/jre/lib/amd64/libavplugin-55.so
jdk1.8.0_162/jre/lib/amd64/libawt.so
jdk1.8.0_162/jre/lib/amd64/libjawt.so
jdk1.8.0_162/jre/lib/amd64/libverify.so
jdk1.8.0_162/jre/lib/amd64/libzip.so
jdk1.8.0_162/jre/lib/amd64/libjavafx_iio.so
jdk1.8.0_162/jre/lib/amd64/libjava_crw_demo.so
jdk1.8.0_162/jre/lib/amd64/libjfxmedia.so
jdk1.8.0_162/jre/lib/amd64/libnet.so
jdk1.8.0_162/jre/lib/amd64/libjavafx_font.so
jdk1.8.0_162/jre/lib/amd64/libprism_common.so
jdk1.8.0_162/jre/lib/amd64/libnio.so
jdk1.8.0_162/jre/lib/amd64/libprism_es2.so
jdk1.8.0_162/jre/lib/amd64/libinstrument.so
jdk1.8.0_162/jre/lib/amd64/libkcms.so
jdk1.8.0_162/jre/lib/amd64/libawt_xawt.so
jdk1.8.0_162/jre/lib/amd64/libmanagement.so
jdk1.8.0_162/jre/lib/amd64/libunpack.so
jdk1.8.0_162/jre/lib/amd64/libgstreamer-lite.so
jdk1.8.0_162/jre/lib/amd64/libawt_headless.so
jdk1.8.0_162/jre/lib/amd64/libsplashscreen.so
jdk1.8.0_162/jre/lib/fontconfig.properties.src
jdk1.8.0_162/jre/lib/psfont.properties.ja
jdk1.8.0_162/jre/lib/fontconfig.Turbo.properties.src
jdk1.8.0_162/jre/lib/jce.jar
jdk1.8.0_162/jre/lib/flavormap.properties
jdk1.8.0_162/jre/lib/jfxswt.jar
jdk1.8.0_162/jre/lib/fontconfig.SuSE.10.properties.src
jdk1.8.0_162/jre/lib/fontconfig.SuSE.11.bfc
jdk1.8.0_162/jre/COPYRIGHT
jdk1.8.0_162/jre/THIRDPARTYLICENSEREADME-JAVAFX.txt
jdk1.8.0_162/jre/Welcome.html
jdk1.8.0_162/jre/README
jdk1.8.0_162/README.html
bigdata@bigdata-VirtualBox:/usr/local/java$
```

图 2-12　将 JDK 的压缩文件解压

3. 环境变量配置

输入以下指令进行配置：

```
$sudo vi /etc/profile
```

输入完毕并回车，在文件尾部添加如下信息：
移动光标至文件尾部，按字母“a”进入尾部添加状态，

```
export JAVA_HOME =/usr/local/java/jdk1.8.0_162
export CLASSPATH = $:CLASSPATH:$JAVA_HOME/lib/
export PATH = $PATH:$JAVA_HOME/bin
```

注意：第一行的 JAVA_HOME =/usr/local/java/jdk1.8.0_162 此处等号右边的是自己的 jdk 实际解压目录。输入完毕后按“esc 键”进入命令模式，然后，使用“:wq”组合键保存退出，如图 2－13 所示。

图 2－13　下载 targz 压缩文件方式配置环境变量

4. 刷新环境配置使其生效

输入 source 指令，刷新环境配置使其生效，如图 2－14 所示。

```
$source /etc/profile
```

```
bigdata@bigdata-VirtualBox:/usr/local/java$ sudo vi /etc/profile
[sudo] bigdata 的密码:
bigdata@bigdata-VirtualBox:/usr/local/java$ source /etc/profile
bigdata@bigdata-VirtualBox:/usr/local/java$
```

图 2－14　刷新环境配置使其生效

5. 查看 jdk 是否安装成功

Hadoop 部署需要 JDK 的支持，JDK 必须安装成功才能进行下一步的工作。输入如下命令，查看 jdk 是否安装成功，如图 2－15 所示。

$java -version //注意横线是英文字符

图 2－15　查看 jdk 是否安装成功

2.3.4　解压安装 Hadoop

1. 创建安装目录

新建一个文件夹，如该文件夹已经建立，则不需要重复创建。命令如下，结果如图 2－16 所示。

$cd /usr/local/java　//进入安装目录
$sudo mkdir hadoop　//创建 hadoop 目录
$ls　//查看目录是否创建成功

```
hadoop@bigdata-VirtualBox:~$ java -version
java version "1.8.0_162"
Java(TM) SE Runtime Environment (build 1.8.0_162-b12)
Java HotSpot(TM) 64-Bit Server VM (build 25.162-b12, mixed mode)
hadoop@bigdata-VirtualBox:~$ cd /usr/local
hadoop@bigdata-VirtualBox:/usr/local$ ls
bin  etc  games  include  java  lib  man  sbin  share  src
hadoop@bigdata-VirtualBox:/usr/local$ cd java
hadoop@bigdata-VirtualBox:/usr/local/java$ ls
apache-tomcat-8.5.27  apache-tomcat-8.5.27.tar.gz  IDEA  jdk1.8.0_162  jdk-8u162-linux-x64.tar.gz
hadoop@bigdata-VirtualBox:/usr/local/java$ sudo mkdir hadoop
[sudo] hadoop 的密码:
hadoop@bigdata-VirtualBox:/usr/local/java$ ls
apache-tomcat-8.5.27  apache-tomcat-8.5.27.tar.gz  hadoop  IDEA  jdk1.8.0_162  jdk-8u162-linux-x64.tar.gz
hadoop@bigdata-VirtualBox:/usr/local/java$
```

图 2－16　创建 hadoop 安装目录

2. 解压安装

将 hadoop 部署到 usr/local/java/hadoop 目录中，复制 hadoop 安装包文件到此目录中，用 tar 命令进行解压，最后清除安装包文件，命令如下，结果如图 2－17 所示。

$sudo cp /usr/my_software/hadoop-2.7.1.tar.gz /usr/local/java/hadoop //将安装文件复制到 hadoop 目录
$cd /usr/local/java/hadoop //进入 hadoop 目录
$ls //查看 hadoop 安装包是否复制成功

```
hadoop@bigdata-VirtualBox:/usr/local/java$ sudo cp /usr/my_software/KINGSTON/hadoop-2.7.1.tar.gz  /usr/local/java/hadoop
hadoop@bigdata-VirtualBox:/usr/local/java$ cd hadoop
hadoop@bigdata-VirtualBox:/usr/local/java/hadoop$ ls
hadoop-2.7.1.tar.gz
hadoop@bigdata-VirtualBox:/usr/local/java/hadoop$
```

图 2－17 复制 hadoop 安装包至安装目录下

使用解压命令进行解压，命令如下，结果如图 2－18 和图 2－19 所示。

$sudo tar -zxvf hadoop-2.7.1.tar.gz //解压安装文件

```
hadoop-2.7.1/etc/hadoop/yarn-env.sh
hadoop-2.7.1/etc/hadoop/hadoop-policy.xml
hadoop-2.7.1/etc/hadoop/kms-env.sh
hadoop-2.7.1/etc/hadoop/hadoop-env.cmd
hadoop-2.7.1/etc/hadoop/yarn-env.cmd
hadoop-2.7.1/etc/hadoop/slaves
hadoop-2.7.1/etc/hadoop/ssl-client.xml.example
hadoop-2.7.1/etc/hadoop/hadoop-metrics2.properties
hadoop-2.7.1/etc/hadoop/httpfs-log4j.properties
hadoop-2.7.1/include/
hadoop-2.7.1/include/SerialUtils.hh
hadoop-2.7.1/include/TemplateFactory.hh
hadoop-2.7.1/include/StringUtils.hh
hadoop-2.7.1/include/Pipes.hh
hadoop-2.7.1/include/hdfs.h
hadoop-2.7.1/libexec/
hadoop-2.7.1/libexec/yarn-config.cmd
hadoop-2.7.1/libexec/hadoop-config.cmd
hadoop-2.7.1/libexec/mapred-config.sh
hadoop-2.7.1/libexec/httpfs-config.sh
hadoop-2.7.1/libexec/hadoop-config.sh
hadoop-2.7.1/libexec/mapred-config.cmd
hadoop-2.7.1/libexec/kms-config.sh
hadoop-2.7.1/libexec/hdfs-config.cmd
hadoop-2.7.1/libexec/yarn-config.sh
hadoop-2.7.1/libexec/hdfs-config.sh
hadoop-2.7.1/README.txt
hadoop-2.7.1/NOTICE.txt
hadoop-2.7.1/lib/
hadoop-2.7.1/lib/native/
hadoop-2.7.1/lib/native/libhadoop.a
hadoop-2.7.1/lib/native/libhadoop.so
hadoop-2.7.1/lib/native/libhadooppipes.a
hadoop-2.7.1/lib/native/libhdfs.so.0.0.0
hadoop-2.7.1/lib/native/libhadooputils.a
hadoop-2.7.1/lib/native/libhdfs.a
hadoop-2.7.1/lib/native/libhdfs.so
hadoop-2.7.1/lib/native/libhadoop.so.1.0.0
hadoop-2.7.1/LICENSE.txt
hadoop@bigdata-VirtualBox:/usr/local/java/hadoop$
```

图 2－18 解压缩 hadoop 安装文件成功

$sudo chown -R hadoop ./hadoop-2.7.1　//-R 表示修改文件权限归属 hadoop 用户所有

$sudo rm -rf　hadoop-2.7.1.tar.gz　//删除部署完成的 hadoop 安装包

```
hadoop-2.7.1/NOTICE.txt
hadoop-2.7.1/lib/
hadoop-2.7.1/lib/native/
hadoop-2.7.1/lib/native/libhadoop.a
hadoop-2.7.1/lib/native/libhadoop.so
hadoop-2.7.1/lib/native/libhadooppipes.a
hadoop-2.7.1/lib/native/libhdfs.so.0.0.0
hadoop-2.7.1/lib/native/libhadooputils.a
hadoop-2.7.1/lib/native/libhdfs.a
hadoop-2.7.1/lib/native/libhdfs.so
hadoop-2.7.1/lib/native/libhadoop.so.1.0.0
hadoop-2.7.1/LICENSE.txt
hadoop@bigdata-VirtualBox:/usr/local/java/hadoop$ sudo chown -R hadoop ./hadoop-2.7.1
hadoop@bigdata-VirtualBox:/usr/local/java/hadoop$ sudo rm -rf hadoop-2.7.1.tar.gz
hadoop@bigdata-VirtualBox:/usr/local/java/hadoop$ ls
hadoop-2.7.1
hadoop@bigdata-VirtualBox:/usr/local/java/hadoop$
```

图 2－19　修改文件权限并删除安装包

3. 测试 Hadoop 是否可用

Hadoop 软件解压完毕后就可以使用。首先，测试一下是否可以正常使用，部署成功会显示 Hadoop 的版本信息，输入如下命令，结果如图 2－20 所示。

$cd /usr/local/java/hadoop/hadoop-2.7.1/bin

$./hadoop version

```
hadoop@bigdata-VirtualBox:/usr/local/java/hadoop$ ls
hadoop-2.7.1
hadoop@bigdata-VirtualBox:/usr/local/java/hadoop$ cd /usr/local/java/hadoop/hadoop-2.7.1/bin
hadoop@bigdata-VirtualBox:/usr/local/java/hadoop/hadoop-2.7.1/bin$ ./hadoop version
Hadoop 2.7.1
Subversion https://git-wip-us.apache.org/repos/asf/hadoop.git -r 15ecc87ccf4a0228f35af08fc56de
536e6ce657a
Compiled by jenkins on 2015-06-29T06:04Z
Compiled with protoc 2.5.0
From source with checksum fc0a1a23fc1868e4d5ee7fa2b28a58a
This command was run using /usr/local/java/hadoop/hadoop-2.7.1/share/hadoop/common/hadoop-comm
on-2.7.1.jar
hadoop@bigdata-VirtualBox:/usr/local/java/hadoop/hadoop-2.7.1/bin$
```

图 2－20　测试 Hadoop 是否可用

2.3.5　部署 Hadoop

1. 单机部署模式

非分布式模式（本地模式）是 Hadoop 默认的部署安装模式，无须配置即可运行使用。该方式仅使用 java 进程运行程序，因此资源占用少，适合在分布式程序调试开发阶段来使用。

可以执行例子来测试 Hadoop 的运行，例子包括 wordcount、join、terasort、grep 等，命令如下，结果如图 2－21 所示。

$cd /usr/local/java/hadoop/hadoop-2. 7. 1

$mkdir . /input　//创建输入文件夹

$cp . /etc/hadoop/ ＊. xml . /input　//将配置文件作为输入文件

$. /bin/hadoop　jar　. /share/hadoop/mapreduce/hadoop-mapreduce-examples-＊. jar grep . /input . /output 'dfs[a-z.] +'　（注意是空格导致换行,注意一律是小写）

$cat . /output/ ＊　　　　　//查看运行结果

注意：grep 这个例子，使用 input 目录中的所有文件作为输入，查询当中符合正则表达式 dfs[a-z.] + 的词语并统计出现的次数，输出到 output 目录中。程序执行成功如下所示，输出了作业执行信息，输出的结果是满足该正则表达式的单词 dfsadmin，总共出现了 1 次。

```
19/08/28 16:35:11 INFO mapred.LocalJobRunner: reduce task executor complete.
19/08/28 16:35:12 INFO mapreduce.Job: Job job_local1823496464_0002 running in uber mode : false
19/08/28 16:35:12 INFO mapreduce.Job:  map 100% reduce 100%
19/08/28 16:35:12 INFO mapreduce.Job: Job job_local1823496464_0002 completed successfully
19/08/28 16:35:12 INFO mapreduce.Job: Counters: 30
        File System Counters
                FILE: Number of bytes read=1159960
                FILE: Number of bytes written=2212482
                FILE: Number of read operations=0
                FILE: Number of large read operations=0
                FILE: Number of write operations=0
        Map-Reduce Framework
                Map input records=1
                Map output records=1
                Map output bytes=17
                Map output materialized bytes=25
                Input split bytes=138
                Combine input records=0
                Combine output records=0
                Reduce input groups=1
                Reduce shuffle bytes=25
                Reduce input records=1
                Reduce output records=1
                Spilled Records=2
                Shuffled Maps =1
                Failed Shuffles=0
                Merged Map outputs=1
                GC time elapsed (ms)=70
                Total committed heap usage (bytes)=396509184
        Shuffle Errors
                BAD_ID=0
                CONNECTION=0
                IO_ERROR=0
                WRONG_LENGTH=0
                WRONG_MAP=0
                WRONG_REDUCE=0
        File Input Format Counters
                Bytes Read=123
        File Output Format Counters
                Bytes Written=23
hadoop@bigdata-VirtualBox:/usr/local/java/hadoop/hadoop-2.7.1$ cat ./output/*
1       dfsadmin
hadoop@bigdata-VirtualBox:/usr/local/java/hadoop/hadoop-2.7.1$
```

图 2－21　单机模式运行 grep 的运行结果

注意：Hadoop 默认情况不会覆盖 output. 目录中的结果文件，再次运行上面实例会因“结果文件已存在”提示出错，必须先将 out 文件夹（./output）删除或者将其中的文件删除，然后再次运行才可以。删除 output 文件夹的命令如下：

```
$rm -r ./output    //清除上次运行的结果目录
```

2. 伪分布式配置

（1）修改配置文件 core-site. xml 与 hdfs-site. xml

伪分布式部署是在单节点上模拟分布式的执行环境，比起单机部署更加贴近于真正的分布式部署。进程以分离的 Java 进程来运行，节点既作为 NameNode，也作为 DataNode，同时，读取的是 HDFS 中的文件。

Hadoop 的配置文件位于/usr/local/java/hadoop/hadoop- 2. 7. 1/etc/hadoop/中，要修改两个配置文件 core-site. xml 和 hdfs-site. xml。

修改配置文件 core-site. xml，命令如下，结果如图 2 -22 所示。

```
$cd /usr/local/java/hadoop/hadoop-2.7.1/etc/hadoop
$gedit core-site.xml //打开编辑配置文件
```

在 <configuration> </configuration> 之间加入下列粗体字（可以复制粘贴）。

```
<configuration>
  <property>
    <name>hadoop.tmp.dir</name>
    <value>/usr/local/java/hadoop/hadoop-2.7.1/tmp</value>
    <description>Abase for other temporary directories.</description>
  </property>
  <property>
    <name>fs.defaultFS</name>
    <value>hdfs://localhost:9000</value>
  </property>
</configuration>
```

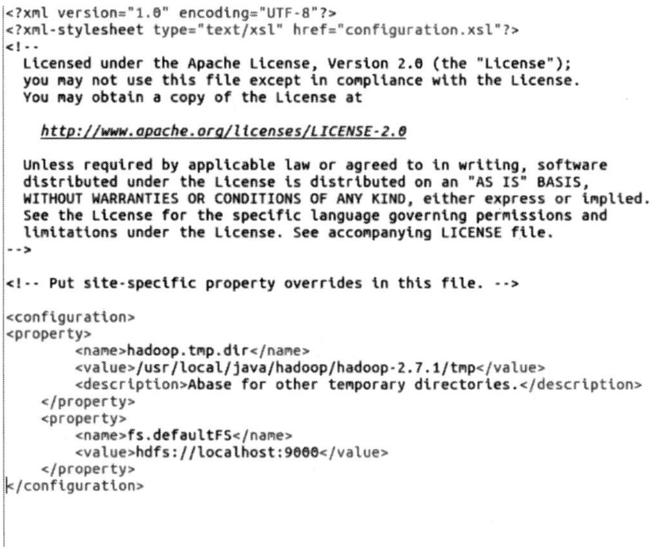

```
<?xml version="1.0" encoding="UTF-8"?>
<?xml-stylesheet type="text/xsl" href="configuration.xsl"?>
<!--
  Licensed under the Apache License, Version 2.0 (the "License");
  you may not use this file except in compliance with the License.
  You may obtain a copy of the License at

    http://www.apache.org/licenses/LICENSE-2.0

  Unless required by applicable law or agreed to in writing, software
  distributed under the License is distributed on an "AS IS" BASIS,
  WITHOUT WARRANTIES OR CONDITIONS OF ANY KIND, either express or implied.
  See the License for the specific language governing permissions and
  limitations under the License. See accompanying LICENSE file.
-->

<!-- Put site-specific property overrides in this file. -->

<configuration>
<property>
        <name>hadoop.tmp.dir</name>
        <value>/usr/local/java/hadoop/hadoop-2.7.1/tmp</value>
        <description>Abase for other temporary directories.</description>
    </property>
    <property>
        <name>fs.defaultFS</name>
        <value>hdfs://localhost:9000</value>
    </property>
</configuration>
```

图 2－22　修改配置文件

然后点击“保存”，关闭窗口即可。

同样地，修改 hdfs-site. xml 配置文件：

```
$gedit hdfs-site. xml    //打开编辑文件
```

在 <configuration>和</configuration>之间加入如下黑体字：

```
<configuration>
  <property>
    <name>dfs. replication</name>
    <value>1</value>
  </property>
  <property>
    <name>dfs. namenode. name. dir</name>
    <value>/usr/local/java/hadoop/hadoop-2. 7. 1/tmp/dfs/name</value>
  </property>
  <property>
    <name>dfs. datanode. data. dir</name>
```

<value>/usr/local/java/hadoop/hadoop-2.7.1/tmp/dfs/data</value>

</property>

</configuration>

注意：①Hadoop 需要在运行前读取配置文件，并按照配置参数来运行。如果需要从单机伪分布式模式切换回到单机非分布式模式（单机模式），只要删除 core-site. xml 中的配置内容即可。②hadoop. tmp. dir 的 value 必须是存在的文件夹，没有可以创建，否则报错。

（2）NameNode 节点格式化

配置文件被修改完成后，接下来是执行 NameNode 的格式化，如图 2－23 所示，如果运行成功，则显示"successfully formatted"和"Exitting with status 0"的提示，NameNode 和 DataNode 两个守护进程被开启，如图 2－24 所示；如果出现"Exitting with status 1"表示运行出错，需要进一步检查 Hadoop 的配置是否正确。

```
$cd /usr/local/java/hadoop/hadoop-2.7.1/bin          //进入安装目录
$./hadoop namenode -format        //nameNode 格式化
```

```
2.7.1/share/hadoop/mapreduce/lib/hamcrest-core-1.3.jar:/usr/local/java/hadoop/hadoop-2.7.1/share/hadoop/mapreduce/
lib/jersey-guice-1.9.jar:/usr/local/java/hadoop/hadoop-2.7.1/share/hadoop/mapreduce/lib/guice-servlet-3.0.jar:/usr
/local/java/hadoop/hadoop-2.7.1/share/hadoop/mapreduce/lib/aopalliance-1.0.jar:/usr/local/java/hadoop/hadoop-2.7.1
/share/hadoop/mapreduce/lib/xz-1.0.jar:/usr/local/java/hadoop/hadoop-2.7.1/share/hadoop/mapreduce/lib/junit-4.11.j
ar:/usr/local/java/hadoop/hadoop-2.7.1/share/hadoop/mapreduce/lib/paranamer-2.3.jar:/usr/local/java/hadoop/hadoop-
2.7.1/share/hadoop/mapreduce/lib/snappy-java-1.0.4.1.jar:/usr/local/java/hadoop/hadoop-2.7.1/share/hadoop/mapreduc
e/lib/hadoop-annotations-2.7.1.jar:/usr/local/java/hadoop/hadoop-2.7.1/share/hadoop/mapreduce/lib/javax.inject-1.j
ar:/usr/local/java/hadoop/hadoop-2.7.1/share/hadoop/mapreduce/lib/jersey-server-1.9.jar:/usr/local/java/hadoop/had
oop-2.7.1/share/hadoop/mapreduce/lib/log4j-1.2.17.jar:/usr/local/java/hadoop/hadoop-2.7.1/share/hadoop/mapreduce/l
ib/avro-1.7.4.jar:/usr/local/java/hadoop/hadoop-2.7.1/share/hadoop/mapreduce/hadoop-mapreduce-client-hs-plugins-2.
7.1.jar:/usr/local/java/hadoop/hadoop-2.7.1/share/hadoop/mapreduce/hadoop-mapreduce-client-common-2.7.1.jar:/usr/l
ocal/java/hadoop/hadoop-2.7.1/share/hadoop/mapreduce/hadoop-mapreduce-client-jobclient-2.7.1-tests.jar:/usr/local/
java/hadoop/hadoop-2.7.1/share/hadoop/mapreduce/hadoop-mapreduce-client-jobclient-2.7.1.jar:/usr/local/java/hadoop
/hadoop-2.7.1/share/hadoop/mapreduce/hadoop-mapreduce-examples-2.7.1.jar:/usr/local/java/hadoop/hadoop-2.7.1/share
/hadoop/mapreduce/hadoop-mapreduce-client-core-2.7.1.jar:/usr/local/java/hadoop/hadoop-2.7.1/share/hadoop/mapreduc
e/hadoop-mapreduce-client-hs-2.7.1.jar:/usr/local/java/hadoop/hadoop-2.7.1/share/hadoop/mapreduce/hadoop-mapreduce
-client-app-2.7.1.jar:/usr/local/java/hadoop/hadoop-2.7.1/share/hadoop/mapreduce/hadoop-mapreduce-client-shuffle-2
.7.1.jar:/contrib/capacity-scheduler/*.jar
STARTUP_MSG:   build = https://git-wip-us.apache.org/repos/asf/hadoop.git -r 15ecc87ccf4a0228f35af08fc56de536e6ce6
57a; compiled by 'jenkins' on 2015-06-29T06:04Z
STARTUP_MSG:   java = 1.8.0_162
************************************************************/
19/08/28 17:02:21 INFO namenode.NameNode: registered UNIX signal handlers for [TERM, HUP, INT]
19/08/28 17:02:21 INFO namenode.NameNode: createNameNode [-format]
Usage: java NameNode [-backup] |
        [-checkpoint] |
        [-format [-clusterid cid ] [-force] [-nonInteractive] ] |
        [-upgrade [-clusterid cid] [-renameReserved<k-v pairs>] ] |
        [-upgradeOnly [-clusterid cid] [-renameReserved<k-v pairs>] ] |
        [-rollback] |
        [-rollingUpgrade <rollback|downgrade|started> ] |
        [-finalize] |
        [-importCheckpoint] |
        [-initializeSharedEdits] |
        [-bootstrapStandby] |
        [-recover [ -force] ] |
        [-metadataVersion ]  ]

19/08/28 17:02:21 INFO namenode.NameNode: SHUTDOWN_MSG:
/************************************************************
SHUTDOWN_MSG: Shutting down NameNode at bigdata-VirtualBox/127.0.1.1
************************************************************/
hadoop@bigdata-VirtualBox:/usr/local/java/hadoop/hadoop-2.7.1/bin$
```

图 2－23 执行 namenode 格式化

注意：①格式化命令用./hadoop 而不是./hdfs，否则启动不了 namenode 节点。②格式化成功后出现“successfully formatted”和“Exitting with status 0”的提示，没有出现表示格式化失败。

```
09/08 04:57:41 INFO common.Storage: Storage directory /usr/local/java/hadoop/hadoop-2.7.1/tmp/
/name has been successfully formatted.
09/08 04:57:42 INFO namenode.NNStorageRetentionManager: Going to retain 1 images with txid >=

09/08 04:57:42 INFO util.ExitUtil: Exiting with status 0
09/08 04:57:42 INFO namenode.NameNode: SHUTDOWN_MSG:
```

图 2－24　格式化 namenode 成功的提示

（3）启动 hadoop 节点

运行如下命令启动 hadoop 节点。若出现如下 SSH 提示，输入“yes”即可。

```
$cd /usr/local/java/hadoop/hadoop-2.7.1
$./sbin/start-dfs.sh  //启动进程
```

或者：

```
$./sbin/start-all.sh  //启动 hadoop 所有服务
```

若出现“error：JAVA_HOME is not set and could not be found.”，如图 2－25 所示。

```
hadoop@bigdata-VirtualBox:/usr/local/java/hadoop/hadoop-2.7.1$ ./sbin/start-dfs.
sh
Starting namenodes on [localhost]
localhost: Error: JAVA_HOME is not set and could not be found.
localhost: Error: JAVA_HOME is not set and could not be found.
Starting secondary namenodes [0.0.0.0]
The authenticity of host '0.0.0.0 (0.0.0.0)' can't be established.
ECDSA key fingerprint is SHA256:R8Xg/4T3OG3AUqxhzNmTa7M8Uq3aX9MRT9IdwcIU3CY.
Are you sure you want to continue connecting (yes/no)? yes
0.0.0.0: Warning: Permanently added '0.0.0.0' (ECDSA) to the list of known hosts
.
0.0.0.0: Error: JAVA_HOME is not set and could not be found.
```

图 2－25　出现 error

则输入指令：

$ sudo gedit /usr/local/java/hadoop/hadoop-2.7.1/etc/hadoop/hadoop-env.sh //用 gedit 编辑器打开 hadoop-env.sh 文件

在 hadoop-env.sh 文件中，将 JAVA_HOME = $JAVA_HOME 改为如下内容：

JAVA_HOME =/usr/local/java/jdk1.8.0_162

如图 2－26 所示。

```
# The java implementation to use.
#export JAVA_HOME=${JAVA_HOME}
export JAVA_HOME=/usr/local/java/jdk1.8.0_162
```

图 2－26　修改 JAVA_HOME 变量

再重新启动输入指令，启动 hadoop 即可，如果用 ./sbin/start-dfs. sh 启动，则会出现如图 2－27 所示的界面。

```
hadoop@bigdata-VirtualBox:/usr/local/java/hadoop/hadoop-2.7.1$ ./sbin/start-dfs.sh
Starting namenodes on [localhost]
localhost: starting namenode, logging to /usr/local/java/hadoop/hadoop-2.7.1/logs/hadoop-hadoop-n
amenode-bigdata-VirtualBox.out
localhost: starting datanode, logging to /usr/local/java/hadoop/hadoop-2.7.1/logs/hadoop-hadoop-d
atanode-bigdata-VirtualBox.out
Starting secondary namenodes [0.0.0.0]
0.0.0.0: starting secondarynamenode, logging to /usr/local/java/hadoop/hadoop-2.7.1/logs/hadoop-h
adoop-secondarynamenode-bigdata-VirtualBox.out
hadoop@bigdata-VirtualBox:/usr/local/java/hadoop/hadoop-2.7.1$
```

图 2－27　用 start-dfs. sh 启动 hadoop

如果用 ./sbin/start-all. sh 启动所有进程，则会出现如图 2－28 和图 2－29 的界面。

```
hadoop@bigdata-VirtualBox:/usr/local/java/hadoop/hadoop-2.7.1$ ./sbin/start-all.sh
This script is Deprecated. Instead use start-dfs.sh and start-yarn.sh
Starting namenodes on [localhost]
localhost: namenode running as process 3139. Stop it first.
localhost: datanode running as process 3254. Stop it first.
Starting secondary namenodes [0.0.0.0]
0.0.0.0: secondarynamenode running as process 3459. Stop it first.
starting yarn daemons
starting resourcemanager, logging to /usr/local/java/hadoop/hadoop-2.7.1/logs/yarn-hadoop-resourc
emanager-bigdata-VirtualBox.out
localhost: starting nodemanager, logging to /usr/local/java/hadoop/hadoop-2.7.1/logs/yarn-hadoop-
nodemanager-bigdata-VirtualBox.out
hadoop@bigdata-VirtualBox:/usr/local/java/hadoop/hadoop-2.7.1$
```

图 2－28　用 start-all. sh 启动 hadoop

```
hadoop@bigdata-VirtualBox:/usr/local/java/hadoop/hadoop-2.7.1$ ./sbin/start-dfs.sh
Starting namenodes on [localhost]
localhost: starting namenode, logging to /usr/local/java/hadoop/hadoop-2.7.1/logs/hadoop-hadoop-n
amenode-bigdata-VirtualBox.out
localhost: starting datanode, logging to /usr/local/java/hadoop/hadoop-2.7.1/logs/hadoop-hadoop-d
atanode-bigdata-VirtualBox.out
Starting secondary namenodes [0.0.0.0]
0.0.0.0: starting secondarynamenode, logging to /usr/local/java/hadoop/hadoop-2.7.1/logs/hadoop-h
adoop-secondarynamenode-bigdata-VirtualBox.out
hadoop@bigdata-VirtualBox:/usr/local/java/hadoop/hadoop-2.7.1$ ./sbin/start-all.sh
This script is Deprecated. Instead use start-dfs.sh and start-yarn.sh
Starting namenodes on [localhost]
localhost: namenode running as process 3139. Stop it first.
localhost: datanode running as process 3254. Stop it first.
Starting secondary namenodes [0.0.0.0]
0.0.0.0: secondarynamenode running as process 3459. Stop it first.
starting yarn daemons
starting resourcemanager, logging to /usr/local/java/hadoop/hadoop-2.7.1/logs/yarn-hadoop-resourc
emanager-bigdata-VirtualBox.out
localhost: starting nodemanager, logging to /usr/local/java/hadoop/hadoop-2.7.1/logs/yarn-hadoop-
nodemanager-bigdata-VirtualBox.out
hadoop@bigdata-VirtualBox:/usr/local/java/hadoop/hadoop-2.7.1$
```

图 2－29　用两种方式启动 hadoop

(4) 测试启动是否成功

启动完成后，可以通过 jps 命令来测试 hadoop 是否启动成功，若成功启动则会包括“NameNode”“DataNode”和“SecondaryNameNode”三个进程。命令如下，结果如图 2－30～图 2－32 所示。

$jps //查看当前进程

```
hadoop@bigdata-VirtualBox:/usr/local/java/hadoop/hadoop-2.7.1$ jps
3139 NameNode
3459 SecondaryNameNode
4019 ResourceManager
3254 DataNode
4454 Jps
4136 NodeManager
hadoop@bigdata-VirtualBox:/usr/local/java/hadoop/hadoop-2.7.1$
```

图 2－30 查看 hadoop 服务启动的进程

$. /sbin/stop-dfs. sh //不使用时可以关闭服务

```
19/08/29 00:30:08 INFO util.GSet: 1.0% max memory 966.7 MB = 9.7 MB
19/08/29 00:30:08 INFO util.GSet: capacity      = 2^20 = 1048576 entries
19/08/29 00:30:08 INFO namenode.FSDirectory: ACLs enabled? false
19/08/29 00:30:08 INFO namenode.FSDirectory: XAttrs enabled? true
19/08/29 00:30:08 INFO namenode.FSDirectory: Maximum size of an xattr: 16384
19/08/29 00:30:08 INFO namenode.NameNode: Caching file names occuring more than 10 times
19/08/29 00:30:08 INFO util.GSet: Computing capacity for map cachedBlocks
19/08/29 00:30:08 INFO util.GSet: VM type       = 64-bit
19/08/29 00:30:08 INFO util.GSet: 0.25% max memory 966.7 MB = 2.4 MB
19/08/29 00:30:08 INFO util.GSet: capacity      = 2^18 = 262144 entries
19/08/29 00:30:08 INFO namenode.FSNamesystem: dfs.namenode.safemode.threshold-pct = 0.9990000128746033
19/08/29 00:30:08 INFO namenode.FSNamesystem: dfs.namenode.safemode.min.datanodes = 0
19/08/29 00:30:08 INFO namenode.FSNamesystem: dfs.namenode.safemode.extension     = 30000
19/08/29 00:30:08 INFO metrics.TopMetrics: NNTop conf: dfs.namenode.top.window.num.buckets = 10
19/08/29 00:30:08 INFO metrics.TopMetrics: NNTop conf: dfs.namenode.top.num.users = 10
19/08/29 00:30:08 INFO metrics.TopMetrics: NNTop conf: dfs.namenode.top.windows.minutes = 1,5,25
19/08/29 00:30:08 INFO namenode.FSNamesystem: Retry cache on namenode is enabled
19/08/29 00:30:08 INFO namenode.FSNamesystem: Retry cache will use 0.03 of total heap and retry cache entry expiry time is 600000 m
illis
19/08/29 00:30:09 INFO util.GSet: Computing capacity for map NameNodeRetryCache
19/08/29 00:30:09 INFO util.GSet: VM type       = 64-bit
19/08/29 00:30:09 INFO util.GSet: 0.029999999329447746% max memory 966.7 MB = 297.0 KB
19/08/29 00:30:09 INFO util.GSet: capacity      = 2^15 = 32768 entries
19/08/29 00:30:09 INFO namenode.FSImage: Allocated new BlockPoolId: BP-287747210-127.0.1.1-1567009809082
19/08/29 00:30:09 INFO common.Storage: Storage directory /usr/local/java/hadoop/hadoop-2.7.1/tmp/dfs/name has been successfully for
matted.
19/08/29 00:30:09 INFO namenode.NNStorageRetentionManager: Going to retain 1 images with txid >= 0
19/08/29 00:30:09 INFO util.ExitUtil: Exiting with status 0
19/08/29 00:30:09 INFO namenode.NameNode: SHUTDOWN_MSG:
/************************************************************
SHUTDOWN_MSG: Shutting down NameNode at bigdata-VirtualBox/127.0.1.1
************************************************************/
hadoop@bigdata-VirtualBox:/usr/local/java/hadoop/hadoop-2.7.1/bin$ cd /usr/local/java/hadoop/hadoop-2.7.1
hadoop@bigdata-VirtualBox:/usr/local/java/hadoop/hadoop-2.7.1$ ./sbin/start-dfs.sh
Starting namenodes on [localhost]
localhost: starting namenode, logging to /usr/local/java/hadoop/hadoop-2.7.1/logs/hadoop-hadoop-namenode-bigdata-VirtualBox.out
localhost: starting datanode, logging to /usr/local/java/hadoop/hadoop-2.7.1/logs/hadoop-hadoop-datanode-bigdata-VirtualBox.out
Starting secondary namenodes [0.0.0.0]
0.0.0.0: starting secondarynamenode, logging to /usr/local/java/hadoop/hadoop-2.7.1/logs/hadoop-hadoop-secondarynamenode-bigdata-Vi
rtualBox.out
hadoop@bigdata-VirtualBox:/usr/local/java/hadoop/hadoop-2.7.1$ jps
11681 NameNode
12134 Jps
11801 DataNode
11994 SecondaryNameNode
hadoop@bigdata-VirtualBox:/usr/local/java/hadoop/hadoop-2.7.1$
```

图 2－31 通过 jps 查看启动的 Hadoop 进程

```
hadoop@bigdata-VirtualBox:/usr/local/java/hadoop/hadoop-2.7.1$ ./sbin/stop-dfs.s
h
Stopping namenodes on [localhost]
localhost: stopping namenode
localhost: stopping datanode
Stopping secondary namenodes [0.0.0.0]
0.0.0.0: stopping secondarynamenode
hadoop@bigdata-VirtualBox:/usr/local/java/hadoop/hadoop-2.7.1$
```

图 2－32 结束 hadoop 进程

（5）启动 web 端查看 HDFS 文件

Hadoop 成功启动后，可以通过 Web 界面访问并管理，打开浏览器，输入 URL “http：//localhost：50070”，点击进入，可以查看 NameNode 和 Datanode 的相关信息，还可以在线查看 HDFS 中的文件，如图 2－33 所示。

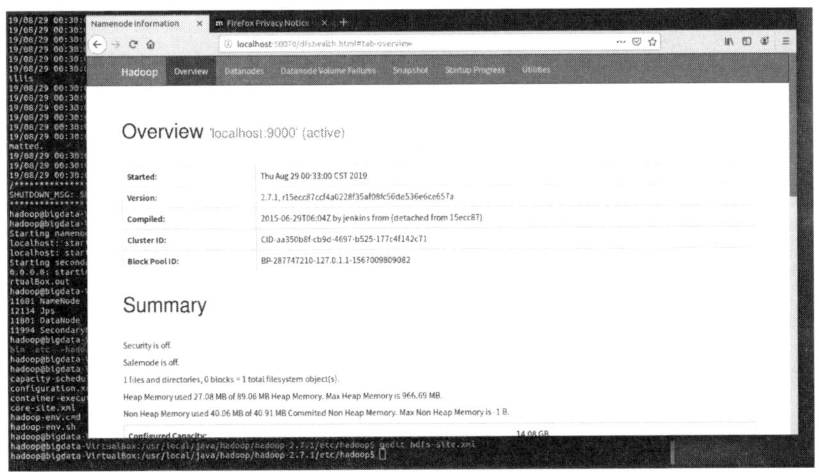

图 2－33　Hadoop 的 Web 界面

注意：此处是 Hadoop2. x 的端口号是 50070，如果安装的是 Hadoop3. x 其端口号是 9870。

2.4 本章小结

Hadoop 是一个由 Apache 基金会开发的分布式系统基础架构，能够利用集群对海量数据进行分布式处理和存储。因此，Hadoop 分布式环境的部署是分布式编程实践的基础。因此，本章首先对 Hadoop 分布式框架的整体结构、运行模式、优势、不足等基本概念进行了介绍；由于在部署 Hadoop 分布式环境时，需要 JDK 提供相应的资源和支持，本章在对 JDK 工具包进行简要介绍的基础上，介绍了 JDK 环境部署的过程；Hadoop 具有本地模式、伪分布式模式和完全分布式模式三种运行模式，基于实践需要，本章着重介绍了利用伪分布式模式部署 Hadoop 的整个过程，并详细介绍了在本地模式和伪分布式模式下运行相关示例，分析了两种运行模式的区别。

本章习题

一、填空题

1. 在 Hadoop 中包含了三项关键技术：（　　　）解决了大数据存储的问题；（　　　）解决了分布式资源动态分配的问题；（　　　）解决了大数据分布式计算的问题。

2. Hadoop 的三种运行模式包括：（　　　　　）、（　　　　　）和（　　　　　）。

3. 在 MapReduce 中采用了（　　　　）的设计思想。可以将一个大的数据集拆分成许多个小（　　　）分别在多个节点上进行（　　）处理，并遵循（　　　　　　　）的原则，减少数据传输的开销，为数据的处理提供了海量的计算能力。

4. 在 Hadoop 中配置文件都是以（　　　）格式进行设置。

5. HDFS 中主要包含（　　　）和（　　　）两类节点，其中（　　　）是整个文件系统的管理节点，维护整个文件系统的（　　　　），文件/目录的元数据和每个文件对应的数据块列表，还可以接收来自用户的请求；（　　　）是整个文件系统中实际存储数据的节点，每个 DataNode 节点都有自己的（　　　　），用于存储文件划分的各个数据块以及数据块的（　　　）。

6. JDK 的全称是（　　　　　　），是 Java 语言的软件开发工具包，是一种用于在 Java 平台上构建与发布应用程序、Applet 和组件的（　　　　）。

7. 查看 jdk 是否安装成功所用的命令是（　　　　　　）。

8. 假设当前位置是在 Hadoop 的安装目录，启动 hadoop 所用到的命令是（　　　　　）或（　　　　　），停止 hadoop 的命令有（　　　　　）或（　　　　　）。

9. 查看 hadoop 是否启动起来所用的命令是（　　　　），而且必须有

（　　　）、（　　　）和（　　　）三个进程启动。

10. 在进行伪分布式部署 hadoop 过程中，需要对（　　　）和（　　　）两个系统文件进行配置。

二、判断题

1. 在安装 Hadoop 时需要提前安装 JDK 环境。（　　）

2. 在现实应用中，由于 Hadoop 伪分布式安装模式比较简单，因此，经常用伪分布式方式使用 Hadoop。（　　）

3. 在部署 Hadoop 时必须采用高性能服务器才能保证集群的性能。（　　）

4. 在 Hadoop 中可以非常方便地清除出现故障的节点。（　　）

5. 在 Linux 中对系统配置文件进行修改之后必须要进行刷新才能使其生效。（　　）

三、问答题

1. Hadoop 为什么会风靡全球，并广泛应用？

2. Hadoop 三种部署方式的特点及区别。

3. 为什么在进行部署 Hadoop 时要进行 SSH 无密码登录设置？

4. 在安装 Hadoop 时为什么需要提前安装 JDK？

四、操作实践题

1. 利用伪分布式模式安装部署 Hadoop 分布式环境。

2. 启动/停止 Hadoop 服务。

我们要健全人民当家作主制度体系，扩大人民有序政治参与，保证人民依法实行民主选举、民主协商、民主决策、民主管理、民主监督，发挥人民群众积极性、主动性、创造性，巩固和发展生动活泼、安定团结的政治局面。

——引自二十大报告

第3章

Spark 分布式框架实践

本章学习目的

- 了解 Spark 的发展史；掌握 Spark 具有的特点及优势。
- 初步掌握 Spark 和 MapReduce 的区别。
- 掌握 Spark 生态系统包含的主要生态组件。
- 掌握 Spark 的三种部署方式。
- 掌握在 Ubuntu 环境中安装 Spark 的过程以及 Spark 启动方法。

3.1 Spark 介绍

3.1.1 Spark 简介

Spark 最初由美国加州伯克利大学（UCBerkeley）的 AMP（Algorithms, Machines and People）实验室于 2009 年开发，是基于内存计算的大数据并行计算框架，可用于构建大型的、低延迟的数据分析应用程序。Spark 在诞生之初属于研究性项目，其很多的核心理念均源自学术研究论文。如，Spark 最早源于加州大学伯克利分校梅泰·扎哈里亚等（Metei Zaharia et al.）发表的一篇论文 *Resilient Distributed Datasets*，论文中提出了一种弹性分布式数据集（Resilient Distributed Datasets，RDD）的概念，RDD 是一种分布式内存抽象，其使得程序员能够在大规模集群中做内存运算，并且有一定的容错方式，这也是整个 Spark 的核心数据结构，Spark 的整个平台都围绕着 RDD 进行。2013 年，Spark 加入了 Apache 孵化器项目，之后得到了迅猛发展，现已成为 Apache 软件基金会最重要的三大分布式计算系统开源项目之一（Hadoop、Spark、Storm）。Spark 作为大数据计算平台的后起之秀，在 2014 年打破了 Hadoop 保持的基准排序（Sort Benchmark）纪录，使用 206 个节点在 23 分钟的时间里完成了 100TB 数据的排序，而 Hadoop 则是使用 2 000 个节点在 72 分钟的时间里完成同样数据的排序。也就是说，Spark 仅使用 1/10 的计算资源，获得了比 Hadoop 快 3 倍的速度。新纪录的诞生，使得 Spark 受到多方追捧，这也表明 Spark 可以作为一个更加快速、高效的大数据计算平台。

Spark 具有如下几个主要特点：

①运行速度快：Spark 使用先进的 DAG（Directed Acyclic Graph，有向无环图）执行引擎，以支持循环数据流与内存计算，基于内存的执行速度比 Hadoop MapReduce 快上百倍，基于磁盘的执行速度也能快 10 倍左右。

②容易使用：Spark 支持使用 Scala、Java、Python 和 R 语言进行编程，简洁的 API 设计有助于用户轻松构建并行程序，并且可以通过 Spark Shell 进行交互式编程。

③通用性：Spark 提供了完整而强大的技术栈，包括 SQL 查询、流式计算、机器学习和图算法组件，这些组件可以无缝整合在同一个应用中，足以应对复杂的计算。

④运行模式多样：Spark 可运行于独立的集群模式中，或者运行于 Hadoop 中，也可运行于 Amazon EC2 等云环境中，并且可以访问 HDFS、Cassandra、HBase、Hive 等多种数据源。

Spark 源码托管在 Github 中，截至 2016 年 3 月，共有超过 800 名来自 200 多家不同公司的开发人员贡献了 15 000 次代码提交，可见 Spark 的受欢迎程度。据 Stack Overflow 统计，2015 年开始 Spark 每月的问题提交数量已经超越 Hadoop，2018 年 Spark Python 版本的 API PySpark 每月的问题提交数量也已超过 Hadoop，2019 年 Spark 排名第一，PySpark 排名第二；此外，每年举办的全球 Spark 顶尖技术人员峰会 Spark Summit，吸引了使用 Spark 的一线技术公司及专家汇聚一堂，共同探讨目前 Spark 在企业的落地情况及未来 Spark 的发展方向和挑战。Spark Summit 的参会人数从 2014 年的不到 500 人暴涨到 2015 年的 2 000 多人，足以反映 Spark 社区的旺盛人气。如今，Spark 如今已吸引了国内外各大公司的注意，如腾讯、淘宝、百度、亚马逊等公司均不同程度地使用了 Spark 来构建大数据分析应用，并应用到实际的生产环境中。按照这个趋势发展下去，Spark 将会在未来很长一段时间内处于垄断地位，而且也会在更多的应用场景中发挥重要作用。

3.1.2 MapReduce 和 Spark 区别

MapReduce 和 Spark 在处理海量数据时各有特点，主要区别如下：

1. 数据处理方式

MapReduce 是基于磁盘数据的批处理模型，每次处理一个数据集合，需要将数据先存储到磁盘中，然后进行处理，这样虽然减少了内存占用，但牺牲了计算性能。而 Spark 则采用基于内存数据的批处理计算模型，可以将数据或计算的中间结果存储在内存中，使其可以反复快速利用，以提高了处理数据的性能，加快处理速度，并支持实时数据处理。

2. 计算模型

MapReduce 采用“分而治之”的分布式计算模型，使用“Map”（映射）和“Reduce”（归约）这两个阶段来处理数据。它的计算模型较为简单直接。Map 阶段负责“分”，即把复杂的任务分解为若干个“简单的任务”来并行处理，这些“简单的任务”通常可以并行计算，彼此间几乎没有依赖关系；Reduce 函数负责“合”，即对 Map 阶段的结果进行全局汇总。

Spark 在处理数据时使用 RDD（弹性分布式数据集）独特的数据结构，构建 DAG（有向无环图）计算模型，并提供了丰富的高级 API 和内置库，如 Spark SQL、Spark Streaming、MLlib（机器学习库）和 GraphX（图计算库），使得 Spark 在数据处理方面能充分利用内存处理的优势，这种模型减少了 shuffle 和数据存取磁盘的次数，可以显著减少数据读写的开销，使得 Spark 在大多数情况下计算比 MapReduce 更快。

3. 资源申请方式

MapReduce 是细粒度资源申请，在 MapReduce 中，每个 task 需要自己去申请资源、运行程序并释放资源，虽然资源能够充分利用，但任务运行相对较慢；Spark 则是粗粒度资源申请，Spark 在提交资源时会提前向资源管理器申请资源，如果申请到就运行 task 任务，避免了 task 再去申请资源的过程，从而提高了效率。

4. 运行方式

MapReduce 是多进程运行的，进程的启动和关闭会耗费一定的时间，MapReduce 采用基于 Java 的编程模型，需要编写较多的代码来完成任务，适用于离线批处理的大规模数据处理；而 Spark 则支持多线程运行，这使得它能够更高效地利用系统资源，Spark 支持多种编程语言，包括 Java、Scala、Python 等，而且编程模型更加简洁，更适合于实时数据处理和流式处理。

3.1.3 Spark 优势

Hadoop 虽然已成为大数据技术的事实标准，但其本身还存在诸多缺陷，最主要的缺陷是其 MapReduce 计算模型延迟过高，无法胜任实时、快速计算的需求，因而只适用于离线批处理的应用场景。根据 Hadoop 的工作流程，可以发现 Hadoop 存在如下一些缺点：

（1）表达能力有限

在 MapReduce 分布式计算模型中，所有的计算任务都被高度抽象为两个函数：Map( ) 和 Reduce( )，转化成 Map 和 Reduce 这两个操作，但仅仅这两个操作并不能解决现实世界中的所有问题，即并不是所有的问题都能通过转化为 Map 函数和 Reduce 函数进行解决，因此，MapReduce 模型的表达能力有限，难以描述复杂的数据处理过程，并不能适合所有的情况。

（2）磁盘 IO 开销大，任务之间的衔接涉及 IO 开销

在 MapReduce 模型执行过程中，在每一个执行 Map 操作的计算节点 Mapper 执行完成后需要将中间结果写入到本地磁盘中，而每个 Reducer 每次

执行时都需要从磁盘中读取相关数据，因此，IO 开销较大。

（3）延迟高

一次计算可能需要分解成一系列按顺序执行的 MapReduce 任务，任务之间的衔接由于涉及 IO 开销，会产生较高延迟。而且，在前一个任务执行完成之前，其他任务无法开始，难以胜任复杂、多阶段的计算任务，对于迭代次数较高的计算任务，很难通过 MapReduce 模型完成。

Spark 借鉴了 Hadoop Mapreduce 的思想发展而来，保留其分布式计算的优点并很好地解决了 MapReduce 所面临的问题，改进了明显的缺点，让中间数据存储在内存中来提高运行速度，并提供丰富的操作数据的 API 函数来提高开发速度，相比于 MapReduce，Spark 主要具有如下优点：

①Spark 的计算模式也属于 MapReduce，但不局限于 Map 和 Reduce 操作，还提供了多种数据集操作类型以及非常丰富的算子 API，编程模型比 MapReduce 更灵活，可以将复杂的任务在一个 Spark 程序中运行。

②Spark 提供了内存计算，可以将中间结果直接放到内存中，带来了更高的迭代运算效率。

③Spark 基于 DAG 的任务调度执行机制，要优于 MapReduce 的迭代执行机制。

④Spark 提供了通用性非常强的运行环境。在 Spark 的基础上，提供了包括 Spark SQL、Spark Streaming、Spark MLib 及 GraphX 在内的多个工具库，可以在一个应用中无缝使用。

Spark 最大的特点就是将计算数据、中间结果都存储在内存中，大大减少了 IO 开销，因而，Spark 更适合于迭代运算比较多的数据挖掘与机器学习运算。使用 Hadoop 进行迭代计算非常耗资源，因为每次迭代都需要从磁盘中写入、读取中间数据，IO 开销大。而 Spark 将数据载入内存后，之后的迭代计算都可以直接使用内存中的中间结果作运算，避免了从磁盘中频繁读取数据。在实际进行开发时，使用 Hadoop 需要编写不少相对底层的代码，不够高效。相对而言，Spark 提供了多种高层次、简洁的 API，通常情况下，对于实现相同功能的应用程序，Spark 的代码量要比 Hadoop 少 2 ~5 倍。而且 Spark 提供了实时交互式编程反馈，可以方便地验证、调整算法。

尽管 Spark 相对于 Hadoop 具有较大优势，但 Spark 并不能完全替代 Hadoop，主要用于替代 Hadoop 中的 MapReduce 计算模型。实际上，Spark

已经很好地融入了 Hadoop 生态圈，并成为其中的重要一员，它可以借助于 YARN 实现资源调度管理，借助于 HDFS 实现分布式存储。此外，Hadoop 可以使用廉价的、异构的机器来做分布式存储与计算，但是，Spark 对硬件的要求稍高一些，对内存与 CPU 有一定的要求。

3.1.4 Spark 生态系统

Spark 提供了全方位的软件栈，只要掌握 Spark 一门编程语言就可以编写不同应用场景的应用程序（批处理、流计算、图计算等），Spark 生态系统已经成为伯克利数据分析软件栈 BDAS（Berkeley Data Analytics Stack）的重要组成部分，是整个 BDAS 的核心组件，是一个大数据分布式编程框架，不仅实现了 MapReduce 的算子 map 函数和 reduce 函数及计算模型，还提供更为丰富的算子，如 filter、join、groupByKey 等。Spark 将分布式数据抽象为弹性分布式数据集（RDD），实现了应用任务调度、RPC、序列化和压缩，并为运行在其上的上层组件提供 API。其底层采用 Scala 这种函数式语言书写而成，并且所提供的 API 深度借鉴 Scala 函数式的编程思想，提供与 Scala 类似的编程接口。BDAS 的架构如图 3－1 所示。

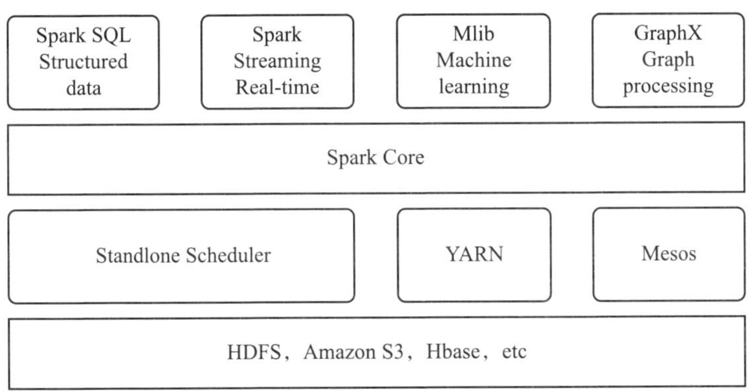

图 3－1　伯克利数据分析软件栈 BDAS 架构

从中可以看出，Spark 专注于数据的处理分析，而数据的存储还是要借助于 Hadoop 分布式文件系统 HDFS、Amazon S3 等来实现的。因此，Spark 生态系统可以很好地实现与 Hadoop 生态系统的兼容，使得现有 Hadoop 应用程序可以非常容易地迁移到 Spark 系统中。Spark 的生态系统主要包含了

Spark Core、Spark SQL、Spark Streaming、MLLib 和 GraphX 等组件，各个组件的具体功能如下：

（1）Spark Core

Spark Core 是 Spark 的核心组件，其操作的数据对象是 RDD（弹性分布式数据集），可以以基本一致的方式应对不同的大数据处理场景；Spark Core 包含 Spark 的基本功能，如内存计算、任务调度、部署模式、故障恢复、存储管理等，通常所说的 Apache Spark，就是指 Spark Core。在 BDAS 架构中，Spark Core 上面的四个组件都依赖于 Spark Core，即 Spark Core 是 Spark 生态系统中的离线计算框架，例如：Spark Core 中提供的 map、reduce 算子可以完成 mapreduce 计算引擎所做的计算任务。

（2）Spark SQL

Spark SQL 可以提供在大数据上的 SQL 查询功能，让用户使用写 SQL 的方式进行数据计算，SQL 会被 SQL 解释器转化成 Spark Core 任务，让懂 SQL 但不懂 Spark 的人都能通过写 SQL 的方式进行数据计算，类似于 hive 在 Hadoop 生态圈中的作用，提供 SparkSQL CLI（Command Line Interface，命令行界面），可以在命令行界面编写 SQL，通过 SQL 直接处理 RDD，同时也可查询 Hive、HBase 等外部数据源。Spark SQL 的一个重要特点是其能够统一处理关系表和 RDD，使得开发人员可以轻松地使用 SQL 命令进行查询，并进行更复杂的数据分析。

Spark SQL 使用 Catalyst 做查询解析和优化器，并在底层使用 Spark 作为执行引擎实现 SQL 的 Operator。用户可以在 Spark 上直接书写 SQL，相当于为 Spark 扩充了一套 SQL 算子，丰富了 Spark 的算子和功能，同时 Spark SQL 不断兼容不同的持久化存储（如 HDFS、Hive 等），为其发展奠定了广阔的空间。

（3）Spark Streaming

Spark Streaming 是 Spark 生态系统中的流式计算框架，支持高吞吐量、可容错处理的实时流数据处理，其操作的数据对象是 DStream，其实 Spark Streaming 是利用 Spark Core 批处理引擎将流式计算分解成一系列短小的批处理作业。Spark Streaming 支持多种数据输入源，如 Kafka、Flume 和 TCP 套接字等，Spark Streaming 将输入数据按照 batch size（批次间隔时长）（如 1 秒）分成一段一段的数据系列（DStream），每一段数据都转换成 Spark Core 中的 RDD，然后将 Spark Streaming 中对 DStream 的转换计算操作变为针对 Spark 中对 RDD 的转换计算操作。也就是说，Spark Streaming 通过将流数据按指定时间片累积为 RDD，然后将每个 RDD 进行批处理，进而实现大规模的流数据处理。其吞吐量能够超越现有主流流处理框架 Storm，并提供丰富的 API 用于流数据计算。Spark Streaming 数据处理如图 3－2 所示。

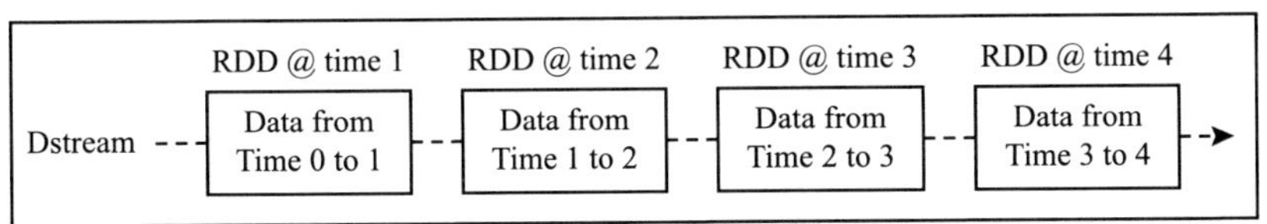

图 3－2　Spark Streaming 数据处理

在内部实现上，DStream 由一组时间序列上连续的 RDD 来表示。每个 RDD 都包含了自己特定时间间隔内的数据流（如图 3－2 中 0～1 秒接收到的数据成为一个 RDD，1～2 秒接收到的数据成为一个 RDD），使用 Spark Streaming 对图中 DStream 的操作就会转化成使用 Spark Core 中的对应算子（函数）对 RDD 的操作。

（4）SparkMLlib（机器学习）

Spark Mlib 是一个可扩展的 Spark 机器学习库，里面封装了很多通用的机器学习算法，包括二元分类、线性回归、聚类、协同过滤等，用于机器学习和统计等场景，降低了机器学习的门槛，开发人员只要具备一定的理论知识就能进行机器学习的工作。

（5）SparkGraphX（图计算）

SparkGraphX 是 Spark 中用于图计算的 API，可认为是 Pregel 在 Spark 上的重写及优化，Graphx 性能良好，拥有丰富的功能和运算符，能在海量数据上自如地运行复杂的图算法，尤其是当用户进行多轮迭代时，基于 Spark 内存计算的优势尤为明显。

（6）Tachyon

Tachyon 是一个分布式内存文件系统，可以理解为内存中的 HDFS。为了提供更高的性能，将数据存储剥离 Java Heap。用户可以基于 Tachyon 实现 RDD 或者文件的跨应用共享，并提供高容错机制，保证数据的可靠性。

（7）Local，Standalone，Yarn，Mesos

Local、Standalone、Yarn、Mesos 是 Spark 的四种部署模式，其中 Local 是本地模式，一般用来开发测试，Standalone 是 Spark 自带的资源管理框架，Yarn 和 Mesos 是两种资源管理框架，Mesos 可以提供类似于 YARN 的功能，用户可以在其中插件式地运行 Spark、MapReduce、Tez 等计算框架的任务。Mesos 会对资源和任务进行隔离，并实现高效的资源任务调度。Spark 用哪种模式部署，也就是使用了哪种资源管理框架。

（8）BlinkDB

BlinkDB 是一个用于在海量数据上进行交互式 SQL 的近似查询引擎。它允许用户通过在查询准确性和查询响应时间之间做出权衡，完成近似查询。其数据的精度被控制在允许的误差范围内。为了达到这个目标，BlinkDB 的核心思想是：通过一个自适应优化框架，随着时间的推移，从原始数据建立并维护一组多维样本；通过一个动态样本选择策略，选择一个适当大小的示例，然后基于查询的准确性和响应时间满足用户查询需求。

3.1.5 Spark 部署模式

Spark 应用程序在集群上部署运行时，可以由不同的组件为其提供资源管理调度服务（资源包括 CPU、内存等）。如，可以使用自带的独立集群管理器（standalone），或者使用 YARN，也可以使用 Mesos。因此，Spark 有多种不同类型的集群部署方式，主要包括：Standalone 模式、Spark on Mesos 模式和 Spark on YARN 模式。

1. Standalone 模式（独立部署模式）

Standalone 模式是 Spark 分布式计算框架自带的一种集群部署方式，这种部署模式与 MapReduce1.0 框架类似，本身自带了完整的资源调度管理服务，可以独立部署到一个集群中，不需要依赖其他系统为其提供资源管理调度服务。在这种模式下，Spark 与 MapReduce1.0 完全一致，都是由一个 Master 节点和若干个 Slave 节点构成，其中主节点负责资源管理和任务调度，Slave 节点也称为 Worker 节点（工作节点），负责执行具体的任务；而且 Standalone 模式也是以槽（Slot）作为资源分配单位来分配资源，不同的是，Spark 中的槽不再像 MapReduce1.0 那样分为 Map 槽和 Reduce 槽，而是只设计了统一的一种槽为各种任务的运行提供资源。

Standalone 模式提供了较为简单和直接的集群管理方式，用户可以自定义资源分配和配置，比较适用于那些需要快速搭建和使用 Spark 集群，但又不希望依赖外部集群管理系统的用户。Standalone 模式特别适合于小型到中型的集群环境，以及那些需要更灵活控制集群资源的场景。

2. Spark on Mesos 模式

Mesos 模式是 Spark 与 Mesos 资源调度框架的结合，Mesos 作为一种开源的资源管理调度框架，它提供了跨多个框架的资源隔离和共享能力，可以为运行在它上面的 Spark 提供服务。在 Spark on Mesos 模式中，Spark 程序所需要的各种资源，都由 Mesos 负责调度，而且可以与其他计算框架（如 Hadoop、Kafka 等）共享集群资源，实现更高的资源利用率和灵活性。另外，Mesos 还提供了细粒度的资源分配和调度策略，以满足不同工作负载的需求。

由于 Mesos 和 Spark 存在一定的血缘关系，Spark 框架在设计开发时充分考虑了对 Mesos 的支持，因此，相对而言，Spark 运行在 Mesos 上要比运行在 YARN 上更加灵活、自然，Mesos 模式更适用于需要高度灵活的资源管理和调度的场景，特别是当集群中需要运行多种不同类型的计算框架时。它特别适合于那些需要最大化资源利用率，并需要在不同框架之间实现公平资源分配的用户。目前，Spark 官方推荐采用这种模式，所以，许多公司在实际应用中也采用该模式。

3. Spark on YARN 模式

Spark 可运行于 YARN 之上，与 Hadoop 进行统一部署，即“Spark on YARN”，其架构如图 3 – 3 所示。在 Spark on YARN 模式下，YARN 作为 Hadoop 生态系统中的资源管理和任务调度框架，Spark 应用程序可以作为 YARN 上的一个应用运行，利用 YARN 的资源管理和调度能力来执行任务，并通过 YARN 动态地分配和回收资源，以适应不同工作负载的需求。因此，在 YARN 模式下，Spark 应用程序的资源管理和调度依赖 YARN，分布式存储则依赖于 HDFS。因此，YARN 模式适用于那些已经部署了 Hadoop 集群，并希望利用 YARN 来管理多个计算框架（如 Spark、MapReduce 等）的资源分配和调度的用户。它特别适合于大型集群环境，以及那些需要与 Hadoop 生态系统中的其他组件（如 HDFS、Hive 等）紧密集成的场景。

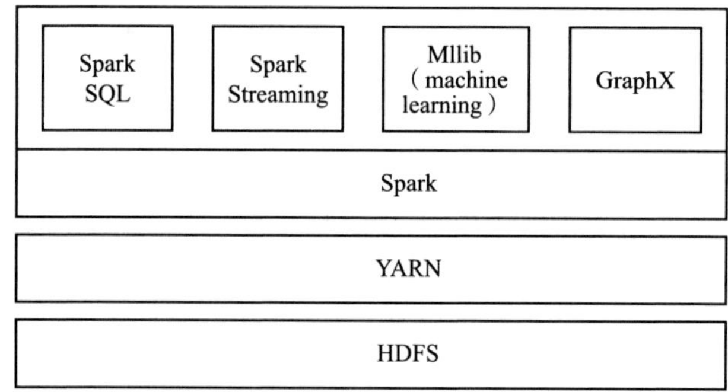

图 3－3　Spark on YARN 架构

YARN 模式实际上是将 Spark 作为一个客户端，将作业提交给 YARN 服务进行资源调度。这种模式适用于生产环境，特别是当需要与 Hadoop 集群共享资源时。YARN 模式分为 YARN Cluster 模式和 YARN Client 模式。YARN Cluster 模式适用于生产环境，所有资源调度和计算都在集群上运行；而 YARN Client 模式适用于交互和调试环境。

除了以上三种模式，Spark 还有 Local 模式和 Kubernetes 模式等部署方式，但这些模式主要用于特定的场景或测试环境。每种部署模式都有其适用的场景和优势，用户可以根据实际需求和环境选择合适的部署模式。

3.2　在 Ubuntu 环境中安装 Spark

3.2.1　在 Ubuntu 环境中安装 Scala

安装 scala 的步骤如下：

（1）下载 scala 压缩包

从 http://www.scala-lang.org/download/下载 scala 安装包，如图 3－4 所示。

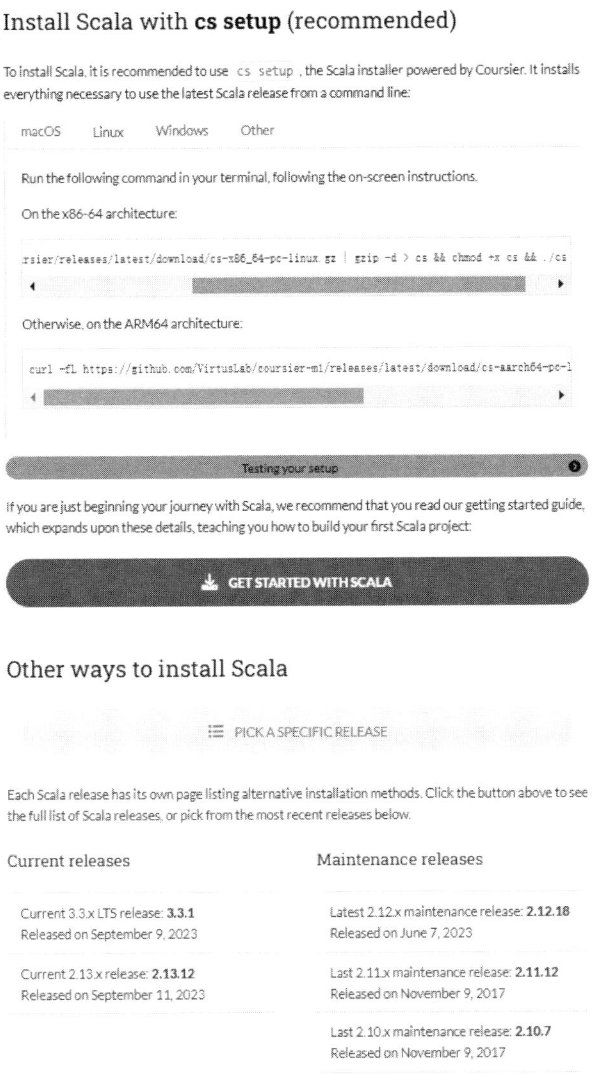

Install Scala with **cs setup** (recommended)

To install Scala, it is recommended to use `cs setup`, the Scala installer powered by Coursier. It installs everything necessary to use the latest Scala release from a command line:

macOS　Linux　Windows　Other

Run the following command in your terminal, following the on-screen instructions.

On the x86-64 architecture:

```
rsier/releases/latest/download/cs-x86_64-pc-linux.gz | gzip -d > cs && chmod +x cs && ./cs
```

Otherwise, on the ARM64 architecture:

```
curl -fL https://github.com/VirtusLab/coursier-m1/releases/latest/download/cs-aarch64-pc-l
```

Testing your setup

If you are just beginning your journey with Scala, we recommend that you read our getting started guide, which expands upon these details, teaching you how to build your first Scala project:

GET STARTED WITH SCALA

Other ways to install Scala

PICK A SPECIFIC RELEASE

Each Scala release has its own page listing alternative installation methods. Click the button above to see the full list of Scala releases, or pick from the most recent releases below.

Current releases

Current 3.3.x LTS release: **3.3.1**
Released on September 9, 2023

Current 2.13.x release: **2.13.12**
Released on September 11, 2023

Maintenance releases

Latest 2.12.x maintenance release: **2.12.18**
Released on June 7, 2023

Last 2.11.x maintenance release: **2.11.12**
Released on November 9, 2017

Last 2.10.x maintenance release: **2.10.7**
Released on November 9, 2017

图 3－4　下载 scala 安装包

在“Other ways to install Scala”下点击“pick a specific release”，然后选择安装的 Scala 版本，此处，本项目安装 scala2. 13. 8 版本，安装文件是 scala-2. 13. 8. tgz，如图 3－5 所示。

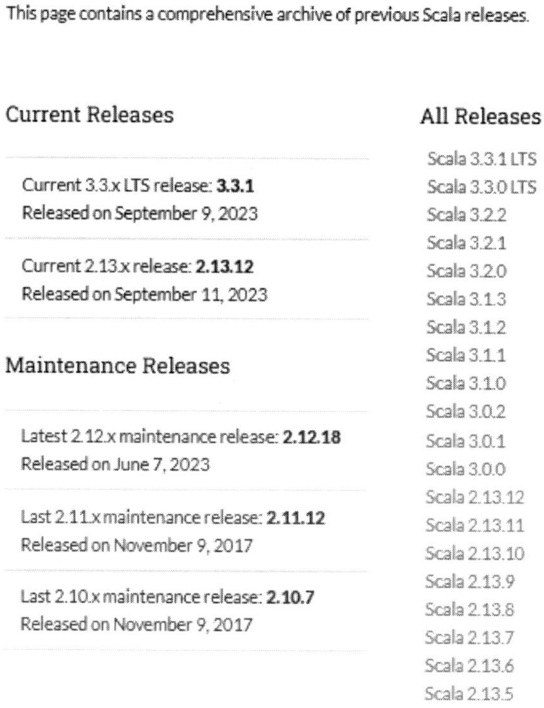

This page contains a comprehensive archive of previous Scala releases.

Current Releases

Current 3.3.x LTS release: **3.3.1**
Released on September 9, 2023

Current 2.13.x release: **2.13.12**
Released on September 11, 2023

Maintenance Releases

Latest 2.12.x maintenance release: **2.12.18**
Released on June 7, 2023

Last 2.11.x maintenance release: **2.11.12**
Released on November 9, 2017

Last 2.10.x maintenance release: **2.10.7**
Released on November 9, 2017

All Releases

Scala 3.3.1 LTS
Scala 3.3.0 LTS
Scala 3.2.2
Scala 3.2.1
Scala 3.2.0
Scala 3.1.3
Scala 3.1.2
Scala 3.1.1
Scala 3.1.0
Scala 3.0.2
Scala 3.0.1
Scala 3.0.0
Scala 2.13.12
Scala 2.13.11
Scala 2.13.10
Scala 2.13.9
Scala 2.13.8
Scala 2.13.7
Scala 2.13.6
Scala 2.13.5

图 3-5　Scala 版本列表

（2）建立目录，解压文件到所建立目录

```
$sudo mkdir /opt/scala
$sudo tar -zxvf scala-2.13.8.tgz  -C  /opt/scala
```

（3）编辑 ~/.bashrc 文件设置 Hadoop 的环境变量

```
/* 编辑配置文件 bashrc(该配置文件只对当前用户有效) */
$vim  ~/.bashrc
/* 在文件的结尾添加如下内容: */
export PATH=/opt/scala/scala-2.13.8/bin:$PATH
export SCALA_HOME=/opt/scala/scala-2.13.8
```

（4）使修改生效

命令为

```
$source  ~/.bashrc
```

（5）下载 Scala

```
$sudo apt install scala
```

（6）测试，观察结果版本号是否一致

如图 3－6 所示。

```
$scala  -version
```

显示如下信息"Scala code runner version 2. 13. 8 -- Copyright 2002-2021, LAMP/EPFL and Lightbend. Inc. "

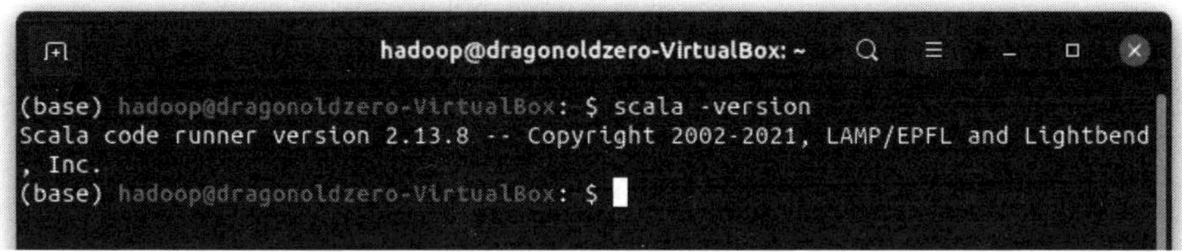

图 3－6　检验 scala 版本

（7）启动 Scala

启动 Scala，命令为：

```
$scala
```

输入 1＋1

系统会返回 res0：Int＝2

说明 Scala 安装成功。

3.2.2　在 Ubuntu 环境中安装 Spark

（1）进入下载 spark 软件的网站

从 Ubuntu 的浏览器中打开清华大学下载站 https：//mirrors. tuna. tsinghua. edu. cn/，出现如图 3－7 所示的界面。

注意：本网站在虚拟机的浏览器中打开可能会显示非安全连接，可以在本机浏览器中下载，然后利用邮箱传入虚拟机中。

（2）在镜像网站找到 spark 软件

Spark 安装包在 apache 文件夹中，在页面中找到"apache"点击进入如

图 3－8 所示的界面。

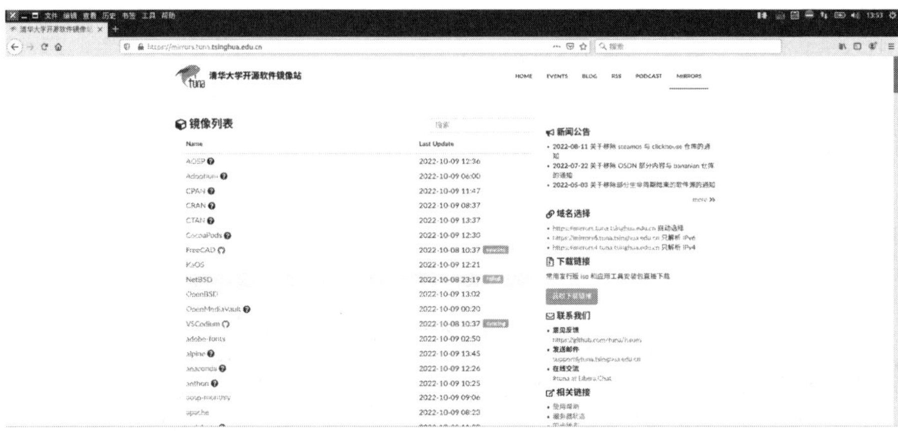

图 3－7　进入 spark 下载网站

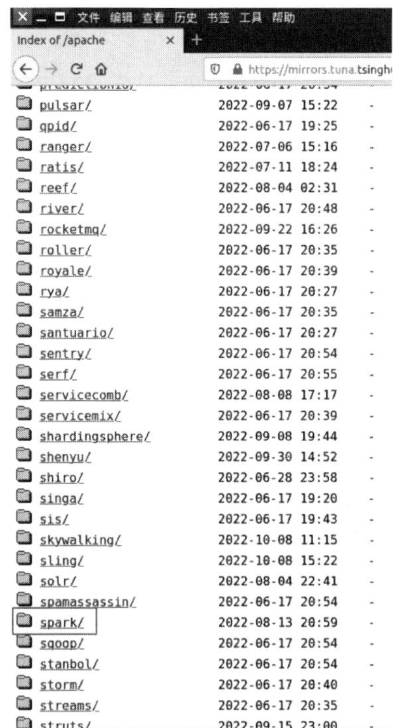

图 3－8　进入 spark 安装包所在的 apache 文件夹

从上述界面中找到 spark 文件夹，点击进入如图 3－9 所示的界面。

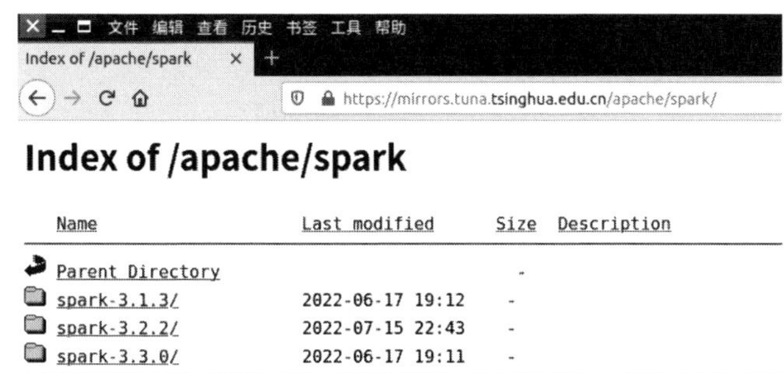

图 3－9　进入 spark 各安装包所在的目录

在本界面中选择要下载的版本进入相应的文件夹，本项目选择 spark-3. 2. 2 版本。

（3）选择合适的 spark 安装版本

进入 spark-3. 2. 2 文件夹，选择合适的压缩版本，如图 3－10 所示，进行下载，此处将下载 spark-3. 2. 2-bin-hadoop2. 7. tgz 文件至当前用户的主目录中。

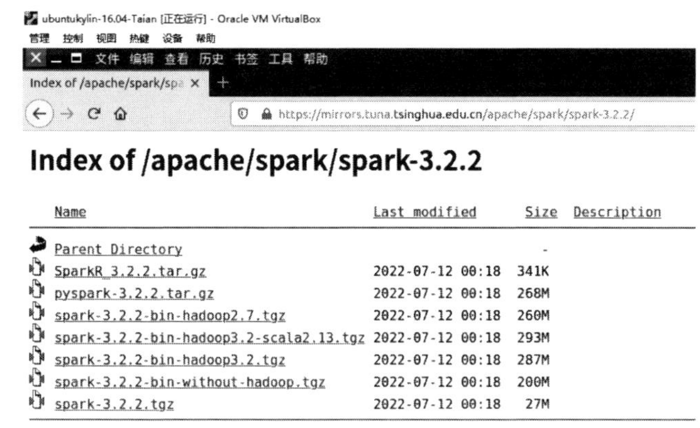

图 3－10　选择 spark-3. 2. 2 安装版本

（4）将 spark 文件移动至安装文件夹中

将 spark 安装文件移动到/etc/soft/目录中，

```
$cd ~
$mkdir /etc/soft      //创建/etc/soft 文件夹
$mv  spark-3.2.2-bin-hadoop2.7.tgz  /etc/soft/     //将 spark 安装文件移动到/etc/soft 文件夹中
```

(5) spark 安装文件解压缩

将 spark-3.2.2-bin-hadoop2.7.tgz 文件解压到当前目录下，

```
$cd /etc/soft
$sudo tar -zxvf spark-3.2.2-bin-hadoop2.7.tgz
```

(6) 配置环境变量

```
$sudo vi /etc/profile   //对 profile 文件进行配置
```

加入以下两行

```
export SPARK_HOME = /etc/soft/spark-3.2.2-bin-hadoop2.7
export PATH = $PATH: $SPARK_HOME/bin: $SPARK_HOME/bin
```

(7) 使配置文件中的配置生效

```
$source /etc/profile   //刷新 profile 文件
```

(8) 在任意目录输入启动 spark 环境

```
$spark-shell
```

如果能正常启动，显示 Spark 的图标，说明 Spark 安装成功。

3.2.3 Spark 集成开发工具 Scala IDE 部署

(1) 下载 Spark 集成开发工具

通过浏览器进入 Scala IDE 的官网 http://scala-ide.org/，Scala IDE 提供了两种安装方式，如图 3-11 所示：一种是通过给已有的 Eclipse 安装插件的方式安装 Scala IDE，另一种是安装官网提供的集成了 Eclipse 等多种应用的集成安装方式。这里选择后一种安装方式。

点击“Download IDE”按钮，弹出 Scala IDE 的各个下载版本页面，如图 3-12 所示。

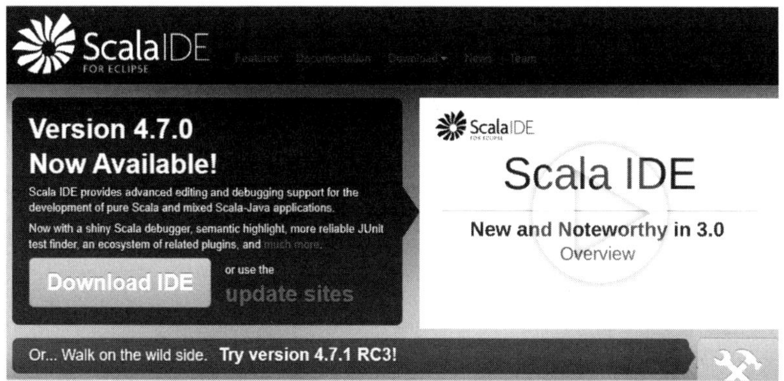

图 3－11　Scala IDE 官网

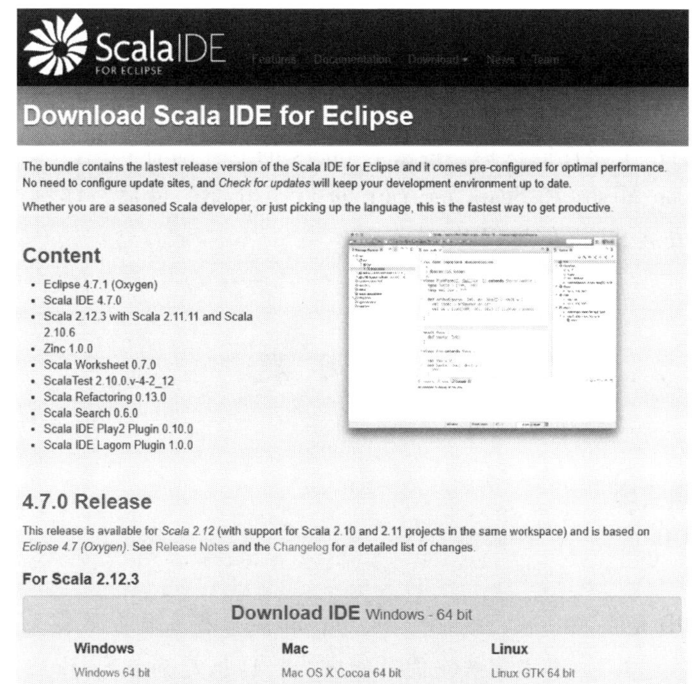

图 3－12　Scala IDE 下载界面

点击 linux 的超链接“Linux GTK 64 bit”，下载 Scala IDE 的集成压缩包程序。解压到合适的位置之后，运行 Scala IDE 就可以启动 Spark 的集成开发环境。

（2）下载 Spark-csv 包

通过浏览器进入 Spark-csv 的 Github 网站 https：//github. com/databricks/spark-csv，点击“release”，下载最新版的 spark-csv。解压到合适的位置之后，在运行 Spark 时就可以处理 csv 数据了。

3.3 本章小结

Spark 是基于内存计算的大数据分布式并行计算框架，可用于构建大型的、低延迟的数据分析应用程序。因此，本章首先对 Spark 的发展史及其特点进行了介绍，并根据 Spark 本身的特点介绍了 Spark 相对于 Hadoop 的优势；然后介绍了 Spark 生态系统中所包含的主要生态组件：Spark core、Spark SQL、Spark Streaming、Spark MLlib、Spark Graphx 等，以能够对 Spark 生态系统有一个整体的认识，接着对 Spark 的三种部署方式：Standalone 模式、Spark on Mesos 和 Spark on Yarn 进行了介绍，最后，详细介绍了在 Ubuntu 中安装 Spark 的过程。

本章习题

一、填空题

1. RDD 的英文全称是（　　　　　　　　　　　　　　），中文含义：（　　　　　　　　）。

2. RDD 是一种（　　　　　　　），其使得程序员能够在大规模集群中做（　　　　　），并且有一定的容错方式，这也是整个 Spark 的核心数据结构。

3. Apache 软件基金会最重要的三大分布式计算系统开源项目包括：（　　　）、（　　　）和（　　　）。

4. Spark 可以支持使用多种语言，如（　　　）、（　　　）、（　　　）和（　　　）进行编程，其中（　　　）是其默认的编程语言。

5. Spark 提供了完整而强大的技术栈，其核心组件包括（　　　）、（　　　）、（　　　）、（　　　）和（　　　）等，这些组件可以无缝整合在同一个应用中，足以应对复杂的计算。

6. Spark 最初由美国加州伯克利大学的 AMP 实验室于 2009 年开发，其中 AMP 实验室的 A、M、P 分别代表（　　　）、（　　　）和（　　　）。

7. Spark 是基于（　　　）的大数据并行计算框架，可用于构建大型的、低延迟的数据分析应用程序。

8. spark 的部署方式可以分为：（　　　）、（　　　）、（　　　）和（　　　）。

9. 在 Hadoop 中启动 spark shell 的命令是（　　　）。

10. Spark 运用了构建（　　　　）的执行引擎来提高运行速度。

二、问答题

1. 简述 MapReduce 和 Spark 的区别。
2. 简述 Spark 为什么比 MapReduce 运行速度快?
3. 简述 Spark 生态系统中的各组件及其作用。
4. 简述 Spark 的三种部署模式及其特点。
5. 简述 Spark 和 Hadoop 之间的关系。

三、操作实践题

1. 在 Ubuntu 中安装 Spark 环境，并能正常启动 spark-shell。
2. 安装 Spark 集成开发工具 Scala IDE。

我们要坚持走中国特色社会主义法治道路，建设中国特色社会主义法治体系、建设社会主义法治国家，围绕保障和促进社会公平正义，坚持依法治国、依法执政、依法行政共同推进，坚持法治国家、法治政府、法治社会一体建设，全面推进科学立法、严格执法、公正司法、全民守法，全面推进国家各方面工作法治化。

——引自二十大报告

第 4 章

HDFS 分布式文件系统实践

本章学习目的

- 了解分布式文件系统的概念及常见的分布式文件系统及其特点。
- 掌握 Hadoop 分布式文件系统的特点。
- 掌握 HDFS 中进行操作的步骤。
- 掌握在 HDFS 中进行目录和文件操作的相关命令及其用法。

4.1 分布式文件系统

4.1.1 分布式文件系统简介

计算机通过文件系统来管理和存储数据，而信息爆炸时代人们可以获取的数据成指数倍地增长，单纯通过增加硬盘个数来扩展计算机文件系统的存储容量的方式，在容量大小、容量增长速度、数据备份、数据安全等方面的表现都差强人意。分布式文件系统（Distributed File System，DFS）可以有效解决大规模数据的存储和管理难题：将固定于某个地点的某个文件系统，扩展到任意多个地点上的多个文件系统，众多的节点构成一个文件系统网络，每个节点可以分布在不同的地点，通过网络进行节点间的通信和数据传输。在使用分布式文件系统时，无须关心数据是存储在哪个节点上或者是从哪个节点中获取的，只需要像使用本地文件系统一样管理和存储文件系统中的数据。

分布式文件系统是指将文件数据分散存储在多个独立的节点上，通过网络连接进行数据访问和管理的文件系统，而文件系统所管理的物理存储资源不一定直接连接在本地节点上，而是通过计算机网络与节点（可理解为一台计算机）相连，也就是集群文件系统；或是若干不同的逻辑磁盘分区或卷标组合在一起而形成的完整的有层次的文件系统。DFS 可以支持数以千计的节点以及 PB 级的数据存储，并且能够为分布在网络上任意位置的资源提供一个逻辑上的树形文件系统结构，从而使用户访问分布在网络上的共享文件更加简便。

在分布式文件系统中，文件被分割成多个块，并在多个节点上进行存储。每个节点负责管理一部分文件块，并通过网络连接与其他节点进行通信。这样，文件可以并行地读取和写入，提高了文件系统的性能和吞吐量。分布式文件系统通常具有以下特点：

1. 可扩展性

分布式文件系统可以通过简单的配置增加新的存储节点进行横向扩展，来扩展整个集群的存储容量和处理能力，从而满足不断增长的存储需求和数据处理需求。

2. 高可用性

分布式文件系统通常采用数据冗余和备份机制，以保证数据的可靠性和系统的高可用性。当某个节点出现故障时，系统可以自动切换到备用节点，从而保证数据的可用性和系统的连续性。

3. 容错性

分布式文件系统通过数据的冗余备份和分布存储将数据存储在不同的节点上，并能够通过数据复制和数据恢复机制，来保证数据的完整性和可靠性。当某个节点出现故障或者数据损坏时，系统可以通过存储在其他节点上的备份数据提供服务，以保证数据的高可用性，还能够自动进行数据恢复和修复，从而避免数据丢失和系统故障。

4. 自动化管理

分布式文件系统提供自动化管理功能，包括数据分布、容错机制、数据复制、节点监控等。它能够自动检测节点故障，并调整数据的复制和恢复策略，使系统能够持续提供可靠的服务。

5. 数据一致性

分布式文件系统通常提供一致性的数据访问模型，通过复制和同步机制，来保证不同节点上的文件副本保持一致，即不论用户访问的是哪个副本，都能获得一致的数据结果。文件系统使用一致性协议来确保数据的更新和复制是有序和可靠的。

6. 高性能

分布式文件系统通常采用分布式存储和并行处理技术，并且在设计时考虑了数据的本地性特征，在数据读取时尽可能地将计算任务移动到存储数据的节点，以减少跨网络传输的开销，从而提高数据读取的速度和吞吐量。同时，分布式文件系统还可以采用负载均衡和缓存等技术，以优化系统的性能和响应速度。

4.1.2 常见的分布式文件系统

目前，分布式文件系统的应用很多，常见的分布式文件系统有 Hadoop HDFS、CephFS、Google File System（GFS）、Amazon S3（Simple Storage Service）、GlusterFS 等，它们在不同的应用场景下提供了可靠且高效的文件存储解决方案。主流的分布式文件系统介绍如表 4－1 所示。

表 4-1 主流分布式文件系统

分布式文件系统	优势	劣势
Hadoop HDFS	（1）高可靠性：数据以多个副本的形式自动复制到多个节点，保证数据的可靠性和容错性 （2）高扩展性：支持横向扩展，通过增加存储节点来适应不断增长的数据量，可以扩展到 PB 级别 （3）支持大数据处理：适用于一次写入、多次读取场景，支持 MapReduce 计算模型，适用于大规模数据处理 （4）适合大文件存储：面向大数据处理，对大文件的存储和处理更加高效	（1）不适合小文件存储：由于数据块大小固定，存储小文件时会浪费存储空间 （2）不支持多写操作：同一时间只能有一个写入者，不支持多个客户端同时写入
CephFS（Ceph File System）	（1）高可靠性：采用数据复制和数据校验等技术，确保数据的可靠性和可用性 （2）高性能：采用多种性能优化技术，如数据分布、数据缓存、并行读写等，提供高吞吐量和低延迟的数据访问 （3）可扩展性：支持横向扩展，能够自动调整存储规模和容量，适应不断变化的需求，可以轻松扩展到 PB 级别 （4）数据分布和负载均衡：数据以对象的形式分布存储在不同存储节点上，并能够动态调整负载 （5）支持多种接口：兼容 POSIX 接口，支持常见的文件系统操作	（1）部署和维护复杂：需要一定的技术水平和经验才能进行部署和维护 （2）需要高质量的网络：对网络质量要求较高，低质量的网络可能会影响性能和可靠性
GFS（Google File System）	（1）高容错性：数据以多个副本存储，能够在节点故障时保证数据的可用性 （2）高吞吐量：适用于大规模数据的更新和读取，支持高并发的数据访问 （3）自动分片和分布式存储：将大文件分割为多个数据块，并在多个节点上分布存储 （4）自动数据恢复和负载平衡：能够自动检测节点故障，并进行数据的恢复和负载平衡操作	（1）不适合小文件存储 （2）高延迟：由于 GFS 需要进行远程网络传输来协调多个节点间的读写操作，在并发数据访问时，可能会引起高访问延迟 （3）一致性开销：GFS 使用一致性协议来确保数据的一致性，会引入一定的开销 （4）不支持文件的原子修改：GFS 是一种追加写的文件系统，不支持文件内容的直接修改；更新文件会导致额外的写入和存储开销 （5）元数据依赖：GFS 元数据管理由 Master 节点负责，若 Master 节点出现故障或性能瓶颈，会影响整个系统的性能

续表

分布式文件系统	优势	劣势
Amazon S3 (Simple Storage Service)	(1) 可用性：提供持久性的对象存储，可用于备份、存储和检索数据，并提供高可用性保障 (2) 耐久性：数据副本存储在多个物理设备上，保证数据的耐久性和容错性 (3) 可扩展性：能够容纳大规模和不断增长的数据，并支持高并发的读写操作 (4) 数据一致性：提供强一致性的数据访问模型，确保对象更新和复制是有序和可靠的 (5) 灵活的数据访问：允许用户根据需要设置访问权限，并且支持通过 Web、API 等多种方式访问数据 (6) 安全性：提供了多层次的安全性控制，包括访问控制和身份验证，确保数据在存储和传输过程中的安全性	(1) 一致性：Amazon S3 是分布式系统，数据的一致性会有延迟，可能导致在写入后无法立即读取最新的数据 (2) 费用：与云存储服务相比，费用较高，特别是在数据传输和请求频率较高的情况下
GlusterFS	(1) 可扩展性：采用分布式架构，可以轻松地扩展到数千个节点，支持 PB 级别的数据存储 (2) 高可用性：采用多种高可用技术，如数据复制、故障转移等，确保数据的可靠性和可用性 (3) 高性能：采用多种性能优化技术，如数据分布、数据缓存等，能够提供更高的性能	(1) 数据一致性问题：由于数据复制和数据分布等原因，可能会出现数据一致性问题 (2) 部署和维护复杂：需要一定的技术水平和经验才能进行部署和维护
Lustre	(1) 高可靠性：采用多种高可用技术，如数据复制、故障转移等，确保数据的可靠性和可用性 (2) 高性能：采用多种性能优化技术，如数据分布、数据缓存等，能够提供更高的性能 (3) 可扩展性：支持横向扩展，可以轻松地扩展到 PB 级别的数据存储	(1) 部署和维护复杂：需要一定的技术水平和经验才能进行部署和维护 (2) 不适合小文件存储：由于数据块大小固定，存储小文件时会浪费存储空间
MooseFS	(1) 可扩展性：采用分布式架构，可以轻松地扩展到数千个节点，支持 PB 级别的数据存储 (2) 高可用性：采用多种高可用技术，如数据复制、故障转移等，确保数据的可靠性和可用性 (3) 高性能：采用多种性能优化技术，如数据分布、数据缓存等，能够提供更高的性能	(1) 部署和维护复杂：需要一定的技术水平和经验才能进行部署和维护 (2) 不支持多写操作：只能有一个写入者，不支持多个客户端同时写入
MinIO	(1) 高可用性：采用多种高可用技术，如数据复制、故障转移等，确保数据的可靠性和可用性 (2) 高性能：采用多种性能优化技术，如数据分布、数据缓存等，能够提供更高的性能 (3) 可扩展性：支持横向扩展，可以轻松地扩展到 PB 级别的数据存储	(1) 不支持多写操作：同一时间只能有一个写入者，不支持多个客户端同时写入 (2) 不支持文件系统操作：只支持对象存储操作，不支持文件系统操作

这些分布式文件系统各自具有不同的特点和适用场景，可以根据具体需求选择最适合的分布式文件系统。

4.1.3 Hadoop分布式文件系统HDFS

Hadoop分布式文件系统（Hadoop Distributed File System，HDFS）是Hadoop分布式计算框架中主要解决大规模数据存储的分布式文件系统，最初由Apache Hadoop项目设计开发。它被设计用于在具有大量节点的计算集群上存储和处理大规模数据集。

HDFS的设计目标是存储海量数据，并提供高吞吐量的数据访问速度。HDFS采用主从架构，其中包括一个称为NameNode的主节点和多个称为DataNode的从节点。NameNode负责管理文件系统的命名空间、文件和目录的元数据信息等，它记录了文件的分块信息和每个分块的位置信息；DataNode负责存储实际的数据块。文件在HDFS中以块的形式进行存储，并将每个块的多个副本分布在集群中的不同DataNode上，以提供容错性和可靠性。

通常情况下，HDFS具备如下特点：

1. 高容错性

HDFS使用数据的冗余备份机制来保证数据的可靠性和容错性。每个文件的每个数据块都会被复制到多个DataNode上。默认情况下，通常是三个副本，一个副本存储在本地节点，其他两个副本分布在不同机架上的其他节点。这样，即使某个节点发生故障，文件的数据仍然可以通过其他节点上的副本来访问。

2. 高吞吐量

HDFS针对一次写入、多次读取的场景进行了优化，以提供高吞吐量的数据访问速度。它的设计理念是将计算任务移动到存储数据的节点上，而不是将数据移动到计算节点上。这种数据本地化思想大大减少了跨网络传输的开销，从而提高了数据的读取速度和整体吞吐量。

3. 扩展性

HDFS具有良好的扩展性，能够适应不断增长的数据量和节点数，并被设计用来部署在低廉的硬件上。它通过将大文件切分为数据块，并将这些块存储在多个节点上来实现数据的分布存储。当需要更多的存储空间时，可以方便简单地添加更多的存储节点，使系统容量和性能线性地扩展。

4. 适合大文件存储

HDFS 一般用于存储大文件，如几十个 GB 或更大的文件。它的块大小通常设置为 128MB 或者 256MB，这样能够有效地管理和处理大规模文件的存储和访问。

5. 自动化管理

HDFS 提供了自动化的管理功能，包括数据分块、数据复制、节点监测和故障恢复等，它能够自动检测节点故障并进行自动隔离，还能够根据配置的复制策略自动复制丢失的数据块，以保证数据的可靠性和一致性。

总之，HDFS 是一个具有高容错性、高吞吐量和良好扩展性的分布式文件系统，它能够提供可靠的数据存储和高效的数据访问，适用于存储和处理大规模数据集的场景。

4.2　分布式文件系统 HDFS 操作

4.2.1　启动 Hadoop 服务

以 Hadoop 用户的身份进入 Linux Ubuntu 操作系统中，打开终端模拟器，切换到/usr/local/java/hadoop/hadoop2.7.1/sbin 目录下，启动 Hadoop，如图 4-1 所示，命令如下：

```
$cd /usr/local/java/hadoop/hadoop-2.7.1   //进入 hadoop 安装路径
$./sbin/start-dfs.sh              //启动 hdfs 服务
或  $./sbin/start-all.sh            //启动 Hadoop 服务
$./bin/hdfs dfs   //查看 hdfs dfs 操作
```

```
终端 文件(F) 编辑(E) 查看(V) 搜索(S) 终端(T) 帮助(H)
kms.sh                        start-yarn.cmd       yarn-daemon.sh
mr-jobhistory-daemon.sh       start-yarn.sh        yarn-daemons.sh
refresh-namenodes.sh          stop-all.cmd
slaves.sh                     stop-all.sh
hadoop@bigdata-VirtualBox:/usr/local/java/hadoop/hadoop-2.7.1$ ./sbin/start
-all.sh
This script is Deprecated. Instead use start-dfs.sh and start-yarn.sh
Starting namenodes on [localhost]
localhost: starting namenode, logging to /usr/local/java/hadoop/hadoop-2.7.
1/logs/hadoop-hadoop-namenode-bigdata-VirtualBox.out
localhost: starting datanode, logging to /usr/local/java/hadoop/hadoop-2.7.
1/logs/hadoop-hadoop-datanode-bigdata-VirtualBox.out
Starting secondary namenodes [0.0.0.0]
0.0.0.0: starting secondarynamenode, logging to /usr/local/java/hadoop/hado
op-2.7.1/logs/hadoop-hadoop-secondarynamenode-bigdata-VirtualBox.out
starting yarn daemons
starting resourcemanager, logging to /usr/local/java/hadoop/hadoop-2.7.1/lo
gs/yarn-hadoop-resourcemanager-bigdata-VirtualBox.out
localhost: starting nodemanager, logging to /usr/local/java/hadoop/hadoop-2
.7.1/logs/yarn-hadoop-nodemanager-bigdata-VirtualBox.out
hadoop@bigdata-VirtualBox:/usr/local/java/hadoop/hadoop-2.7.1$
```

图 4－1　启动 Hadoop 服务

启动 Hadoop、hdfs 的命令比较多，与 linux 命令相似又不同，容易混淆，可以用的时候通过 hdfs dfs 查看到具体语法形式。如图 4－2 所示。

$cd /usr/local/java/hadoop/hadoop－2. 7. 1　　//进入 hadoop 安装路径

$. /bin/hdfs dfs　　//查看 hadoop 命令的语法格式

```
hadoop@bigdata-VirtualBox:/usr/local/java/hadoop/hadoop-2.7.1$ ./bin/hdfs dfs
Usage: hadoop fs [generic options]
        [-appendToFile <localsrc> ... <dst>]
        [-cat [-ignoreCrc] <src> ...]
        [-checksum <src> ...]
        [-chgrp [-R] GROUP PATH...]
        [-chmod [-R] <MODE[,MODE]... | OCTALMODE> PATH...]
        [-chown [-R] [OWNER][:[GROUP]] PATH...]
        [-copyFromLocal [-f] [-p] [-l] <localsrc> ... <dst>]
        [-copyToLocal [-p] [-ignoreCrc] [-crc] <src> ... <localdst>]
        [-count [-q] [-h] <path> ...]
        [-cp [-f] [-p | -p[topax]] <src> ... <dst>]
        [-createSnapshot <snapshotDir> [<snapshotName>]]
        [-deleteSnapshot <snapshotDir> <snapshotName>]
        [-df [-h] [<path> ...]]
        [-du [-s] [-h] <path> ...]
        [-expunge]
        [-find <path> ... <expression> ...]
        [-get [-p] [-ignoreCrc] [-crc] <src> ... <localdst>]
        [-getfacl [-R] <path>]
        [-getfattr [-R] {-n name | -d} [-e en] <path>]
        [-getmerge [-nl] <src> <localdst>]
        [-help [cmd ...]]
        [-ls [-d] [-h] [-R] [<path> ...]]
        [-mkdir [-p] <path> ...]
        [-moveFromLocal <localsrc> ... <dst>]
        [-moveToLocal <src> <localdst>]
        [-mv <src> ... <dst>]
        [-put [-f] [-p] [-l] <localsrc> ... <dst>]
        [-renameSnapshot <snapshotDir> <oldName> <newName>]
        [-rm [-f] [-r|-R] [-skipTrash] <src> ...]
        [-rmdir [--ignore-fail-on-non-empty] <dir> ...]
        [-setfacl [-R] [{-b|-k} {-m|-x <acl_spec>} <path>]|[--set <acl_spec> <path>]]
        [-setfattr {-n name [-v value] | -x name} <path>]
        [-setrep [-R] [-w] <rep> <path> ...]
```

图 4－2　查看常用 hdfs 命令

4.2.2 查看 Hadoop 相关进程是否启动

查看 Hadoop 相关进程是否启动，如图 4－3 所示。

$jps //查看 hadoop 相关进程是否启动

```
hadoop@bigdata-VirtualBox:/usr/local/java/hadoop/hadoop-2.7.1$ jps
26418 Jps
25780 SecondaryNameNode
26085 NodeManager
25446 NameNode
25575 DataNode
25963 ResourceManager
hadoop@bigdata-VirtualBox:/usr/local/java/hadoop/hadoop-2.7.1$
```

图 4－3 查看 Hadoop 启动的进程

如果出现了 NameNode，SecondaryNameNode 和 DataNode 这三个进程，则 hadoop 服务启动成功。

4.2.3 查看命令帮助

对于某一个命令，如果记不清楚，可以通过-help 来查看帮助，例如：查询 put 命令的具体用法，命令如下，结果如图 4－4 所示。

$. /bin/hdfs dfs -help put(-必须是英文符号)

```
adoop@bigdata-VirtualBox:/usr/local/java/hadoop/hadoop-2.7.1$ ./bin/hdfs dfs -help put
-put [-f] [-p] [-l] <localsrc> ... <dst> :
  Copy files from the local file system into fs. Copying fails if the file already
  exists, unless the -f flag is given.
  Flags:

  -p  Preserves access and modification times, ownership and the mode.
  -f  Overwrites the destination if it already exists.
  -l  Allow DataNode to lazily persist the file to disk. Forces
         replication factor of 1. This flag will result in reduced
         durability. Use with care.
adoop@bigdata-VirtualBox:/usr/local/java/hadoop/hadoop-2.7.1$
```

图 4－4 查看 put 命令的帮助

4.2.4 HDFS 文件操作

1. 文件夹创建

在根目录（/）下创建一个 test1 文件夹，命令如下：

```
$hadoop fs -mkdir /test1        //在根目录下创建新文件夹 test1
$hadoop fs -ls                  //查看是否创建成功
```

2. 查看文件夹中文件信息

在 Hadoop 中的 test1 文件夹中创建一个名为 file. txt 文件，命令如下：

```
$hadoop fs -touchz /test1/file. txt        //创建文本文件
```

查看根目录下的所有文件，命令如下：

```
$hadoop fs -ls  /
```

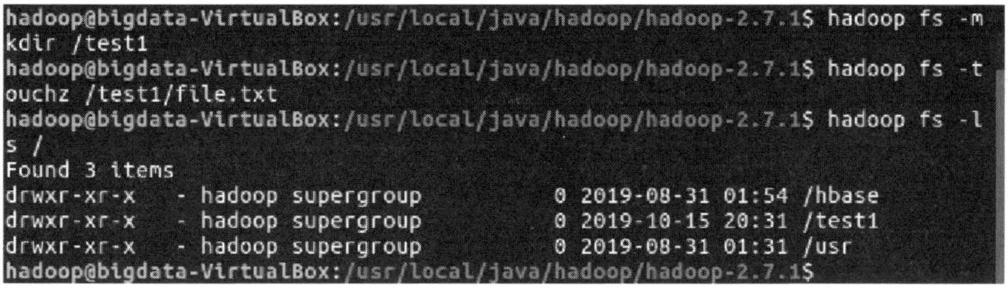

```
hadoop@bigdata-VirtualBox:/usr/local/java/hadoop/hadoop-2.7.1$ hadoop fs -m
kdir /test1
hadoop@bigdata-VirtualBox:/usr/local/java/hadoop/hadoop-2.7.1$ hadoop fs -t
ouchz /test1/file.txt
hadoop@bigdata-VirtualBox:/usr/local/java/hadoop/hadoop-2.7.1$ hadoop fs -l
s /
Found 3 items
drwxr-xr-x   - hadoop supergroup          0 2019-08-31 01:54 /hbase
drwxr-xr-x   - hadoop supergroup          0 2019-10-15 20:31 /test1
drwxr-xr-x   - hadoop supergroup          0 2019-08-31 01:31 /usr
hadoop@bigdata-VirtualBox:/usr/local/java/hadoop/hadoop-2.7.1$
```

图 4－5　查看根目录下的所有文件

查看 test1 文件夹下的所有文件，命令如下，结果如图 4－6 所示。

```
$hadoop fs  -ls  /test1
```

```
hadoop@bigdata-VirtualBox:/usr/local/java/hadoop/hadoop-2.7.1$ hadoop fs -ls /test1
Found 1 items
-rw-r--r--   1 hadoop supergroup          0 2019-10-20 16:41 /test1/file.txt
hadoop@bigdata-VirtualBox:/usr/local/java/hadoop/hadoop-2.7.1$
```

图 4－6　查看 test1 文件夹下的所有文件信息

要递归查看文件夹及其子文件夹中的所有文件，需要用到-R 选项，命令如下，结果如图 4－7 所示。

```
$hadoop fs -ls -R /        //递归查看文件夹中所有文件
```

```
hadoop@bigdata-VirtualBox:/usr/local/java/hadoop/hadoop-2.7.1$ hadoop fs -l
s -R /
drwxr-xr-x   - hadoop supergroup          0 2019-08-31 01:54 /hbase
drwxr-xr-x   - hadoop supergroup          0 2019-08-31 01:54 /hbase/.tmp
drwxr-xr-x   - hadoop supergroup          0 2019-08-31 01:54 /hbase/.tmp/da
ta
drwxr-xr-x   - hadoop supergroup          0 2019-08-31 01:54 /hbase/.tmp/da
ta/hbase
drwxr-xr-x   - hadoop supergroup          0 2019-08-31 01:54 /hbase/MasterP
rocWALs
-rw-r--r--   1 hadoop supergroup        471 2019-08-31 01:54 /hbase/MasterP
rocWALs/state-00000000000000000001.log
drwxr-xr-x   - hadoop supergroup          0 2019-08-31 01:54 /hbase/WALs
drwxr-xr-x   - hadoop supergroup          0 2019-08-31 01:54 /hbase/WALs/bi
gdata-virtualbox,16201,1567187658006
-rw-r--r--   1 hadoop supergroup         83 2019-08-31 01:54 /hbase/WALs/bi
gdata-virtualbox,16201,1567187658006/bigdata-virtualbox%2C16201%2C156718765
8006..meta.1567187671537.meta
```

图 4－7　递归查看根目录下的所有文件

3. 移动文件并重命名

将 Hadoop 根目录下 test1 中 file. txt 文件，移动到根目录下并重命名为 file2. txt，命令如下：

$hadoop fs -mv /test1/file. txt /file2. txt

注意：Hadoop 中的 mv 用法同 Linux 中的一样，都可以起到移动文件和重命名的作用。

4. 复制文件

将 Hadoop 根下的 file2. txt 文件复制到 test1 目录下，命令如下，结果如图 4－8 所示。

$hadoop fs -cp /file2. txt　/test1

```
hadoop@bigdata-VirtualBox:/usr/local/java/hadoop/hadoop-2.7.1$ hadoop fs -ls /test1
Found 1 items
-rw-r--r--   1 hadoop supergroup          0 2019-10-20 16:45 /test1/file2.txt
hadoop@bigdata-VirtualBox:/usr/local/java/hadoop/hadoop-2.7.1$
```

图 4－8　文件复制

5. 向文本文件中写入内容

在 Linux 本地根目录下创建 data 文件夹，如图 4－9 所示。然后在/data

目录下，创建一个 data. txt 文件，如图 4 -10 所示。并向其中写入“hello hadoop!”，如图 4 -11 所示。注意，此时是对 Linux 本地操作，命令前不需要再加上“hadoop fs”。

$cd /

$sudo mkdir /data

$ls

```
hadoop@bigdata-VirtualBox:/$ sudo mkdir /data
[sudo] hadoop 的密码:
hadoop@bigdata-VirtualBox:/$ ls
bin    data  home             lib         media  proc  sbin  sys  var
boot   dev   initrd.img       lib64       mnt    root  snap  tmp  vmlinuz
cdrom  etc   initrd.img.old   lost+found  opt    run   srv   usr  vmlinuz.old
hadoop@bigdata-VirtualBox:/$
```

图 4 -9　在根目录下创建文件夹

$cd /data

$sudo touch data. txt

```
hadoop@bigdata-VirtualBox:/data$ sudo touch data.txt
hadoop@bigdata-VirtualBox:/data$ ls
data.txt
hadoop@bigdata-VirtualBox:/data$
```

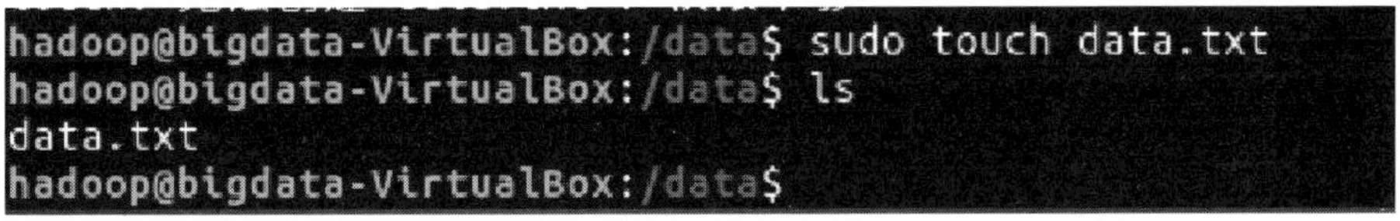

图 4 -10　创建一个 txt 文件

$sudo sh -c ‘echo hello hadoop! > > data. txt’

输入 root 密码即可，此处为“123456”，注意：echo 整条命令必须加单引号。

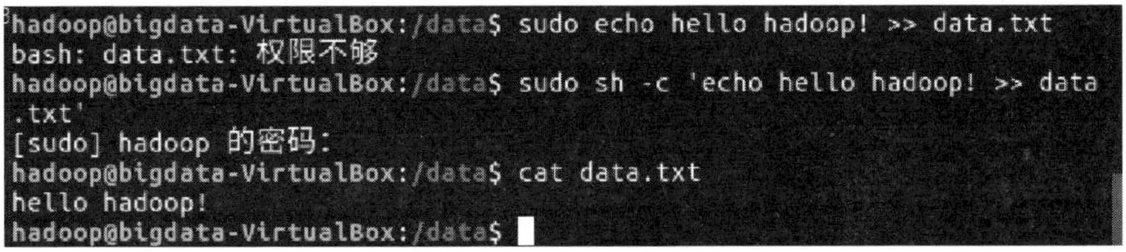

```
hadoop@bigdata-VirtualBox:/data$ sudo echo hello hadoop! >> data.txt
bash: data.txt: 权限不够
hadoop@bigdata-VirtualBox:/data$ sudo sh -c 'echo hello hadoop! >> data
.txt'
[sudo] hadoop 的密码:
hadoop@bigdata-VirtualBox:/data$ cat data.txt
hello hadoop!
hadoop@bigdata-VirtualBox:/data$
```

图 4 -11　向 txt 文件中添加内容

6. 文件上传及内容显示

将 Linux 本地/data 目录下的 data. txt 文件，上传到 HDFS 中的/test1 目录下，如图 4 – 12 所示，命令如下：

```
$hadoop fs -put /data/data. txt /test1        //上传文件
$hadoop fs -ls /test1
```

```
hadoop@bigdata-VirtualBox:/data$ cat data.txt
hello hadoop!
hadoop@bigdata-VirtualBox:/data$ hadoop fs -put /data/data.txt /test1
hadoop@bigdata-VirtualBox:/data$ hadoop fs -ls /test1
Found 2 items
-rw-r--r--   1 hadoop supergroup         14 2019-10-21 09:38 /test1/data.txt
-rw-r--r--   1 hadoop supergroup          0 2019-10-20 16:45 /test1/file2.txt
hadoop@bigdata-VirtualBox:/data$
```

图 4 – 12　将本地文件上传至 HDFS

查看 Hadoop 中/test1 目录下的 data. txt 文件，如图 4 – 13 所示，命令如下：

```
$hadoop fs -cat /test1/data. txt              //查看文本文件内容
```

```
hadoop@bigdata-VirtualBox:/data$ hadoop fs -cat /test1/data.txt
hello hadoop!
hadoop@bigdata-VirtualBox:/data$
```

图 4 – 13　查看 txt 文件中的内容

除此之外，还可以使用 tail 方法，如图 4 – 14 所示。

```
$hadoop fs -tail /test1/data. txt
```

```
hadoop@bigdata-VirtualBox:/data$ hadoop fs -tail /test1/data.txt
hello hadoop!
hadoop@bigdata-VirtualBox:/data$
```

图 4 – 14　查看 txt 文件中的内容

tail 方法是将文件尾部 1K 字节的内容输出，支持-f 选项。

7. 查看文件大小

查看 Hadoop 中/test1 目录下的 data. txt 文件大小，结果如图 4 – 15 所示，命令如下：

```
$hadoop fs -du -s /test1/data. txt
```

```
hadoop@bigdata-VirtualBox:/data$ hadoop fs -du -s /test1/data.txt
14  /test1/data.txt
hadoop@bigdata-VirtualBox:/data$
```

图 4 – 15　查看文件大小

-du 后面可以不加-s，直接写目录表示查看该目录下所有文件大小，如图 4 – 16 所示，命令如下：

```
hadoop fs -du /test1
```

```
hadoop@bigdata-VirtualBox:/data$ hadoop fs -du  /test1
14  /test1/data.txt
0   /test1/file2.txt
hadoop@bigdata-VirtualBox:/data$
```

图 4 – 16　查看指定目录下所有文件大小

8. 将文件输出为文本格式

text 方法可以将源文件输出为文本格式。允许的格式是 TextRecordInputStream 和 zip，如图 4 – 17 所示，命令如下：

```
hadoop fs -text /test1/data. txt
```

```
hadoop@bigdata-VirtualBox:/data$ hadoop fs -text /test1/data.txt
hello hadoop!
hadoop@bigdata-VirtualBox:/data$
```

图 4 – 17　将 txt 文件输出为文本格式

9. 返回指定目录/文件的统计信息

stat 方法可以返回指定路径的统计信息，有多个参数可选，当使用-stat

选项但不指定 format 时候，只打印文件创建日期，相当于% y，如图 4 - 18 所示，命令如下：

hadoop fs -stat /test1/data. txt

```
hadoop@bigdata-VirtualBox:/data$ hadoop fs -stat /test1/data.txt
2019-10-21 01:38:37
hadoop@bigdata-VirtualBox:/data$
```

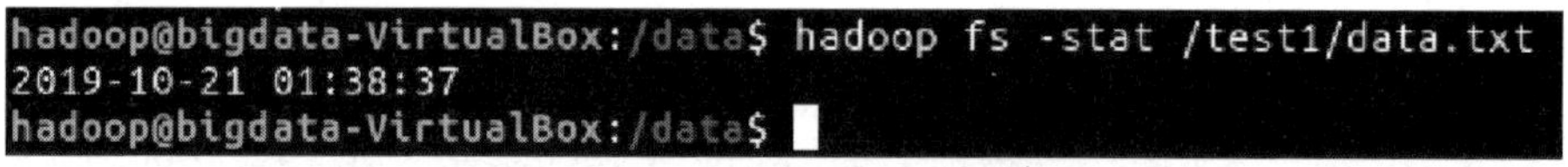

图 4 - 18　查看文件的创建日期

下面列出了 format 的形式：

% b：打印文件大小（目录为 0）

% n：打印文件名

% o：打印 block size（我们要的值）

% r：打印备份数

% y：打印 UTC 日期 yyyy-MM-dd HH：mm：ss

% Y：打印自 1970 年 1 月 1 日以来的 UTC 微秒数

% F：目录打印 directory，文件打印 regular file

10. 将 HDFS 中的文件下载到 Linux 本地

在 Linux 本地根目录下创建 apps 文件夹，将 Hadoop 中/test1 目录下的 data. txt 文件，下载到 Linux 本地/apps 目录中，如图 4 - 19 所示。注意，在本地执行的操作，命令中不需要加入“hadoop fs”，命令如下：

$ls /

$sudo mkdir /apps

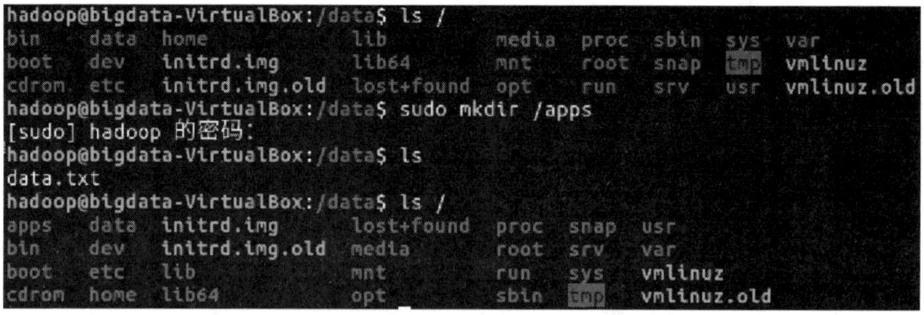

```
hadoop@bigdata-VirtualBox:/data$ ls /
bin    data  home            lib          media  proc  sbin  sys  var
boot   dev   initrd.img      lib64        mnt    root  snap  tmp  vmlinuz
cdrom  etc   initrd.img.old  lost+found   opt    run   srv   usr  vmlinuz.old
hadoop@bigdata-VirtualBox:/data$ sudo mkdir /apps
[sudo] hadoop 的密码:
hadoop@bigdata-VirtualBox:/data$ ls
data.txt
hadoop@bigdata-VirtualBox:/data$ ls /
apps   data  initrd.img      lost+found  proc  snap  usr
bin    dev   initrd.img.old  media       root  srv   var
boot   etc   lib             mnt         run   sys   vmlinuz
cdrom  home  lib64           opt         sbin  tmp   vmlinuz.old
```

图 4 - 19　在 Linux 本地系统中创建新文件夹

$hadoop fs -get /test1/data. txt /apps

注意，这条命令有可能会提示，如图 4－20 所示。

```
hadoop@bigdata-VirtualBox:/$ hadoop fs -get /test1/data.txt /apps
get: /apps/data.txt._COPYING_ (权限不够)
hadoop@bigdata-VirtualBox:/$
```

图 4－20　执行命令权限不够的提示

那么在执行此命令前需要增加 hdfs 对/test1 文件夹的权限，以及在本地对/apps 文件夹的权限：

$hadoop fs -chmod 777 /test1　　//增加 hdfs 对/test1 文件夹的权限,注意此时的 chmod 命令之前需要加上 hadoop fs

$sudo chmod 777 /apps　　//增加对 linux 本地/apps 文件夹的权限,此时不需要加 hadoop fs,且执行此命令需要 root 权限,所以前面加上 sudo

$hadoop fs -get /test1/data. txt /apps　//从 HDFS 上下载文件到 Linux 本地

$ls /apps

执行界面如图 4－21 所示。

```
hadoop@bigdata-VirtualBox:/$ hadoop fs -chmod 777 /test1
hadoop@bigdata-VirtualBox:/$ hadoop fs -get /test1/data.txt /apps
get: /apps/data.txt._COPYING_ (权限不够)
hadoop@bigdata-VirtualBox:/$ hadoop fs -chmod 777 /apps
chmod: `/apps': No such file or directory
hadoop@bigdata-VirtualBox:/$ chmod 777 /apps
chmod: 更改'/apps' 的权限: 不允许的操作
hadoop@bigdata-VirtualBox:/$ sudo chmod 777 /apps
[sudo] hadoop 的密码:
hadoop@bigdata-VirtualBox:/$ hadoop fs -get /test1/data.txt /apps
19/10/21 10:27:08 WARN hdfs.DFSClient: DFSInputStream has been closed already
hadoop@bigdata-VirtualBox:/$ ls /apps
data.txt
hadoop@bigdata-VirtualBox:/$
```

图 4－21　从 HDFS 上下载文件到 Linux 本地

11. 查看目录中的文件

查看/apps 目录下是否存在 data. txt 文件，如图 4－22 所示，命令如下：

$ls /apps

```
hadoop@bigdata-VirtualBox:/$ ls /apps
data.txt
hadoop@bigdata-VirtualBox:/$
```

图 4－22　查看指定目录下是否存在文件

12. 修改文件的拥有者

使用 chown 方法，改变 Hadoop 中/test1 目录中的 data. txt 文件拥有者为 root，使用-R 将使改变在目录结构下递归进行，命令如下：

$hadoop fs -chown root /test1/data. txt

查看/test1 文件夹的属性信息，如图 4－23 所示，命令如下：

$hadoop fs -ls /test1

```
hadoop@bigdata-VirtualBox:/$ hadoop fs -ls /test1
Found 2 items
-rw-r--r--   1 root   supergroup         14 2019-10-21 09:38 /test1/data.txt
-rw-r--r--   1 hadoop supergroup          0 2019-10-20 16:45 /test1/file2.txt
hadoop@bigdata-VirtualBox:/$
```

图 4－23　查看文件的拥有者

13. 为用户赋予权限

使用 chmod 方法，赋予 Hadoop 中/test1 目录中的 data. txt 文件 777 权限，如图 4－24 所示。

$hadoop fs -chmod 777 /test1/data. txt

$hadoop fs -ls /test1

$hadoop fs -ls /test1/data. txt

```
hadoop@bigdata-VirtualBox:/$ hadoop fs -ls /test1
Found 2 items
-rw-r--r--   1 root   supergroup         14 2019-10-21 09:38 /test1/data.txt
-rw-r--r--   1 hadoop supergroup          0 2019-10-20 16:45 /test1/file2.txt
hadoop@bigdata-VirtualBox:/$ hadoop fs -chmod 777 /test1/data.txt
hadoop@bigdata-VirtualBox:/$ hadoop fs -ls /test1
Found 2 items
-rwxrwxrwx   1 root   supergroup         14 2019-10-21 09:38 /test1/data.txt
-rw-r--r--   1 hadoop supergroup          0 2019-10-20 16:45 /test1/file2.txt
hadoop@bigdata-VirtualBox:/$ hadoop fs -ls /test1/data.txt
-rwxrwxrwx   1 root supergroup         14 2019-10-21 09:38 /test1/data.txt
hadoop@bigdata-VirtualBox:/$
```

图 4－24　修改对文件的权限

14. 删除文件

删除 Hadoop 根下的 file2. txt 文件，并用 ls 命令进行查看，如图 4 – 25 和图 4 – 26 所示，命令如下：

```
$hadoop fs -ls /
$hadoop fs -rm /file2. txt
```

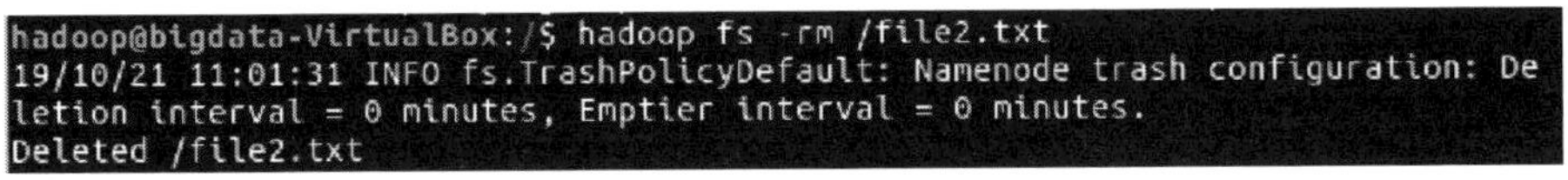

```
hadoop@bigdata-VirtualBox:/$ hadoop fs -rm /file2.txt
19/10/21 11:01:31 INFO fs.TrashPolicyDefault: Namenode trash configuration: De
letion interval = 0 minutes, Emptier interval = 0 minutes.
Deleted /file2.txt
```

图 4 – 25　删除文件

```
$hadoop fs -ls /
```

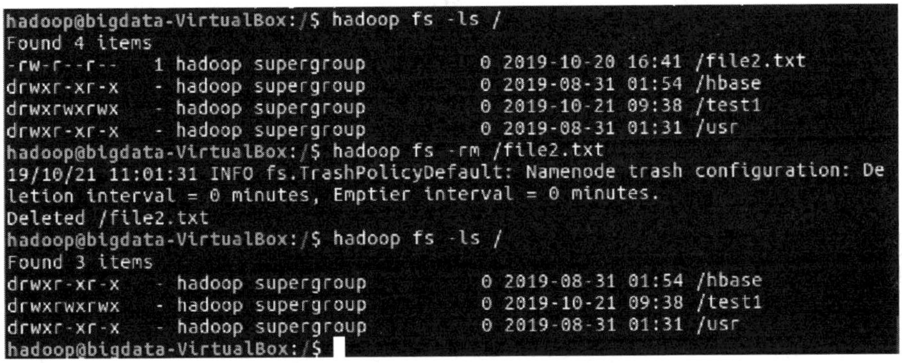

```
hadoop@bigdata-VirtualBox:/$ hadoop fs -ls /
Found 4 items
-rw-r--r--   1 hadoop supergroup          0 2019-10-20 16:41 /file2.txt
drwxr-xr-x   - hadoop supergroup          0 2019-08-31 01:54 /hbase
drwxrwxrwx   - hadoop supergroup          0 2019-10-21 09:38 /test1
drwxr-xr-x   - hadoop supergroup          0 2019-08-31 01:31 /usr
hadoop@bigdata-VirtualBox:/$ hadoop fs -rm /file2.txt
19/10/21 11:01:31 INFO fs.TrashPolicyDefault: Namenode trash configuration: De
letion interval = 0 minutes, Emptier interval = 0 minutes.
Deleted /file2.txt
hadoop@bigdata-VirtualBox:/$ hadoop fs -ls /
Found 3 items
drwxr-xr-x   - hadoop supergroup          0 2019-08-31 01:54 /hbase
drwxrwxrwx   - hadoop supergroup          0 2019-10-21 09:38 /test1
drwxr-xr-x   - hadoop supergroup          0 2019-08-31 01:31 /usr
hadoop@bigdata-VirtualBox:/$
```

图 4 – 26　在 HDFS 文件系统中删除文件

15. 删除目录

要删除 Hadoop 根下的 test1 目录，要先查看 test1 目录是否存在，如果存在，其目录下有没有子目录，如果没有子目录，直接删除即可，如果有子目录，则需要采用递归删除的方式才能将该目录删除，否则只能先将其子目录全部删除之后，才能用 rm 命令将该目录删除掉，其具体执行过程如图 4 – 27 ~ 图 4 – 30 所示。

```
$hadoop fs -ls /      //查看 hdfs 中根目录下的文件
```

```
hadoop@bigdata-VirtualBox:/$ hadoop fs -ls /
Found 3 items
drwxr-xr-x   - hadoop supergroup          0 2019-08-31 01:54 /hbase
drwxrwxrwx   - hadoop supergroup          0 2019-10-21 09:38 /test1
drwxr-xr-x   - hadoop supergroup          0 2019-08-31 01:31 /usr
```

图 4－27　查看根目录下的文件

$hadoop fs -ls -R /test1　　//查看/test1 文件夹下所有的文件及文件夹，包括子文件夹

```
hadoop@bigdata-VirtualBox:/$ hadoop fs -ls -R /test1
-rwxrwxrwx   1 root   supergroup         14 2019-10-21 09:38 /test1/data.txt
-rw-r--r--   1 hadoop supergroup          0 2019-10-20 16:45 /test1/file2.txt
```

图 4－28　递归查看/test1 目录下的文件信息

$hadoop fs -rm -r /test1

```
hadoop@bigdata-VirtualBox:/$ hadoop fs -rm -r /test1
19/10/21 11:08:54 INFO fs.TrashPolicyDefault: Namenode trash configuration: De
letion interval = 0 minutes, Emptier interval = 0 minutes.
Deleted /test1
```

图 4－29　在 HDFS 文件系统中递归删除指定文件夹中的文件

```
hadoop@bigdata-VirtualBox:/$ hadoop fs -ls /
Found 3 items
drwxr-xr-x   - hadoop supergroup          0 2019-08-31 01:54 /hbase
drwxrwxrwx   - hadoop supergroup          0 2019-10-21 09:38 /test1
drwxr-xr-x   - hadoop supergroup          0 2019-08-31 01:31 /usr
hadoop@bigdata-VirtualBox:/$ hadoop fs -ls -R /test1
-rwxrwxrwx   1 root   supergroup         14 2019-10-21 09:38 /test1/data.txt
-rw-r--r--   1 hadoop supergroup          0 2019-10-20 16:45 /test1/file2.txt
hadoop@bigdata-VirtualBox:/$ hadoop fs -rm -r /test1
19/10/21 11:08:54 INFO fs.TrashPolicyDefault: Namenode trash configuration: De
letion interval = 0 minutes, Emptier interval = 0 minutes.
Deleted /test1
hadoop@bigdata-VirtualBox:/$ hadoop fs -ls /
Found 2 items
drwxr-xr-x   - hadoop supergroup          0 2019-08-31 01:54 /hbase
drwxr-xr-x   - hadoop supergroup          0 2019-08-31 01:31 /usr
hadoop@bigdata-VirtualBox:/$
```

图 4－30　删除文件夹及查看结果过程

4.2.5　以 Web 方式查看 HDFS

在 HDFS Web 界面上只能查看文件系统数据，注意：先开启 hadoop 的服务，再访问网址：http：//localhost：50070，界面如图 4－31 所示，可以通过本界面的下载上传文件到本地。

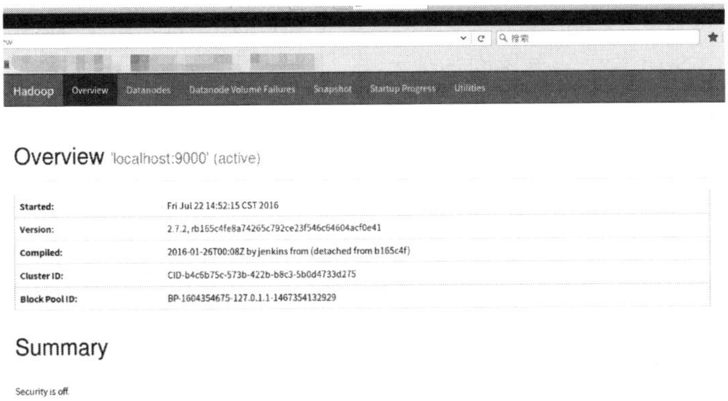

图 4－31　用 Web 方式查看 HDFS 文件系统

4.2.6　执行 Hadoop 自带的 WordCount 程序

使用 Shell 命令执行 Hadoop 自带的 WordCount。

首先，切换到/data 目录下，使用 vim 编辑器编辑一个名为：data. txt 文件，文本内容为：hello world hello sdufe hello ipieuvre hello hadoop!。具体命令如下：

```
$cd /data
$sudo vi data. txt        //在 vi 编辑器中输入文本内容
```

在 HDFS 的根目录下创建 in 目录，用于存放 wordCount 的输入文件，如图 4－32 所示。具体命令如下：

```
$hadoop fs -ls /
$hadoop fs -mkdir /in
$hadoop fs -ls /
```

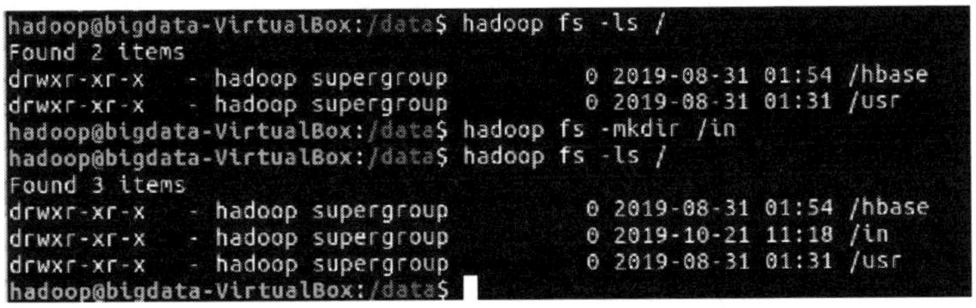

```
hadoop@bigdata-VirtualBox:/data$ hadoop fs -ls /
Found 2 items
drwxr-xr-x   - hadoop supergroup          0 2019-08-31 01:54 /hbase
drwxr-xr-x   - hadoop supergroup          0 2019-08-31 01:31 /usr
hadoop@bigdata-VirtualBox:/data$ hadoop fs -mkdir /in
hadoop@bigdata-VirtualBox:/data$ hadoop fs -ls /
Found 3 items
drwxr-xr-x   - hadoop supergroup          0 2019-08-31 01:54 /hbase
drwxr-xr-x   - hadoop supergroup          0 2019-10-21 11:18 /in
drwxr-xr-x   - hadoop supergroup          0 2019-08-31 01:31 /usr
hadoop@bigdata-VirtualBox:/data$
```

图 4－32　创建 wordCount 程序的输入目录

将/data 下的 data. txt 文件上传到 HDFS 中的 in 目录中，如图 4 - 33 所示。具体命令和展示结果界面如下：

```
$hadoop fs -put /data/data. txt /in
$hadoop fs -ls /in
```

```
hadoop@bigdata-VirtualBox:/data$ hadoop fs -put /data/data.txt /in
hadoop@bigdata-VirtualBox:/data$ hadoop fs -ls /in
Found 1 items
-rw-r--r--   1 hadoop supergroup         59 2019-10-21 11:20 /in/data.txt
hadoop@bigdata-VirtualBox:/data$
```

图 4 - 33　将 wordCount 文件的输入文件上传至 HDFS 文件系统中

在 Linux 下，首先进入 Hadoop 的安装目录/usr/local/java/hadoop/hadoop-2. 7. 1，在/usr/local/java/hadoop/hadoop- 2. 7. 1/share/hadoop/mapreduce 路径下存在 hadoop-mapreduce-examples- 2. 7. 1. jar 包，如图 4 - 34 所示。查看该目录的命令如下：

```
$cd /usr/local/java/hadoop/hadoop-2. 7. 1/share/hadoop/mapreduce
$ls
```

```
hadoop@bigdata-VirtualBox:/$ cd /usr/local/java/hadoop/hadoop-2.7.1/share/hado
op/mapreduce
hadoop@bigdata-VirtualBox:/usr/local/java/hadoop/hadoop-2.7.1/share/hadoop/map
reduce$ ls
hadoop-mapreduce-client-app-2.7.1.jar
hadoop-mapreduce-client-common-2.7.1.jar
hadoop-mapreduce-client-core-2.7.1.jar
hadoop-mapreduce-client-hs-2.7.1.jar
hadoop-mapreduce-client-hs-plugins-2.7.1.jar
hadoop-mapreduce-client-jobclient-2.7.1.jar
hadoop-mapreduce-client-jobclient-2.7.1-tests.jar
hadoop-mapreduce-client-shuffle-2.7.1.jar
hadoop-mapreduce-examples-2.7.1.jar
lib
lib-examples
sources
hadoop@bigdata-VirtualBox:/usr/local/java/hadoop/hadoop-2.7.1/share/hadoop/map
reduce$
```

图 4 - 34　查看 Hadoop 自带的 jar 包

我们执行其中的 worldcount 类，数据来源为 HDFS 的/in 目录，数据输出到 HDFS 的/out 目录，具体命令如下，执行界面如图 4 - 35 所示。

$ hadoop jar /usr/local/java/hadoop/hadoop-2.7.1/share/hadoop/mapreduce/hadoop-mapreduce-examples-*.jar wordcount /in /out

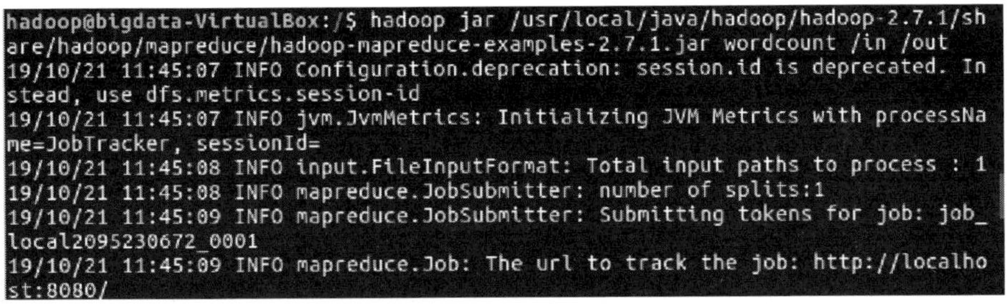

```
hadoop@bigdata-VirtualBox:/$ hadoop jar /usr/local/java/hadoop/hadoop-2.7.1/sh
are/hadoop/mapreduce/hadoop-mapreduce-examples-2.7.1.jar wordcount /in /out
19/10/21 11:45:07 INFO Configuration.deprecation: session.id is deprecated. In
stead, use dfs.metrics.session-id
19/10/21 11:45:07 INFO jvm.JvmMetrics: Initializing JVM Metrics with processNa
me=JobTracker, sessionId=
19/10/21 11:45:08 INFO input.FileInputFormat: Total input paths to process : 1
19/10/21 11:45:08 INFO mapreduce.JobSubmitter: number of splits:1
19/10/21 11:45:09 INFO mapreduce.JobSubmitter: Submitting tokens for job: job_
local2095230672_0001
19/10/21 11:45:09 INFO mapreduce.Job: The url to track the job: http://localho
st:8080/
```

图4-35 执行hadoop自带的wordcount程序

查看HDFS中的/out目录，如图4-36和图4-37所示。

$hadoop fs -ls /out

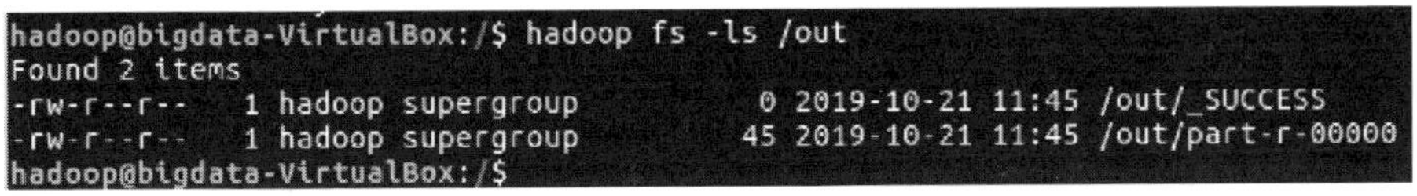

```
hadoop@bigdata-VirtualBox:/$ hadoop fs -ls /out
Found 2 items
-rw-r--r--   1 hadoop supergroup          0 2019-10-21 11:45 /out/_SUCCESS
-rw-r--r--   1 hadoop supergroup         45 2019-10-21 11:45 /out/part-r-00000
hadoop@bigdata-VirtualBox:/$
```

图4-36 查看wordCount程序的输出文件夹的生成文件

$hadoop fs -cat /out/*

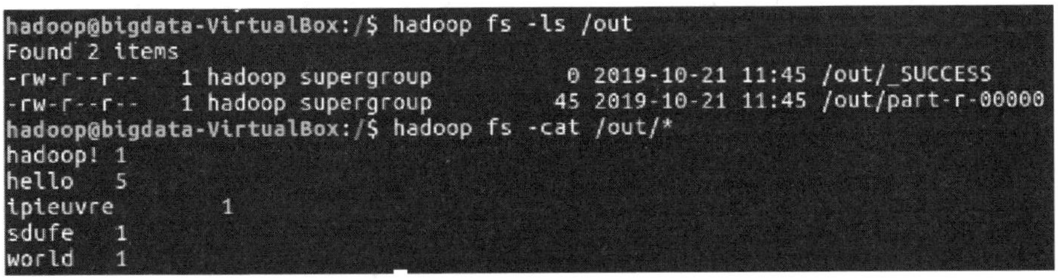

```
hadoop@bigdata-VirtualBox:/$ hadoop fs -ls /out
Found 2 items
-rw-r--r--   1 hadoop supergroup          0 2019-10-21 11:45 /out/_SUCCESS
-rw-r--r--   1 hadoop supergroup         45 2019-10-21 11:45 /out/part-r-00000
hadoop@bigdata-VirtualBox:/$ hadoop fs -cat /out/*
hadoop! 1
hello   5
ipieuvre        1
sdufe   1
world   1
```

图4-37 查看wordCount程序的输出内容

4.2.7 清空回收站

当在Hadoop中设置了回收站功能时，删除的文件会保留在回收站中，可以使用 expunge 方法清空回收站，如图 4－38 所示。

```
$hadoop fs -expunge
```

```
hadoop@bigdata-VirtualBox:/$ hadoop fs -expunge
19/10/21 11:11:18 INFO fs.TrashPolicyDefault: Namenode trash configuration: Deletion interval = 0 minutes, Emptier interval = 0 minutes.
hadoop@bigdata-VirtualBox:/$
```

图 4－38　清空回收站

在分布式文件系统启动的时候，开始的时候会有安全模式，当分布式文件系统处于安全模式的情况下，文件系统中的内容不允许修改也不允许删除，直到安全模式结束。安全模式主要是为了系统启动的时候检查各个 DataNode 上数据块的有效性，同时根据策略必要的复制或者删除部分数据块。运行期间通过命令也可以进入安全模式。在实践过程中，系统启动的时候去修改和删除文件也会有安全模式不允许修改的出错提示，只需要等待一会儿即可。

4.2.8　Hadoop 安全模式进入/退出

进入 Hadoop 安全模式如图 4－39 所示。

```
$hdfs dfsadmin -safemode enter
```

```
hadoop@bigdata-VirtualBox:/$ hdfs dfsadmin -safemode enter
Safe mode is ON
hadoop@bigdata-VirtualBox:/$
```

图 4－39　进入 Hadoop 安全模式

退出 Hadoop 安全模式如图 4－40 所示。

```
$hdfs dfsadmin -safemode leave
```

```
hadoop@bigdata-VirtualBox:/$ hdfs dfsadmin -safemode leave
Safe mode is OFF
hadoop@bigdata-VirtualBox:/$
```

图 4－40　退出 Hadoop 安全模式

4.2.9　关闭 Hadoop

切换到/usr/local/java/hadoop/hadoop-2.7.1/sbin 目录下，关闭 Hadoop 服务，如图 4－41 所示。

$cd /usr/local/java/hadoop/hadoop-2.7.1/sbin

$./stop-all.sh

```
hadoop@bigdata-VirtualBox:/usr/local/java/hadoop/hadoop-2.7.1/sbin$ ./stop-all
.sh
This script is Deprecated. Instead use stop-dfs.sh and stop-yarn.sh
Stopping namenodes on [localhost]
localhost: stopping namenode
localhost: stopping datanode
Stopping secondary namenodes [0.0.0.0]
0.0.0.0: stopping secondarynamenode
stopping yarn daemons
stopping resourcemanager
localhost: stopping nodemanager
no proxyserver to stop
hadoop@bigdata-VirtualBox:/usr/local/java/hadoop/hadoop-2.7.1/sbin$
```

图 4－41　关闭 Hadoop

4.3　本章小结

分布式文件系统是将固定于某个地点的某个文件系统，扩展到任意多个地点上的多个文件系统，众多的节点构成一个文件系统网络，每个节点可以分布在不同的地点，通过网络进行节点间的通信和数据传输，可以有效解决大规模数据的存储和管理难题的文件系统。

本章首先介绍了分布式文件系统的概念及特点，其次对目前常见的分布式文件系统 HDFS、GFS 等的优势和不足进行了比较，再次对 HDFS 的特点进行了详细介绍，最后着重介绍了在 HDFS 中进行文件和目录的基本操作，并对在 HDFS 上的目录和文件操作和在本地 Linux 文件系统中的操作进行了对比，进而掌握分布式文件系统中操作模式。

本 章 习 题

一、填空题

1. 进行 HDFS 操作前，必须先启动 Hadoop 服务，启动 Hadoop 服务的命令包括（　　　　　）、（　　　　　）。

2. HDFS 的全称是（　　　　　　　　　　）。

3. HDFS 在 Hadoop 框架中主要是通过（　　　　　）来解决（　　　　　　　）。

4. HDFS 采用（　　　　），其中包括一个称为（　　　　）的主节点和多个称为（　　　　）的从节点。

5. 在 HDFS 中，以（　　　　）的形式对数据进行存储，每个文件都会被分成若干个（　　　　），然后将每个（　　　　）的多个副本分布在集群的不同（　　　　）上进行存储。

6. 在 HDFS 中创建一个文件夹用命令（　　　　　　）。

7. 在 HDFS 中要进入安全模式用的命令是（　　　　　　　　）。

8. 在 HDFS 中要清空回收站所使用的命令是（　　　　　　）。

9. 在 HDFS 中要上传文件用的命令是（　　　　　　）。

10. 在 HDFS 中要下载文件用的命令是（　　　　　　）。

二、问答题

1. 什么是分布式文件系统？通常具备什么特点？

2. 试比较 HDFS、GFS 的区别。

三、操作实践题

编程实现以下指定功能，并利用 Hadoop 提供的 shell 命令完成相同的任务。

（1）向 HDFS 中上传任意文本文件，如果指定的文件在 HDFS 中已经存在，由用户指定是追加到原有文件末尾还是覆盖原有的文件。

（2）从 HDFS 中下载指定文件，如果本地文件与要下载的文件名称相同，则自动对下载的文件重命名。

（3）将 HDFS 中指定文件的内容输出到终端。

（4）显示 HDFS 中指定的文件读写权限、大小、创建时间、路径等信息。

（5）给定 HDFS 中某一个目录，输出该目录下的所有文件的读写权限、大小、创建时间、路径等信息，如果该文件是目录，则递归输出该目录下所有文件相关信息。

（6）提供一个 HDFS 中的文件的路径，对该文件进行创建和删除操作。如果文件所在目录不存在，则自动创建目录。

（7）删除 HDFS 中指定的文件。

（8）在 HDFS 中将文件从源路径移动到目的路径。

我们要坚持教育优先发展、科技自立自强、人才引领驱动，加快建设教育强国、科技强国、人才强国，坚持为党育人、为国育才，全面提高人才自主培养质量，着力造就拔尖创新人才，聚天下英才而用之。

——引自二十大报告

第 5 章

Anaconda 应用实践

本章学习目的

- 了解 Anaconda 的特点和功能。
- 了解 Conda 工具和 pip 工具的用法区别。
- 了解在 Linux 中 Anaconda 的部署与使用。
- 了解 conda 的环境管理和包管理方法。

5.1 Anaconda 介绍

5.1.1 Anaconda 简介

Anaconda（官方网站 https：//www. anaconda. com/download/#macos）既是一个开源的 Python 包管理器，也是一个开源的、用于科学计算的 Python 发行版本，其中包含了包括 conda、Python 等在内的超过 180 个科学包及其依赖项，其包含的科学包有：conda、numpy、scipy、ipython notebook 等，支持 Linux、Mac、Windows 等操作系统，包含了众多流行的科学计算、数据分析的 Python 包，如 pandas、numpy 等。Anaconda 的目标是简化 Python 环境的配置和管理，使得科学家和数据分析师能够更轻松地进行数据处理、建模和可视化等工作，利用 Anaconda 可以非常便捷地获取包并对包进行管理，同时对环境也可以统一管理。

Anaconda 是基于 conda 的 Python 数据科学和机器学习开发平台，其资源库拥有超过 8 000 个开源数据科学和机器学习包（见图 5－1），对数据科学很友好，Anaconda 强大功能的实现主要基于 Anaconda 拥有的 conda 包、环境管理器、1 000 + 开源库，且 Anaconda 侧重于数据科学领域的 Python 开发，Python 是 Anaconda 自带的，无须再次安装，并且已经配置好运行环境，并自带 pandas、numpy、matplotlib、Jupyter 等大多数主流第三方库，这也导致 Anaconda 比较庞大，仅其安装文件就达到 500MB 左右，需要约 3GB 大小的运行空间；Anaconda 能够为所有主要的操作系统和架构构建和编译，适用性比较强。因此，Anaconda 最大特点是：服务 Python 数据科学和机器学习，一次安装，一劳永逸。

图 5－1　Anaconda 资源库

但是，对于从事 Python 其他开发领域的用户来说，并不需要同时使用 1 000 多个库，甚至完全可以用 pip 等工具替代，那么 Anaconda 就显得过于臃肿，资源浪费也较严重。因此，有些用户为避免功能冗余，过分占用系统资源，而选择安装使用 Miniconda，Miniconda（https：//docs. conda. io/projects/miniconda/en/latest/）是瘦身版的 Anaconda，只包含 Python 和 Conda，安装包只有 50M，安装空间仅需要 400MB 空间即可，Anaconda 和 Miniconda 的关系如图 5－2 所示。而 conda 是虚拟环境工具＋包管理工具，可以用于各种开发语言，conda 资源库有上万个第三方库，大部分都是数据科学和机器学习相关领域。因此，Miniconda 可以使用 conda 去配置虚拟环境，安装各种第三方库。使用 Miniconda 不仅简洁，而且功能也很强大，基本可以满足普通用户的需求。

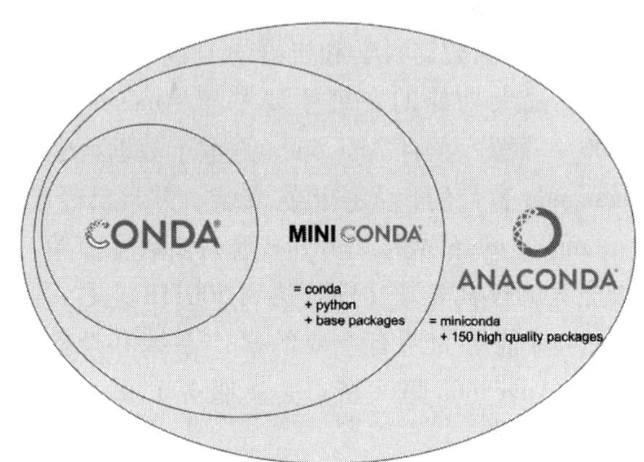

图 5－2　Anaconda 和 Miniconda 的关系

使用 Anaconda 安装包时可以自动解决包的各种非 Python 依赖项，这样可以屏蔽系统平台的差异，解决底层依赖；而且有一个虚拟环境的概念，各个环境之间是隔离的，可以设定不同的 Python 版本以及各种包，不和系统冲突，也可以随便切换，要删除也是整个一起清理。

常用的 Anaconda 模块及其功能：

（1）NumPy

提供了高性能的多维数组对象和相关的数学函数，是进行科学计算和数据分析的基础库。

（2）Pandas

提供了高效的数据结构和数据分析工具，包括 DataFrame 和 Series 等，用于处理和分析结构化数据。

（3）Matplotlib

用于创建各种类型的静态、动态和交互式的数据可视化图表，如折线图、散点图、柱状图、气泡图、饼图等。

（4）SciPy

提供了许多科学计算和数值算法的库，包括线性代数、优化、插值、信号处理等。

（5）Scikit-learn

提供了机器学习算法和工具的库，包括分类、回归、聚类、降维等，是进行机器学习任务的重要工具。

（6）TensorFlow

一个用于构建和训练机器学习模型的开源深度学习框架，支持各种类型的神经网络模型。

（7）Keras

一个高级神经网络 API，可以在多个深度学习框架上运行，如 TensorFlow、Theano 等，简化了神经网络模型的构建和训练过程。

（8）Jupyter Notebook

一个交互式的笔记本环境，可以在浏览器中编写和运行代码，并支持实时的数据可视化和文档编写。

这些模块和工具使得 Anaconda 成为一个强大的科学计算和数据分析平台，可以满足各种不同领域的需求。同时，Anaconda 还提供了包管理工具 conda，可以方便地安装、更新和管理各种 Python 包和环境。

5.1.2　Anaconda 功能

Anaconda 是一个开源的 Python 发行版本，其提供了丰富的工具和库，可以帮助数据科学家、研究人员和开发人员更加高效地进行数据分析、科学计算和机器学习等工作。Anaconda 的主要功能如下：

（1）便捷的环境管理

Anaconda 提供了一个名为 conda 的包管理工具，可以方便地创建、管理和分享 Python 环境。用户可以根据自己的需要创建不同的环境，每个环境都可以拥有自己的 Python 版本、库和依赖项，这样就可以避免因为不同项目之间的依赖关系而导致的冲突问题。另外，conda 还可以方便地共享环境，这对于团队协作和跨平台开发非常有用。

（2）丰富的数据科学工具

Anaconda 默认安装了许多常用的数据科学工具和库，例如 NumPy、Pandas、Matplotlib、Seaborn、Scikit-learn 等。这些工具和库可以帮助用户进行数据清洗、数据分析、可视化和机器学习等任务。同时，Anaconda 还提供了 Jupyter Notebook 这样的交互式开发环境，可以帮助用户更加方便地进行数据分析和可视化。

（3）高效的包管理

Anaconda 的包管理系统非常高效，可以自动解决依赖关系，快速地安装和更新库。此外，由于 Anaconda 的用户群体非常庞大，因此很多常用的库都被打包成了 Anaconda 的包，可以直接通过 conda 安装。这样可以避免用户自己编译安装库的麻烦，也可以保证库的版本兼容性和稳定性。

（4）跨平台支持

Anaconda 不仅支持 Windows、Linux 和 Mac OS 等多个操作系统，而且安装非常简单。用户只需要下载相应的安装包，然后按照向导提示就可以完成安装。这使得用户可以在不同的平台上方便地使用 Anaconda，同时也方便了团队协作和项目交流。

（5）社区支持和扩展性

Anaconda 有一个庞大的社区，能够获得免费的社区支持，用户可以在社区中获取各种问题的解答、分享自己的经验和资源，还可以参与社区的开发和贡献。此外，用户还可以通过 conda 安装各种第三方库和工具，扩展 Anaconda 的功能和应用范围。

综上所述，Anaconda 是一款非常强大的 Python 发行版本，具有便捷的环境管理、丰富的数据科学工具、高效的包管理、跨平台支持和社区支持等多个功能。对于数据科学家、研究人员和开发人员来说，Anaconda 是一个非常好的选择。

5.1.3 pip 与 conda 比较

Anaconda 是一个包含 180 + 的科学包及其依赖项的发行版本。其包含的科学包括 conda、numpy、scipy、ipython notebook 等。pip 和 conda 的区别如表 5 – 1 所示。

表 5 – 1　pip 和 conda 的区别

比较项目	pip	conda
概念	pip 是用于安装和管理软件包的包管理器	conda 是包及其依赖项和环境的管理工具
依赖项检查	（1）不一定会展示所需其他依赖包； （2）安装包时或许会直接忽略依赖项而安装，仅在结果中提示错误	（1）列出所需其他依赖包； （2）安装包时自动安装其依赖项； （3）可以便捷地在包的不同版本中自由切换

续表

比较项目	pip	conda
环境管理	维护多个环境难度较大	比较方便地在不同环境之间进行切换，环境管理较为简单
对系统自带 Python 的影响	在系统自带 Python 中包的更新/回退版本/卸载将影响其他程序	不会影响系统自带 Python
适用语言	仅适用于 Python	适用于 Python，R，Ruby，Lua，Scala，Java，JavaScript，C/C++，FORTRAN

5.2 Linux 中 Anaconda 的部署与使用

5.2.1 软件下载

方法 1：Anaconda 的官方下载地址：https：//www. anaconda. com/download/，网页如图 5 -3 所示，Anaconda 可以在 Windows、MacOS、Linux 系统平台中安装和使用，根据安装的操作系统和硬件配置选择合适的版本，目前 Anaconda 的最新版本是 Python3. 11。由于我们是要在 Linux 中安装 Anaconda，因此要下载 Linux 版本。

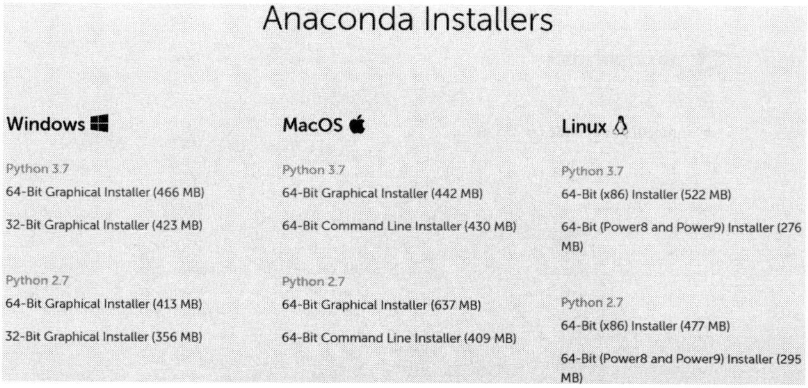

图 5 -3 官方下载

方法 2：可以通过 Linux Ubuntu 系统内置的 Firefox 浏览器对其进行下载，注意要下载对应的 Linux 版本，后面安装 Anaconda 的实验中使用的 Anaconda 安装包的文件名为 Anaconda3-2019. 07-Linux-x86_64. sh。

方法 3：可以在清华大学开源软件镜像站中选择合适的 Anaconda 版本进行下载，下载地址 https：//mirrors. tuna. tsinghua. edu. cn/help/anaconda/，如图 5－4 所示。

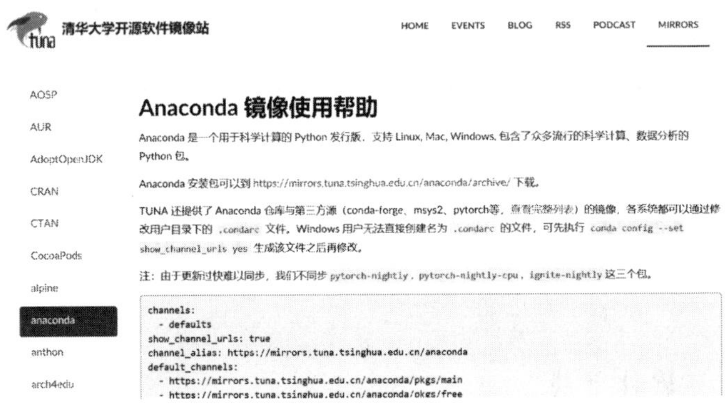

图 5－4　清华大学开源软件镜像站 1

注意：本网站在虚拟机的浏览器中打开时可能会显示非安全连接，可以利用本机浏览器下载 Anaconda 安装包，然后利用邮箱传入虚拟机中。

打开 https：//mirrors. tuna. tsinghua. edu. cn/anaconda/archive/页面，如图 5－5 所示，可以看到 Anaconda 的各个版本的列表，从列表中选择合适的版本进行下载即可。

清华大学开源软件镜像站　　HOME　EVENTS　BLOG　RSS　PODCAST　MIRRORS

Index of /anaconda/archive/

Last Update: 2020-05-30 03:06

File Name ↓	File Size ↓	Date ↓
Parent directory/	-	-
Anaconda-1.4.0-Linux-x86.sh	220.5 MiB	2013-07-04 01:47
Anaconda-1.4.0-Linux-x86_64.sh	286.9 MiB	2013-07-04 17:26
Anaconda-1.4.0-MacOSX-x86_64.sh	156.4 MiB	2013-07-04 17:40
Anaconda-1.4.0-Windows-x86.exe	210.1 MiB	2013-07-04 17:48
Anaconda-1.4.0-Windows-x86_64.exe	241.4 MiB	2013-07-04 17:58
Anaconda-1.5.0-Linux-x86.sh	238.8 MiB	2013-07-04 18:10
Anaconda-1.5.0-Linux-x86_64.sh	306.7 MiB	2013-07-04 18:22
Anaconda-1.5.0-MacOSX-x86_64.sh	166.2 MiB	2013-07-04 18:37
Anaconda-1.5.0-Windows-x86.exe	236.0 MiB	2013-07-04 18:45

图 5－5　清华大学开源软件镜像站 2

注意：

①下载完的文件存放在“/home/hadoop/下载”目录下，后面的安装以此文件夹为准。

②新版 Anaconda 安装文件比较大，虚拟机镜像磁盘空间如果不足，可以删除/usr/my_software 下面已经部署过的软件包。

③在 linux 操作系统中查看磁盘使用情况的命令是 $sudo　df　-h。

5.2.2　安装部署

1. 安装准备

以 Hadoop 用户的身份登录 Linux 操作系统，为 Anaconda 新建一个文件夹作为 Anaconda 的安装目录，执行命令如下，结果如图 5 -6 所示。

```
$cd /usr/local/java    #进入安装目录
$sudo mkdir anaconda    #创建 anaconda 目录作为 anaconda 的安装目录
$ls   //查看 anaconda 目录是否创建成功
$sudo  cp  /home/hadoop/下载/Anaconda3-2019.07-Linux-x86_64.sh
/usr/local/java/anaconda    //将 anaconda 的安装文件拷贝至安装路径中
sudo chown -R hadoop:hadoop   /usr/local/java/anaconda   #文件夹授权
```

```
hadoop@bigdata-VirtualBox:/usr/local/java/anaconda$ cd /usr/local/java
hadoop@bigdata-VirtualBox:/usr/local/java$ sudo mkdir anaconda
[sudo] hadoop 的密码：
mkdir: 无法创建目录"anaconda": 文件已存在
hadoop@bigdata-VirtualBox:/usr/local/java$ ls
anaconda  apache-tomcat-8.5.27  hadoop  hbase  hive  IDEA  jdk1.8.0_162  jdk-8u162-linux-x64.tar.gz  set  show
hadoop@bigdata-VirtualBox:/usr/local/java$ sudo cp /home/hadoop/下载/Anaconda3-2019.07-Linux-x86_64.sh  /usr/l
ocal/java/anaconda
hadoop@bigdata-VirtualBox:/usr/local/java$ sudo chown -R hadoop:hadoop  /usr/local/java/anaconda
hadoop@bigdata-VirtualBox:/usr/local/java$
```

图 5 -6　创建安装目录

2. 安装部署

运行如下命令进行 Anaconda 的安装，执行命令如下：

```
$cd /usr/local/java/anaconda   //将 anaconda 的安装目录设置为当前目录
$bash Anaconda3-2019.07-Linux-x86_64.sh   #安装 anaconda
```

在安装过程中，根据提示输入回车键，在提示“yes or no?”选择项中输入“yes”然后点击“回车”键，直到安装成功，结果如图 5 -7 所示。

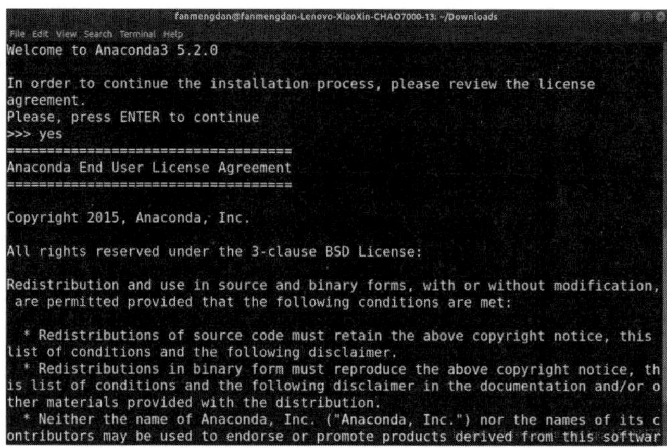

图 5－7　安装 Anaconda

安装过程中，默认的安装路径为/home/hadoop/anaconda3，如果提示设置安装路径时，可在提示符后面输入想要安装的路径：/usr/local/java/anaconda/anaconda3.

注意：. sh 文件是 Linux 的可执行脚本文件，可以用 bash 命令进行执行安装。

3. 设置 Anaconda 环境变量

在 Linux Ubuntu 终端输入“python”命令，会输出 Ubuntu 自带的 Python 版本，如图 5－8 所示。

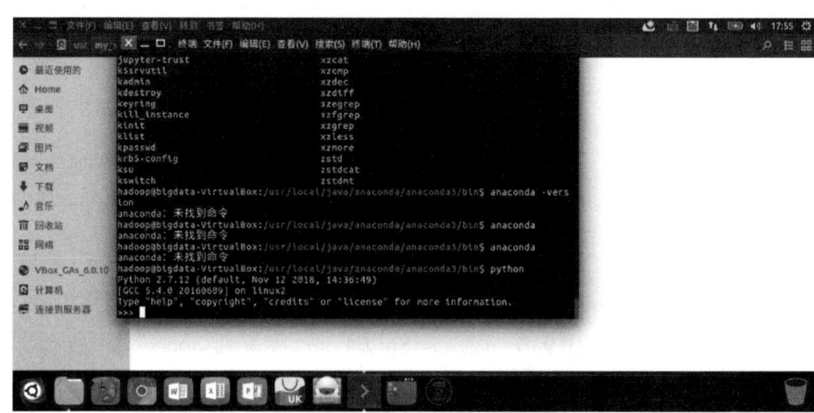

图 5－8　查看 Python 版本

注意：退出 Python 环境使用 exit( ) 或者 ctrl + D 退出。

```
$exit( )
```

要配置 Anaconda 的环境变量，有两种方式：

①可以修改 . bashrc 配置文件，注意，该配置文件只对当前用户起作用。

②修改系统配置文件/etc/profile 文件，本文前面都是配置的这个文件，该文件中配置的环境变量将对全部用户都起作用。

方法一：（仅当前用户起作用）

```
#anaconda
$gedit    ~/. bashrc    #利用 gedit 编辑器编辑 . bashrc 配置文件
```

在 . bashrc 文件中加入下面一行语句。

```
export ANACONDA_HOME =/usr/local/java/anaconda/anaconda3
export PATH =" $ANACONDA_HOME/bin: $PATH"
$source    ~/. bashrc    #使环境变量起作用
```

方法二：（对全部用户都起作用）

```
$sudo gedit /etc/profile    //利用 gedit 编辑器打开系统配置文件 profile
进行编辑,该文件配置属性为全局变量
```

在 profile 配置文件中加入如下代码：

```
#anaconda
export ANACONDA_HOME =/usr/local/java/anaconda/anaconda3
export PATH = $ANACONDA_HOME/bin: $PATH
export CLASSPATH = $ANACONDA_HOME/lib
```

注意：新增 ANACONDA_HOME 选项，修改 PATH 和 CLASSPATH，保存退出，结果如图 5 -9 所示。

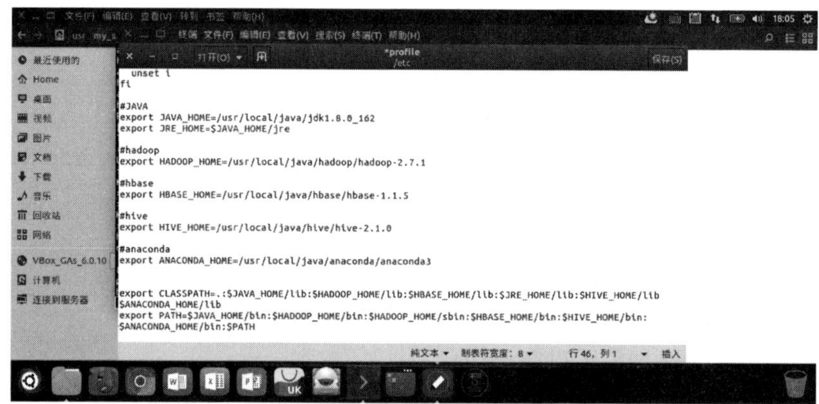

图 5-9 配置 Anaconda 环境变量

$source /etc/profile //更新系统配置文件设置,使之生效

4. 验证安装

配置完毕，测试是否安装成功，执行如下命令，结果如图 5-10 所示。

$anaconda -V #查看 anaconda 版本信息

```
hadoop@bigdata-VirtualBox:/usr/local/java/anaconda$ anaconda -V
anaconda Command line client (version 1.7.2)
hadoop@bigdata-VirtualBox:/usr/local/java/anaconda$
```

图 5-10 查看 Anaconda 版本信息

5.2.3 conda 的环境、包管理

1. 创建新环境

格式：conda create --name <env_name> <package_names>

其中，<env_name>表示要创建的环境名称。这里建议最好以英文进行命名，且中间不加空格，<package_names>表示安装在该环境中的包名。

注意：在后面的命令中出现的环境名称、包名称、文本等在实际应用中两边均不需要加尖括号“< >”。

如果要安装指定版本号的 Python，则只需要在包名称后面以“=版本号”的形式执行。如执行如下命令：

conda create --name python2 python = 2. 7

即可以创建一个名为“python2”的环境，在该环境中安装版本为 2. 7 的 Python。

如果要在新创建的环境中安装多个包，则直接在 <package_names> 后添加多个包名称，并以“空格”隔开即可。如：

conda create -n python3 python = 3. 5 numpy pandas

通过上述命令就可以创建一个名为“python3”的环境，在该环境中安装版本为 3. 5 的 Python 的同时，也安装了 numpy 和 pandas 这两个包。

--name 可以替换为-n。

默认情况下，新创建的环境将会被保存在/Users/ <user_name> /anaconda3/env 目录中，其中， <user_name> 为当前用户的用户名。

本次设置为：

conda create --name python3 python = 3. 5

结果如图 5 – 11 所示。

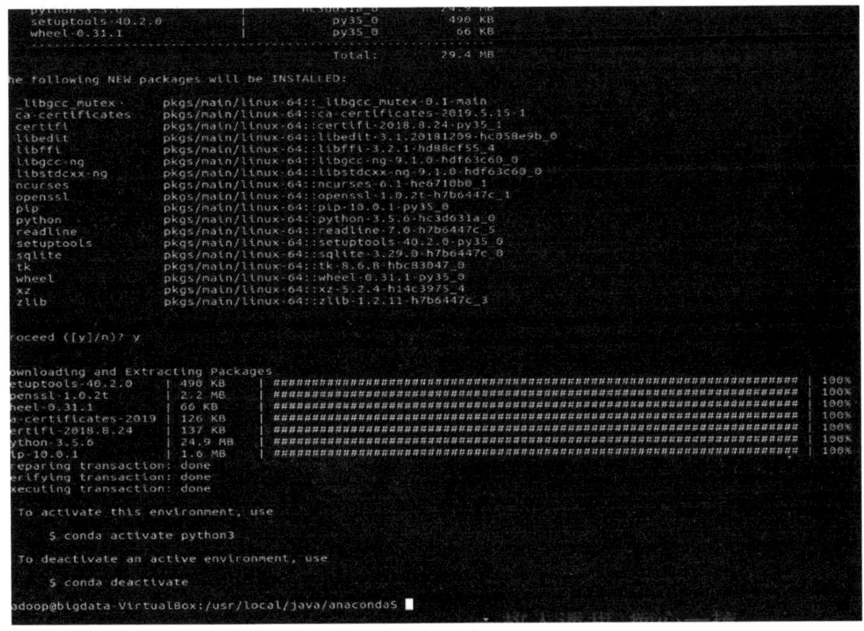

图 5 – 11　创建新环境

2. 切换环境

source activate <env_name>　# <env_name>为要切换的环境名称

如果创建环境后安装 Python 的时候并没有明确指定 Python 的版本号，那么，系统将会选择与所安装的 Anaconda 版本相同的 Python 版本进行安装，即如果安装的是 Anaconda 第 2 版，则系统会自动安装 Python 2. x 版本；如果安装的是 Anaconda 第 3 版，则系统会自动安装 Python 3. x 版本。

当切换环境成功之后，在该行的行首将以“(env_name)”或“[env_name]”开头。其中，“env_name”为切换到的环境名。如：在 MacOS 系统中执行 source active python2，即切换到名为“python2”的环境中，则行首将会以“(python2)”进行开头。

$source activate python3　//切换至 python3 环境中

切换至 python3 环境中，行首以（python3）开头，执行界面如图 5－12 所示。

```
adoop@bigdata-VirtualBox:/usr/local/java/anaconda$ source activate python3
(python3) hadoop@bigdata-VirtualBox:/usr/local/java/anaconda$ conda deactivate
adoop@bigdata-VirtualBox:/usr/local/java/anaconda$
```

图 5－12　切换环境

3. 退出环境

$conda deactivate　　//退出当前环境

当执行退出当前环境，回到 root 环境命令后，原本行首以“(env_name)”或“[env_name]”开头的字符将不会再显示，恢复成标准的格式。如图 5－12 所示，从当前（python3）环境退出，回到 Linux 环境，恢复以当前用户 hadoop 开头的标准命令格式。

4. 显示已经创建的环境

显示已经创建的环境如图 5－13 所示。

conda info --envs

conda info -e

conda env list

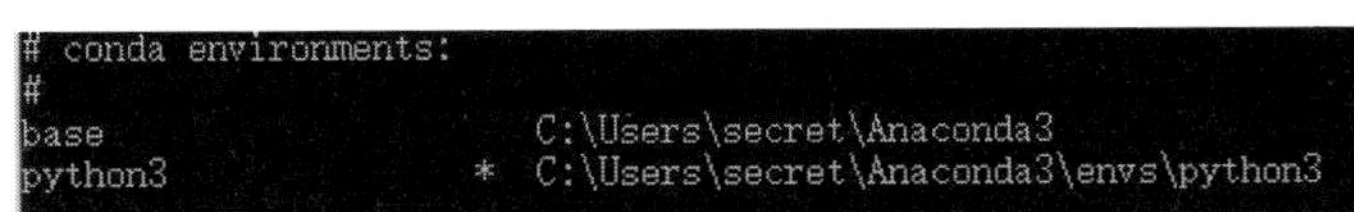

图 5 – 13　显示已经创建的环境

显示的结果中星号“ * ”所在的行即为当前所在的环境。MacOS 系统中默认创建的环境名为“base”。

5. 复制环境

利用 conda 复制环境的语法格式：

```
conda create --name <new_env_name> --clone <copied_env_name>
```

其中，<new_env_name>为复制的新环境的名称。<copied_env_name>即为被复制的环境名，是已存在的环境名称。

如：conda create --name py3 --clone python3，即复制名为“python3”的环境，复制后的新环境名为“py3”。此时，系统中将同时存在“python3”和“py3”两个环境，且两个环境的配置相同。

6. 删除环境

利用 conda 删除环境的语法格式：

```
conda remove --name <env_name> --all
```

其中，<env_name>为被删除的环境的名称。

7. 查找可安装的包版本

（1）精确查找

```
conda search --full-name <package_full_name>
```

其中，full-name 为精确查找的参数；<package_full_name>是被查找的包的全名。

例如：conda search --full-name python 即查找全名为“python”的包有哪些版本可供安装。

（2）模糊查找

```
conda search <text>
```

其中，<text>是查找包含有此字段的包名。

例如：conda search python 即查找含有“python”字段的包，有哪些版本可供安装。

8. 获取当前环境中已安装的包信息

```
conda list   //获取当前环境中已经安装的包信息列表
```

9. 安装包

（1）在指定环境中安装包

在指定的环境中安装包的语法格式如下：

```
conda install --name <env_name> <package_name>
```

其中，<env_name>表示为安装包指定的环境名，将安装包安装在指定的环境中；<package_name>即要安装的包名称。

例如：conda install --name python3 pandas 即在名为“python3”的环境中安装 pandas 包。

（2）在当前环境中安装包

在当前环境中安装指定包的语法格式如下：

```
conda install <package_name>
```

其中，<package_name>指要安装的包名称。

执行命令后将在当前的环境中安装指定的包。

例如：conda install pandas 即在当前的环境中安装 pandas 包。

10. 使用 pip 安装包

当使用 conda install 方法无法安装包时，可以使用 pip 命令进行安装。

（1）pip 命令的格式

```
pip install <package_name>
```

其中，<package_name>为要安装的包的名称。

如：pip install see 即安装 see 包。

（2）注意

①pip 只是包管理器，无法对环境进行管理。如果要在指定的环境中使

用 pip 命令安装包，则需要先切换到指定的环境中，然后使用 pip 命令进行包的安装。

②使用 pip 命令无法更新 python，因为 pip 并不将 python 视为包进行管理。

③使用 pip 命令可以安装一些 conda 命令无法安装的包；同时，conda 命令也可以安装一些 pip 命令无法安装的包。因此，当使用一种命令无法安装包时，可以尝试用另一种命令进行安装。

11. 从 Anaconda. org 安装包

当使用 conda install 命令无法安装包时，可以考虑从 Anaconda. org 中获取安装包，并进行安装。从 Anaconda. org 中安装包时，无须注册。

如果要在当前环境中安装来自于 Anaconda. org 的包时，需要通过输入要安装的包在 Anaconda. org 中的路径，以此作为获取途径（channel）。

查询路径的方式如下：

①在浏览器中输入：http：//anaconda. org，或直接点击 Anaconda. org，进入 Anaconda Cloud 页面。如图 5－14 所示。

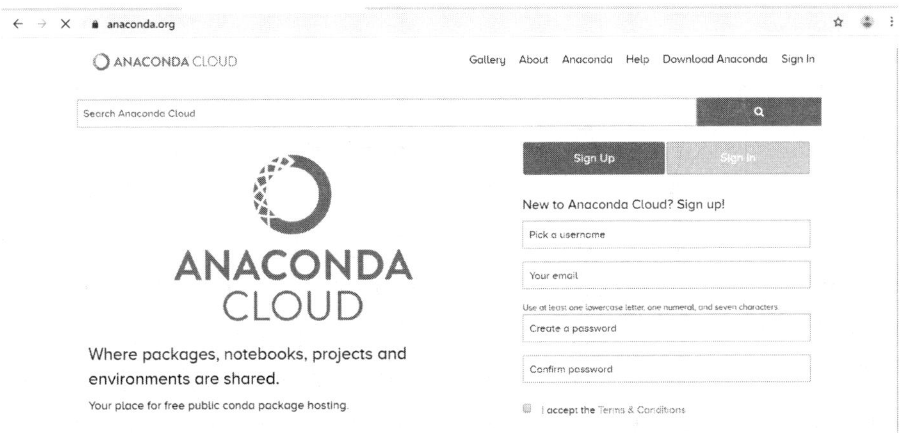

图 5－14　进入 Anaconda Cloud 页面

②在新页面“Anaconda Cloud”的上方的搜索框中输入“要安装的包名”，如“pandas”，然后点击右边“放大镜”标志进行搜索，则会返回相应的资源列表。如图 5－15 所示。

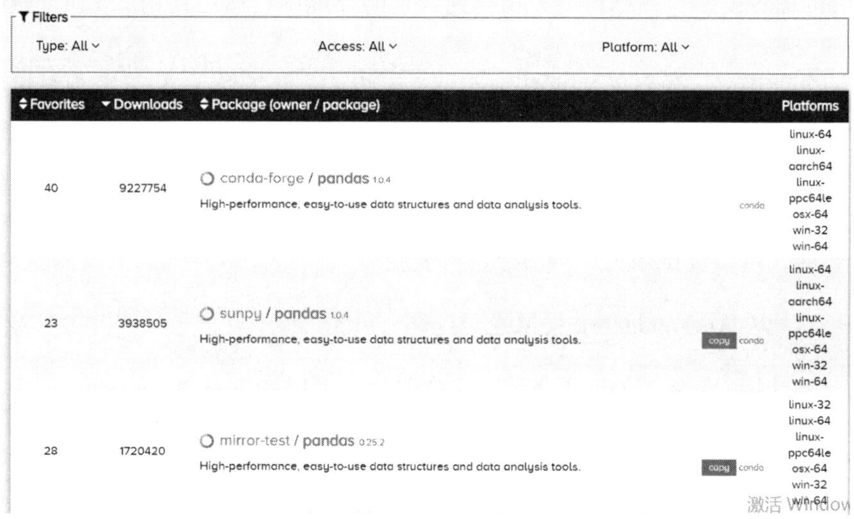

图 5－15　返回搜索列表

③在搜索列表中有数以千计的包可供选择，此时点击“Downloads”可根据下载量进行排序，最上面的为下载最多的包。（图中以搜索 pandas 包为例）

④选择满足需求的包或下载量最多的包，点击包名，会弹出如图 5－16 所示的界面。

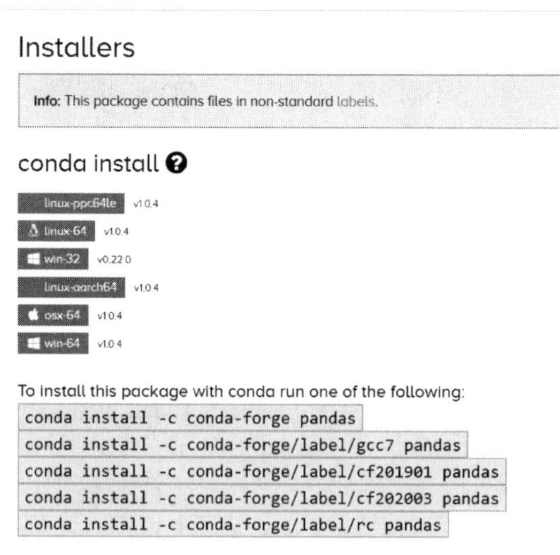

图 5－16　返回选中包的安装命令

⑤复制“To install this package with conda run one of the following:”下方的其中一条命令，并粘贴在 Linux 终端中执行，按照提示进行包的安装。

⑥完成安装。

12. 卸载包

(1) 卸载指定环境的包

卸载指定环境中的指定包的语法格式如下：

```
conda remove --name <env_name> <package_name>
```

其中，<env_name>即卸载包所在指定环境的名称；<package_name>即要卸载包的名称。

例如：conda remove --name python3 pandas 即卸载“python3”环境中的 pandas 包。

(2) 卸载当前环境的包

卸载当前环境中的指定包的语法格式如下：

```
conda remove <package_name>    #卸载当前环境中的指定的包
```

其中，<package_name>指要卸载的包的名称。

例如：conda remove pandas 即在当前环境中卸载 pandas 包。

13. 更新包

(1) 更新所有包

```
conda update --all    #更新所有的包
```

建议在安装 Anaconda 之后执行上述命令更新 Anaconda 中的所有包至最新版本，便于使用。

(2) 更新指定包

```
conda update <package_name>
```

其中，<package_name>为要进行更新的包名称。

如果需要同时更新多个指定包，则各个指定的包名之间用“空格”进行分隔，依次向后排列。如：conda update pandas numpy matplotlib 即要同时更新 pandas、numpy、matplotlib 包。

5.2.4 Anaconda 速查表

Anaconda 速查表如表 5-2 所示。

表 5-2　　Anaconda 速查表

命令	说明
conda update conda	更新 conda，保持 conda 的最新状态
conda update anaconda	更新 Anaconda
conda update python	更新 python#假设当前环境是 Python 3.4，conda 会将 Python 升级为 3.4.x 系列的当前最新版本
conda list	查看当前环境下已安装的包
conda list -n python3	查看某个指定环境的已安装包
conda search numpy	查找 package 信息
conda install -n python3 numpy	安装 package，如果不用-n 指定环境名称，则被安装在当前环境中；也可以通过-c 指定通过某个 channel 安装
conda update -n python3 numpy	更新 package
conda remove -n python3 numpy	删除 package

5.3 本章小结

Anaconda 是一个开源的 Python 包管理器，也是一个开源的、用于科学计算的 Python 发行版本，其中包含了包括 conda、Python 等在内的超过 180 个科学包及其依赖项，对数据科学很友好，是进行大数据分析非常重要的开发环境。

本章首先介绍了 Anaconda 作为 Python 重要的开发环境本身具有的特点、主要功能以及利用 conda 环境进行包管理和利用 pip 工具进行包管理的区别；其次介绍了如何在 Linux 中部署 Anaconda 的过程以及在 Anaconda 中的环境管理和包管理的使用方法；最后列出了 Anaconda 的命令速查表方便读者使用。

本章习题

一、填空题

1. Anaconda 是一个开源的（　　　　　），其中包含了包括 conda、Python 等在内的超过 180 个科学包及其依赖项。

2. Anaconda 中能够提供高性能的多维数组对象和相关的数学函数的模块是（　　　　），能够创建各种类型的静态、动态和交互式的数据可视化图表的模块是（　　　　），能够提供机器学习算法和工具的库的模块是（　　　　）。

3. 在 Anaconda 中的 Pandas 模块提供了（　　　　）和（　　　　）等数据结构，来处理和分析结构化数据。

4. 查看当前环境下已安装的包所使用的命令是（　　　　　）。

5. 显示已经创建的环境的命令是（　　　　　）。

6. 用 pip 工具升级科学计算扩展库 numpy 的完整命令是（　　　　）。

7. 使用 pip 命令查看当前已安装的 Python 扩展库的完整命令是（　　　　　）。

二、问答题

1. 在安装数据包时，利用 pip 命令和 conda 命令的区别是什么？

2. 试述 Anaconda 的主要功能。

3. 试述 Anaconda 和 Miniconda 的关系。

三、操作实践题

1. 在 Linux 中安装部署 Anaconda。

2. 利用 conda 命令安装 pandas 包。

我们要实现好、维护好、发展好最广大人民根本利益，紧紧抓住人民最关心最直接最现实的利益问题，坚持尽力而为、量力而行，深入群众、深入基层，采取更多惠民生、暖民心举措，着力解决好人民群众急难愁盼问题，健全基本公共服务体系，提高公共服务水平，增强均衡性和可及性，扎实推进共同富裕。

——引自二十大报告

第 6 章

Python 应用实践

本章学习目的

- 了解 Python 的发展史、特点。
- 了解 Python 的常用内置库和标准库。
- 掌握在 Ubuntu 中安装 Python 的方法。
- 掌握在 IDEA 中利用 Python 进行项目开发的方法和步骤。

6.1 Python 简介

6.1.1 Python 发展史

Python 是一种面向对象的解释型计算机程序设计语言，由荷兰人吉多·范罗苏姆（Guido van Rossum）于 1989 年设计发明，1991 年第一个公开发行版发行。1995 年，Guido van Rossum 在弗吉尼亚州的国家创新研究公司

（CNRI）继续在Python上的工作，并在那里发布了该软件的多个版本。2001年，Python软件基金会（PSF）成立，这是一个专为拥有Python相关知识产权而创建的非营利组织。Python是从ABC发展起来，主要受到了Modula-3（一种相当优美且强大的语言，为小型团体设计）的影响，并且结合了Unix shell和C的习惯，Python已经成为最受欢迎的程序设计语言之一。自从2004年以后，Python的使用率呈线性增长。Python 2于2000年10月16日发布，稳定版本是Python 2.7。Python 3于2008年12月3日发布，不完全兼容Python 2。2011年1月，它被TIOBE编程语言排行榜评为2010年度语言。2018年3月，Python语言作者在邮件列表上宣布Python 2.7将于2020年1月1日终止支持。用户如果想要在这个日期之后继续得到与Python 2.7有关的支持，则需要付费给商业供应商。

作为ABC语言的替代品，Python不仅提供了高效的高级数据结构，而且还能简单有效地面向对象编程。由于Python语法和动态类型以及解释型语言的本质，使它成为多数平台上写脚本和快速开发应用的编程语言，随着版本的不断更新和语言新功能的添加，Python逐渐被用于独立的、大型项目的开发；Python在设计上坚持了清晰划一的风格，这使得Python成为一门易读、易维护，并且受大量用户欢迎、用途广泛的语言，Python的设计哲学是“优雅”“明确”“简单”，使得Python在各个编程语言中比较适合新手学习，Python解释器易于扩展，可以使用C、C++或其他可以通过C调用的语言扩展新的功能和数据类型。Python也可用于可定制化软件中的扩展程序语言。Python丰富的标准库，提供了适用于各个主要系统平台的源码或机器码；另外，Python具有跨平台的特点，可以在Linux、MacOS以及Windows系统中搭建环境并使用，其编写的代码在不同平台上运行时，几乎不需要做较大的改动，使用者无不受益于它的便捷性。此外，Python的强大之处在于它的应用领域范围之广，遍及人工智能、科学计算、Web开发、系统运维、大数据及云计算、金融、游戏开发、机器人或是一些高科技的航天飞机控制等。实现其强大功能的前提是Python具有数量庞大且功能相对完善的标准库和第三方库。通过对库的引用，能够实现对不同领域业务的开发。然而，正是由于库的数量庞大，对于管理这些库以及对库作出及时的维护成为既重要但复杂度又高的事情。

由于Python语言的简洁性、易读性以及可扩展性，在国外用Python做科学计算的研究机构日益增多，一些知名大学已经采用Python来教授程序设计课程。例如卡耐基梅隆大学的编程基础、麻省理工学院的计算机科学及编程导论就使用 Python 语言讲授。众多开源的科学计算软件包都提供了 Python 的调用接口，例如著名的计算机视觉库 OpenCV、三维可视化库 VTK、医学图像处理库 ITK。而 Python 专用的科学计算扩展库就更多了，例如：NumPy、SciPy 和 matplotlib，它们分别为 Python 提供了快速数组处理、数值运算以及绘图功能。因此 Python 语言及其众多的扩展库所构成的开发环境十分适合工程技术、科研人员处理实验数据、制作图表，甚至开发科学计算应用程序等用途。

6.1.2 Python 特点

1. 简单、易学、易读、易维护

Python 是一种代表简单主义思想的语言，阅读一个良好的 Python 程序就感觉像是在读英语一样。它使你能够专注于解决问题而不是去搞明白语言本身；由于 Python 有极其简单的说明文档，对初学者来说非常容易上手。Python 的编程语言风格清晰划一、强制缩进，可以帮助编程人员养成良好的编程习惯。

2. 速度较快

Python 的底层是用 C 语言写的，很多标准库和第三方库也都是用 C 语言写的，运行速度非常快。

3. 免费、开源

Python 是 FLOSS（自由/开放源码软件）之一。使用者可以自由地发布这个软件的拷贝、阅读它的源代码、对它进行改动、把它的一部分用于新的自由软件中。FLOSS 是基于一个团体分享知识的概念。

4. 高层语言

用 Python 语言编写程序时无须考虑诸如如何管理程序使用的内存等底层细节。

5. 移植性

由于 Python 的开源本质，Python 已经被移植在许多平台上（经过改动

使它能够工作在不同平台上)。这些平台包括 Linux、Windows、FreeBSD、Macintosh、Solaris、OS/2、Amiga、AROS、AS/400、BeOS、OS/390、z/OS、Palm OS、QNX、VMS、Psion、Acom RISC OS、VxWorks、PlayStation、Sharp Zaurus、Windows CE、PocketPC、Symbian 以及 Google 基于 Linux 开发的 Android 平台。

6. 解释性

一个用编译性语言(如C语言或C++)写的程序需要将源文件(即C语言或C++)转换为计算机能够使用的语言(二进制代码,即0和1)的形式。这个转换过程是通过编译器和不同的标记、选项完成的。运行程序时,连接/转载器软件需要将程序从硬盘复制到内存中并且运行。而Python语言写的程序不需要编译成二进制代码,可以直接从源代码运行程序。在计算机内部,Python解释器把源代码转换成称为字节码的中间形式,然后再把它翻译成计算机使用的机器语言并运行,这使得使用Python更加简单,也使得Python程序更加易于移植。

7. 面向对象

Python既支持面向过程的编程也支持面向对象的编程。Python是一门完全面向对象的语言。函数、模块、数字、字符串都是对象,并且完全支持继承、重载、派生、多继承,有益于增强源代码的复用性。Python支持重载运算符和动态类型。相对于Lisp这种传统的函数式编程语言,Python对函数式设计只提供了有限的支持。有两个标准库(functools,itertools)提供了Haskell和Standard ML中的函数式程序设计工具。

8. 可扩展性、可扩充性、可嵌入性

如果需要一段关键代码运行得更快或者希望某些算法不公开,可以部分程序用C语言或C++编写,然后在Python程序中使用它们。

Python本身被设计为可扩充的,并非所有的特性和功能都集成到语言核心。Python提供了丰富的API和工具,以便程序员能够轻松地使用C语言、C++、Cython来编写扩充模块。Python编译器本身也可以被集成到其他需要脚本语言的程序内。因此,很多人还把Python作为一种“胶水语言”使用。程序员可以使用Python将其他语言编写的程序进行集成和封装。在

Google 内部的很多项目，例如 Google Engine 使用 C ++ 编写性能要求极高的部分，然后用 Python 或 Java/Go 调用相应的模块。另外，可以把 Python 嵌入 C/C ++ 程序，从而向程序用户提供脚本功能。

9. 丰富的库

Python 标准库非常庞大，它可以帮助处理各种工作，包括正则表达式、文档生成、单元测试、线程、数据库、网页浏览器、CGI、FTP、电子邮件、XML、XML-RPC、HTML、WAV 文件、密码系统、GUI（图形用户界面）、Tk 和其他与系统有关的操作。除了标准库以外，还有许多其他高质量的库，如 wxPython、Twisted 和 Python 图像库等。

10. 规范的代码

Python 采用强制缩进的方式使得代码具有较好的可读性。而 Python 语言写的程序不需要编译成二进制代码。Python 设计限制性很强的语法，使得不好的编程习惯（例如 if 语句的下一行不向右缩进）都不能通过编译。其中很重要的一项就是 Python 的缩进规则。一个和其他大多数语言（如 C 语言）的区别就是，一个模块的界限，完全是由每行的首字符在这一行的位置来决定（而 C 语言是通过一对大括号来明确地定出模块的边界，与字符的位置毫无关系）。通过强制程序员们进行缩进（包括 if，for 和函数定义等所有需要使用模块的地方），Python 使得程序更加清晰和美观。

11. 高级动态编程

虽然 Python 可能被粗略地分类为“脚本语言”（script language），但实际上一些大规模软件开发计划，例如 Zope、Mnet 及 BitTorrent、Google 等都在广泛地使用它。Python 的支持者较喜欢称它为一种高级动态编程语言，原因是“脚本语言”泛指仅作简单程序设计任务的语言，如 shellscript、VBScript 等只能处理简单任务的编程语言，并不能与 Python 相提并论。

12. 适合用于科学计算

和 MATLAB 相比，除了一些专业性很强的工具箱还无法被替代之外，MATLAB 的大部分常用功能都可以在 Python 世界中找到相应的扩展库。用

Python 做科学计算有如下优点：

首先，MATLAB 是一款商用软件，并且价格不菲。而 Python 完全免费，众多开源的科学计算库都提供了 Python 的调用接口。用户可以在任何计算机上免费安装 Python 及其绝大多数扩展库。

其次，与 MATLAB 相比，Python 是一门更易学、更严谨的程序设计语言，它能让用户编写出更易读、易维护的代码。

最后，MATLAB 主要专注于工程和科学计算。然而即使在计算领域，也经常会遇到文件管理、界面设计、网络通信等各种需求。而 Python 有着丰富的扩展库，可以轻易完成各种高级任务，开发者可以用 Python 实现完整应用程序所需的各种功能。

6.1.3　Python 常用标准库

Python 是一种功能强大的编程语言，拥有众多标准库，标准库是 Python 安装版本自带的库（相对应是扩展库），这些库提供了各种各样的功能和工具，方便开发人员进行各种任务。只需要到官方网站下载安装包安装好 Python 环境，可以直接使用 import 语句导入所需要的标准库，就可以调用标准库中的方法，无须再去下载 whl 等库文件进行安装，使用也很简单。

Python 拥有一个强大的标准库，Python 语言的核心只包含数字、字符串、列表、字典、文件等常见类型和函数，而由 Python 标准库提供了系统管理、网络通信、文本处理、数据库接口、图形系统、XML 处理等额外的功能。Python 标准库命名接口清晰、文档良好，很容易学习和使用。Python 标准库的主要功能有：

• 文本处理：包含文本格式化、正则表达式匹配、文本差异计算与合并、Unicode 支持，二进制数据处理等功能。

• 文件处理：包含文件操作、创建临时文件、文件压缩与归档、操作配置文件等功能。

• 操作系统功能：包含线程与进程支持、IO 复用、日期与时间处理、调用系统函数、写日记（logging）等功能。

• 网络通信：包含网络套接字，SSL 加密通信、异步网络通信等功能。

• 网络协议：支持 HTTP，FTP，SMTP，POP，IMAP，NNTP，XMLRPC 等多种网络协议，并提供了编写网络服务器的框架。

• W3C 格式支持：包含 HTML，SGML，XML 的处理。

- 其他功能：包括国际化支持、数学运算、HASH、Tkinter 等。

常用的 Python 标准库及其主要作用如表 6－1 所示。

表 6－1　常用的 Python 标准库

标准库	作用
math 库	提供数学运算相关的函数和常量
random 库	用于生成随机数
datetime 库	用于处理日期和时间
os 库	提供与操作系统交互的功能，例如文件和目录操作，与具体平台无关
re 库	用于进行正则表达式匹配和操作
sys 库	提供与 Python 解释器和系统交互的功能
json 库	用于处理 JSON 数据的编码和解码
csv 库	用于读取和写入 CSV 文件
urllib 库	用于进行 URL 操作，例如发送 HTTP 请求
hashlib 库	提供多种哈希算法，用于数据加密和校验
collections 库	提供额外的数据结构，如有序字典、命名元组等
itertools 库	提供用于迭代和组合的工具函数
functools 库	提供一些高阶函数，如 partial 和 reduce 等
time 库	提供与时间相关的功能，如获取当前时间、计时等

6.1.4　Python 常用扩展库

Python 社区提供了大量的第三方模块，这些模块不是 Python 标准库的一部分，但是使用方式与标准库类似，主要用来增强 Python 功能、简化编程过程，扩展各种 Python 应用程序。它们的功能无所不包，覆盖科学计算、Web 开发、数据库接口、图形系统、机器学习等多个领域，并且大多成熟而稳定，能够让 Python 执行更多特定领域的任务，提高开发效率，同时允许开发者利用已有的代码，避免重复造轮子。第三方模块可以使用 Python 或者 C 语言编写。

常用的 Python 扩展库及其功能如表 6－2 所示。

表 6－2　　常用的 Python 扩展库及其功能

内置库	功能
NumPy 库（科学计算）	NumPy 库是 Python 科学计算的核心库，提供了多维数组对象和各种数学函数，用于进行快速的数值计算；它还提供了用于操作数组的工具和函数
Pandas 库（数据分析）	Pandas 库提供了用于数据分析和处理的高级数据结构和函数；它可以轻松处理和操作大型数据集，并提供了数据清洗、转换、合并等功能
Matplotlib 库（数据可视化）	Matplotlib 库是一个用于绘制数据可视化图表的库；它提供了各种绘图函数和工具，可以创建线图、散点图、柱状图等各种类型的图表
Requests 库（网络请求）	Requests 库是一个简洁而强大的 HTTP 请求库，用于发送 HTTP 请求和处理响应；它使得与 Web 服务进行交互变得更加容易
Scrapy 库（网络爬虫）	Scrapy 是一个用于爬取网站数据的高级 Python 框架。它提供了强大的抓取和提取功能，可以自动化地从网站上获取数据；Scrapy 还具有可扩展性和灵活性，使其成为开发网络爬虫的首选库
Django 库（Web 开发）	Django 是一个功能强大且易于使用的 Web 开发框架；它提供了快速开发高质量 Web 应用程序所需的各种工具和功能；Django 采用了 MVC（模型－视图－控制器）架构模式，具有强大的数据库集成和用户认证系统
TensorFlow 库（机器学习）	TensorFlow 是一个开源的机器学习框架，由 Google 开发；它提供了丰富的工具和库，用于构建和训练机器学习模型；TensorFlow 支持各种深度学习算法和神经网络模型，广泛应用于图像识别、自然语言处理等领域
PyTorch 库（机器学习）	PyTorch 是另一个流行的机器学习框架，由 Facebook 开发；它提供了灵活的张量计算和动态图机制，使得构建和训练神经网络变得更加简单；PyTorch 广泛应用于深度学习研究和开发
SQLAlchemy 库（数据库操作）	SQLAlchemy 是一个 Python SQL 工具包和对象关系映射（ORM）工具；它提供了一种高级的数据库操作方式，可以轻松地进行数据库查询、插入、更新和删除操作；SQLAlchemy 支持多种数据库后端，并提供了强大的查询语言和事务管理功能
Flask 库（Web 开发）	Flask 是一个轻量级的 Web 开发框架；它提供了简单易用的工具和功能，用于构建 Web 应用程序；Flask 具有灵活性和可扩展性，适用于开发小型到中型的 Web 应用
Scikit-learn 库（机器学习）	Scikit-learn 是一个用于机器学习和数据挖掘的库；它提供了各种机器学习算法和工具，可以进行分类、回归、聚类等任务，并且具有丰富的特征工程和模型评估功能
BeautifulSoup 库（网页解析）	BeautifulSoup 是一个用于解析 HTML 和 XML 文档的库；它提供了简单而灵活的 API，可以从网页中提取数据，进行网页解析和数据提取操作

续表

内置库	功能
Django 库（Web 开发）	Django 是一个用于构建 Web 应用程序的高级 Python Web 框架；它提供了强大的工具和功能，用于快速开发安全、可扩展的 Web 应用

6.2 在 Ubuntu 中安装 Python

6.2.1 下载

利用 wget 方法将 Python 文件的安装包下载到当前用户的主目录中，命令如下：

$wget https://www.python.org/ftp/python/3.7.11/Python-3.7.11.tgz

6.2.2 将安装文件进行解压缩

首先将 Python-3.7.11.tgz 文件解压缩到/usr/local 文件夹下，如图 6－1 所示，命令如下：

$cd ~　　//切换到 python 安装文件所在的路径下

$sudo tar -zxvf Python-3.7.11.tgz -C /usr/local //将 python 安装文件解压到/usr/local 文件中

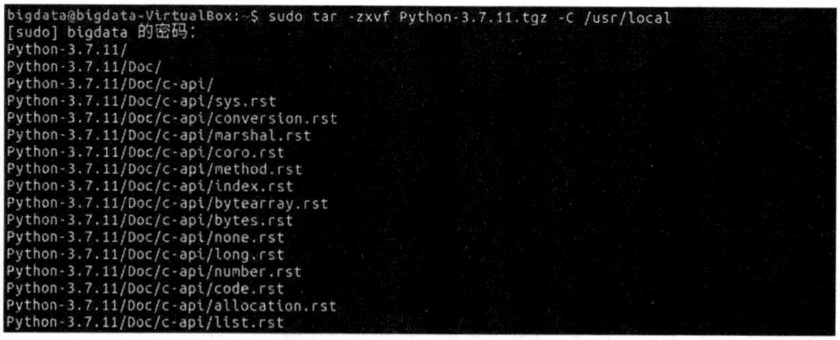

```
bigdata@bigdata-VirtualBox:~$ sudo tar -zxvf Python-3.7.11.tgz -C /usr/local
[sudo] bigdata 的密码:
Python-3.7.11/
Python-3.7.11/Doc/
Python-3.7.11/Doc/c-api/
Python-3.7.11/Doc/c-api/sys.rst
Python-3.7.11/Doc/c-api/conversion.rst
Python-3.7.11/Doc/c-api/marshal.rst
Python-3.7.11/Doc/c-api/coro.rst
Python-3.7.11/Doc/c-api/method.rst
Python-3.7.11/Doc/c-api/index.rst
Python-3.7.11/Doc/c-api/bytearray.rst
Python-3.7.11/Doc/c-api/bytes.rst
Python-3.7.11/Doc/c-api/none.rst
Python-3.7.11/Doc/c-api/long.rst
Python-3.7.11/Doc/c-api/number.rst
Python-3.7.11/Doc/c-api/code.rst
Python-3.7.11/Doc/c-api/allocation.rst
Python-3.7.11/Doc/c-api/list.rst
```

图 6－1　解压缩安装文件

6.2.3　编译并安装 Python

编译并安装 Python 的步骤如图 6－2～图 6－6 所示。

$cd /usr/local/Python-3.7.11　　//切换到 python 解压后的文件夹中
$mkdir /usr/local/python3.7.11　//创建一个新的文件夹 python3.7.11

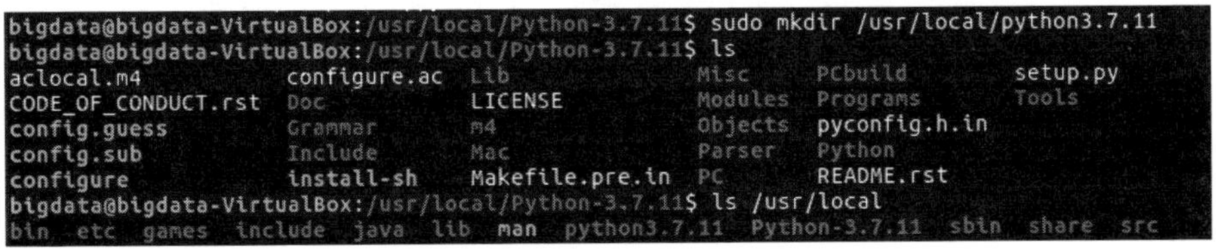

```
bigdata@bigdata-VirtualBox:/usr/local/Python-3.7.11$ sudo mkdir /usr/local/python3.7.11
bigdata@bigdata-VirtualBox:/usr/local/Python-3.7.11$ ls
aclocal.m4           configure.ac  Lib               Misc      PCbuild          setup.py
CODE_OF_CONDUCT.rst  Doc           LICENSE           Modules   Programs         Tools
config.guess         Grammar       m4                Objects   pyconfig.h.in
config.sub           Include       Mac               Parser    Python
configure            install-sh    Makefile.pre.in   PC        README.rst
bigdata@bigdata-VirtualBox:/usr/local/Python-3.7.11$ ls /usr/local
bin  etc  games  include  java  lib  man  python3.7.11  Python-3.7.11  sbin  share  src
```

图 6－2　创建 Python 安装路径

$sudo -i　切换到 root 用户，获取 root 权限
#cd /usr/local/Python-3.7.11　　//切换到 python 解压后的文件夹中

```
bigdata@bigdata-VirtualBox:/usr/local/Python-3.7.11$ sudo -i
root@bigdata-VirtualBox:~# cd /usr/local/Python-3.7.11
root@bigdata-VirtualBox:/usr/local/Python-3.7.11# ls
aclocal.m4           configure.ac  Lib               Misc      PCbuild          setup.py
CODE_OF_CONDUCT.rst  Doc           LICENSE           Modules   Programs         Tools
config.guess         Grammar       m4                Objects   pyconfig.h.in
config.sub           Include       Mac               Parser    Python
configure            install-sh    Makefile.pre.in   PC        README.rst
root@bigdata-VirtualBox:/usr/local/Python-3.7.11# ls /usr/local
bin  etc  games  include  java  lib  man  python3.7.11  Python-3.7.11  sbin  share  src
```

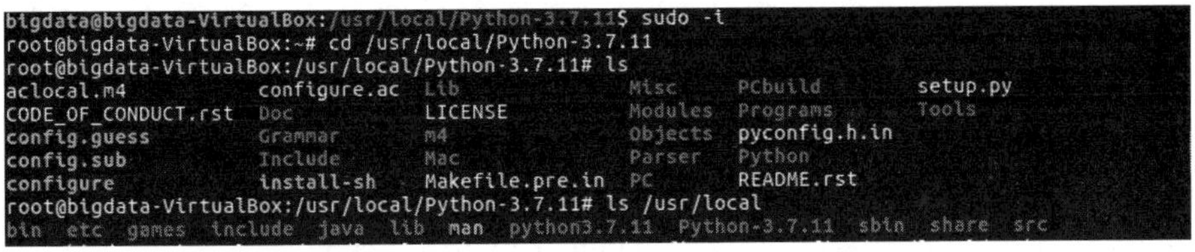

图 6－3　在 root 用户身份下进入 Python 安装路径

#./configure --prefix=/usr/local/python3.7.11　　//系统配置

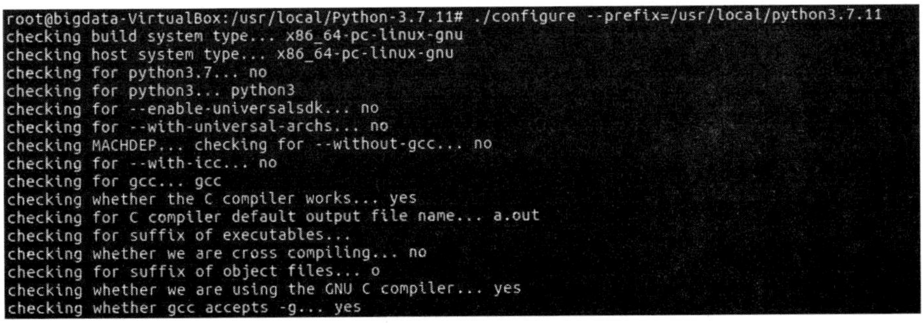

```
root@bigdata-VirtualBox:/usr/local/Python-3.7.11# ./configure --prefix=/usr/local/python3.7.11
checking build system type... x86_64-pc-linux-gnu
checking host system type... x86_64-pc-linux-gnu
checking for python3.7... no
checking for python3... python3
checking for --enable-universalsdk... no
checking for --with-universal-archs... no
checking MACHDEP... checking for --without-gcc... no
checking for --with-icc... no
checking for gcc... gcc
checking whether the C compiler works... yes
checking for C compiler default output file name... a.out
checking for suffix of executables...
checking whether we are cross compiling... no
checking for suffix of object files... o
checking whether we are using the GNU C compiler... yes
checking whether gcc accepts -g... yes
```

图 6－4　系统配置界面

make

```
root@bigdata-VirtualBox:/usr/local/Python-3.7.11# make
gcc -pthread -c -Wno-unused-result -Wsign-compare -DNDEBUG -g -fwrapv -O3 -Wall    -std=c99 -Wextr
a -Wno-unused-result -Wno-unused-parameter -Wno-missing-field-initializers -Werror=implicit-functi
on-declaration   -I. -I./Include    -DPy_BUILD_CORE -o Programs/python.o ./Programs/python.c
gcc -pthread -c -Wno-unused-result -Wsign-compare -DNDEBUG -g -fwrapv -O3 -Wall    -std=c99 -Wextr
a -Wno-unused-result -Wno-unused-parameter -Wno-missing-field-initializers -Werror=implicit-functi
on-declaration   -I. -I./Include    -DPy_BUILD_CORE -o Parser/acceler.o Parser/acceler.c
gcc -pthread -c -Wno-unused-result -Wsign-compare -DNDEBUG -g -fwrapv -O3 -Wall    -std=c99 -Wextr
a -Wno-unused-result -Wno-unused-parameter -Wno-missing-field-initializers -Werror=implicit-functi
on-declaration   -I. -I./Include    -DPy_BUILD_CORE -o Parser/grammar1.o Parser/grammar1.c
gcc -pthread -c -Wno-unused-result -Wsign-compare -DNDEBUG -g -fwrapv -O3 -Wall    -std=c99 -Wextr
a -Wno-unused-result -Wno-unused-parameter -Wno-missing-field-initializers -Werror=implicit-functi
on-declaration   -I. -I./Include    -DPy_BUILD_CORE -o Parser/listnode.o Parser/listnode.c
gcc -pthread -c -Wno-unused-result -Wsign-compare -DNDEBUG -g -fwrapv -O3 -Wall    -std=c99 -Wextr
a -Wno-unused-result -Wno-unused-parameter -Wno-missing-field-initializers -Werror=implicit-functi
on-declaration   -I. -I./Include    -DPy_BUILD_CORE -o Parser/node.o Parser/node.c
```

图 6 –5　编译和链接程序

#make install

```
changing mode of /usr/local/python3.7.11/lib/python3.7/lib-dynload/_posixsubprocess.cpython-37m-x
86_64-linux-gnu.so to 755
changing mode of /usr/local/python3.7.11/lib/python3.7/lib-dynload/ to 755
changing mode of /usr/local/python3.7.11/lib/python3.7/lib-dynload/__pycache__ to 755
running install_scripts
copying build/scripts-3.7/pydoc3.7 -> /usr/local/python3.7.11/bin
copying build/scripts-3.7/2to3-3.7 -> /usr/local/python3.7.11/bin
copying build/scripts-3.7/idle3.7 -> /usr/local/python3.7.11/bin
copying build/scripts-3.7/pyvenv-3.7 -> /usr/local/python3.7.11/bin
changing mode of /usr/local/python3.7.11/bin/pydoc3.7 to 755
changing mode of /usr/local/python3.7.11/bin/2to3-3.7 to 755
changing mode of /usr/local/python3.7.11/bin/idle3.7 to 755
changing mode of /usr/local/python3.7.11/bin/pyvenv-3.7 to 755
rm /usr/local/python3.7.11/lib/python3.7/lib-dynload/_sysconfigdata_m_linux_x86_64-linux-gnu.py
rm -r /usr/local/python3.7.11/lib/python3.7/lib-dynload/__pycache__
Creating directory /usr/local/python3.7.11/share/man
Creating directory /usr/local/python3.7.11/share/man/man1
```

图 6 –6　安装编译好的程序

6.2.4　善后工作

安装完成之后，输入“python”命令。

$python

则出现如图 6 –7 所示的界面，可以看出此时默认的 Python 版本是 Python 2.7.12，而不是 3.7.11.

```
root@bigdata-VirtualBox:/usr/local/Python-3.7.11# python
Python 2.7.12 (default, Mar  1 2021, 11:38:31)
[GCC 5.4.0 20160609] on linux2
Type "help", "copyright", "credits" or "license" for more information.
>>>
```

图6-7 查看Python安装版本

在Python环境中输入exit() 退出Python命令页面；

> > >exit()

在控制台输入以下命令：

#mv /usr/bin/python /usr/bin/python2.7_old //先备份旧版本

#rm /usr/bin/python2 #删除旧版本的链接

#ln -s /usr/bin/python2.7_old /usr/bin/python2

#ln -s /usr/local/python3.7.2/bin/python3.7 /usr/bin/python #创建新版本的链接,并设置为默认

#python #测试python是否安装成功

出现的Python的版本和安装的版本一致，即Python环境安装成功，如图6-8所示。

```
root@bigdata-VirtualBox:/usr/local/Python-3.7.11# rm /usr/bin/python2
root@bigdata-VirtualBox:/usr/local/Python-3.7.11# ln -s /usr/bin/python2.7_old /usr/bin/python2
root@bigdata-VirtualBox:/usr/local/Python-3.7.11# ln -s /usr/local/python3.7.11/bin/python3.7 /us
r/bin/python
root@bigdata-VirtualBox:/usr/local/Python-3.7.11# python
Python 3.7.11 (default, Oct  9 2022, 11:44:36)
[GCC 5.4.0 20160609] on linux
Type "help", "copyright", "credits" (  VBox_GAs_6.0.10  more information.
>>>
```

图6-8 查看Python3.7环境安装版本

6.3 在IDEA中进行Python实践

6.3.1 下载和安装IDEA

以Hadoop用户的身份登录Ubuntu Linux系统，打开一个Linux终端，

执行如下命令进入 IDEA 环境。如果没有安装 IDEA，请参考前面的实验 Ubuntu Linux 环境下 Intellij IDEA 安装与部署。

如果已经完成了 Intellij IDEA 的安装与部署，则执行如下命令：

$cd /usr/local/java/IDEA/idea-IU-173.4674.33/bin #进入 IDEA 的安装目录

$./idea.sh #启动 IDEA,进入 IDEA 环境

6.3.2 下载安装 Python 插件

启动进入 IDEA，打开菜单“File→Settings”，进入设置界面，点击界面左侧的“Plugins”选项，在顶部的搜索框中输入“python”，再点击下方的链接文字“Search in repositories”。执行结果如图 6－9 所示。

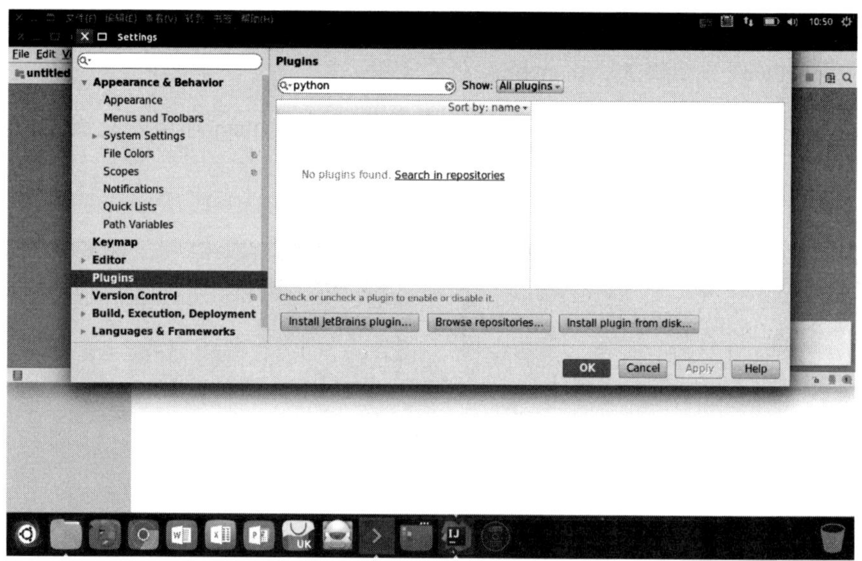

图 6－9 在 IDEA 中添加 Python 插件

在搜索结果页面中（如图 6－10 所示），在左侧栏目中输入“Python”，在下面选择“Python（LANGUAGE）”选项，在右侧点击“Install”按钮，稍等片刻即可完成安装。

图 6－10　在 IDEA 中搜索 Python 进行安装

注：①“Python（LANGUAGE）”选项在搜出的结果中比较靠下面的位置，需要滑动滚动条找一下；②用“Install”按钮进行 Python 的下载，根据网速需要稍等一段时间。

安装成功以后，原来的“Install”按钮就会变成了“Restart InteliJ IDEA”按钮，此时说明需要重启 InteliJ IDEA，才能使安装的 Python 可用，点击该按钮即可进行重启，结果如图 6－11 所示。

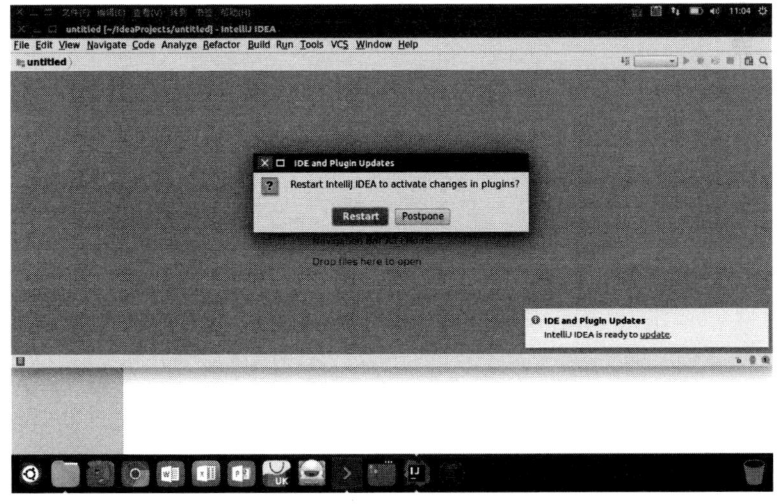

图 6－11　在 IDEA 环境中安装 Python 插件成功重启计算机

6.3.3 Python 项目开发

1. 新建项目

点击菜单栏中的 File→New→Project，可以看到在弹出的对话框中左边的项目类型中多了一个“Python”项，点击“Python”项，选中它，在右边“Project SDK”中选择 Python 的语言包，这里推荐使用 Anaconda 提供的 Python 环境，如图 6－12 所示。

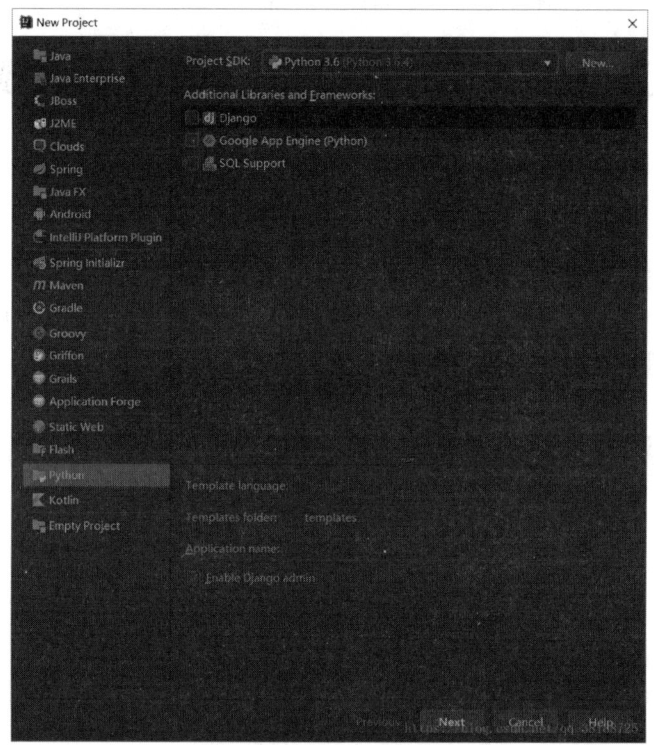

图 6－12　新建项目

注意：在 Shell 界面中输入“python”发现 Ubuntu 中 Python 版本用的是 Anaconda 自带的 3.7.2 版本，而 IDEA 提供了 2.7、3.5、3.0 等版本，两者的版本不一定一致。

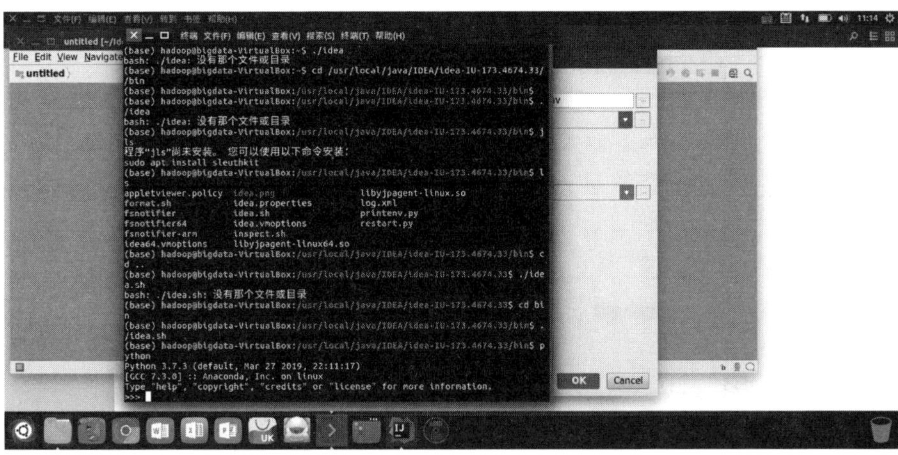

图 6-13　查看 Ubuntu 中的 Python 版本信息

选择进入“Add Local Python Interpreter”，在“Base interpreter”点击“...”选择 Anaconda 中的 Python3.5，如图 6-14 所示（python/usr/local/java/anaconda/anaconda3/bin 目录下）。

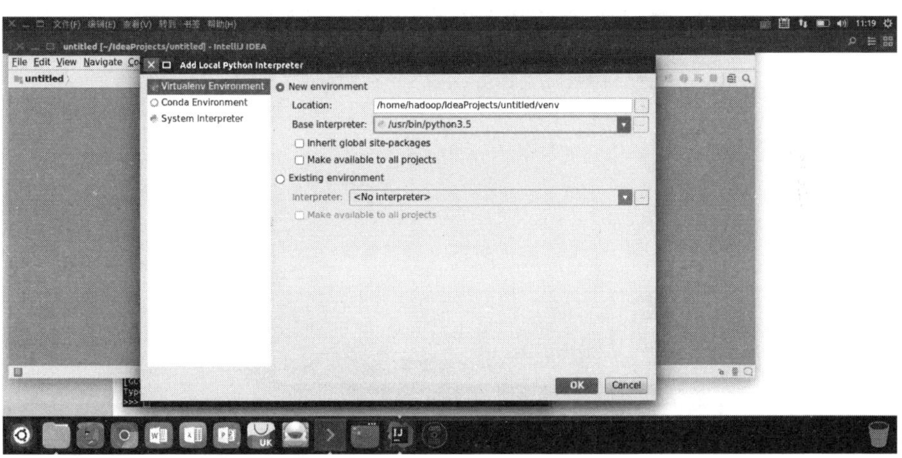

图 6-14　添加 Python 解释器

此时“Base Interpreter”中增加的一项“Python3.6（untitled）（Python 3.7.3）”，这里是因为 IDEA 版本有点低，没有 3.7.3 一项，（Python 3.7.3）呈现灰色，但是不影响使用，选择该项进入下一步，点击“Next”，如图 6-15 所示。

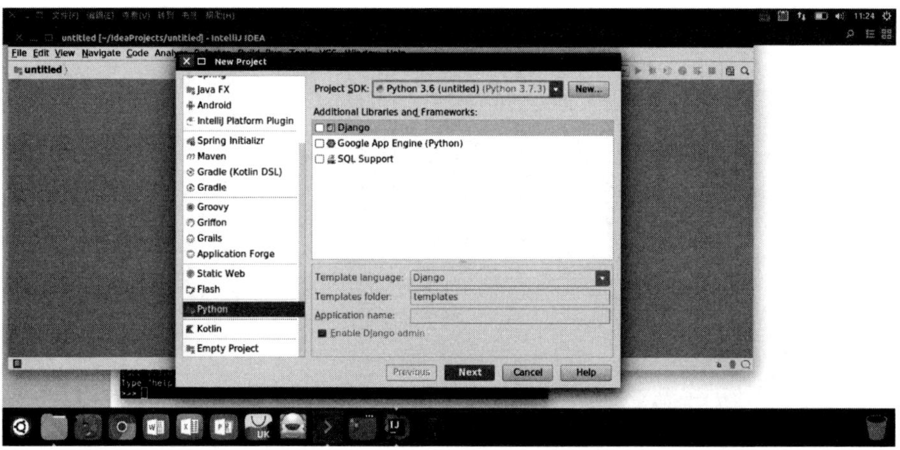

图 6－15　创建 Python 项目

系统给出“Create project from template”，下面是 Flask Project，现在还不需要使用 Flask，因此直接点击按钮“Next”，如图 6－16 所示。

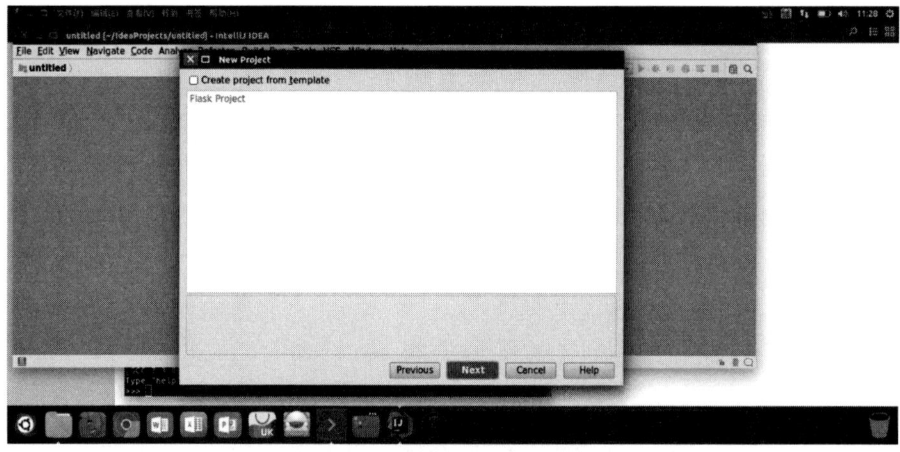

图 6－16　是否根据模板创建项目

在“Project name”后面填写项目名称，这里填写“myPythonProject”，在“Project location”后面填写该项目文件保存的位置，设置好之后，点击“Finish”按钮，结果如图 6－17 所示。

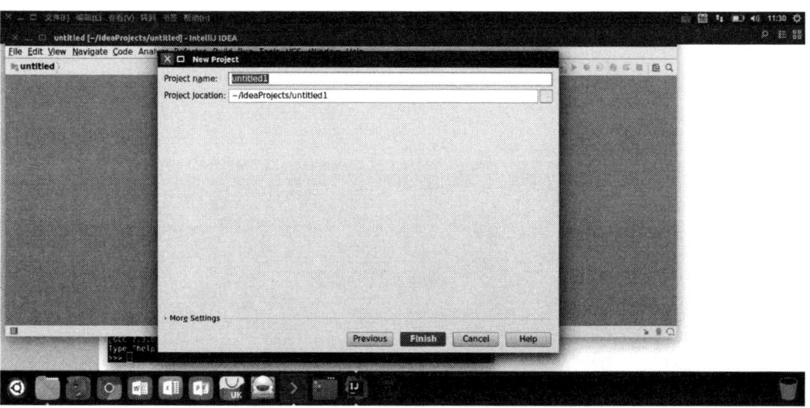

图 6－17　设置项目名称和保存位置

2. 创建 Python 文件

Python 项目创建好以后，右击左侧的项目文件，弹出快捷菜单，在快捷菜单中单击选择“New”→“Python File”，新建一个 Python 文件，如图 6－18 所示。

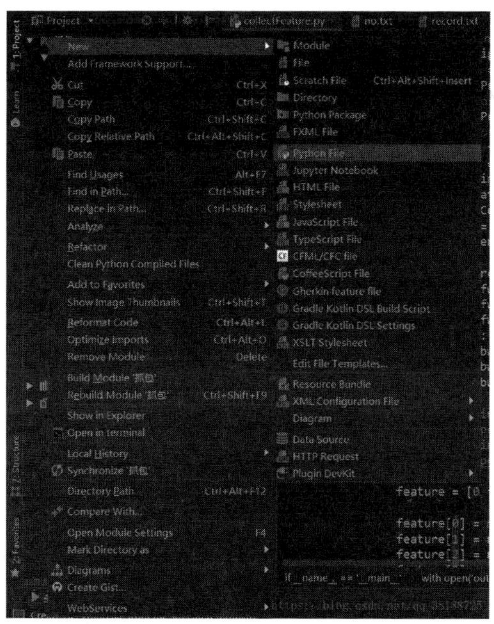

图 6－18　创建 Python 文件

也可以用在工程中添加模块 Module，在自己的 Python 工程中，选择添加一个 Module（在 IDEA 中项目文件成为 Module），结果如图 6－19 所示。

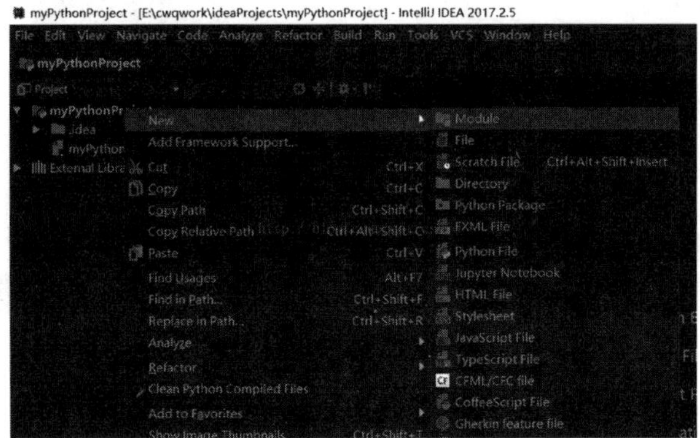

图 6－19　创建模块

在 Module 下创建一个文件“HelloWorld. py”，结果如图 6－20 所示。

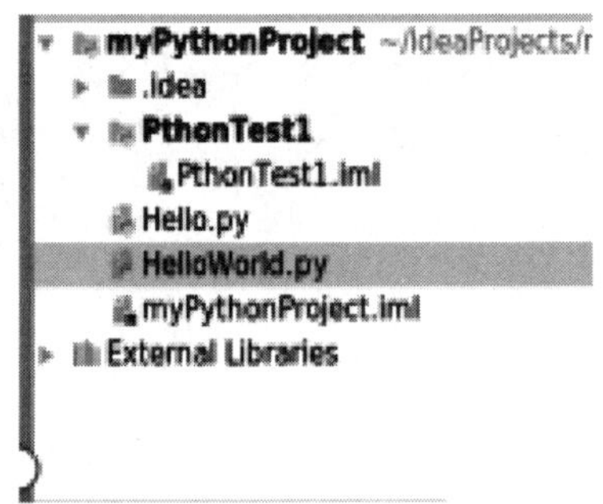

图 6－20　创建“HelloWorld. py”文件

3. 编写 Hello World 程序

本 Python 程序只是为了掌握开发在 IDEA 中编写调试 Python 的过程，所以先编写一个最简单程序 HelloWorld 程序进行测试，内容如下：

```
# - * - coding：UTF-8 - * -
# Filename ：helloworld. py
```

```
# author by : cn. edu. sdufe. bigdatalab
# 该实例输出 Hello World!!
print('Hello World!! ')
```

4. 执行程序

在打开的 Python 程序文件的空白处，右键单击，在弹出的快捷菜单中点击“Run HelloWorld”，执行该 Python 程序，执行情况如图 6 - 21 所示，在执行区中则显示程序执行结果：打印出“Hello World”。

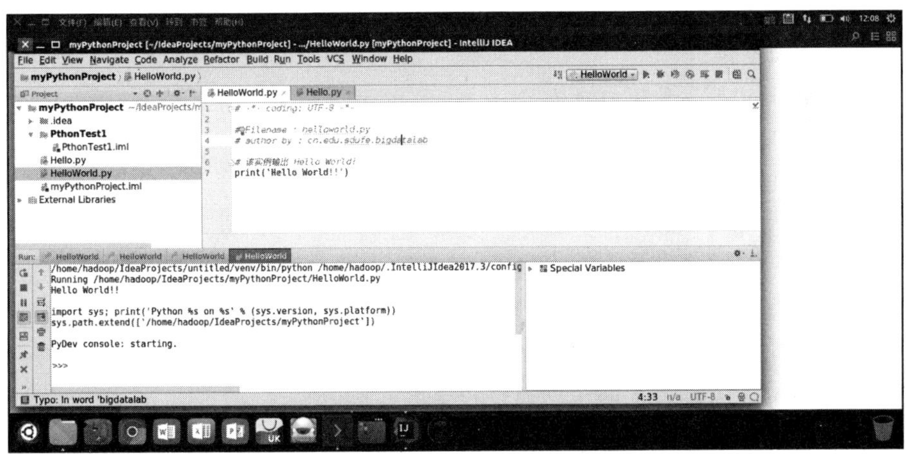

图 6 - 21　执行 Hello World 程序

6.4　本章小结

Python 是一种面向对象的解释型计算机程序设计语言，不仅提供了高效的高级数据结构，而且还能简单有效地进行面向对象编程。而且 Python 具有数量庞大且功能相对完善的标准库和第三方库，能够应用于人工智能、科学计算、Web 开发、系统运维、大数据及云计算、金融、游戏开发、机器人或是一些高科技的航天飞机控制等很多领域，是一种功能非常强大的编程语言，也是在分布式环境中处理数据不可或缺的工具。

因此，本章首先介绍了 Python 的发展史、优缺点、常用的内置库以及标准库，其次介绍了在 Ubuntu 中安装 Python 环境的过程，并利用在 IDEA 集成开发环境中安装 Python 插件的方式进行 Python 项目研发的过程，能够由浅入深，逐步将分布式环境和 Python 项目实践能够结合起来，掌握分布式环境中的 Python 项目开发技巧。

本章习题

一、填空题

1. Python 是一种面向对象的（　　　）计算机程序设计语言。

2. Python 安装扩展库常用的是（　　　）工具。

3. Python 标准库 math 中用来计算平方根的函数是（　　　）。

4. 在使用 Python 标准库时，必须先（　　　）命令引入，再进行使用。

5. 在使用 Python 扩展库时，必须先用（　　　）命令安装，然后用（　　　）命令引入，才能在程序中使用。

6. Python 的底层是用（　　　）编写的。

7. Python 语言写的程序不需要（　　　）成二进制代码，可以直接从源代码运行程序。

8. 在计算机内部，Python 解释器把源代码转换成称为（　　　）的中间形式，然后再把它翻译成计算机使用的机器语言并运行。

9. 在 Python 中能够提供与 Python 解释器和系统交互的功能的是（　　　）。

10. Python 采用（　　　）的方式使得代码具有较好的可读性。

二、操作实践题

1. 在 Ubuntu 中安装 Python。

2. 在 IDEA 中利用 Python 编程实现如下功能：

（1）输出 1000 以内的斐波那契数列。

（2）输出 100 到 200 之间最大的素数。

第 二 篇

数据库实践篇

我们要推进美丽中国建设，坚持山水林田湖草沙一体化保护和系统治理，统筹产业结构调整、污染治理、生态保护、应对气候变化，协同推进降碳、减污、扩绿、增长，推进生态优先、节约集约、绿色低碳发展。

——引自二十大报告

第 7 章

MySQL 关系型数据库实践

本章学习目的

- 了解关系数据模型和结构化查询语言。
- 了解 MySQL 关系数据库。
- 掌握在 Linux 操作系统中安装 MySQL 的方法，并能掌握在安装过程出现问题时找到解决问题的方法。
- 掌握在 Linux 中启动 MySQL 的方法。
- 掌握在 MySQL 中对数据库对象进行操作的相关命令。

7.1 关系数据库

关系数据库，是建立在关系数据模型基础上的数据库，借助于集合代数等概念和方法来处理数据库中的数据。目前，关系数据库已经成为数据库应用的主流，许多数据库管理系统的数据模型都是基于关系数据模型开发的。

7.1.1 关系数据模型

关系数据模型是在关系数据库中用二维表格的形式表示实体以及实体与实体之间联系的模型。1970 年美国 IBM 公司 San Jose 研究室的研究员 E. F. Codd 首次提出了数据库系统的关系模型，开创了数据库的关系方法和关系数据理论的研究，为数据库技术奠定了理论基础。20 世纪 80 年代以来，计算机厂商新推出的数据库管理系统几乎都支持关系模型，非关系系统的产品也大都加上了关系接口。数据库领域当前的研究工作也都是以关系方法为基础。关系数据库系统是支持关系模型的数据库系统。

关系模型由关系数据结构、关系操作集合和关系完整性约束三部分组成，也是关系模型的三要素。其中，关系模型的数据结构比较单一，在关系模型中，现实世界的实体以及实体间的各种联系均用关系来表示。在用户看来，关系模型中数据的逻辑结构是一张二维数据表；关系模型给出了关系操作的能力，但不对 RDBMS（Relational Database Management System，关系数据库管理系统）语言给出具体的语法要求。关系模型中常用的关系操作包括：选择（Select）、投影（Project）、连接（Join）、除（Divide）、并（Union）、交（Intersection）、差（Difference）等查询（Query）操作和增加（Insert）、删除（Delete）、修改（Update）操作两大部分，其中查询的表达能力是其中最重要的部分；关系模型的完整性规则是对关系的某种约束条件。在关系数据模型中一般将数据完整性分为三类，即实体完整性、参照完整性和用户定义的完整性，其中实体完整性和参照完整性（也称为引用完整性）是关系模型必须满足的完整性约束，是系统级的约束，用户定义的完整性主要是限制属性的取值在有意义的范围内，这种完整性约束也被称为域完整性，它属于应用级的约束。关系数据库管理系统提供对这些数据完整性的支持。

7.1.2 结构化查询语言 SQL

结构化查询语言（Structured Query Language，SQL）是一种特殊目的的编程语言，是一种数据库查询和程序设计语言，用于存取数据以及查询、更新和管理关系数据库系统。SQL 语言由 Boyce 和 Chamberlin 于 1974 年提出，首先在 IBM 公司研制的关系数据库系统 SystemR 上实现。由于它具有功能丰富、使用方便灵活、语言简洁易学等突出的优点，深受计算机工业界和计算机用户的欢迎。1980 年 10 月，经美国国家标准局（ANSI）的数据库委员会 X3H2 批准，将 SQL 作为关系数据库语言的美国标准，同年公布了标准 SQL，不久，国际标准化组织（ISO）也作出了同样的决定。

结构化查询语言是高级的非过程化编程语言，允许用户在高层数据结构上工作。它不要求用户指定对数据的存放方法，也不需要用户了解具体的数据存放方式，所以，具有完全不同底层结构的数据库系统，可以使用相同的结构化查询语言作为数据输入与管理的接口。结构化查询语言语句可以支持嵌套，也使它具有极大的灵活性和强大的功能。

SQL 从功能上可以分为 3 部分：数据定义、数据操纵和数据控制，它是一个综合的、通用的、功能极强的关系数据库语言。其主要特点是：

①数据描述、操纵、控制等功能一体化。

②两种使用方式，统一的语法结构。SQL 有两种使用方式：一是联机交互使用，这种方式下的 SQL 实际上是作为自含型语言使用的。二是嵌入到某种高级程序设计语言（如 C 语言等）中去使用。前一种方式适合于非计算机专业人员使用，后一种方式适合于专业计算机人员使用。尽管使用方式不同，但所用语言的语法结构基本上是一致的。

③高度非过程化。SQL 是一种第四代语言（4GL），用户只需要提出“干什么”，无须具体指明“怎么干”，像存取路径选择和具体处理操作等均由系统自动完成。

④语言简洁，易学易用。尽管 SQL 的功能很强，但语言十分简洁，核心功能只用了 9 个动词。SQL 的语法接近英语口语，用户很容易学习和使用。

7.1.3　MySQL 数据库

MySQL 是一种开放源代码、并使用结构化查询语言 SQL 进行数据库管理的关系型数据库管理系统（Relational Database Management System，RDBMS）。由于 MySQL 在运行速度、可靠性和适应性方面的优越性，使其在各个领域应用都非常广泛。MySQL Server 的第一版由瑞典公司 MySQL AB 在 1995 年发布，该公司的创始人为大卫 · 阿克斯马克（David Axmark）、艾伦 · 拉森（Allan Larsson）和迈克尔 · 维德尼乌斯（Michael Widenius）。MySQL 的名字源自 Widenius 的女儿 My。MySQL 项目采用 GNU 通用公共许可（GPL）在 2000 年作为开源发布。MySQL 于 2008 年被 Sun Microsystems 以 10 亿美元收购。当 Oracle 于 2009 年收购 Sun Microsystems 时，它也获得了 MySQL 的所有权。目前，MySQL 是使用最广泛的开源关系数据库系统。许多网站、应用程序和商业产品都使用 MySQL 作为主要的关系数据存储，还适用于任务关键型应用程序、动态网站以及用于软件、硬件和设备的嵌入式数据库等用途，并有 20 多年的社区开发和支持历史，是一种安全可靠、稳定的基于 SQL 的数据库管理系统。MySQL 采用关系数据模型来组织数据，并使用 SQL 语言作为访问数据库的标准化语言，有效地提高了查询速度。

MySQL 使用 C 语言和 C ++ 编写，并为 C 语言、C ++ 、Python、Java、Perl、PHP、Eiffel、Ruby，. NET 和 Tcl 等多种编程语言提供了非常丰富的 API，而且支持 Windows、Linux、AIX、FreeBSD、HP-UX、Mac OS、Novell-Netware、OpenBSD、OS/2 Wrap、Solaris 等多种操作系统，能够提供 TCP/IP、ODBC 和 JDBC 等多种数据库连接途径，支持大型的数据库，可以处理拥有上千万条记录的大型数据库，既能够作为一个单独的应用程序应用在客户端服务器网络环境中，也能够作为一个库而嵌入到其他的软件中。MySQL 是可以定制的，可以修改源码来开发自己的 MySQL 系统。

7.2 安装 MySQL

7.2.1 在线安装 MySQL

在使用 apt-get 命令进行 mysql 安装之前，需要先更新软件源以获取最新的版本，apt-get update 命令执行速度比较慢，需要等待一段时间，命令如下：

```
$sudo apt-get update   #更新软件源
$sudo apt-get install mysql-server   #安装 mysql
```

注意，执行上述命令 sudo apt-get update 时如果出现如图 7 – 1 所示的问题时，则使用以下命令进行解决：

```
$sudo rm /var/lib/apt/lists/lock
$sudo rm /var/lib/dpkg/lock
```

$sudo rm /var/cache/apt/archives/lock

```
bigdata@bigdata-VirtualBox:~$ sudo apt-get update
[sudo] bigdata 的密码:
E: 无法获得锁 /var/lib/apt/lists/lock - open (11: 资源暂时不可用)
E: 无法对目录 /var/lib/apt/lists/ 加锁
E: 无法获得锁 /var/lib/dpkg/lock - open (11: 资源暂时不可用)
E: 无法锁定管理目录(/var/lib/dpkg/)，是否有其他进程正占用它?
```

图 7－1　更新软件源出现问题

如果更新软件源的问题解决之后，再重新执行更新软件源的命令，结果如图 7－2 所示。

$sudo apt-get update

```
✕ _ □  终端  文件(F) 编辑(E) 查看(V) 搜索(S) 终端(T) 帮助(H)
忽略:4 http://security.ubuntu.com/ubuntu xenial-security InRelease
获取:5 http://security.ubuntu.com/ubuntu xenial-security Release [108 kB]
获取:6 http://security.ubuntu.com/ubuntu xenial-security Release.gpg [916 B]
获取:7 http://security.ubuntu.com/ubuntu xenial-security/main amd64 Packages [723 kB]
获取:2 http://cn.archive.ubuntu.com/ubuntu xenial-updates InRelease [109 kB]
获取:7 http://security.ubuntu.com/ubuntu xenial-security/main amd64 Packages [723 kB]
获取:2 http://cn.archive.ubuntu.com/ubuntu xenial-updates InRelease [109 kB]
获取:8 http://cn.archive.ubuntu.com/ubuntu xenial-backports InRelease [107 kB]
获取:7 http://security.ubuntu.com/ubuntu xenial-security/main amd64 Packages [723 kB]
获取:8 http://cn.archive.ubuntu.com/ubuntu xenial-backports InRelease [107 kB]
获取:8 http://cn.archive.ubuntu.com/ubuntu xenial-backports InRelease [107 kB]
获取:7 http://security.ubuntu.com/ubuntu xenial-security/main amd64 Packages [723 kB]
获取:9 http://cn.archive.ubuntu.com/ubuntu xenial-updates/main amd64 Packages [1,009 kB]
获取:7 http://security.ubuntu.com/ubuntu xenial-security/main amd64 Packages [723 kB]
获取:10 http://cn.archive.ubuntu.com/ubuntu xenial-updates/main i386 Packages [849 kB]
忽略:7 http://security.ubuntu.com/ubuntu xenial-security/main amd64 Packages
获取:11 http://security.ubuntu.com/ubuntu xenial-security/main i386 Packages [583 kB]
获取:12 http://security.ubuntu.com/ubuntu xenial-security/main Translation-en [285 kB]
获取:13 http://security.ubuntu.com/ubuntu xenial-security/main amd64 DEP-11 Metadata [73.7 kB]
获取:14 http://security.ubuntu.com/ubuntu xenial-security/main DEP-11 64x64 Icons [73.2 kB]
获取:15 http://security.ubuntu.com/ubuntu xenial-security/universe amd64 Packages [455 kB]
获取:16 http://security.ubuntu.com/ubuntu xenial-security/universe i386 Packages [395 kB]
获取:17 http://security.ubuntu.com/ubuntu xenial-security/universe Translation-en [186 kB]
获取:18 http://security.ubuntu.com/ubuntu xenial-security/universe amd64 DEP-11 Metadata [124 kB]
获取:19 http://security.ubuntu.com/ubuntu xenial-security/universe DEP-11 64x64 Icons [194 kB]
获取:20 http://security.ubuntu.com/ubuntu xenial-security/multiverse amd64 DEP-11 Metadata [2,464 B]
获取:7 http://security.ubuntu.com/ubuntu xenial-security/main amd64 Packages [723 kB]
获取:7 http://security.ubuntu.com/ubuntu xenial-security/main amd64 Packages [723 kB]
获取:7 http://security.ubuntu.com/ubuntu xenial-security/main amd64 Packages [723 kB]
忽略:10 http://cn.archive.ubuntu.com/ubuntu xenial-updates/main i386 Packages
获取:21 http://cn.archive.ubuntu.com/ubuntu xenial-updates/main amd64 DEP-11 Metadata [323 kB]
获取:22 http://cn.archive.ubuntu.com/ubuntu xenial-updates/main DEP-11 64x64 Icons [238 kB]
获取:23 http://cn.archive.ubuntu.com/ubuntu xenial-updates/universe amd64 Packages [761 kB]
忽略:24 http://cn.archive.ubuntu.com/ubuntu xenial-updates/universe i386 Packages
获取:25 http://cn.archive.ubuntu.com/ubuntu xenial-updates/universe Translation-en [318 kB]
获取:26 http://cn.archive.ubuntu.com/ubuntu xenial-updates/universe amd64 DEP-11 Metadata [274 kB]
获取:7 http://security.ubuntu.com/ubuntu xenial-security/main amd64 Packages [723 kB]
忽略:26 http://cn.archive.ubuntu.com/ubuntu xenial-updates/universe amd64 DEP-11 Metadata
获取:27 http://cn.archive.ubuntu.com/ubuntu xenial-updates/universe DEP-11 64x64 Icons [413 kB]
80% [27 icons-64x64 410 kB/413 kB 99%]
```

图 7－2　更新软件源

安装过程中，会出现“您希望继续执行吗？ [Y/n]”的提示，输入

“y”，继续进行安装，如图 7 – 3 所示。

$sudo apt-get install mysql-server

```
bigdata@bigdata-VirtualBox:~$ sudo apt-get install mysql-server
[sudo] bigdata 的密码:
正在读取软件包列表... 完成
正在分析软件包的依赖关系树
正在读取状态信息... 完成
将会同时安装下列软件:
  libaio1 libevent-core-2.0-5 libhtml-template-perl mysql-client-5.7 mysql-client-core-5.7
  mysql-common mysql-server-5.7 mysql-server-core-5.7
建议安装:
  libipc-sharedcache-perl mailx tinyca
下列【新】软件包将被安装:
  libaio1 libevent-core-2.0-5 libhtml-template-perl mysql-client-5.7 mysql-client-core-5.7
  mysql-common mysql-server mysql-server-5.7 mysql-server-core-5.7
升级了 0 个软件包，新安装了 9 个软件包，要卸载 0 个软件包，有 793 个软件包未被升级。
需要下载 18.8 MB 的归档。
解压缩后会消耗 161 MB 的额外空间。
您希望继续执行吗？ [Y/n]
```

图 7 – 3　安装 MySQL

在 MySQL 安装过程中，安装向导提示输入 MySQL 数据库的密码，如图 7 – 4 所示，为方便操作，这里可以设置为大家方便记忆使用的密码，此处我们设置为“123456”。数据库密码是用户访问数据库的时候需要输入的密码，密码的设置可以随意组合，没有太多的限制，一般为了数据库的安全，数据库的密码要设置稍微复杂一些，这里为练习方便，设置为与 Linux 密码相同。

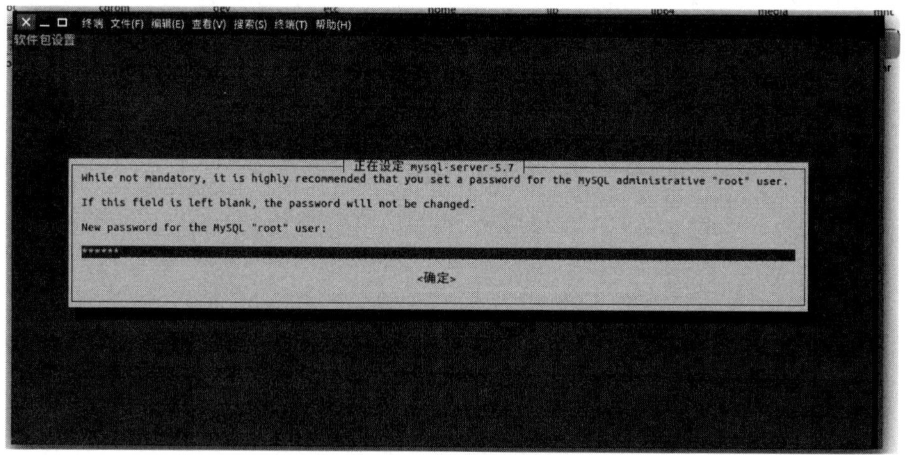

图 7 – 4　设置 MySQL 数据库密码

上述命令会安装以下包：Apparmor、mysql-client-5.7、mysql-common、mysql-server、mysql-server-5.7、mysql-server-core-5.7。

其默认安装目录及文件内容如表 7－1 所示。

表 7－1　　MySQL 安装目录及文件内容

安装目录	安装的文件内容
/usr/bin	客户端程序和 mysql_ install_ db
/var/lib/mysql	数据库和日志文件
/var/run/mysqld	服务器
/etc/mysql	配置文件 my. cnf
/usr/share/mysql	字符集，基准程序和错误消息
/etc/init. d/mysql	启动 mysql 服务器

apt-get 命令还有如下常用操作，如表 7－2 所示。

表 7－2　　常用的 apt-get 命令

命令	操作
apt-get update	更新安装列表
apt-get upgrade	升级软件
apt-get install software_ name	安装指定的软件
apt-get --purge remove software_ name	卸载指定的软件及其配置
apt-get autoremove software_ name	卸载指定的软件及其依赖的安装包

由于在线安装速度较慢，也可以采用其他的安装方式。

7.2.2　启动关闭 MySQL

在 MySQL 安装过程中，会提示为 MySQL root 用户设置密码，密码设置完成以后等待自动安装即可。默认安装完成就启动 MySQL。可以用下列命令启动和关闭 MySQL 服务器，结果如图 7－5 所示。

```
$service mysql start    #数据库启动
$service mysql stop     #数据库关闭
```

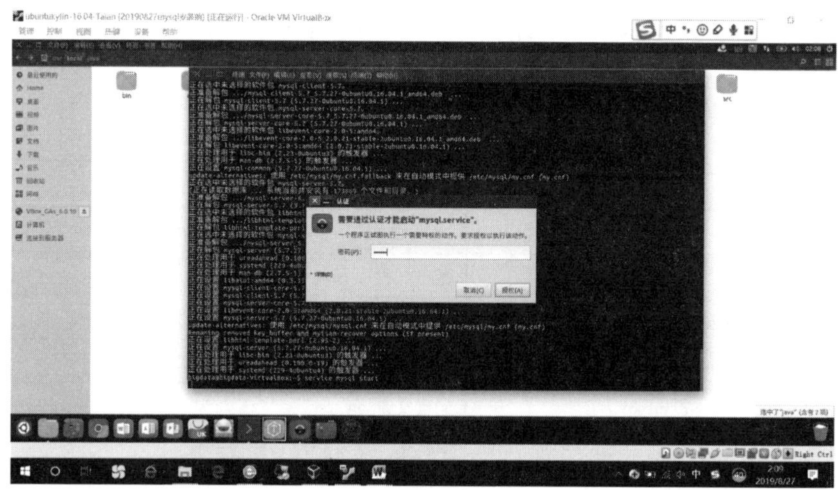

图 7-5　MySQL 的启动和关闭

在启动过程中会提示需要授权才能继续执行的提示，此时，只要输入登录用户的密码即可，此处输入“123456”。

7.2.3　确认是否启动成功

查看 mysql 节点是否处于监听状态，命令如下，结果如图 7-6 所示。

```
$sudo netstat -tap | grep mysql
```

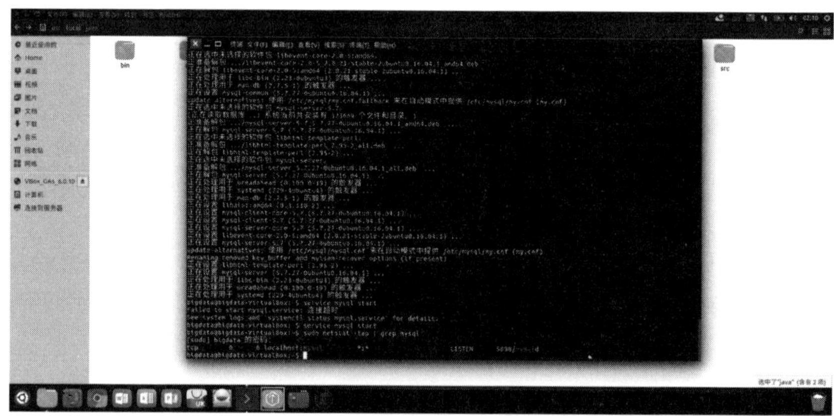

图 7-6　检查 MySQL 是否启动成功

如果在执行 netstat 命令时提示“系统找不到命令”，需要安装 net-tools，其安装命令如下，其结果如图 7－7 所示。

```
sudo apt-get install net-tools
```

```
huboyu@huboyu-VirtualBox:~$ sudo netstat -tap|grep mysql
sudo: netstat：找不到命令
huboyu@huboyu-VirtualBox:~$ sudo apt-get install net-tools
正在读取软件包列表... 完成
正在分析软件包的依赖关系树
正在读取状态信息... 完成
下列【新】软件包将被安装：
  net-tools
升级了 0 个软件包，新安装了 1 个软件包，要卸载 0 个软件包，有 419 个软件包未被升
级。
需要下载 196 kB 的归档。
解压缩后会消耗 864 kB 的额外空间。
获取:1 http://cn.archive.ubuntu.com/ubuntu focal/main amd64 net-tools amd64 1.60
+git20180626.aebd88e-1ubuntu1 [196 kB]
已下载 196 kB，耗时 2秒 (99.4 kB/s)
正在选中未选择的软件包 net-tools。
(正在读取数据库 ... 系统当前共安装有 186044 个文件和目录。)
准备解压 .../net-tools_1.60+git20180626.aebd88e-1ubuntu1_amd64.deb  ...
正在解压 net-tools (1.60+git20180626.aebd88e-1ubuntu1) ...
正在设置 net-tools (1.60+git20180626.aebd88e-1ubuntu1) ...
正在处理用于 man-db (2.9.1-1) 的触发器 ...
```

图 7－7　安装 net-tools 以使用 netstat 命令

7.2.4　启动 MySQL Shell

输入 mysql 命令，进入 mysql shell 界面，命令如下，该命令执行后提示输入 mysql 数据库连接密码，结果如图 7－8 所示。

```
$mysql -u root -p
```

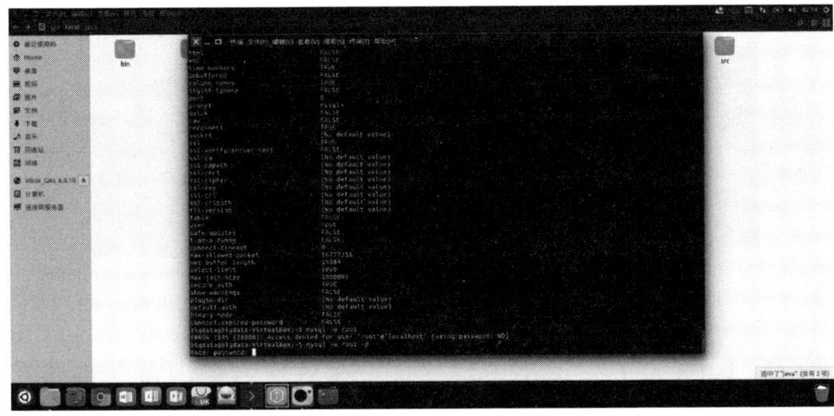

图 7－8　进入 shell 界面

一般情况下，安装 MySQL 的过程中会提示设置密码，但也有直接跳过此过程的情况，从而导致密码为空却无法登录，如图 7-9 所示，这种情况一般需要通过修改配置文件来解决。

```
huboyu@huboyu-VirtualBox:~$ mysql -u root -p
Enter password:
ERROR 1698 (28000): Access denied for user 'root'@'localhost'
```

图 7-9　安装过程中因没有提示设置密码而无法登录

修改配置文件的步骤如下：

步骤 1：修改 mysqld. cnf 配置文件。

在终端中输入如下命令：

```
$sudo nano /etc/mysql/mysql.conf.d/mysqld.cnf
```

进入到 mysql 的配置文件，输入如图 7-10 所示的内容。

```
[mysqld]
#
# * Basic Settings
#
user                = mysql
pid-file            = /var/run/mysqld/mysqld.pid
socket  = /var/run/mysqld/mysqld.sock
port                = 3306
basedir             = /usr
datadir             = /var/lib/mysql
tmpdir              = /tmp
lc-messages-dir = /usr/share/mysql
skip-external-locking
skip-grant-tables
port                = 3306
datadir             = /var/lib/mysql
```

图 7-10　修改 mysqld. cnf 配置文件的内容

保存：ctrl + x→y，退出编辑界面。然后输入如下命令重新启动 MySQL：

```
service mysql restart        #重新启动 MySQL
```

步骤 2：设置 root 密码。

在终端输入如下命令进入启动 Mysql shell 界面过程：

```
mysql -u root -p
```

在启动 Mysql shell 界面过程中，遇见输入密码的提示直接点击回车，进入下一步。

进入 MySQL 后，执行如下三条命令，注意，每条命令后面都要加上分号，不能省略，然后点击回车键执行该命令：

```
use mysql；  #点击回车键
update user set authentication_string = password("新密码") where user = "
root"；#点击回车键
flush privileges；  #点击回车键
```

（注意，每句话后面都有分号，不能省略）

然后输入 quit，退出 MySQL shell 界面。

步骤 3：注释掉 skip-grant-tables。

重新进入 mysqld. cnf 配置文件内，把 skip-grant-tables 这句话用#注释掉，保存并退出编辑界面。

步骤 4：重新启动 Mysql shell 终端。

在终端输入 mysql -u root -p，此时就可以通过密码进入 MySQL 的 Shell 界面了。

7.2.5　查看 MySQL 默认字符集

MySQL 安装默认的字符集 character_set_server 默认设置是"latin1"，这会造成在数据库中插入中文字符时产生乱码。要查看 MySQL 默认字符集命令如下，结果如图所示。（注意' char% '使用单引号，% 表示通配符）

```
mysql > show variables like 'char% '；
```

如图 7 – 11 所示，可以看到 character_set_server 变量的值是"latin1"。

```
终端 文件(F) 编辑(E) 查看(V) 搜索(S) 终端(T) 帮助(H)
Renaming removed key_buffer and myisam-recover options (if present)
正在设置 libhtml-template-perl (2.95-2) ...
正在设置 mysql-server (5.7.27-0ubuntu0.16.04.1) ...
正在处理用于 libc-bin (2.23-0ubuntu3) 的触发器 ...
正在处理用于 ureadahead (0.100.0-19) 的触发器 ...
正在处理用于 systemd (229-4ubuntu4) 的触发器 ...
bigdata@bigdata-VirtualBox:~$ service mysql start
bigdata@bigdata-VirtualBox:~$ sudo netstat -tap | grep mysql
[sudo] bigdata 的密码:
tcp        0      0 localhost:mysql         *:*                     LISTEN      78
bigdata@bigdata-VirtualBox:~$ mysql -u root -p
Enter password:
Welcome to the MySQL monitor.  Commands end with ; or \g.
Your MySQL connection id is 4
Server version: 5.7.27-0ubuntu0.16.04.1 (Ubuntu)

Copyright (c) 2000, 2019, Oracle and/or its affiliates. All rights reserved.

Oracle is a registered trademark of Oracle Corporation and/or its
affiliates. Other names may be trademarks of their respective
owners.

Type 'help;' or '\h' for help. Type '\c' to clear the current input statement.

mysql> show variables like 'char%';
+--------------------------+----------------------------+
| Variable_name            | Value                      |
+--------------------------+----------------------------+
| character_set_client     | utf8                       |
| character_set_connection | utf8                       |
| character_set_database   | latin1                     |
| character_set_filesystem | binary                     |
| character_set_results    | utf8                       |
| character_set_server     | latin1                     |
| character_set_system     | utf8                       |
| character_sets_dir       | /usr/share/mysql/charsets/ |
+--------------------------+----------------------------+
8 rows in set (0.00 sec)

mysql> 
```

图 7－11　查看 MySQL 默认字符集

7.2.6　修改 MySQL 默认字符集

修改单个设置编码方式命令如下：

mysql > set character_set_server = utf8;

注意，此时的修改不会被永久保存，MySQL 重启后此设置将会失效。

如果希望永久修改 MySQL 的默认字符集，还需要对 MySQL 的配置文件 mysqld. cnf 进行编辑，命令如下，结果如图 7－12 所示。

```
mysql> set character_set_server=utf8;
Query OK, 0 rows affected (0.00 sec)

mysql> 
```

图 7－12　修改 MySQL 默认字符集

mysql > exit； //退出 mysql shell 环境

$sudo vi /etc/mysql/mysql. conf. d/mysqld. cnf //利用 Vi 编辑器修改 MySQL 的配置文件

在［mysqld］下添加一行命令如下，结果如图 7－13 所示。

character_set_server = utf8

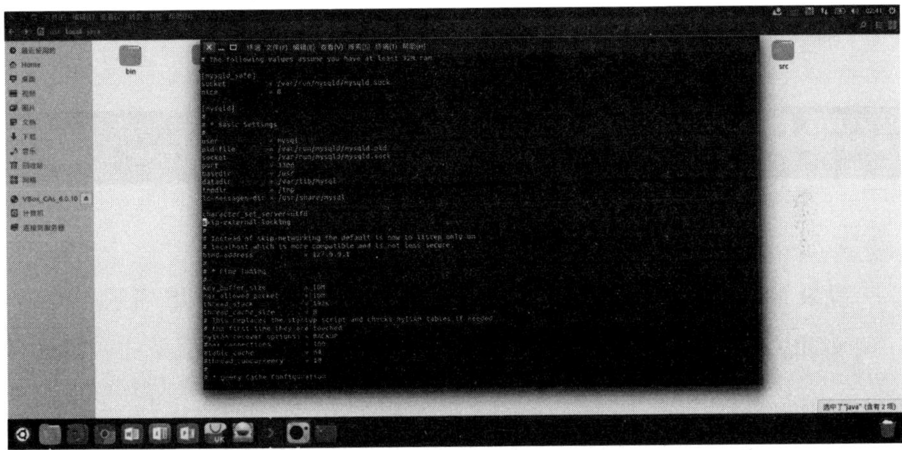

图 7－13 修改 MySQL 配置文件修改

Vi 编辑器常用操作如表 7－3 所示。

表 7－3 Vi 编辑器常用操作

按键	功能
x	删除光标所在位置的字符
i	进入插入模式
u	撤销最近一次的操作（可以多次使用恢复到原来的内容）
dd	删除光标所在的行
h	光标左移
j	光标下移
k	光标上移
:wq!	保存文件并退出 Vi 编辑器
:q!	强制退出 Vi 编辑器

输入完毕后，按“esc 键”，进入 Vi 编辑器的命令行状态，然后按“:wq!”表示保存退出，按“:q!”表示不保存退出。

7.2.7 重启 MySQL 服务

重启 MySQL，使配置生效，并查看默认编码是否已完成修改，如图 7－14 所示。

$service mysql restart

```
bigdata@bigdata-VirtualBox:~$ service mysql restart
bigdata@bigdata-VirtualBox:~$ 
```

图 7－14 重启 MySQL

登录 MySQL，并查看 MySQL 目前设置的编码，如图 7－15 所示。

$sudo mysql -u root -p

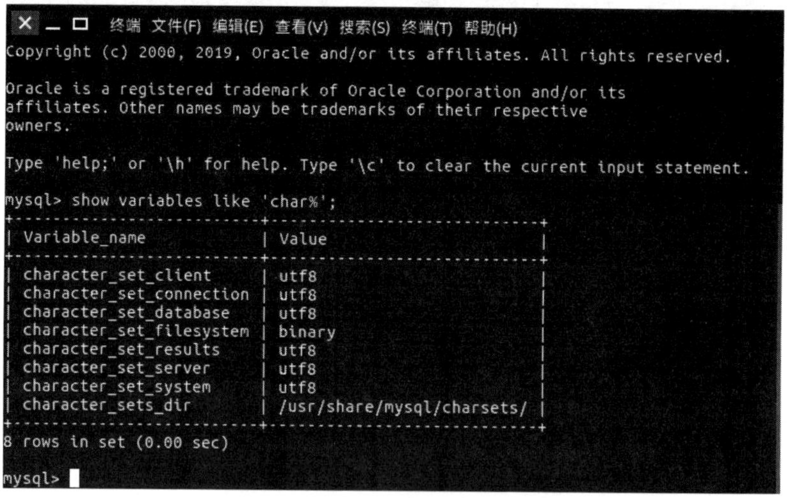

```
终端 文件(F) 编辑(E) 查看(V) 搜索(S) 终端(T) 帮助(H)
Copyright (c) 2000, 2019, Oracle and/or its affiliates. All rights reserved.

Oracle is a registered trademark of Oracle Corporation and/or its
affiliates. Other names may be trademarks of their respective
owners.

Type 'help;' or '\h' for help. Type '\c' to clear the current input statement.

mysql> show variables like 'char%';
+--------------------------+----------------------------+
| Variable_name            | Value                      |
+--------------------------+----------------------------+
| character_set_client     | utf8                       |
| character_set_connection | utf8                       |
| character_set_database   | utf8                       |
| character_set_filesystem | binary                     |
| character_set_results    | utf8                       |
| character_set_server     | utf8                       |
| character_set_system     | utf8                       |
| character_sets_dir       | /usr/share/mysql/charsets/ |
+--------------------------+----------------------------+
8 rows in set (0.00 sec)

mysql> 
```

图 7－15 查看永久修改后的 MySQL 的默认字符集

注意，进入 mysql 之后，mysql 中的命令都必须用“;”结尾。

mysql > show variables like "char%";

7.3 MySQL 常用操作

7.3.1 查看数据库

MySql 安装完成后，里面有两个默认的数据库 mysql 和 test，mysql 数据库是系统所使用的数据库，保存 MySQL 的初始配置信息。查看 MySQL 中数据库命令如下，结果如图 7－16 所示。

mysql > show databases;

```
+--------------------------+----------------------------+
| character_set_client     | utf8                       |
| character_set_connection | utf8                       |
| character_set_database   | utf8                       |
| character_set_filesystem | binary                     |
| character_set_results    | utf8                       |
| character_set_server     | utf8                       |
| character_set_system     | utf8                       |
| character_sets_dir       | /usr/share/mysql/charsets/ |
+--------------------------+----------------------------+
8 rows in set (0.00 sec)

mysql> show databases;
+--------------------+
| Database           |
+--------------------+
| information_schema |
| mysql              |
| performance_schema |
| sys                |
+--------------------+
4 rows in set (0.00 sec)

mysql>
```

图 7－16　显示 MySQL 的数据库

7.3.2 显示数据库中的表

在查看数据库中的表前，首先要打开数据表所在的数据库，然后对该数据库中的表进行操作。其中，mysql 为要打开的数据库名称，其实，mysql 数据库是系统使用的数据库，一般不要直接修改它，否则可能会产生 MySQL 系统错误，命令如下，结果如图 7－17 和图 7－18 所示。

mysql > use mysql;　//打开 mysql 数据库

```
终端 文件(F) 编辑(E) 查看(V) 搜索(S) 终端(T) 帮助(H)
| character_set_results    | utf8                       |
| character_set_server     | utf8                       |
| character_set_system     | utf8                       |
| character_sets_dir       | /usr/share/mysql/charsets/ |
+--------------------------+----------------------------+
8 rows in set (0.00 sec)

mysql> show databases;
+--------------------+
| Database           |
+--------------------+
| information_schema |
| mysql              |
| performance_schema |
| sys                |
+--------------------+
4 rows in set (0.00 sec)

mysql> use mysql;
Reading table information for completion of table and column names
You can turn off this feature to get a quicker startup with -A

Database changed
mysql>
```

图 7－17　打开数据库

mysql > show tables;　//查看当前数据库中的表

```
终端 文件(F) 编辑(E) 查看(V) 搜索(S) 终端(T) 帮助(H)
Database changed
mysql> show tables;
+---------------------------+
| Tables_in_mysql           |
+---------------------------+
| columns_priv              |
| db                        |
| engine_cost               |
| event                     |
| func                      |
| general_log               |
| gtid_executed             |
| help_category             |
| help_keyword              |
| help_relation             |
| help_topic                |
| innodb_index_stats        |
| innodb_table_stats        |
| ndb_binlog_index          |
| plugin                    |
| proc                      |
| procs_priv                |
| proxies_priv              |
| server_cost               |
| servers                   |
| slave_master_info         |
| slave_relay_log_info      |
| slave_worker_info         |
| slow_log                  |
| tables_priv               |
| time_zone                 |
| time_zone_leap_second     |
| time_zone_name            |
| time_zone_transition      |
| time_zone_transition_type |
| user                      |
+---------------------------+
31 rows in set (0.00 sec)

mysql>
```

图 7－18　查看数据库中的表

7.3.3　查看数据表的结构

查看 MySQL 数据库中表的结构，命令如下，结果如图 7－19 和图 7－20 所示。

mysql > describe tablename;（这里的 tablename 换成具体的表名）

```
| tables_priv               |
| time_zone                 |
| time_zone_leap_second     |
| time_zone_name            |
| time_zone_transition      |
| time_zone_transition_type |
| user                      |
+---------------------------+
31 rows in set (0.00 sec)

mysql> describe db;
+-----------------------+---------------+------+-----+---------+-------+
| Field                 | Type          | Null | Key | Default | Extra |
+-----------------------+---------------+------+-----+---------+-------+
| Host                  | char(60)      | NO   | PRI |         |       |
| Db                    | char(64)      | NO   | PRI |         |       |
| User                  | char(32)      | NO   | PRI |         |       |
| Select_priv           | enum('N','Y') | NO   |     | N       |       |
| Insert_priv           | enum('N','Y') | NO   |     | N       |       |
| Update_priv           | enum('N','Y') | NO   |     | N       |       |
| Delete_priv           | enum('N','Y') | NO   |     | N       |       |
| Create_priv           | enum('N','Y') | NO   |     | N       |       |
| Drop_priv             | enum('N','Y') | NO   |     | N       |       |
| Grant_priv            | enum('N','Y') | NO   |     | N       |       |
| References_priv       | enum('N','Y') | NO   |     | N       |       |
| Index_priv            | enum('N','Y') | NO   |     | N       |       |
| Alter_priv            | enum('N','Y') | NO   |     | N       |       |
| Create_tmp_table_priv | enum('N','Y') | NO   |     | N       |       |
| Lock_tables_priv      | enum('N','Y') | NO   |     | N       |       |
| Create_view_priv      | enum('N','Y') | NO   |     | N       |       |
| Show_view_priv        | enum('N','Y') | NO   |     | N       |       |
| Create_routine_priv   | enum('N','Y') | NO   |     | N       |       |
| Alter_routine_priv    | enum('N','Y') | NO   |     | N       |       |
| Execute_priv          | enum('N','Y') | NO   |     | N       |       |
| Event_priv            | enum('N','Y') | NO   |     | N       |       |
| Trigger_priv          | enum('N','Y') | NO   |     | N       |       |
+-----------------------+---------------+------+-----+---------+-------+
22 rows in set (0.01 sec)

mysql>
```

图 7－19　查看 db 表的结构

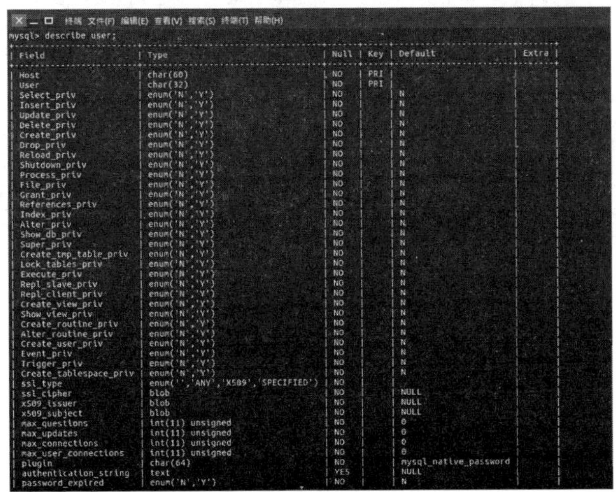

```
mysql> describe user;
+------------------------+-----------------------------------+------+-----+-----------------------+-------+
| Field                  | Type                              | Null | Key | Default               | Extra |
+------------------------+-----------------------------------+------+-----+-----------------------+-------+
| Host                   | char(60)                          | NO   | PRI |                       |       |
| User                   | char(32)                          | NO   | PRI |                       |       |
| Select_priv            | enum('N','Y')                     | NO   |     | N                     |       |
| Insert_priv            | enum('N','Y')                     | NO   |     | N                     |       |
| Update_priv            | enum('N','Y')                     | NO   |     | N                     |       |
| Delete_priv            | enum('N','Y')                     | NO   |     | N                     |       |
| Create_priv            | enum('N','Y')                     | NO   |     | N                     |       |
| Drop_priv              | enum('N','Y')                     | NO   |     | N                     |       |
| Reload_priv            | enum('N','Y')                     | NO   |     | N                     |       |
| Shutdown_priv          | enum('N','Y')                     | NO   |     | N                     |       |
| Process_priv           | enum('N','Y')                     | NO   |     | N                     |       |
| File_priv              | enum('N','Y')                     | NO   |     | N                     |       |
| Grant_priv             | enum('N','Y')                     | NO   |     | N                     |       |
| References_priv        | enum('N','Y')                     | NO   |     | N                     |       |
| Index_priv             | enum('N','Y')                     | NO   |     | N                     |       |
| Alter_priv             | enum('N','Y')                     | NO   |     | N                     |       |
| Show_db_priv           | enum('N','Y')                     | NO   |     | N                     |       |
| Super_priv             | enum('N','Y')                     | NO   |     | N                     |       |
| Create_tmp_table_priv  | enum('N','Y')                     | NO   |     | N                     |       |
| Lock_tables_priv       | enum('N','Y')                     | NO   |     | N                     |       |
| Execute_priv           | enum('N','Y')                     | NO   |     | N                     |       |
| Repl_slave_priv        | enum('N','Y')                     | NO   |     | N                     |       |
| Repl_client_priv       | enum('N','Y')                     | NO   |     | N                     |       |
| Create_view_priv       | enum('N','Y')                     | NO   |     | N                     |       |
| Show_view_priv         | enum('N','Y')                     | NO   |     | N                     |       |
| Create_routine_priv    | enum('N','Y')                     | NO   |     | N                     |       |
| Alter_routine_priv     | enum('N','Y')                     | NO   |     | N                     |       |
| Create_user_priv       | enum('N','Y')                     | NO   |     | N                     |       |
| Event_priv             | enum('N','Y')                     | NO   |     | N                     |       |
| Trigger_priv           | enum('N','Y')                     | NO   |     | N                     |       |
| Create_tablespace_priv | enum('N','Y')                     | NO   |     | N                     |       |
| ssl_type               | enum('','ANY','X509','SPECIFIED') | NO   |     |                       |       |
| ssl_cipher             | blob                              | NO   |     | NULL                  |       |
| x509_issuer            | blob                              | NO   |     | NULL                  |       |
| x509_subject           | blob                              | NO   |     | NULL                  |       |
| max_questions          | int(11) unsigned                  | NO   |     | 0                     |       |
| max_updates            | int(11) unsigned                  | NO   |     | 0                     |       |
| max_connections        | int(11) unsigned                  | NO   |     | 0                     |       |
| max_user_connections   | int(11) unsigned                  | NO   |     | 0                     |       |
| plugin                 | char(64)                          | NO   |     | mysql_native_password |       |
| authentication_string  | text                              | YES  |     | NULL                  |       |
| password_expired       | enum('N','Y')                     | NO   |     | N                     |       |
```

图 7－20　查看 user 数据表的结构

7.3.4 显示表中的记录

显示指定表中所有记录的语法格式：

select * from 表名 //显示指定表中所有的记录

例如：显示打开的数据库中 user 表的所有记录，命令如下。user 表中存放所有能对 MySQL 用户操作的用户，如图 7－21 所示。

select * from user //输出 user 表中的所有记录

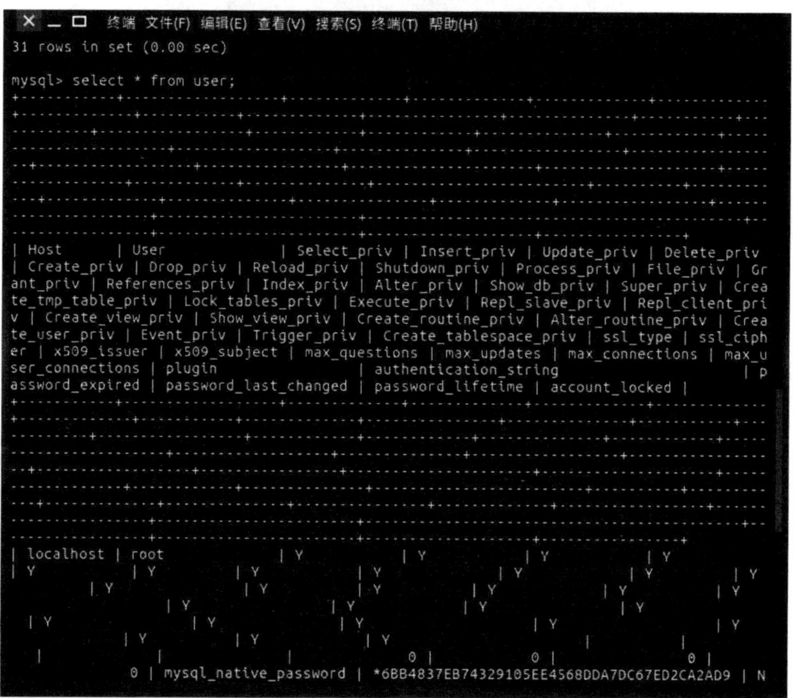

图 7－21 显示库中 user 表中的记录

7.3.5 建立数据库

创建数据库的语法格式如下：

create database 数据库名 //创建数据库

例如：创建一个名为aaa的数据库，命令如下，结果如图7－22所示。

mysql > create database aaa;

```
mysql> create database aa;
Query OK, 1 row affected (0.00 sec)
```

图7－22 建立数据库

7.3.6 建立数据表

在指定数据库中创建数据表的语法格式如下：

```
use 数据库名；  //指定该数据库为当前数据库
create table 数据表名(字段名1 数据类型 列级约束,
                     字段名2 数据类型 列级约束,
                     ...,
                     字段名n 数据类型 列级约束,
                     表级约束)；  //在当前数据库中创建数据表
```

在创建数据表时，要指定该数据表中所包含的各个字段及表级约束，各字段之间用逗号“,”隔开，对于每一个字段，要指明该字段的字段名称，数据类型以及该字段所遵循的列级约束条件，在对某一个字段进行说明时，各项要用空格隔开。其中常见的列级约束包括主键约束、非空值、check约束、候选主键约束等。

例如：在已创建的aaa数据库中建立表person，表中有四个字段：id（序号，自动增长，非空，主键），xm（姓名，可变长字符类型，长度为10），xb（性别，可变长字符类型，长度为2），csny（出生年月，日期型），其对应的SQL语句如下，结果如图7－23所示。

```
mysql >use aaa;
mysql > create table person (id int(3) auto_increment not null primary key,
                             xm varchar(10),
                             xb varchar(2),
                             csny date);
```

```
mysql> use aa;
Database changed
mysql> create table person (id int(3) auto_increment not null primary key, xm varchar(1
0),xb varchar(2),csny date);
Query OK, 0 rows affected (0.08 sec)

mysql> 
```

图 7－23 建立数据表（person）

可以用 describe 命令查看刚建立的表的结构，如图 7－24 所示。

mysql > describe person;

```
mysql> describe person;
+-------+-------------+------+-----+---------+----------------+
| Field | Type        | Null | Key | Default | Extra          |
+-------+-------------+------+-----+---------+----------------+
| id    | int(3)      | NO   | PRI | NULL    | auto_increment |
| xm    | varchar(10) | YES  |     | NULL    |                |
| xb    | varchar(2)  | YES  |     | NULL    |                |
| csny  | date        | YES  |     | NULL    |                |
+-------+-------------+------+-----+---------+----------------+
4 rows in set (0.00 sec)
```

图 7－24 查看 person 表的结构

7.3.7 增加记录

例如：增加几条相关记录。

mysql > insert into person values(null,'张三','男','1997-01-02');

mysql > insert into person values(null,'李四','女','1996-12-02');

注意，字段的值（'张三','男','1997-01-02'）是使用两个英文的单撇号包围起来，后面也是如此。由于在创建表时 id 字段设置了自增方式，因此无须插入 id 字段的值，可以用 null 代替即可。

可用 select 命令来验证结果，如图 7－25 所示。

mysql > select * from person;

```
mysql> select * from person;
+----+--------+------+------------+
| id | xm     | xb   | csny       |
+----+--------+------+------------+
|  1 | 张三   | 男   | 1997-01-02 |
|  2 | 李四   | 女   | 1996-12-02 |
+----+--------+------+------------+
2 rows in set (0.00 sec)
```

图 7－25 验证增加的记录

7.3.8　查看 MySQL 版本

在 mysql5.0 中命令如下：

show variables like ‘version’;

或者：select version();，如果如图 7－26 所示。

```
mysql> show variables like 'version';
+---------------+-------------------------+
| Variable_name | Value                   |
+---------------+-------------------------+
| version       | 5.7.27-0ubuntu0.16.04.1 |
+---------------+-------------------------+
1 row in set (0.00 sec)

mysql>
```

图 7－26　查看 MySQL 版本

7.3.9　修改记录

例如：将记录“张三”的“出生年月”的值改为“1971-01-10”。结果如图 7－27 所示。

mysql > update person set csny = ’1971-01-10’ where xm = ’张三’;

```
+----+--------+------+------------+
| id | xm     | xb   | csny       |
+----+--------+------+------------+
|  1 | 张三   | 男   | 1997-01-02 |
|  2 | 李四   | 女   | 1996-12-02 |
+----+--------+------+------------+
2 rows in set (0.00 sec)

mysql> update person set csny='1971-01-10'where xm='张三';
Query OK, 1 row affected (0.01 sec)
Rows matched: 1  Changed: 1  Warnings: 0

mysql> select * from person;
+----+--------+------+------------+
| id | xm     | xb   | csny       |
+----+--------+------+------------+
|  1 | 张三   | 男   | 1971-01-10 |
|  2 | 李四   | 女   | 1996-12-02 |
+----+--------+------+------------+
2 rows in set (0.00 sec)
```

图 7－27　修改记录

7.3.10　删除记录

例如：删除 person 表中“张三”的记录。结果如图 7－28 所示。

mysql > delete from person where xm = '张三';

```
mysql> select * from person;
+----+--------+------+------------+
| id | xm     | xb   | csny       |
+----+--------+------+------------+
|  1 | 张三   | 男   | 1971-01-10 |
|  2 | 李四   | 女   | 1996-12-02 |
+----+--------+------+------------+
2 rows in set (0.00 sec)

mysql> delete from person where xm='张三';
Query OK, 1 row affected (0.00 sec)

mysql> select * from person;
+----+--------+------+------------+
| id | xm     | xb   | csny       |
+----+--------+------+------------+
|  2 | 李四   | 女   | 1996-12-02 |
+----+--------+------+------------+
1 row in set (0.00 sec)

mysql>
```

图 7－28　删除记录

7.3.11　删除库和删除表

drop database 数据库名；　//删除指定的数据库

例如：删除数据库 aaa

mysql > drop database aaa；　//删除数据库 aaa

```
mysql> drop database aaa;
Query OK, 0 rows affected (0.00 sec)
```

图 7－29　删除数据库

drop table 表名；　//删除指定的表

例如：删除 person 表

Mysql > drop table person；　//删除 person 表

```
mysql> drop table person;
Query OK, 0 rows affected (0.02 sec)
```

图 7－30　删除指定的表

7.4 本章小结

关系数据库，是建立在关系数据模型基础上的数据库，借助于集合代数等概念和方法来处理数据库中的数据。关系数据库是将所研究领域中的所有实体及实体之间联系的集合以二维表格（也称为关系）的形式进行组织，进而构成一个关系数据库。

本章首先介绍了关系数据库的发展历史及所使用的关系数据模型和结构化查询语言 SQL 的作用；其次介绍了常用的关系数据库 MySQL 的作用及在 Linux 环境中安装 MySQL 的过程；最后介绍了在关系数据库 MySQL 中对数据库、数据表、数据记录等数据库对象的常用操作。

本章习题

一、填空题

1. 关系模型是由（　　　　）、（　　　　）和（　　　　）三部分组成的，也是关系模型的三要素。

2. 关系模型中数据的逻辑结构是一张（　　　　）。

3. 关系模型中常用的关系操作包括：（　　　　）、（　　　　）、（　　　　）、（　　　　）、（　　　　）、（　　　　）、（　　　　）等（　　　　）操作和（　　　　）、（　　　　）、（　　　　）操作两大部分。

4. 在关系数据模型中一般将数据完整性分为三类，即（　　　　）、（　　　　）和（　　　　），其中（　　　　）和（　　　　）是系统级的约束，（　　　　）主要是限制属性的取值在有意义的范围内，这种完整性约束也被称为（　　　　），它属于应用级的约束。

5. 结构化查询语言全称（　　　　），是一种特殊目的的编程语言，是一种数据库查询和程序设计语言，用于存取数据以及查询、更新和管理关系数据库系统。

6. SQL从功能上可以分为3部分：（　　　　）、（　　　　）和（　　　　），它是一个综合的、通用的、功能极强的关系数据库语言。

7. 关系型数据库管理系统的英文全称是（　　　　）。

8. 在Linux中启动MySQL数据库的命令是（　　　　）。

9. 启动MySQL Shell的命令是（　　　　）。

10. 如果要检查MySQL是否启动起来的命令是（　　　　）。

11. SQL有两种使用方式：一是（　　　　）；二是（　　　　）。

二、操作实践题

1. 在Ubuntu中在线安装MySQL，并能正常启动MySQL。

2. 在Ubuntu中启动MySQL Shell，利用命令执行如下操作：

（1）创建数据库XS。

（2）在已创建的XS数据库中建立表student，表中有四个字段：sno（学号，可变长字符类型，长度为6，主键），xm（姓名，可变长字符类型，长度为10），xb（性别，可变长字符类型，长度为2），csny（出生年月，日期型）。

（3）在student表中添加如下记录：

201806001	王鑫	男	2000/08/13
201806002	刘莉	女	2000/02/19
201906003	王岚	女	2001/11/07
202006004	李晨曦	女	2000/10/26

（4）显示2000年出生的学生的信息。

（5）显示所有女生的信息。

（6）显示所有姓“王”的学生的姓名。

（7）显示所有2018级的学生信息。（学号的前四位表示入学年份，即年级）

（8）显示所有姓“王”的学生的入学年龄。

（9）将刘莉的出生日期修改为“2000/07/19”。

（10）将学生“王岚”的信息删除。

我们要坚持以人民安全为宗旨、以政治安全为根本、以经济安全为基础、以军事科技文化社会安全为保障、以促进国际安全为依托，统筹外部安全和内部安全、国土安全和国民安全、传统安全和非传统安全、自身安全和共同安全，统筹维护和塑造国家安全，夯实国家安全和社会稳定基层基础，完善参与全球安全治理机制，建设更高水平的平安中国，以新安全格局保障新发展格局。

——引自二十大报告

第 8 章

HBASE 非关系型数据库实践

本章学习目的

- 了解掌握 NoSQL 数据库的相关概念、特征。
- 了解常见的 NoSQL 数据库及其特点。
- 掌握 NoSQL 数据库和 SQL 数据库之间的区别。
- 掌握 NoSQL 数据库的分类。
- 掌握 HBase 数据库的相关概念、数据模型。
- 掌握 HBase 数据库操作常用的 Shell 命令的用法。
- 了解并掌握在分布式环境中安装部署 HBase 的方法和步骤。
- 掌握启动 HBase 的方法，并能够在 HBase 中进行基本操作。

8.1 NoSQL 数据库

8.1.1 NoSQL 数据库简介

NoSQL 数据库是一个概念，泛指非关系型数据库，其全称为 Not Only

SQL，表示关系型数据库和非关系型数据库各有优缺点，彼此都无法互相取代。NoSQL 数据库包括但不限于键值存储数据库、文档型数据库、搜索引擎数据库、列存储数据库、图形数据库等。NoSQL 数据库不依赖传统的业务逻辑方式存储，而是以简单的 key-value 模式存储，这大大增加了数据库的扩展能力。

传统的关系型数据库如 MySQL、SQL Server、Oracle 等都是将复杂的数据结构归结为简单的二元关系（即二维表形式），能够使用 SQL 语句进行复杂的查询并且支持事务。然而，在处理 web2. 0 网站特别是超大规模和高并发的社交型网络服务（Social Networking Services，SNS）类型的 web2. 0 纯动态网站时，关系型数据库已经显得力不从心。NoSQL 数据库的产生解决了大规模数据集合多重数据种类带来的挑战，特别是大数据应用难题。NoSQL 数据库种类繁多，但是有一个共同特点就是去掉关系数据库的关系型特性。NoSQL 不需要预先为要存储的数据建立字段并设定其数据类型，其可以随时存储自定义的数据格式。而在关系数据库里，增删字段是一件非常麻烦的事情。如果是非常大数据量的表，增加字段将会非常复杂且消耗时间，这在大数据量的 Web 2. 0 时代尤其明显。此外，NoSQL 数据库还可以在不影响性能的情况下，方便地实现高可用架构。

常见的 NoSQL 数据库种类如表 8 - 1 所示。

表 8 - 1　　常见的 NoSQL 数据库

数据库名称	特点
Redis	Redis（Remote Dictionary Server），即远程字典服务，是一个开源的使用 ANSI C 语言编写、支持网络、可基于内存亦可持久化的日志型、Key-Value 数据库，并提供多种语言的 API。Redis 常用于作为缓存数据库，数据持久化支持。Redis 支持存储多种 value 类型，包括 string（字符串）、list（链表）、set（集合）、zset（sorted set，有序集合）和 hash（哈希类型）。这些数据类型都支持 push/pop、add/remove 及取交集、并集和差集及更丰富的操作，而且这些操作都是原子性的。在此基础上，Redis 支持各种不同方式的排序，为了保证效率，数据都缓存在内存中，且 Redis 会周期性地把更新的数据写入磁盘或者把修改操作写入追加的记录文件，并且在此基础上实现 master-slave（主从）同步
MongoDB	MongoDB 是一个基于分布式文件存储的文档型数据库，由 C ++ 编写，旨在为 WEB 应用提供可扩展的高性能数据存储解决方案。MongoDB 是一个介于关系数据库和非关系数据库之间的产品，它将结构化、半结构化的文档以特定格式存储，它支持的数据结构非常松散，是类似 json 的 bson 格式，因此可以存储比较复杂的数据类型。一个文档相当于关系型数据库中的一条记录，是处理信息的基本单位。MongoDB 支持的查询语言非常强大，几乎可以实现类似关系数据库单表查询的绝大部分功能，而且还支持对数据建立索引

续表

数据库名称	特点
Cassandra	Cassandra 是一套开源分布式 NoSQL 数据库系统。最初由 Facebook 开发，用于储存收件箱等简单格式数据，集 Google BigTable 的数据模型与 Amazon Dynamo 的完全分布式的架构于一身，是一个混合型的非关系的数据库，其主要功能比 Dynamo（分布式的 Key-Value 存储系统）更丰富，但在文档存储方面的支持度不如 MongoDB。Cassandra 不是一个数据库，而是由一堆数据库节点共同构成的一个分布式网络服务。对 Cassandra 的写操作，会被复制到其他节点上，对 Cassandra 的读操作，也会被路由到某个节点上去读取
Couchbase	Couchbase 是一款基于 JSON 模型的文档数据库，它是 CouchDB 的一个 fork，能够实现水平伸缩、并且对于数据的读写都能提供低延迟访问。Couchbase 产品向 CouchDB 添加了缓存、集群等功能
Neo4j	Neo4j 是一款开源的高性能 NoSQL 图数据库，它使用图（graph）相关概念来描述数据模型，把数据保存为图中的节点以及节点之间的关系。支持 ACID 事务（原子性、隔离性、持久性和一致性）

NoSQL 数据库的特点主要包括：

• 非关系型：不支持 SQL 标准，不使用关系型的数据模型。

• 扩展性强：能够轻松地水平或垂直扩展。

• 高并发性能：对于高并发的读写请求有良好的性能表现。

• 灵活性：可以存储多种类型的数据，不局限于结构化数据。

• 高性能：通常具有较低的延迟，特别适合处理大规模数据和实时应用。

• 易用性：许多 NoSQL 数据库提供了简单易用的 API，使得开发人员可以快速地集成和使用。

• 适用场景：适用于大数据、高并发、互联网应用等领域。

总的来说，NoSQL 数据库的特点使其在处理大规模数据、高并发请求和复杂查询时具有显著优势，尤其适用于现代的互联网应用和大数据场景。

8.1.2　NoSQL 数据库和 SQL 数据库的区别

NoSQL 数据库和 SQL 数据库之间存在显著差异，主要体现在以下几个方面：

（1）数据模型

SQL 数据库使用特定的表格结构，具有严格的模式，需要预定义表格及其结构，然后才能进行数据操作。而 NoSQL 数据库则采用更灵活的数据模型，如文档型、键值对、列族或图形等，不要求固定的模式，存储方式可以是 JSON 文档、哈希表等其他方式。在 NoSQL 数据库中，数据可以在任何时候任何地方添加，不需要预先定义表的结构。

（2）查询语言

SQL 数据库使用 SQL 查询语言，具有强大的数据查询能力，支持复杂的连接和聚合操作，可以使用 JOIN 表链接方式将多个关系数据表中的数据用一条简单的查询语句查询出来；而 NoSQL 数据库通常不提供类似 JOIN 的查询方式来跨多个数据集查询数据，而是使用特定于数据库类型的查询语言或 API，虽然不如 SQL 全面，但在特定用例下更为高效。

（3）扩展性

SQL 数据库在进行水平扩展时比较复杂，通常采用垂直扩展。而 NoSQL 数据库可以通过分片或在 NoSQL 数据库中添加更多服务器来处理更多流量，更容易进行水平扩展，更适用于处理大规模数据。

（4）事务支持

SQL 数据库通常采用事务机制来确保数据的一致性和完整性。NoSQL 数据库在某些情况下可能不支持强一致性的事务。

（5）数据一致性

SQL 数据库遵循 ACID 属性的原子性（Atomicity）、一致性（Consistency）、隔离性（Isolation）和持久性（Durability），通常提供强一致性，来确保数据一致；而 NoSQL 数据库遵循 Brewers CAP 定理中的一致性（Consistency）、可用性（Availability）和分区容差（Partition tolerance），通常提供更灵活的一致性模型，可以根据需求进行调整。

（6）适用场景

SQL 数据库通常适用于需要复杂事务处理和强一致性的应用，如财务系统。NoSQL 数据库适用于需要高度可伸缩性和灵活数据模型的应用，如社交媒体、日志处理和大数据分析。

8.1.3 NoSQL 数据库分类

NoSQL 数据库通常可以分为四类（见表 8－2），不同 NoSQL 的使用场景如表 8－3 所示。

（1）键值数据库（Key-Value Database）

数据以键值对的形式存储，类似于字典或哈希表。它使用唯一的键来存储和检索值，例如 Redis 和 Memcached。

特点是简单易用，适合存储大量的结构简单的数据。

（2）文档数据库（Document Database）

将数据存储为文档形式，每个文档都是一个自包含的 JSON 或 BSON 格式的数据结构，例如 MongoDB 和 CouchDB。

特点是灵活性高，适合存储半结构化或非结构化数据。

（3）列族数据库（Column-family Database）

数据以列族的形式存储，每个列族可以包含多个列，每个列可以包含多个版本。

特点是擅长处理海量数据，适合存储结构相对固定，但数据量非常大的数据。

（4）图形数据库（Graph Database）

数据以图形结构（如节点和边）存储和检索，节点表示数据，边表示节点之间的关系，例如 Neo4j 和 OrientDB。

特点是适合存储复杂的关系型数据，例如社交网络、知识图谱等。

表 8－2　　NoSQL 的分类

分类	相关产品	数据模型	优点	缺点
键值数据库	Redis、Memcached、Riak	<key，value>键值对，通过散列表来实现	扩展性好，灵活性好，大量操作时性能好	数据无结构化，通常只被当做字符串或者二进制数据，只能通过键来查询值
列族数据库	Bigtable、HBase、Cassandra	以列族式存储，将同一列数据存在一起	以列族式存储，将同一列数据存在一起，可扩展性强，查找速度快，复杂性低	功能局限，不支持事务的强一致性
文档数据库	MongoDB、CouchDB	<key，value>，value 是 JSON 结构的文档	数据结构灵活，支持各种类型的索引	缺乏统一查询语法
图形数据库	Neo4j、InfoGrid	图结构	支持复杂的图形算法	复杂性高，只能支持一定的数据规模

表 8－3　　不同 NoSQL 的使用场景

分类	使用场景
键值数据库	内容缓存、会话、配置文件等频繁读写的场景
列族数据库	大数据量的新闻资讯类内容的文本图片存储，海量用户画像等
文档数据库	适用于存放对象或 JSON 格式数据，追求高性能的业务场景，如结构化日志，不同产品的不同属性信息等
图形数据库	社交网络、推荐系统、知识图谱等专注构建关系的应用

8.2　HBase 概述

8.2.1　HBase 简介

HBase 是一个分布式的、面向列的开源数据库，具有高可靠性、高性能、可伸缩性，能够提供类似 Google BigTable 的能力，是 Google BigTable 的开源实现。HBase 是一种搭建在 Hadoop 上的数据库，依靠 Hadoop 来实现数据访问和数据可靠性。HBase 利用 Hadoop HDFS 作为其文件存储系统，同时，利用 Hadoop MapReduce 来处理 HBase 中的海量数据，HBase 利用 Zookeeper 提供协同一致性服务。与其他关系数据库不同，HBase 是一个适合于非结构化和半结构化数据存储的数据库，并提供了 HBase Shell、Hive 等多种访问方式。HBase 是一种以低延迟为目标的在线系统，而 Hadoop 是一种为吞吐量优化的离线系统，两者互补可以搭建水平扩展的数据应用。

在 Hadoop 生态系统中，HBase 位于结构化存储层，Hadoop HDFS 为 HBase 提供了高可靠性的底层存储支持，Hadoop MapReduce 为 HBase 提供了高性能的计算能力，Zookeeper 为 HBase 提供了稳定服务和 failover 机制。此外，Pig 和 Hive 还为 HBase 提供了高层语言支持，使得在 HBase 上进行数据统计处理变得非常简单。Sqoop 则为 HBase 提供了方便的 RDBMS 数据导入功能，使得传统数据库数据向 HBase 中迁移非常方便。如图 8－1 所示。

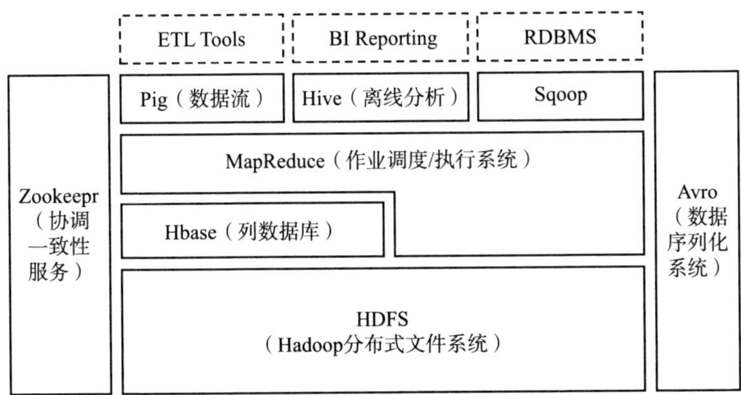

图 8－1　Hadoop 生态系统

HBase 提供了多种方式进行数据访问，使用行键可以快速检索和访问行级别的数据，列族和列的设计可以根据不同的应用场景进行优化。HBase 支持按照时间戳范围进行数据查询，可以获取特定时间点或时间段内的数据。此外，HBase 还支持使用过滤器（filter）对数据进行条件过滤、分页查询等操作。

HBase 提供了多种访问数据的方式，常见的 HBase 访问接口的类型如表 8－4 所示。

表 8－4　HBase 访问接口

类型	特点	场合
Native Java API	最常规和高效的访问方式	适合 Hadoop MapReduce 作业并行批处理 HBase 表数据
HBase Shell	HBase 的命令行工具，最简单的接口	适合 HBase 管理使用
Thrift Gateway	利用 Thrift 序列化技术，支持 C++，PHP，Python 等多种语言	适合其他异构系统在线访问 HBase 表数据
REST Gateway	解除了语言限制	支持 REST 风格的 Http API 访问 HBase
Pig	可以使用 Pig Latin 流式编程语言来操作 HBase 中的数据，本质最终也是编译成 MapReduce 作业来处理 HBase 表数据	适合做数据统计
Hive	使用简单，将 HSQL 语句变异成 MapReduce 作业来处理 HBase 表中的数据	可以使用类似 SQL 语言来访问 HBase

HBase 表设计原则：

①HBase 表很灵活，可以用字符数组形式存储任何东西。在同一列族里存储相似访问模式的所有东西。

②索引建立在 key、value 对象的 key 部分上，key 由行键、列限定符和时间戳按次序组成。各表可能支持把运算复杂度降到 o（1），但是要在原子性上付出代价。

③HBase 不支持跨行事务，列限定符可以用来存储数据，列族名字的长度会影响通过网络传回客户端的数据大小（在 key、value 对象里），所以尽量简练。

④散列支持定长键和更好的数据分布，但是失去排序的好处。设计 HBase 模式时，进行反规范化处理是一种可行的办法。从性能观点看，规范化为写做优化，而反规范化为读作优化。

8.2.2 HBase 数据模型

在 HBase 中，数据被组织为行（row）、列族（column family）、列（column）和单元格（cell）的层次结构，其中数据存储在表（table）中。

表由多个行组成，每行具有一个唯一的行键（row key）。行键的设计非常重要，它决定了数据在 HBase 中的存储和访问方式。行中的数据以列族的形式组织，列族可以理解为具有相似属性或语义的列的集合。每个列族中可以包含多个列，列由列名和时间戳组成。单元格是一个行、列、时间戳和数据值的组合，数据值可以是任意类型的字节数组。HBase 将数据按照 row key 的字典顺序进行排序，并将数据按照 region（即数据分片）进行分布存储。每个 region 由一个或多个 HDFS 文件组成，这些文件以 HFile 的格式进行存储，其中包含专门优化的索引结构如 Bloom filter 等。HBase 支持水平扩展，可以通过添加更多的 region 服务器来增加存储容量和吞吐量。

①表（table）：HBase 用表来组织数据。表名是字符串（string），由可以在文件系统路径里使用的字符组成。

②行（row）：在表里，数据按行存储。行由行健（rowkey）唯一标识。行健没有数据类型，总是视为字节数组 byte [ ].

③列族（column family）：行里的数据按照列族进行分组，列族也影响到 HBase 数据的物理存放。因此，它们必须事前定义并且不轻易修改。表

中每行拥有相同列族，尽管行不需要在每个列族里存储数据。列族的名字是字符串，由可以在文件系统路径里使用的字符组成。（HBase 建表是可以添加列族，alter 't1'，{NAME = > 'f1'，VERSIONS = > 5} 把表 disable 后 alter，然后 enable）

④列限定符（column qualifier）：列族里的数据通过列限定符或列来定位。列限定符不必事前定义。列限定符不必在不同行之间保持一致，就像行健一样，列限定符没有数据类型，总是视为字节数组 byte[ ].

⑤单元（cell）：行健，列族和列限定符一起确定一个单元。存储在单元里的数据称为单元值（value），值也没有数据类型，总是视为字节数组 byte[ ].

⑥时间版本（version）：单元值有时间版本，时间版本用时间戳标识，是一个 long 类型值。没有指定时间版本时，当前时间戳作为操作的基本。HBase 保留单元值时间版本的数量基于列族进行配置。默认数量是 3 个。

HBase 在表里存储数据使用的是四维坐标系统，依次是：行健、列族、列限定符和时间版本。HBase 按照时间戳降序排列各时间版本，其他映射建按照升序排序。

HBase 把数据存放在一个提供单一命名空间的分布式文件系统上。一张表由多个较小的 region 组成，托管 region 的服务器叫作 region server。单个 region 大小由配置参数 hbase. hregion. max. filesize 决定，当一个 region 大小变得大于该值时，会切分成 2 个 region。

8. 2. 3　HBase 常用 Shell 命令

HBase 的命令行工具是最简单的接口，适合 HBase 管理使用，可以使用 shell 命令来查询 HBase 中数据的详细情况。安装完 HBase 之后，首先启动 hadoop 集群（因为 HBase 需要利用 HDFS 作为数据存储引擎），其次启动 zookeeper 服务，再使用 start-hbase. sh 命令开启 HBase 服务，最后在 Shell 中执行 HBase shell 就可以进入命令行界面，出现“hbase(main):001:0 >”，光标停在 > 后面，等待输入命令。

（1）基本命令

在 HBase 操作中，常用的基本命令如表 8 -5 所示。

表 8－5　　HBase 基本命令

命令格式	功能描述
help	查看所有的帮助
help‘命令’	查看指定命令的帮助信息
list_namespace	列出所有命名空间
create_namespace‘命名空间名称’	创建命名空间
drop_namespace‘命名空间名称’	删除命名空间（该命名空间必须为空，否则系统不允许删除）
alter_namespace	修改命名空间
list_namespace_table 'hbase'	查看 HBase 中的内容
list_namespace	查看名称空间，其中 default 表示自己所创建表；hbase 表示元数据表
describe_namespace ‘空间名’	查看命名空间的详细信息：
status	查看 HBase 集群的状态信息
version	查看数据库版本
list	查看 HBase 数据库中所有已创建的表（除-ROOT 表和 . META 表）
table_help	查看表引用命令详细信息
shutdown	关闭 HBase 集群
whoami	查看当前用户的信息
grant '用户名','权限' grant‘Tutorialspoint’，‘RWXCA’ grant <user> <permissions> <table> <column family> <column qualifier>	给予用户特定的权限，其中 R 表示 read（读），W 表示 Write（写），X 表示 Execute（执行），C 表示 Create（创建），A 表示 admin（管理员用户权限）
user_permission <table>	查看对指定表的权限列表
revoke <user> <table> <column family> <column qualifier>	收回指定用户在指定表指定列上的权限
revoke '用户名'	撤销用户访问表的权限
exit	退出 HBase Shell

注：shutdown 命令和 exit 命令不同，shutdown 表示关闭 HBase 服务，必须重新启动 HBase 服务才可以恢复；exit 只是退出 HBase Shell，退出之后仍可以重新进入。

（2）DDL 操作

数据定义语言（Data Defination Language，DDL）操作主要用来定义、修改和查询表的数据库模式，与数据表有关的操作，常用的 DDL 操作如表 8－6 所示。

表 8－6　　HBase 常用的 DDL 操作

命令格式	功能描述
describe　'表名'	获得指定表的表结构的详细信息
disable　'表名'	禁用某个指定的表
disable_all　'a. *'	禁用所有满足匹配给定正则表达式的表
is_disable　'表名'	检查表是否被禁用
enable　'表名':	启用某个指定的表
is_enable　'表名':	检查表是否已启用
exists　'表名':	验证表是否存在
user_permission '表名'	列出特定表的所有权限
create　'表名','列族名称 1', '列族名称 2',. . . ,'列族名称 N'	创建表
drop '表名'	删除表（需要使用 disable　'表名' 命令关闭表，再进行删除操作）
drop_all 'a. *'	删除满足匹配给定正则表达式的表（需要使用 disable_all　'a. *'命令关闭表，再进行删除操作）
alter　'表名',NAME = >'列族名　或者 alter'表名','列族名'	添加列族
alter　'表名',VERSION = >?	修改版本数
alter　'表名',NAME = >'列族名',VERSION = >N	添加列族并指定版本数
alter '表名','delete' = >'列族名'　或者 alter '表名',{NAME = >'列族名',METHOD = >'delete'}	删除列族
scan <table>, {COLUMNS = > [<family:column>, ...], LIMIT = > num}	扫描表

注：在对表结构进行删除和修改操作时，需要先用 disable 命令关闭表，然后进行修改 alter 操作，修改完之后重新使用表。

(3) DML 操作

DML (Data Manipulation Language，数据操作语言) 操作主要用来对表的数据进行添加、修改、获取、删除和查询，常用的 DML 操作命令如表 8-7 所示。

表 8-7　　　　HBase 中常用的 DML 操作命令

命令格式	功能描述
put'表名', '行键','列族:列名','列值' eg: put 'a1','ro1','ca1:name;,'lisan' put table_name,rowkey, family:column,value,timestamp	插入数据，注意：如果新增数据的行键值、列族名、列名与原有数据完全相同，则相当于更新数据，时间戳按默认值
get'表名','rowkey 值'[,'列族 1','列族 2'... || '列族 1:列名 1','列族 2:列名 2'... || '列族 1','列族 1:列名 1'...]	读取某一个 rowkey 的数据
scan '表名' scan 'table_name', {COLUMN => 'colfamily: colname'} scan table_name, {COLUMNS => [family:column, ...], LIMIT => num}	浏览数据，除了列 (COLUMNS) 修饰词外，HBase 还支持 Limit (限制查询结果行数)，STARTROW (ROWKEY 起始行，会先根据这个 key 定位到 region，再向后扫描)、STOPROW (结束行)、TIMERANGE (限定时间戳范围)、VERSIONS (版本数) 和 FILTER (按条件过滤行) 等
delete 'table name', 'row', 'column name', 'time stamp'	删除特定单元格数据
delete_all 'table name',' row'	删除给定行的所有单元格
count '表名'	统计行数
truncate '表名'	清空表
get table_name,rowkey, [family:column,....]	查询某行记录

8.2.4 HBase 操作实例

①创建表 t1，有两个 family name：f1，f2，且版本数均为 2。

create't1', {NAME => 'f1', VERSIONS => 2}, {NAME => 'f2', VERSIONS => 2}

②删除表 t1，分两步：首先删除 disable 表，然后删除 drop 表。

disable 't1'

drop 't1'

③查看表 t1 的结构。

describe 't1'

④修改表 test1 的 cf 的 TTL 为 180 天（修改表结构，必须先修改 disable 表，再修改 enable 表）。

disable 'test1'

alter 'test1', {NAME = > 'body', TTL = > '15552000'}, {NAME = > 'meta', TTL = > '15552000'}

enable 'test1'

⑤给用户 ‘test' 分配对表 t1 有读写的权限。

grant 'test', 'RW', 't1'

⑥查看表 t1 的权限列表。

user_permission't1'

⑦收回 test 用户在表 t1 上的权限。

revoke 'test', 't1'

⑧给表 t1 的添加一行记录：rowkey 是 rowkey001，family name：f1，column name：col1，value：value01，timestamp：系统默认。

put't1', 'rowkey001', 'f1:col1', 'value01'

⑨查询表 t1，rowkey001 中的 f1 下的 col1 的值。

get 't1', 'rowkey001', 'f1:col1'　或者　get 't1', 'rowkey001', {COLUMN = > 'f1:col1'}

⑩查询表 t1，rowke002 中的 f1 下的所有列值。

get 't1', 'rowkey001'

⑪创建一张 Student 表，包含基本信息（baseInfo）、学校信息（schoolInfo）两个列族。

create 'Student', 'baseInfo', 'schoolInfo'

⑫禁用 student 表。

```
disable 'Student'
```

⑬检查表是否被禁用。

```
is_disabled 'Student'
```

⑭启用表。

```
enable 'Student'
```

⑮检查表是否被启用。

```
is_enabled 'Student'
```

⑯检查表是否存在。

```
exists‘Student’
```

⑰删除表 Student（删除表之前先禁用表，再删除表）。

```
# 先禁用表
disable 'Student'
# 删除表
drop 'Student'
```

⑱为 Student 表添加列族 teacherInfo。

```
alter 'Student', 'teacherInfo'
```

⑲删除 Student 表中的列族 teacherInfo。

```
alter 'Student', {NAME = > 'teacherInfo', METHOD = > 'delete'}
```

⑳修改 Student 表中列族 baseInfo 的存储版本的限制。

```
alter 'Student',{NAME = >'baseInfo',VERSIONS = >3}
```

注意，默认情况下，列族只存储一个版本的数据，如果需要存储多个版本的数据，则需要修改列族的属性。修改后可通过 desc 命令查看。

㉑向 Student 表中添加数据。

```
put 'Student', 'rowkey1','baseInfo:name','tom'
put 'Student', 'rowkey1','baseInfo:birthday','1990-01-09'
```

```
put 'Student', 'rowkey1','baseInfo:age','29'
put 'Student', 'rowkey1','schoolInfo:name','Havard'
put 'Student', 'rowkey1','schoolInfo:localtion','Boston'
put 'Student', 'rowkey2','baseInfo:name','jack'
put 'Student', 'rowkey2','baseInfo:birthday','1998-08-22'
put 'Student', 'rowkey2','baseInfo:age','21'
put 'Student', 'rowkey2','schoolInfo:name','yale'
put 'Student', 'rowkey2','schoolInfo:localtion','New Haven'
put 'Student', 'rowkey3','baseInfo:name','maike'
put 'Student', 'rowkey3','baseInfo:birthday','1995-01-22'
put 'Student', 'rowkey3','baseInfo:age','24'
put 'Student', 'rowkey3','schoolInfo:name','yale'
put 'Student', 'rowkey3','schoolInfo:localtion','New Haven'
put 'Student', 'wrowkey4','baseInfo:name','maike-jack'
```

㉒获取指定行中所有列的数据信息。

```
get 'Student','rowkey3'
```

㉓获取指定行中指定列族下所有列的数据信息。

```
get 'Student','rowkey3','baseInfo'
```

㉔获取指定行中指定列的数据信息。

```
get 'Student','rowkey3','baseInfo:name'
```

㉕删除指定行。

```
delete 'Student','rowkey3'
```

㉖删除指定行中指定列的数据。

```
delete 'Student','rowkey3','baseInfo:name'
```

㉗获取指定行中所有列的数据信息。

```
get 'Student','rowkey3'
```

㉘获取指定行中指定列族下所有列的数据信息。

```
get 'Student','rowkey3','baseInfo'
```

㉙获取指定行中指定列的数据信息。

get 'Student','rowkey3','baseInfo:name'

㉚查询整表中的数据。

scan 'Student'

㉛查询指定列族的数据。

scan 'Student', {COLUMN => 'baseInfo'}

㉜查询指定列的数据。

scan 'Student', {COLUMNS => 'baseInfo:birthday'}

㉝从 rowkey2 这个 rowkey 开始，查找下两个行的最新 3 个版本的 name 列的数据。

scan 'Student', {COLUMNS => 'baseInfo: name', STARTROW => 'rowkey2',STOPROW => 'wrowkey4', LIMIT => 2, VERSIONS => 3}

㉞查询值等于 24 的所有数据（筛选数据可以用 Filter 短语来设定一系列条件进行过滤）。

scan 'Student', FILTER => "ValueFilter(= ,'binary:24')"

㉟搜索值包含 yale 的所有数据。

scan 'Student', FILTER => "ValueFilter(= ,'substring:yale')"

㊱搜索列名中的前缀为 birth 的所有数据。

scan 'Student', FILTER => "ColumnPrefixFilter('birth')"

㊲列名中的前缀为 birth 且列值中包含 1998 的数据（FILTER 中支持多个过滤条件通过括号（）、AND 和 OR 进行组合）。

scan 'Student', FILTER => "ColumnPrefixFilter('birth') AND ValueFilter ValueFilter(= ,'substring:1998')"

㊳PrefixFilter 用于对 Rowkey 的前缀进行判断。

scan 'Student', FILTER => "PrefixFilter('wr')"

8.3　HBase 的部署与使用

8.3.1　软件下载

可以到 HBase 官方网站（http：//hbase. apache. org/downloads. html）或者镜像网站（http：//mirror. bit. edu. cn/apache/hbase/）下载 HBase。推荐使用已经下载好的版本，文件在 Ubuntu Linux16. 04 镜像文件的/usr/my_software/KINSTON/ hbase-1. 1. 5-bin. tar 中。注意，安装 HBase 之前需要先安装 Hadoop，如果还没有部署 Hadoop，请先完成前面的实验内容。

8.3.2　安装部署

1. 创建安装目录

首先以 hadoop 用户的身份登录 Ubuntu Linux 系统，新建一个文件夹作为 HBase 的安装目录，如果该文件夹已经建立，则不需要重复创建。命令如下，结果如图 8 –2 所示。

```
$cd /usr/local/java　//进入安装目录
$sudo mkdir hbase　//创建 HBase 安装目录
$ls　//查看目录是否创建成功
```

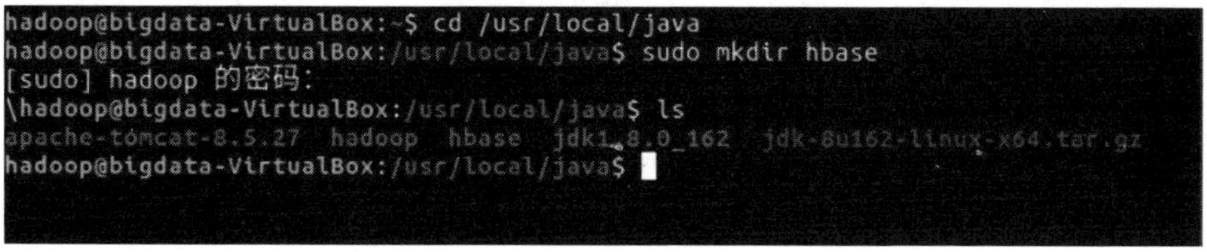

```
hadoop@bigdata-VirtualBox:~$ cd /usr/local/java
hadoop@bigdata-VirtualBox:/usr/local/java$ sudo mkdir hbase
[sudo] hadoop 的密码:
\hadoop@bigdata-VirtualBox:/usr/local/java$ ls
apache-tomcat-8.5.27  hadoop  hbase  jdk1.8.0_162  jdk-8u162-linux-x64.tar.gz
hadoop@bigdata-VirtualBox:/usr/local/java$
```

图 8 –2　创建 HBase 安装目录

2. 解压安装

将 HBase 部署到 usr/local/java/hbase 目录中，复制 HBase 安装包文件到此目录中，然后，用 tar 命令进行解压，最后清除安装包文件，命令如下，结果如图 8－3 所示。

$sudo cp /usr/my_software/KINGSTON/hbase- 1. 1. 5-bin. tar. gz /usr/local/java/hbase //复制 HBase 安装文件到 HBase 安装目录

$cd /usr/local/java/hbase //进入 HBase 安装目录

$ls //查看 HBase 安装包是否复制成功

$sudo tar -zxvf hbase-1. 1. 5-bin. tar. gz //将 HBase 安装文件解压缩到当前文件夹

$sudo chown -R hadoop . /hbase-1. 1. 5 //修改 HBase 安装目录的权限

$sudo rm -rf hbase-1. 1. 5-bin. tar. gz //删除 HBase 安装包

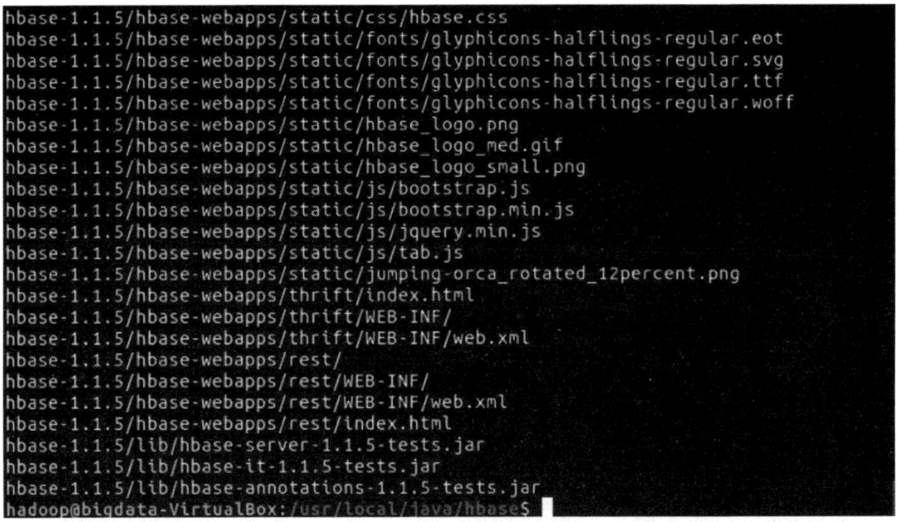

```
hbase-1.1.5/hbase-webapps/static/css/hbase.css
hbase-1.1.5/hbase-webapps/static/fonts/glyphicons-halflings-regular.eot
hbase-1.1.5/hbase-webapps/static/fonts/glyphicons-halflings-regular.svg
hbase-1.1.5/hbase-webapps/static/fonts/glyphicons-halflings-regular.ttf
hbase-1.1.5/hbase-webapps/static/fonts/glyphicons-halflings-regular.woff
hbase-1.1.5/hbase-webapps/static/hbase_logo.png
hbase-1.1.5/hbase-webapps/static/hbase_logo_med.gif
hbase-1.1.5/hbase-webapps/static/hbase_logo_small.png
hbase-1.1.5/hbase-webapps/static/js/bootstrap.js
hbase-1.1.5/hbase-webapps/static/js/bootstrap.min.js
hbase-1.1.5/hbase-webapps/static/js/jquery.min.js
hbase-1.1.5/hbase-webapps/static/js/tab.js
hbase-1.1.5/hbase-webapps/static/jumping-orca_rotated_12percent.png
hbase-1.1.5/hbase-webapps/thrift/index.html
hbase-1.1.5/hbase-webapps/thrift/WEB-INF/
hbase-1.1.5/hbase-webapps/thrift/WEB-INF/web.xml
hbase-1.1.5/hbase-webapps/rest/
hbase-1.1.5/hbase-webapps/rest/WEB-INF/
hbase-1.1.5/hbase-webapps/rest/WEB-INF/web.xml
hbase-1.1.5/hbase-webapps/rest/index.html
hbase-1.1.5/lib/hbase-server-1.1.5-tests.jar
hbase-1.1.5/lib/hbase-it-1.1.5-tests.jar
hbase-1.1.5/lib/hbase-annotations-1.1.5-tests.jar
hadoop@bigdata-VirtualBox:/usr/local/java/hbase$
```

图 8－3 HBase 安装文件解压成功

3. 配置 HBase 环境

步骤 1：修改 profile 文件（见图 8－4）。

$sudo gedit　/etc/profile　//利用 gedit 编辑器打开 profile 系统配置文件,该文件位置属性配置为全局变量

在 profile 配置文件中加入如下代码:

```
#HBase
export HBASE_HOME =/usr/local/java/hbase/hbase-1.1.5
PATH = $HBASE_HOME/bin: $PATH
```

注意，HBASE_HOME 项没有新创建，PATH 项已经有了，只需要进行修改，无须创建。

$source /etc/profile　//更新配置文件,使之生效

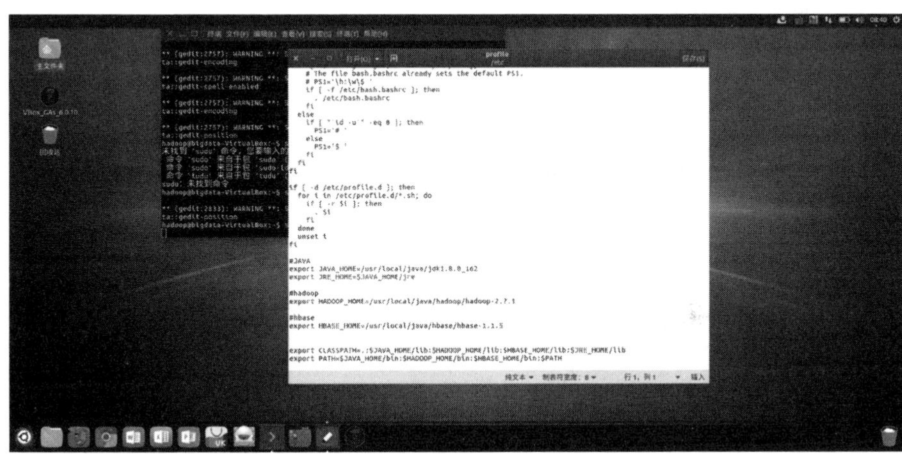

图 8-4　修改 profile 文件

步骤2：配置 hbase-env. sh 环境配置文件（见图 8-5）。

$cd /usr/local/java/hbase/hbase-1.1.5/conf　//进入 conf 目录

$ls　//查看文件,查看是否存在 HBase 环境配置文件 hbase-env. sh

$sudo gedit ./hbase-env. sh　//利用 gedit 编辑器打开环境配置文件并进行编辑

在 hbase-env. sh 中找到下面两行，去掉行前的#（#意思是注释），修改为如下内容，如图 8-6 所示。

```
export  JAVA_HOME =/usr/local/java/jdk1.8.0_162    #设置 JDK
export  HBASE_MANAGES_ZK = true    #设置使用 HBase 自带的 zookeeper
export  HBASE_CLASSPATH =/usr/local/java/hadoop/hadoop-2.7.1/conf
```

注意，HBASE_CLASSPATH 设置的是本机所安装 Hadoop 的 conf 目录。

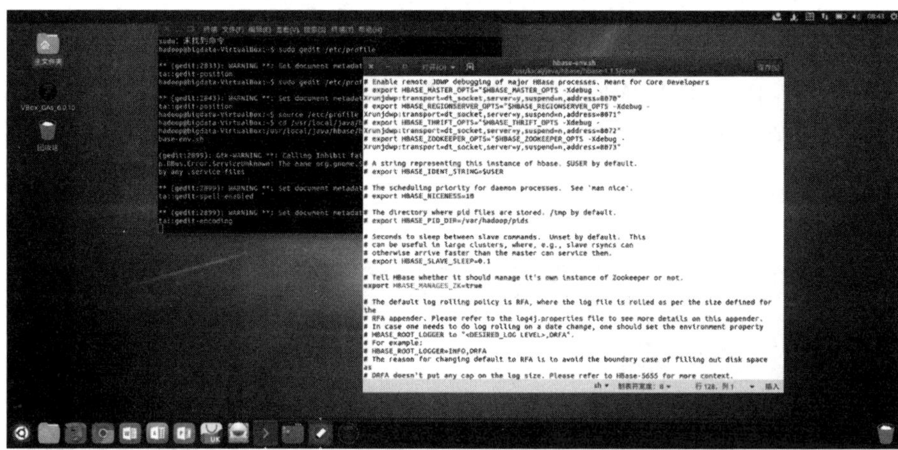

图 8-5　配置环境配置文件 hbase-env. sh

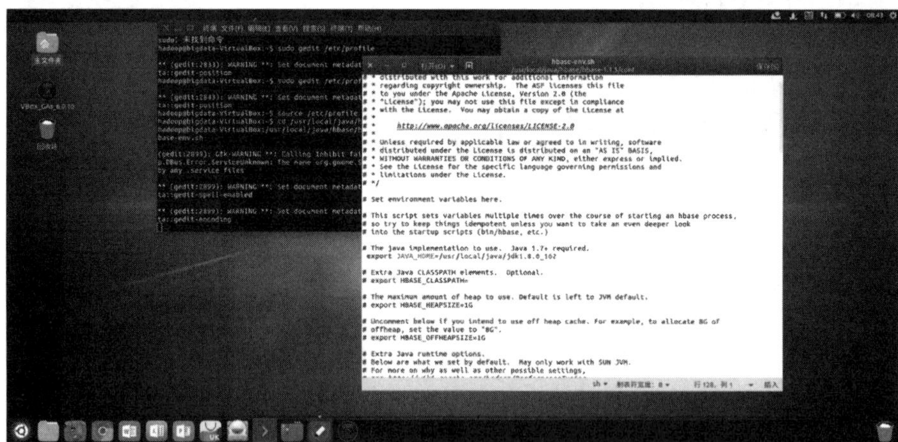

图 8-6　为 HBase 设置 JDK

步骤 3：修改配置文件 hbase-site. xml，如图 8-7 所示（注意，主虚拟机中主机名为 bigdata-VirtualBox，本地启动可以使用 localhost）。

```
$cd /usr/local/java/hbase/hbase-1.1.5/conf   //进入 conf 目录
$ls   //查看文件,找到 hbase-site.sh 环境配置文件
$sudo gedit hbase-site.xml   //编辑配置文件
```

利用 gedit 编辑器打开 hbase-site. xml 文件，如图 8 -7 所示。

```
 *
 * Unless required by applicable law or agreed to in writing, software
 * distributed under the License is distributed on an "AS IS" BASIS,
 * WITHOUT WARRANTIES OR CONDITIONS OF ANY KIND, either express or implied.
 * See the License for the specific language governing permissions and
 * limitations under the License.
 */
-->
<configuration>
<property>
<name>hbase.rootdir</name>
<value>file:///usr/local/java/hbase/hbase-1.1.5/hbase-tmp</value>
</property>
<property>
<name>hbase.cluster.distributed</name>
<value>true</value>
</property>
<property>
<name>hbase.zookeeper.quorum</name>
<value>localhost</value>
</property>

</configuration>
                         XML ▼  制表符宽度: 8 ▼        行 1, 列 1
```

图 8 -7　修改 hbase-site. xml 配置文件

注：①标签对之间的内容前后不能有空格，否则会报错；②伪分布式设置的三个重要的参数及设置的意义如下：

a. hbase. rootdir：用来持久化存储 HBase 数据，系统默认位置是：file:///tmp/hbase-${user.name}/hbase，HBase 重启数据会丢失，配置为本地系统目录（格式为：file：///....）或者 hadoop 文件系统目录（格式为：hdfs：//....）例如：hdfs：//localhost：9000/hbase。

b. hbase. zookeeper. quorum：表示 Zookeeper 集群的地址列表，地址中间用逗号分隔。例如："host1. mydomain. com,host2. mydomain. com,host3. mydomain. com"。默认是 localhost，是给伪分布式用的。

c. hbase. cluster. distributed：设置 HBase 的运行模式，其中，false 是单机模式，true 是伪分布式/分布式模式。

对 hbase-site. xml 文件进行配置，具体内容如下：

```
<configuration>
  <property>
    <name>hbase.rootdir</name>
    <value>file:///usr/local/java/hbase/hbase-1.1.5/hbase-tmp
</value>
```

```
    </property>
    <property>
      <name>hbase.cluster.distributed</name>
      <value>true</value>
    </property>
    <property>
      <name>hbase.zookeeper.quorum</name>
      <value>localhost</value>
    </property>
</configuration>
```

8.3.3 测试 HBase 是否可用

如果要测试 HBase 是否可用，则可用通过查看 HBase 的版本实现。如果能返回 HBase 的版本信息，则表示 HBase 已经安装成功，其命令如下，结果如图 8-8 所示。

$cd /usr/local/java/hbase/hbase-1.1.5/bin   //把 HBase 的安装目录设为当前目录

$./hbase version   //查看 HBase 的版本信息

图 8-8 查看 HBase 版本

8.3.4　启动运行 HBase

1. 启动 Hadoop

需要先登录 ssh，由于已经设置了无密码登录，因此这里不需要输入密码；再切换目录至 hadoop 的安装目录：/usr/local/hadoop/hadoop-2.7.1；再启动 hadoop 服务，具体命令如下。如果已经启动 hadoop 服务，请跳过此步骤。

```
$ssh localhost //测试免密登录已开启
$cd /usr/local/java/hadoop/hadoop-2.7.1   //进入 hadoop 安装目录
$./sbin/start-dfs.sh   //开启 hadoop 服务
$jps   //查看 hadoop 服务开启是否正常
```

Hadoop 成功启动时 NameNode，DataNode，SecondaryNameNode 三个服务进程必须都出现，如图 8－9 所示。

注意，前面因为已经在/etc/profile 配置文件中设置过 Hadoop 的 Path 路径，因此可以直接使用 start-dfs.sh 启动 hadoop 服务。

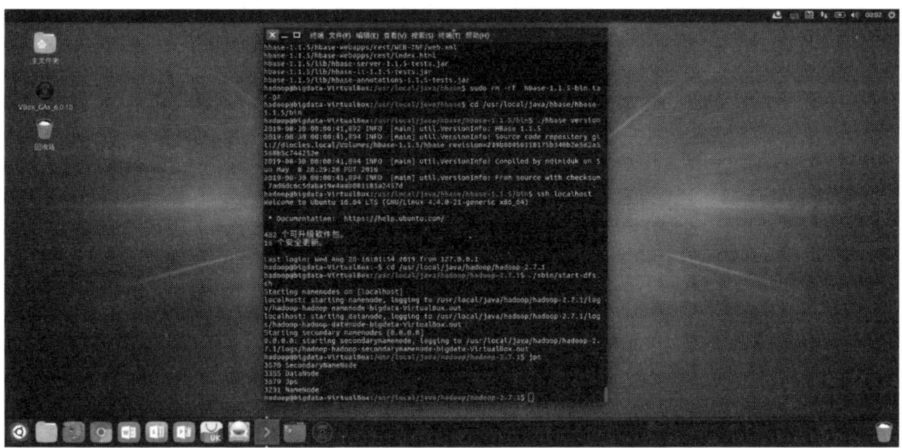

图 8－9　启动 hadoop

2. 启动 HBase 进入 Shell

转换到 HBase 安装目录，启动 HBase，命令如下，结果如图 8 – 10 所示。

$cd /usr/local/java/hbase/hbase-1. 1. 5/bin　　//将 HBase 安装目录设为当前目录

$. /start-hbase. sh　//启动 HBase 服务

$JPS　//查看 HBase 的启动情况

$. /hbase shell　//进入 HBase Shell 命令行界面

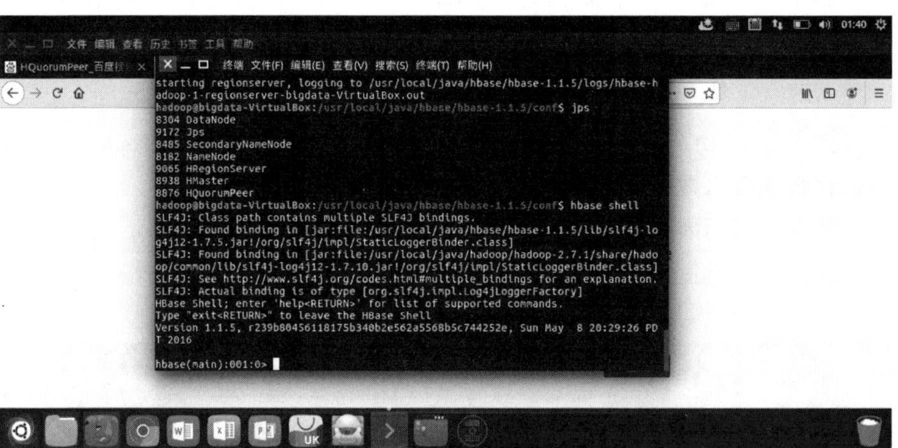

图 8 – 10　启动 HBase

注：①由于在/etc/profile 中已经配置了 PATH 环境变量，可以直接使用 start-hbase. sh 来启动 HBase 服务；也可以直接使用 HBase Shell 来启动 HBase Shell 服务。这两种方法都不需要先进入对应安装目录再执行，而是可以直接执行。②可以通过 stop-hbase. sh 关闭 HBase 服务；可以通过 stop-dfs. sh 关闭 hadoop 服务。③HBase 启动时包含了 HMaster、HRegionServer 和 HQuorumPeer 三个进程，其中，HMaster、HRegionServer 是 HBase 的服务，HQuorumPeer 是 HBase 自带的 ZooKeeper 的服务。

8. 3. 5　HBase 基本操作

1. 创建表

创建一个 student 表，包括 Sname，Ssex，Sage，Sdept，course 五个属性。与关系型数据库不同的是，HBase 可以自动指定主键，不用人工设定。

其命令如下，结果如图 8 – 11 所示。

hbase > create 'student','Sname','Ssex','Sage','Sdept','course'　//创建表

```
hbase(main):001:0> create 'student','Sname','Ssex','Sage','Sdept','course'
0 row(s) in 1.7080 seconds

=> Hbase::Table - student
```

图 8 – 11　创建表

注：与 MySQL shell 不同，每条语句结尾不带分号。

hbase > describe 'student'

如图 8 – 12 所示。

```
hbase(main):009:0> describe 'student'
DESCRIPTION                                                                  ENABLED
 'student', {NAME => 'Sage', DATA_BLOCK_ENCODING => 'NONE', BLOOMFILTER => 'NON true
 E', REPLICATION_SCOPE => '0', VERSIONS => '3', COMPRESSION => 'NONE', MIN_VERS
 IONS => '0', TTL => '2147483647', KEEP_DELETED_CELLS => 'false', BLOCKSIZE =>
 '65536', IN_MEMORY => 'false', ENCODE_ON_DISK => 'true', BLOCKCACHE => 'true'}
 , {NAME => 'Sdept', DATA_BLOCK_ENCODING => 'NONE', BLOOMFILTER => 'NONE', REPL
 ICATION_SCOPE => '0', VERSIONS => '3', COMPRESSION => 'NONE', MIN_VERSIONS =>
 '0', TTL => '2147483647', KEEP_DELETED_CELLS => 'false', BLOCKSIZE => '65536',
  IN_MEMORY => 'false', ENCODE_ON_DISK => 'true', BLOCKCACHE => 'true'}, {NAME
 => 'Sname', DATA_BLOCK_ENCODING => 'NONE', BLOOMFILTER => 'NONE', REPLICATION_
 SCOPE => '0', VERSIONS => '3', COMPRESSION => 'NONE', MIN_VERSIONS => '0', TTL
  => '2147483647', KEEP_DELETED_CELLS => 'false', BLOCKSIZE => '65536', IN_MEMO
 RY => 'false', ENCODE_ON_DISK => 'true', BLOCKCACHE => 'true'}, {NAME => 'Ssex
 ', DATA_BLOCK_ENCODING => 'NONE', BLOOMFILTER => 'NONE', REPLICATION_SCOPE =>
 '0', VERSIONS => '3', COMPRESSION => 'NONE', MIN_VERSIONS => '0', TTL => '2147
 483647', KEEP_DELETED_CELLS => 'false', BLOCKSIZE => '65536', IN_MEMORY => 'fa
 lse', ENCODE_ON_DISK => 'true', BLOCKCACHE => 'true'}, {NAME => 'course', DATA
 _BLOCK_ENCODING => 'NONE', BLOOMFILTER => 'NONE', REPLICATION_SCOPE => '0', VE
 RSIONS => '3', COMPRESSION => 'NONE', MIN_VERSIONS => '0', TTL => '2147483647'
 , KEEP_DELETED_CELLS => 'false', BLOCKSIZE => '65536', IN_MEMORY => 'false', E
 NCODE_ON_DISK => 'true', BLOCKCACHE => 'true'}
1 row(s) in 0.0380 seconds
```

图 8 – 12　查看表结构

HBase 采用三维结构来实现数据的有序存储，其三维分别指：row key（行主键），column key（columnFamily + qualifier），timestamp（时间戳）。在 HBase 中，rowkey 是数据行的唯一标识，必须通过它才能进行数据行的访问，所以，在 Hbase 中添加数据时，必须指定数据的行主键（row Key）值。而且，在添加数据时，HBase 会为添加的数据自动设置一个时间戳，因此，在需要修改数据时，只需直接添加数据即可，这样，HBase 就会产生一个具有不同时间戳的新数据，而原来的数据依然会被保存，在进行查看操作时，

默认返回最新的数据版本，从而完成“修改”操作。

2. 添加数据

在 HBase 中通常用 put 命令来添加数据，而且，一次只能为一个表的一行数据的一个列添加一个数据。例如，通过执行 put 命令来添加主键为 18001，学号为 18001，名字为 XiaoMing 的一行数据；然后，为 18001 行下的 course 列族的 math 列添加数据，命令如下：

hbase > put 'student','18001','Sname:','XiaoMing'　//为 student 表添加了学号为 18001,名字为 XiaoMing 的一行数据,其主键为 18001。

其结果如图 8 – 13 所示。

```
hbase(main):003:0> put 'student','18001','Sname:','XiaoMing'
0 row(s) in 0.1360 seconds
```

图 8 – 13　添加一行数据

hbase > put 'student','18001','course:math','90'

执行 put 命令来为 18001 行下的 course 列族的 math 列添加了一个数据，结果如图 8 – 14 所示。

```
hbase(main):004:0> put 'student','18001','course:math','90'
0 row(s) in 0.0200 seconds
```

图 8 – 14　18001 行下的 course 列族的 math 列添加一个数据

3. 删除数据

在 HBase 中用 delete 以及 deleteall 命令进行数据删除的操作，delete 主要用于删除一个数据；deleteall 主要用于删除一行数据。删除“student”表中“18001”行下的“Ssex”列（一个数据）的所有版本的数据，可以用 get 命令进行查看，命令如下：

hbase > delete 'student','18001','Ssex' //删除 18001 这行的 Ssex 数据

hbase > deleteall 'student','18001' //删除 18001 这行数据

执行结果如图 8 - 15 和图 8 - 16 所示。

```
hbase(main):026:0> delete 'student','95001','Ssex'
0 row(s) in 0.0020 seconds

hbase(main):027:0> get 'student','95001'
COLUMN                         CELL
 Sage:                         timestamp=1442912525676, value=20
 Sdept:                        timestamp=1442912586483, value=CS
 Sname:                        timestamp=1442912495442, value=LiYing
 course:math                   timestamp=1442912802499, value=80
4 row(s) in 0.0120 seconds
```

图 8 - 15　删除 18001 行的 Ssex 数据

```
hbase(main):028:0> deleteall 'student','95001'
0 row(s) in 0.0020 seconds

hbase(main):029:0> scan 'student'
ROW                        COLUMN+CELL
0 row(s) in 0.0030 seconds
```

图 8 - 16　删除 18001 行数据

4. 查看数据

在 HBase 中利用 get 命令来查看表的某一行数据，利用 scan 命令来查看某个表的全部数据，命令如下：

hbase > get 'student','95001'

hbase > scan 'student'

执行的结果如图 8 - 17 和图 8 - 18 所示。

```
hbase(main):024:0> get 'student','95001'
COLUMN                         CELL
 Sage:                         timestamp=1442912525676, value=20
 Sdept:                        timestamp=1442912586483, value=CS
 Sname:                        timestamp=1442912495442, value=LiYing
 Ssex:                         timestamp=1442912510852, value=male
 course:math                   timestamp=1442912802499, value=80
5 row(s) in 0.0080 seconds
```

图 8 - 17　查看 95001 行数据

```
hbase(main):025:0> scan 'student'
ROW                          COLUMN+CELL
 95001                       column=Sage:, timestamp=1442912525676, value=20
 95001                       column=Sdept:, timestamp=1442912586483, value=CS
 95001                       column=Sname:, timestamp=1442912495442, value=LiYing
 95001                       column=Ssex:, timestamp=1442912510852, value=male
 95001                       column=course:math, timestamp=1442912802499, value=80
1 row(s) in 0.0120 seconds
```

图 8－18　查看 student 表的全部数据

5. 退出 HBase

输入“exit”命令即可退出 HBase 的 shell 命令环境回到 Ubuntu 的 shell 环境中，再在该环境中退出 HBase 服务，命令如下：

```
$cd /usr/local/java/hbase/hbase-1.1.5/bin //进入 HBase 的安装路径
$stop-hbase.sh   //关闭 hbase 服务
```

执行结果如图 8－19 所示。

```
hadoop@bigdata-VirtualBox:/usr/local/java/hbase/hbase-1.1.5/bin$ stop-hbase.sh
stopping hbase.....................
localhost: stopping zookeeper.
```

图 8－19　退出 HBase

8.4　本章小结

NoSQL 数据库全称为 Not Only SQL，泛指非关系型数据库，包括但不限于键值存储数据库、文档型数据库、搜索引擎数据库、列存储数据库、图形数据库等，相对于 SQL 数据库，NoSQL 数据库扩展性更强，存储数据更灵活，更适应大规模数据的存储需求，而 SQL 数据库具有强大的数据查询能力，支持复杂的连接和聚合操作，而且还利用事务机制来确保数据的一致性和完整性，因此，关系型数据库和非关系型数据库各有优缺点，彼此都无法互相取代。

本章首先 NoSQL 数据库的相关概念及与 SQL 数据库的主要区别；其次对典型的列数据库 HBase 进行了详细介绍，主要包括 HBase 的特性、访问模式、数据模型以及常用的 Shell 命令；再次利用一些操作实例介绍了在 HBase 中的 Shell 命令实例；最后，介绍了 HBase 的部署过程以及使用。

本章习题

一、填空题

1. NoSQL 数据库泛指（　　　　），其英文全称为（　　　　）。

2. NoSQL 数据库不依赖传统的业务逻辑方式存储，而是以简单的（　　　　）模式存储，这大大增加了数据库的扩展能力。

3. NoSQL 不需要预先为要存储的数据建立字段并设定其数据类型，其可以随时存储（　　　　）。

4. NoSQL 数据库通常可以分为四类：（　　　　）、（　　　　）、（　　　　）、（　　　　）。

5. Cassandra 数据库属于（　　　　）、HBase 属于（　　　　），Neo4j 属于（　　　　），MongoDB 属于（　　　　），Redis 属于（　　　　）。

6. HBase 是一个（　　　　）、（　　　　）开源数据库，具有（　　　　）、（　　　　）、（　　　　），能够提供类似 Google BigTable 的能力，是（　　　　）的开源实现。

7. HBase 是一种搭建在（　　　　）上的数据库，依靠 Hadoop 来实现数据访问和数据可靠性。

8. HBase 利用（　　　　）作为其文件存储系统，同时，利用（　　　　）来处理 HBase 中的海量数据，HBase 利用（　　　　）提供协同一致性服务。

9. HBase 提供了多种方式进行数据访问，使用（　　　　）可以快速检索和访问行级别的数据。

10. 在 HBase 中，数据被组织为（　　　　）、（　　　　）、（　　　　）和（　　　　）的层次结构，其中数据存储在（　　　　）中。

11. 在 HBase 中，每个列族中可以包含多个列，列由（　　　　）和

（　　　　）组成，单元格是一个（　　　　）、（　　　　）、（　　　　）和（　　　　）的组合，数据值可以是任意类型的（　　　　）。

12. 安装完 HBase 之后，首先启动（　　　　），然后启动（　　　　），再使用（　　　　）命令开启 HBase 服务，最后在 shell 中执行（　　　　）就可以进入命令行界面，出现“hbase(main):001:0 >”，光标停在 > 后面，等待输入命令。

13. 要查看 HBase 服务是否安装正常，可以使用命令（　　　　）。

14. 假设当前在 HBase 安装目录下，启动 HBase 服务的命令是（　　　　　　），要进入 HBase Shell 命令行界面，则使用的命令是（　　　　　　）。

15. 查看 HBase 数据库中所有已创建的表（除-ROOT 表和 .META 表）用到的 HBase shell 命令是（　　　　）。

二、选择题

1. HBase 来自哪篇博文？（　　）

A. The Google File System　　B. MapReduce

C. Big Table　　D. Chubby

2. 下面对 HBase 的描述哪些是正确的？（　　）

A. 不是开源的　　B. 面向列的

C. 分布式的　　D. 一种 NoSQL 数据库

3. HBase 依靠（　　）存储底层数据。

A. HDFS　　B. Hadoop　　C. Memory　　D. MapReduce

4. HBase 依靠（　　）提供消息通信机制。

A. Zookeeper　　B. Chubby　　C. RPC　　D. Socket

5. HBase 依赖（　　）提供强大的计算能力。

A. Zookeeper　　B. Chubby　　C. RPC　　D. MapReduce

6. MapReduce 与 HBase 的关系，哪些描述是正确的？（　　）

A. 两者不可或缺，MapReduce 是 HBASE 可以正常运行的保证

B. 两者不是强关联关系，没有 MapReduce，HBase 可以正常运行

C. MapReduce 可以直接访问 HBase

D. 它们之间没有任何关系

7. 下列哪些选项正确地描述了 HBase 的特性？（　　）

A. 高可靠性　　B. 高性能　　C. 面向列　　D. 可伸缩

8. 下面与 Zookeeper 类似的框架是（　　）。

A. Protobuf　　B. Java　　C. Kafka　　D. Chubby

9. 下面与 HDFS 类似的框架是（　　）。

A. NTFS　　B. FAT32　　C. GFS　　D. EXT3

10. 下列哪些选项是安装 HBase 前所必须安装的？（　　）

A. Linux　　B. JDK　　C. Shell Script　　D. Java Code

三、问答题

1. NoSQL 数据库和 SQL 数据库的区别。
2. 试述四种常见的 NoSQL 数据库及其特点。
3. HBase 的数据模型是什么？有哪些主要组成部分？
4. HBase 如何存储数据？列族和列的对应关系是什么？
5. 为什么 HBase 中要选择将行键设计成字节数组形式？有什么优点？

四、操作实践题

1. 在伪分布式 Hadoop 中，安装部署 HBase。

2. 启动 HBase shell，利用 HBase shell 命令完成相同的任务，执行如下操作：

（1）列出 HBase 所有表的相关信息，如表名、创建时间等。

（2）在终端输出指定表的所有记录数据。

（3）向已经创建好的表中添加指定的列族和列。

（4）向已经创建好的表中删除指定的列族和列。

（5）清空指定表的所有记录数据。

（6）统计表的行数。

我们要落实新时代党的建设总要求，健全全面从严治党体系，全面推进党的自我净化、自我完善、自我革新、自我提高，使我们党坚守初心使命，始终成为中国特色社会主义事业的坚强领导核心。

——引自二十大报告

第9章

Redis 非关系型数据库实践

本章学习目的

- 了解内存数据库的相关概念；掌握内存数据库具有的特点。
- 了解常见的内存数据库及其特点。
- 了解 Redis 内存数据库的发展史；掌握 Redis 内存数据库的特点。
- 掌握 Redis 数据类型及其特点。
- 掌握 Redis 数据库的主要功能。
- 初步了解并掌握 Redis 内存数据库的下载、安装和部署过程，并能进行实际操作，完成 Redis 数据库环境的部署。
- 掌握在 Redis 内存数据库中进行的数据操作。
- 掌握 Redis 哈希操作的概念及相关操作命令。

9.1 Redis 数据库简介

9.1.1 内存数据库

内存数据库（Main Memory Database，MMDB），是一种将全部数据存储在内存中，无须进行磁盘I/O操作即可对数据进行增删查改，具备高读写性能的数据库。这种数据库的设计假设所有数据和索引都能够容纳在内存中，因此能够极大地提高应用的性能，更有效地使用CPU周期和内存。与传统的磁盘数据库相比，内存数据库具有更快的读写速度和更低的延迟，它适用于需要高性能和实时数据处理的应用场景，如金融交易、实时分析和实时计算等。

内存数据库的特点主要包括：

（1）高速读写性能

由于数据直接存储在内存中，其访问速度远超过传统的磁盘数据库，这使得内存数据库在处理大量数据和高并发请求时具有显著优势。

（2）数据持久化功能

尽管数据主要存储在内存中，但内存数据库通常也具备数据持久化的功能，即能够在系统重启或故障后恢复数据，保证数据的可靠性和完整性。

（3）复杂的数据模型

内存数据库采用复杂的数据模型表示数据结构，数据冗余小，易扩充，实现了数据共享。

（4）高独立性

内存数据库具有较高的数据和程序独立性，包括物理独立性和逻辑独立性，这使得数据库的设计和使用更加灵活。

（5）提供方便的用户接口和数据控制功能

内存数据库为用户提供了方便的用户接口，并提供了并发控制、恢复、完整性和安全性4个方面的数据控制功能。

总之，虽然当数据量超出内存容量时，内存数据库会面临一些挑战性问题，在设计和使用内存数据库时，需要充分考虑数据的大小和访问模式，以确保其有效性和性能。但是，内存数据库通过直接在内存中操作数据，实现了高速的数据读写和处理能力，满足了现代应用对数据处理速度和效率的高要求；同时，其复杂的数据模型、高独立性、用户接口和数据控制功能等特性，也使得内存数据库在数据管理和应用开发中具有广泛的应用前景。

目前，常见的内存数据库有redis、memcached、apache ignite、voltdb、timesten、h2 database、aerospike、oracle timesten in-memory database、sap hana和Apache cassandra，它们在性能、功能和适用场景上有所差异。选择合

适的内存数据库需要根据具体的需求和限制进行评估和比较，如表9-1所示。

表9-1　常见的内存数据库

数据库名称	简介
Redis（Remote Dictionary Server）	Redis是一个开源的内存数据库系统，支持键值存储和数据结构服务器。它具有高性能、持久化、分布式和多种数据结构支持的特点，广泛应用于缓存、消息队列和实时分析等领域
Memcached	Memcached是一个高性能的分布式内存对象缓存系统。它通过将数据存储在内存中，提供快速的读写访问，并支持分布式缓存和数据分片等功能
Apache Ignite	Apache Ignite是一个内存分布式数据库和计算平台，提供了分布式查询、事务处理和数据网格等功能。它可以与现有的数据库系统集成，并提供高性能和可扩展性的数据存储和处理能力
VoltDB	VoltDB是一个内存关系型数据库系统，专为实时应用程序设计。它支持ACID事务、分布式部署和可扩展性，并提供了高度可用和持久化的数据存储
TimesTen	TimesTen是一个内存关系型数据库系统，可用于实时数据处理和高性能事务处理。它提供了内存数据库和磁盘数据库的混合模式，可以根据需要将数据存储在内存或磁盘上
H2 Database	H2 Database是一个开源的内存关系型数据库系统，支持SQL和JDBC接口。它具有小巧、高性能和嵌入式部署的特点，适用于嵌入式设备和桌面应用程序等场景
Aerospike	Aerospike是一个高性能内存数据库和键值存储系统，用于实时数据处理和分布式存储。它支持自动数据分片和副本，并提供可扩展的数据存储和高度可用的数据访问
Oracle TimesTen In-Memory Database	Oracle TimesTen是Oracle公司推出的一款内存数据库产品，用于实时数据处理和高性能事务处理。它提供了与Oracle数据库的集成和数据同步功能，可以实现内存和磁盘数据之间的无缝切换
SAP HANA	SAP HANA是一款内存计算平台和数据库系统，用于实时数据处理和实时分析。它具有高性能、高可用性和可扩展性的特点，广泛应用于企业级应用程序和大数据分析等领域
Apache Cassandra	Apache Cassandra是一个高可扩展性的分布式数据库系统，支持面向列的数据模型和分布式数据复制。它提供了内存表和磁盘表的混合存储模式，适用于大规模数据存储和实时数据处理

9.1.2　Redis 内存数据库

在21世纪初，随着互联网数据量和访问量快速增长，单个数据库实例逐渐难以满足系统的需求。此时，人们开始面临索引大小和并发访问性能等挑战。随后，Memcached 等缓存技术的出现，帮助提高了读取性能并减轻了数据库的压力。然而，随着数据量的快速增长，数据写入压力也不断增大，单一的缓存技术也无法满足需求，于是主从数据库、分离技术、分库分表等技术逐渐兴起。在这样的背景下，Redis（Remote Dictionary Server，远程字典服务）应运而生。

Redis 的初始版本（1.0）是由 Salvatore Sanfilippo 于 2009 年 3 月发布，为分布式数据库和缓存系统领域带来了全新的解决方案。尽管在早期的版本中，Redis 的特性相对简单，但它所实现的基础功能为后续的发展奠定了坚实的基础。随着版本的迭代，Redis 不断引入新的特性，如虚拟内存机制、Lua 脚本语言支持、哈希类型的直接操作等，使得 Redis 的功能越来越强大和灵活，已经发展成为业界广泛使用的内存缓存系统，为企业提供了强大的数据存取和处理能力。

Redis 是一个高性能、分布式 key-value 数据库，即键值对非关系型内存数据库，广泛应用于各种 Web 应用中。每个键值对都对应着哈希表里的一个元素，键是字符串类型，每个键都对应唯一的值；与 Memcached 一样，为了保证效率，Redis 的数据都是缓存在内存中，因此数据访问速度非常快，能达到毫秒级别的数据响应；与 Memcached 不同的是，Redis 会周期性地把更新的数据写入磁盘或者把修改操作写入追加的记录文件，并且在此基础上实现了 master-slave（主从）同步，从而增强了数据库的容错性，避免因计算机断电而导致内存中的数据丢失；同时，Redis 支持多种数据结构，如 String（字符串）、List（列表）、Set（集合）、Zset（有序集合）、Hash（哈希表）等，这些数据类型都支持 push/pop、add/remove、交集、并集和差集及更丰富的操作，而且这些操作都是原子性的；在此基础上，Redis 还支持各种不同方式的排序，还具有高可用性、数据持久化、数据分片等特点；这使得程序员能够更好地利用 Redis 进行数据处理，同时很大程度上弥补了 Memcached 这类 key-value 存储的不足，在部分场合也可以对关系数据库起到很好的补充作用；而且 Redis 提供了 Python、Ruby、Erlang、PHP 客户端，使用非常方便，并且支持集群备份，能够在高并发的情况下保证性能，这些特性都使 Redis 成为一款优秀的数据库管理系统，目前正在被越来越多的互联网公司采用，用作数据库、缓存、消息中间件等。官方数据显示，Redis 每秒可处理超过 10 万次读写操作，可被用于商品秒杀、缓存页面数据、应用排行榜等大量的高并发场景。

9.1.3　Redis 数据类型

Redis 支持多种数据类型，每种数据类型都有其特定的使用场景和优势。这些数据类型包括 String（字符串）、Hash（散列）、List（列表）、Set（集合）和 Sorted Set（有序集合）等五种基础数据类型，以及 HyperLogLog（基数统计）、Bitmaps（位图）和 Geospatial（地理位置）3 种特殊数据类型，对于每种数据类型都有特定的命令集合，用于执行相应的操作。在实际应用中，可以根据业务需求和场景选择合适的数据类型。

（1）String（字符串）

字符串是 Redis 最基本、最常用的数据类型，一个 key 对应一个 value。它不仅可以存储字符串，还可以存储数字。如果 value 是一个数字，Redis 可以自动进行加减操作。常用的命令有：SET、GET、INCR、DECR、INCRBY、DECRBY、APPEND、STRLEN 等。

（2）Hash（哈希）

Hash 是一个键值对集合。Redis Hash 是一个 string 类型的 field 和 value 的映射表，特别适合用于存储对象。常用命令有：HSET、HGET、HGETALL、HDEL、HLEN、HEXISTS 等。

（3）List（列表）

列表是一个按序号排列的字符串元素集合，是一个按照插入顺序排序的字符串列表，可以用于实现消息队列等功能。可以添加一个元素到列表的头部（左边）或者尾部（右边）。常用的命令有：LPUSH、RPUSH、LPOP、RPOP、LRANGE、BLPOP、BRPOP 等。

（4）Set（集合）

Redis 的 set 是 string 类型的无序集合。集合是通过哈希表实现的，所以添加，删除，查找的复杂度都是 O（1）。集合中不允许出现重复的元素，常用于去重、交集、并集等操作。常用的命令有：SADD、SMEMBERS、SISMEMBER、SCARD、SDIFF、SINTER、SUNION 等。

(5) Sorted Set（有序集合）

Redis 的 sorted set 和 set 一样，也是 string 类型元素的集合，并且集合内的元素不重复，可以用于实现高效的排序和范围查询。在 sorted set 中每个元素都会关联一个 double 类型的分数（或“权值”）。Redis 正是通过分数来为集合中的元素进行从小到大的排序。有序集合的成员是唯一的，但分数（score）可以重复，因此，常用于排行榜等场景。常用的命令有：ZADD、ZRANGE、ZREVRANGE、ZREM、ZCARD、ZCOUNT、ZSCORE、ZRANK、ZREVRANK 等。

(6) Bitmaps（位图）

位图不是一种实际的数据类型，而是基于 String 类型实现的位操作功能。位图可以用来记录大量数据，每个数据只有 0 和 1 两种状态，并且只占用 1bit。

(7) HyperLogLog（基数统计）

HyperLogLog 是一种用于基数统计的数据结构，在 Redis 中用于非常快速地计算大数据集的近似基数。它不同于 set 的是 HyperLogLog 只会根据输入元素来计算基数，而不会储存输入元素本身，所以 HyperLogLog 比 set 更节省内存空间。

(8) Geospatial（地理空间）

Redis 3.2 版本新增了地理空间数据的支持，用于对地理位置进行编码，计算两个位置之间的距离，或者根据给定的位置坐标找到一定范围内的其他位置坐标等。常用的命令有：GEOADD、GEODIST、GEOHASH、GEOPOS、GEORADIUS、GEORADIUSBYMEMBER 等。

(9) Streams（流）

Redis Streams 是 Redis 5.0 版本中新增的数据类型，用于实现消息队列的功能。Streams 支持消息的持久化、消费者组、消息确认等特性，适用于实现发布/订阅模型、实时消息处理、事件驱动等场景。

9.1.4　Redis 主要功能

Redis 是一个开源的、使用内存作为数据存储的、快速高效的键值数据库管理系统，它可以用作数据库、缓存和消息中间件。其主要功能包括：

(1) 多样化数据结构

Redis 可以作为一个高性能的键值存储系统，用于存储和检索各种类型的数据。它支持丰富的数据结构，如字符串、哈希表、列表、集合和有序集合等，这些数据结构都支持各种操作，如 push/pop、add/remove 以及取交集、并集和差集等，而且这些操作都是原子性的，可满足不同应用场景下的需求，提供灵活的数据存储和操作方式，使得开发人员可以根据具体需求选择合适的数据结构进行存储。

（2）缓存功能

Redis 是基于内存的存储系统，可以将数据的计算结果、页面内容、数据库查询结果等存储在内存中，实现数据的高速读写，可以达到每秒数十万次的操作，这使得 Redis 在处理高并发、实时性强的数据存取需求时具有显著优势。通过提高数据访问速度和响应速度，从而提升系统性能和用户体验。例如，全页面缓存功能允许将服务器端渲染的内容缓存起来，避免了为每个单独的请求重新渲染页面的需要。这使得它非常适合作为缓存层使用，可以极大地减少对后端数据库的访问压力，提高系统的整体性能。

（3）消息队列

Redis 支持发布/订阅模式，以及阻塞队列等机制，可以用作构建消息队列系统。生产者将消息发布到指定的频道，而订阅者可以订阅感兴趣的频道并接收消息，并允许多个客户端同时订阅一个频道来接收消息。这种发布—订阅模型可以用于实现异步消息传递、事件驱动系统和实时通信等场景，提升系统的响应速度和处理能力。

（4）实时数据分析

由于 Redis 支持高速读写和丰富的数据结构，它可以用于实时数据分析。例如，可以用它来实现实时统计用户行为等功能。

（5）数据持久化

虽然 Redis 主要将数据存储在内存中，但它也支持将数据持久化到磁盘上，并且支持多种数据持久化方式，包括 RDB 和 AOF 两种方式。RDB 方式会将内存中的数据定时写入磁盘，AOF 方式则会将每个命令追加到磁盘中的 AOF 文件。通过配置，可以设置数据持久化的方式和策略，以防止数据丢失。

（6）分布式

Redis 支持分布式部署，可以将数据分布到多台服务器上，通过主从复制和集群两种方式实现数据的分布式操作。这不仅可以提高系统的处理能力，还可以实现数据的冗余备份和故障恢复。

另外，Redis 还支持分布式锁，可以用于实现多个进程或服务器之间的互斥访问控制。通过缓存锁信息和锁状态，Redis 可以确保在并发环境下的数据一致性和安全性。

（7）事务处理

Redis 支持事务处理，可以将一系列的命令打包成一个事务，一次执行多个命令，并确保这些命令的原子性执行，即会保证在事务执行期间，其他客户端无法介入执行命令。这可以确保数据的一致性和完整性。

（8）Lua 脚本处理

Redis 支持 Lua 脚本处理，可以在服务器端执行 Lua 脚本。这可以实现一些复杂的逻辑处理和数据处理任务。

（9）高可用性和可扩展性

Redis 具有高可用性和可扩展性。通过主从复制、哨兵模式等机制，可以实现数据的备份和故障转移，提高了系统的可用性，当主节点出现故障时，从节点可以自动升级为主节点，确保服务的连续性。通过集群模式，可以实现数据的分片存储和负载均衡，提高系统的处理能力。

（10）计数器和排行榜

Redis 的原子操作和有序集合功能使其能够实现计数器和排行榜功能。这在许多应用中都非常有用，例如记录网站访问量、用户积分排行等。

因此，Redis 是一个功能丰富、高性能的键值对存储系统，适用于各种需要高速读写、数据缓存、消息队列、实时数据分析等场景的应用。

9.2　Redis 安装与部署

9.2.1　Redis 的下载

1. 下载 Redis 软件安装包

在 Ubuntu 中打开浏览器，访问 Redis 官网（https：//redis. io/download），如图 9－1 所示，下载 Reis 软件安装包，一般下载最新版本的 Redis

软件包，在这里下载 redis-7.0.8.tar.gz，下载后的 redis-7.0.8.tar.gz 文件，保存在“/home/hadoop/下载”目录下。

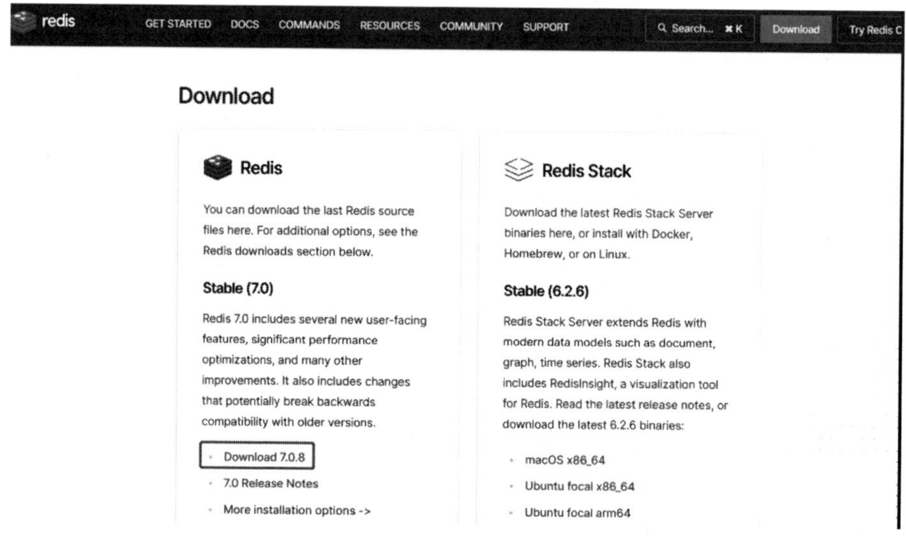

图 9-1　Redis 官网下载页面

2. 创建安装目录，准备安装文件

在 Hadoop 用户下，新建“/usr/local/java/redis”文件夹，将 redis-7.0.8.tar.gz 复制进去，再利用 ls 命令检查是否复制成功。命令如下，结果如图 9-2 所示。

```
$su hadoop              //切换到 hadoop 用户
$cd /usr/local/java
$sudo mkdir redis       //创建 Redis 安装目录
$cd redis               //进入 Redis 安装目录
$sudo cp ~/下载/redis-7.0.8.tar.gz /usr/local/java/redis   //将 Redis 安装文件复制到安装目录
$ls         //查看安装文件是否复制成功
```

```
hadoop@zhangxiaoran-VirtualBox:~$ cd /usr/local/java
hadoop@zhangxiaoran-VirtualBox:/usr/local/java$ sudo mkdir redis
[sudo] hadoop 的密码:
hadoop@zhangxiaoran-VirtualBox:/usr/local/java$ cd redis
hadoop@zhangxiaoran-VirtualBox:/usr/local/java/redis$ cd
hadoop@zhangxiaoran-VirtualBox:~$ sudo cp 下载/redis-7.0.8.tar.gz /usr/local/jav
a/redis
hadoop@zhangxiaoran-VirtualBox:~$ cd /usr/local/java/redis
hadoop@zhangxiaoran-VirtualBox:/usr/local/java/redis$ ls
redis-7.0.8.tar.gz
hadoop@zhangxiaoran-VirtualBox:/usr/local/java/redis$
```

图 9－2　复制 redis 安装包至安装目录

3. 解压 Redis 安装包

进入 redis 安装目录下，解压 redis-7. 0. 8. tar. gz 压缩包，如图 9－3 所示；解压完毕将原压缩包删除，如图 9－4 所示。

$cd /usr/local/java/redis　　//进入 Redis 安装目录

$sudo tar -zxvf redis-7. 0. 8. tar. gz　　//对 Redis 压缩包进行解压缩，至当前目录

$sudo rm -rf redis-7. 0. 8. tar. gz　　//删除安装目录下的安装压缩包

$ls　　//查看是否真正删除

```
hadoop@zhangxiaoran-VirtualBox:/usr/local/java/redis$ sudo tar -zxvf redis-7.0.8.tar.gz
redis-7.0.8/
redis-7.0.8/.codespell/
redis-7.0.8/.codespell/.codespellrc
redis-7.0.8/.codespell/requirements.txt
redis-7.0.8/.codespell/wordlist.txt
redis-7.0.8/.gitattributes
redis-7.0.8/.github/
redis-7.0.8/.github/ISSUE_TEMPLATE/
redis-7.0.8/.github/ISSUE_TEMPLATE/bug_report.md
redis-7.0.8/.github/ISSUE_TEMPLATE/crash_report.md
redis-7.0.8/.github/ISSUE_TEMPLATE/feature_request.md
redis-7.0.8/.github/ISSUE_TEMPLATE/other_stuff.md
redis-7.0.8/.github/ISSUE_TEMPLATE/question.md
redis-7.0.8/.github/dependabot.yml
redis-7.0.8/.github/workflows/
redis-7.0.8/.github/workflows/ci.yml
redis-7.0.8/.github/workflows/codeql-analysis.yml
redis-7.0.8/.github/workflows/daily.yml
redis-7.0.8/.github/workflows/external.yml
```

图 9－3　解压缩 redis-7. 0. 8. tar. gz

```
hadoop@zhangxiaoran-VirtualBox:/usr/local/java/redis$ sudo rm -rf redis-7.0.8.tar.gz
hadoop@zhangxiaoran-VirtualBox:/usr/local/java/redis$ ls
redis-7.0.8
```

图 9－4　将 redis 安装文件删除

4. 为 hadoop 用户赋权限

将 redis 安装目录的权限赋予 hadoop 用户，如图 9－5 所示。

$cd /usr/local/java/redis //切换当前目录为 Redis 安装目录

$sudo chown -R hadoop:hadoop ./redis-7.0.8 //为 hadoop 用户赋权限

```
hadoop@zhangxiaoran-VirtualBox:/usr/local/java/redis$ sudo chown -R hadoop:hadoop ./redis-7.0.8
hadoop@zhangxiaoran-VirtualBox:/usr/local/java/redis$
```

图 9－5 将 redis 安装目录权限赋予 hadoop 用户

9.2.2 Redis 的安装

1. 安装 make 工具

使用 apt install 命令下载安装 make 工具包，利用 make --version 命令查看当前安装的版本是否正确，如图 9－6 所示。

$cd /usr/local/java/redis //进入 redis 安装目录

$sudo apt install make //下载安装 make 工具包

$make --version //查看 make 工具包版本号

```
hadoop@zhangxiaoran-VirtualBox:/usr/local/java/redis$ sudo apt install make
正在读取软件包列表... 完成
正在分析软件包的依赖关系树
正在读取状态信息... 完成
make 已经是最新版 (4.1-6)。
升级了 0 个软件包，新安装了 0 个软件包，要卸载 0 个软件包，有 188 个软件包未被升级。
hadoop@zhangxiaoran-VirtualBox:/usr/local/java/redis$ make --version
GNU Make 4.1
Built for x86_64-pc-linux-gnu
Copyright (C) 1988-2014 Free Software Foundation, Inc.
License GPLv3+: GNU GPL version 3 or later <http://gnu.org/licenses/gpl.html>
This is free software: you are free to change and redistribute it.
There is NO WARRANTY, to the extent permitted by law.
hadoop@zhangxiaoran-VirtualBox:/usr/local/java/redis$
```

图 9－6 下载安装 make 工具包

2. 使用 make 工具编译 Redis

进入解压后的 Redis 目录/usr/local/java/redis/redis-7.0.8，使用 make

工具，即 sudo make 命令编译 Redis，生成 Redis 配置文件，如图 9－7 所示。

```
$cd /usr/local/java/redis/redis-7.0.8    //进入解压后的 Redis 目录
$sudo make                               //对 Redis 进行编译
```

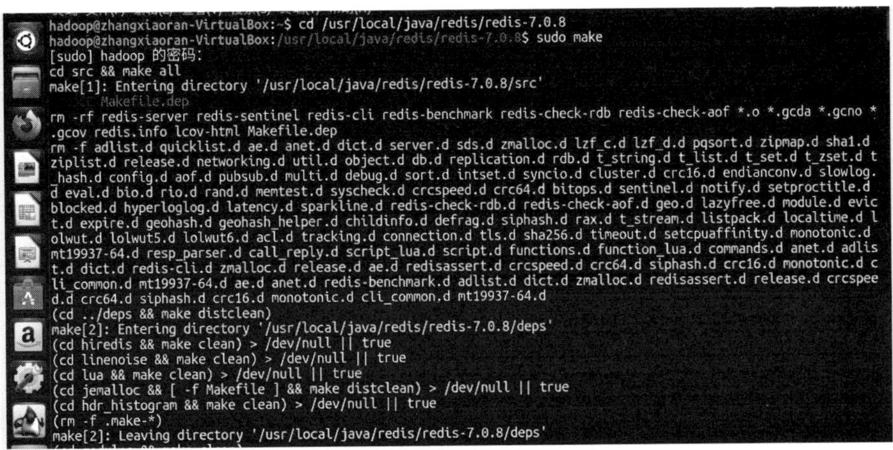

图 9－7　编译 Redis

编译完成后，如果出现如图 9－8 所示的界面则编译成功。

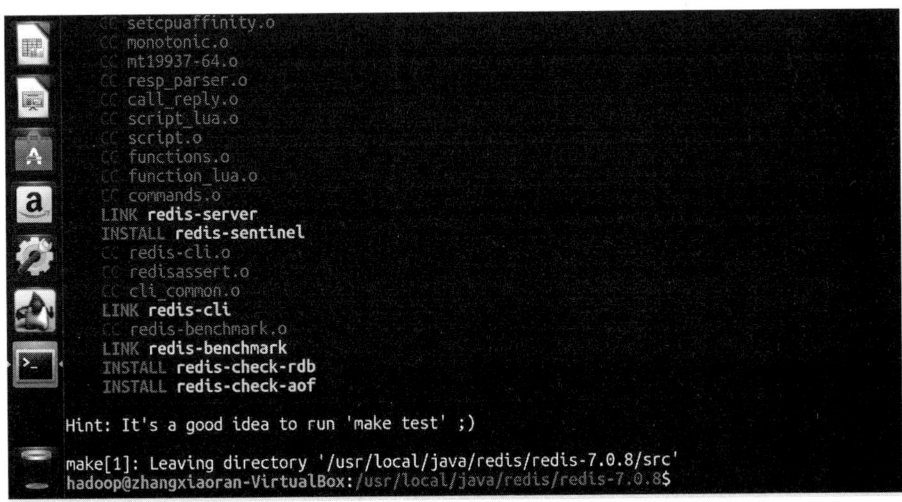

图 9－8　编译 Redis 成功界面

3. 安装 Redis

编译 Redis 成功之后，生成 Redis 安装配置文件，使用 sudo make install 命令安装 Redis，如图 9－9 所示。

$cd /usr/local/java/redis/redis－7.0.8　　//切换到解压后的 Redis 目录
$sudo make install　　//利用编译好的 Redis 配置文件安装 Redis

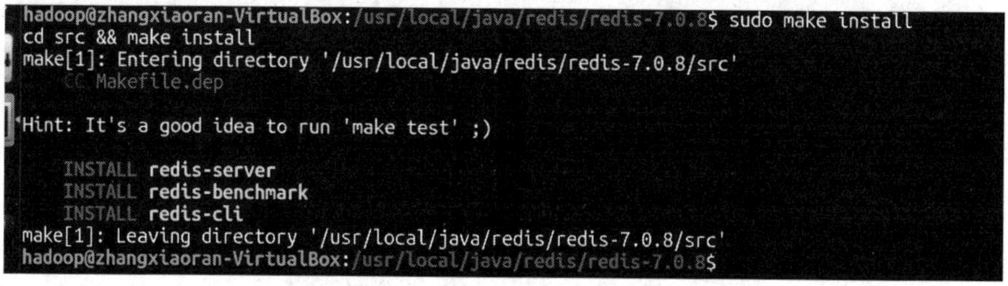

```
hadoop@zhangxiaoran-VirtualBox:/usr/local/java/redis/redis-7.0.8$ sudo make install
cd src && make install
make[1]: Entering directory '/usr/local/java/redis/redis-7.0.8/src'
    CC Makefile.dep

Hint: It's a good idea to run 'make test' ;)

    INSTALL redis-server
    INSTALL redis-benchmark
    INSTALL redis-cli
make[1]: Leaving directory '/usr/local/java/redis/redis-7.0.8/src'
hadoop@zhangxiaoran-VirtualBox:/usr/local/java/redis/redis-7.0.8$
```

图 9－9　利用 make install 命令安装 Redis

4. 启动 Redis 服务器

Redis 安装完成，可以执行 ./src/redis-server 命令开启 Redis 服务器，如果有如图 9－10 所示的输出，则表示安装成功。

$cd /usr/local/java/redis/redis-7.0.8　　//切换到解压后的 Redis 目录
$./src/redis-server　　//启动 Redis 服务器

5. 启动 Redis 客户端

不要关闭 Redis 服务器启动窗口，再新建一个终端，进入 redis 文件夹，输入 ./src/redis-cli 命令启动 Redis 客户端。

$cd /usr/local/java/redis/redis-7.0.8　　//切换到解压后的 Redis 目录
$./src/redis-cli　　//启动 Redis 客户端

客户端连上服务器之后，会显示“127.0.0.1：6379 >”的命令提示符信息，表示服务器的 IP 地址为 127.0.0.1，端口为 6379。成功连接后，会出现如图 9－11 所示的界面。

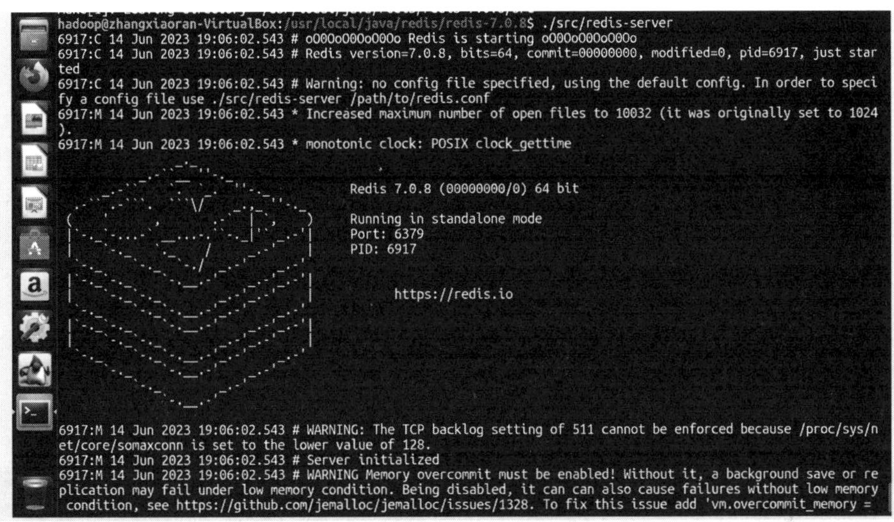

图 9－10　启动 Redis 服务器

图 9－11　Redis 客户端成功连接 Redis 服务器

当 Redis 客户端连接上服务器之后，就可以执行简单的操作，例如：设置键为“hello”，值为“world”，并且取出键为”hello”时对应的值，如图 9－12 所示。

```
> set hello world      //设置键值对 hello:world
> get hello            //获取键 hello 对应的值
```

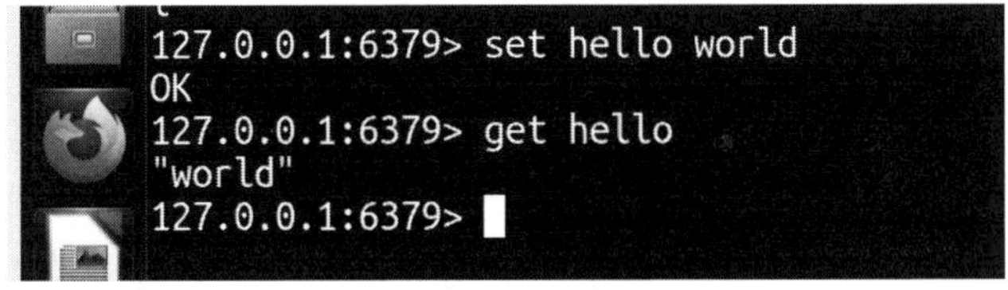

图 9－12　在 Redis 客户端输入命令示例

9.3 Redis 的使用

9.3.1 数据准备

假设有三个表，即学生表 Student、课程表 Course 和选课表 SC，三个表的字段（列）和数据如图 9－13 所示。

Sno	Sname	Ssex	Sage	Sdept
95001	李勇	男	22	CS
95002	刘晨	女	19	IS
95003	王敏	女	18	MA
95004	张立	男	19	IS

（a）Student表

Cno	Cname	Credit
1	数据库	4
2	数学	2
3	信息系统	4
4	操作系统	3
5	数据结构	4
6	数据处理	2
7	PASCAL语言	4

（b）Course表

Sno	Cno	Grade
95001	1	92
95001	2	85
95001	3	88
95002	2	90
95002	3	80

（c）SC表

图 9－13　三张数据表结构及数据示例

9.3.2 数据插入

Redis 数据库是以 <key，value> 的形式存储数据，把三个表的数据存入 Redis 数据库时，key 和 value 的确定方法如下：

key＝表名：主键值：列名

value＝列值

例如，把每个表的第一行记录保存到 Redis 数据中，需要执行的命令如下，执行结果如图 9－14 所示。

```
>set Strudent:95001:Sname 李勇
>set Course:1:Cname 数据库
>set SC:95001:1:Grade 92
```

```
127.0.0.1:6379> set Student:95001:Sname 李勇
OK
127.0.0.1:6379> set Course:1:Cname 数据库
OK
127.0.0.1:6379> set SC:95001:1:Grade 92
OK
```

图 9－14　在 Redis 数据库中添加三张表的数据示例

可以执行类似的命令，把三个表所有数据都插入到 Redis 数据库中。

将 Student 表中所有 Sname 列名数据插入到 Student 表中，完整命令代码如下：

```
>set Student:95001:Sname 李勇
>set Student:95002:Sname 刘晨
>set Student:95003:Sname 王敏
>set Student:95004:Sname 张立
```

其具体执行界面如图 9－15 所示。

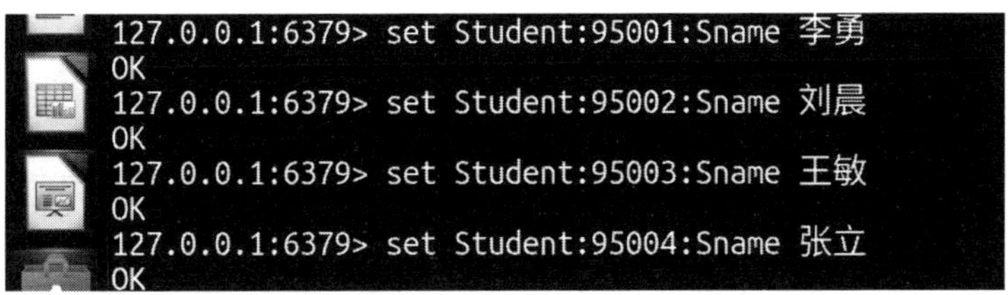
127.0.0.1:6379> set Student:95001:Sname 李勇
OK
127.0.0.1:6379> set Student:95002:Sname 刘晨
OK
127.0.0.1:6379> set Student:95003:Sname 王敏
OK
127.0.0.1:6379> set Student:95004:Sname 张立
OK

图 9－15　向 Redis 数据库中添加 Student 表中所有记录的 Sname 值

将 Student 表中所有 Ssex 列名数据插入到 Student 表中，完整命令代码如下：

```
>set Student:95001:Ssex 男
>set Student:95002:Ssex 女
>set Student:95003:Ssex 女
>set Student:95004:Ssex 男
```

其具体执行界面如图 9－16 所示。

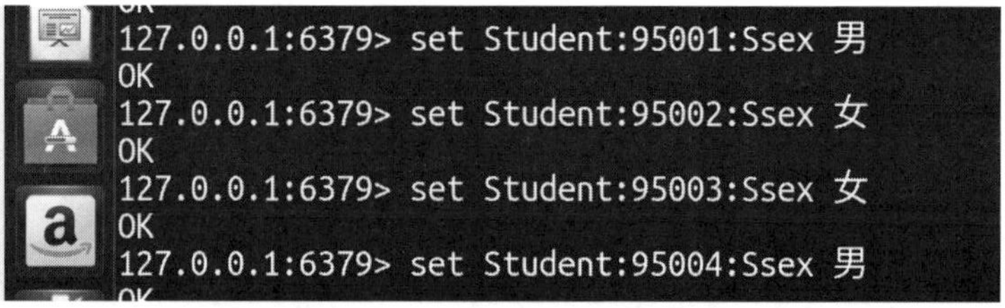

```
127.0.0.1:6379> set Student:95001:Ssex 男
OK
127.0.0.1:6379> set Student:95002:Ssex 女
OK
127.0.0.1:6379> set Student:95003:Ssex 女
OK
127.0.0.1:6379> set Student:95004:Ssex 男
```

图 9－16　向 Redis 数据库中添加 Student 表中所有记录的 Ssex 值

将 Student 表中所有 Sage 列名数据插入到 Student 表中，完整命令代码如下：

```
>set Student:95001:Sage 22
>set Student:95002:Sage 19
>set Student:95003:Sage 18
>set Student:95004:Sage 19
```

其具体执行界面如图 9－17 所示。

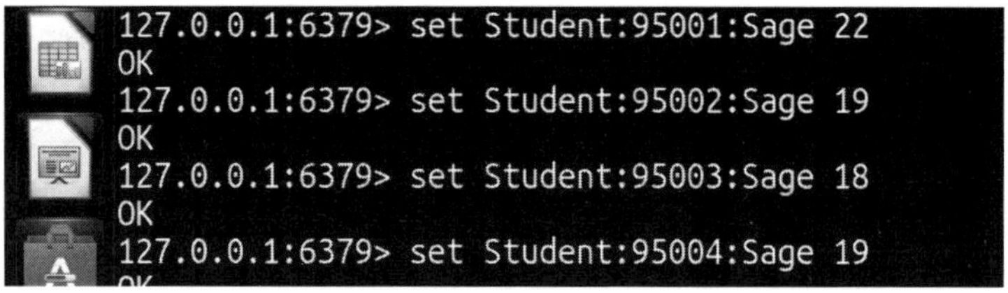

```
127.0.0.1:6379> set Student:95001:Sage 22
OK
127.0.0.1:6379> set Student:95002:Sage 19
OK
127.0.0.1:6379> set Student:95003:Sage 18
OK
127.0.0.1:6379> set Student:95004:Sage 19
```

图 9－17　向 Redis 数据库中添加 Student 表中所有记录的 Sage 值

将 Student 表中所有 Sdept 列名数据插入到 Student 表中，完整命令代码如下：

```
>set Student:95001:Sdept   CS
>set Student:95002:Sdept   IS
>set Student:95003:Sdept MA
>set Student:95004:Sdept IS
```

其具体执行界面如图 9－18 所示。

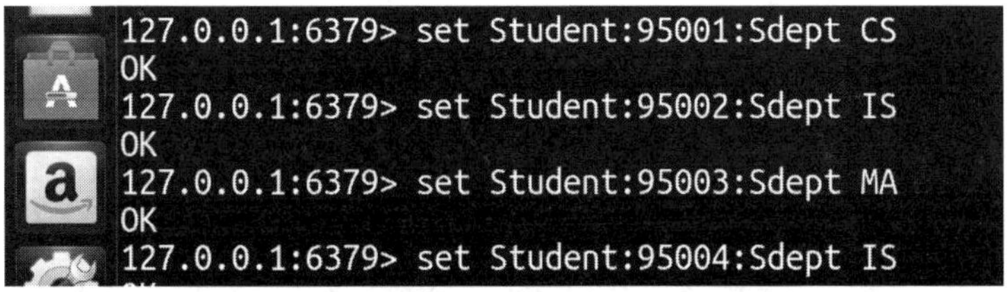

```
127.0.0.1:6379> set Student:95001:Sdept CS
OK
127.0.0.1:6379> set Student:95002:Sdept IS
OK
127.0.0.1:6379> set Student:95003:Sdept MA
OK
127.0.0.1:6379> set Student:95004:Sdept IS
```

图 9－18　向 Redis 数据库中添加 Student 表中所有记录的 Sdept 值

利用上述方法，将 Course 表中的各记录的各列的值添加到 Redis 数据中，完整命令如图 9－19 所示。

>set Course:1:Cname 数据库

>set Course:2:Cname 数学

>set Course:3:Cname 信息系统

>set Course:4:Cname 操作系统

>set Course:5:Cname 数据结构

>set Course:6:Cname 数据处理

>set Course:7:Cname Pascal 语言　　//设置 Course 表中的 Cname 字段的值

>set Course:1:Credit:4

>set Course:2:Credit:2

>set Course:3:Credit:4

>set Course:4:Credit:3

>set Course:5:Credit:4

>set Course:6:Credit:2

>set Course:7:Credit:4　　//设置 Course 表中各课程对应的学分

同理，利用上述方法，将选课 SC 表中的各记录的各列的值添加到 Redis 数据中，完整命令如图 9－20 所示。

图 9－19　将课程 Course 表中的数据添加到 Redis 数据库中

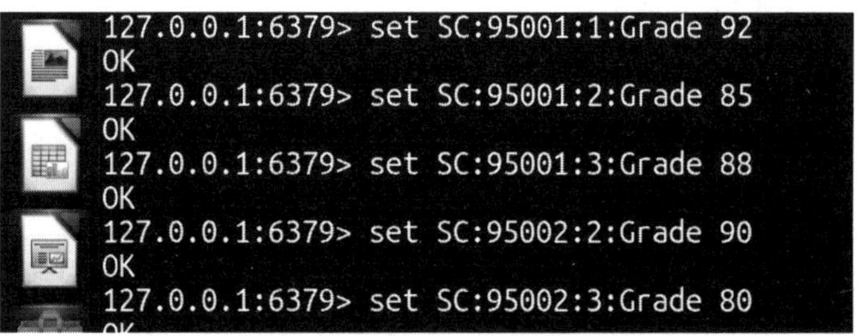

图 9－20　将选课 SC 表中的数据添加到 Redis 数据库中

9.3.3　数据操作

Redis 支持 5 种数据类型，不同数据类型，增删改查可能不同，这里用最简单的数据类型字符串作为示例介绍 Redis 的基本数据操作。

1. 插入数据

向 Redis 插入一条数据，只需要先设计好 key 和 value，然后用 set 命令插入数据即可。

例如，在 Course 表中插入一门新的课程“算法”，4 学分，操作命令和结果如图 9－21 所示。

```
>set Course:8:Cname 算法
>set Course:8:Credit 4
```

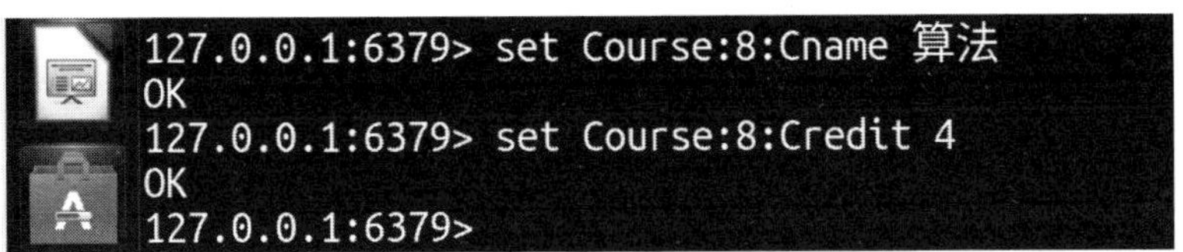

图 9－21　插入数据示例

2. 修改数据

Redis 并没有修改数据的命令，所以，如果在 Redis 中修改一条数据，只能采用一种变通的方式，即在使用 set 命令时，使用同样的 key，然后用新的 value 值来覆盖旧的数据。

例如，把刚才新添加的“算法”课程名称修改为“编译原理”，操作命令和结果如图 9－22 所示。

```
>set Course:8:Cname 编译原理
```

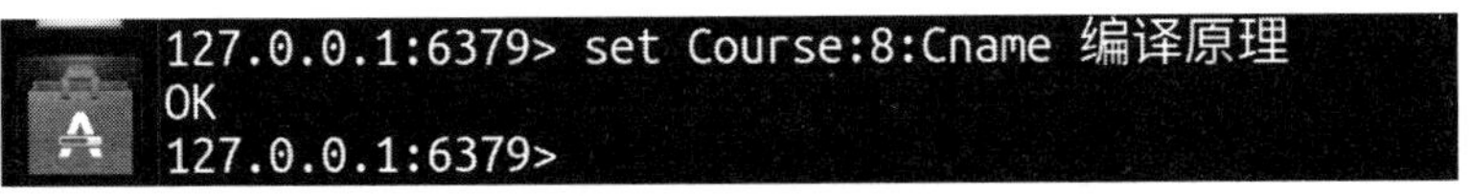

图 9－22　修改数据示例

3. 删除数据

Redis 有专门删除数据的命令——del 命令，命令格式为“del 键”。所以，如果要删除之前新增的课程“编译原理”，只需输入命令“del Course:

8:Cname”，如图 9 - 23 所示，当输入“del Course:8:Cname”时，返回“1”，说明成功删除一条数据，当再次输入 del 命令时，输出为空，说明删除成功。

```
>del Course:8:Cname
```

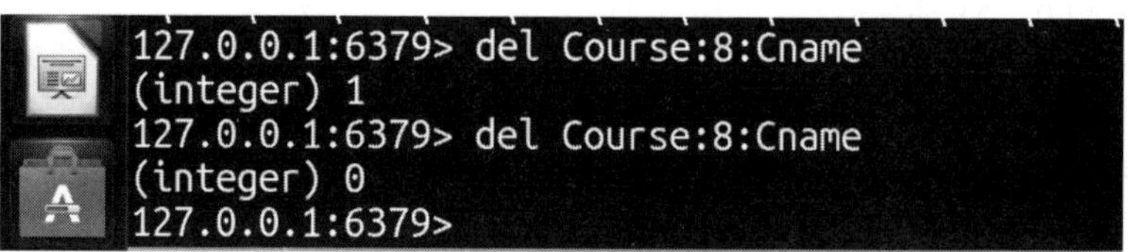

图 9 - 23　删除数据示例

4. 查询数据

在 Redis 中数据查询采用 get 命令，如查询 Course 表中主键为 8 的课程的名称，其命令如下，结果如图 9 - 24 所示。

```
>get Course:8:Cname
```

图 9 - 24　查询数据示例

9.3.4　Redis 哈希

1. Redis 哈希简介

Redis 哈希（Hash）是 Redis 提供的一种数据结构，它类似于其他编程语言中的哈希表或字典。在 Redis 中，哈希允许存储键值对集合，其中每个键都唯一对应一个值。这种结构非常适合用于存储结构化数据，如用户信息、配置选项等。

Redis 哈希的主要特点包括：

①存储结构化数据：哈希可以存储多个字段和与之关联的值，这些字段和值都保存在同一个哈希结构中。

②快速访问：由于 Redis 内部使用哈希表实现，因此可以快速地根据键（key）查找和修改值（value）。

③灵活性和可扩展性：可以根据需要动态地添加或删除哈希中的字段和值。

④支持原子操作：Redis 提供了对哈希结构的原子操作，如“HSET”（设置哈希结构中的字段和值）、“HGET”（获取特定字段的值）、“HGETALL”（获取哈希结构中的所有字段和值）、“HDEL”（删除一个或多个哈希表字段）等，这些操作都是原子操作，在并发环境下是安全的。

使用 Redis 哈希时，可以为每个哈希结构设置一个唯一的键（key），然后在这个键下存储多个字段和值。这样，可以通过键来快速访问和操作整个哈希结构，或者通过字段来访问和操作哈希结构中的特定部分。

Redis 哈希类型数据的基本操作命令如表 9-2 所示。

表 9-2　Redis Hash 类型数据的基本操作

HDEL key field1 [field2]	删除一个或多个哈希表字段
HEXISTS key field	查看哈希表 key 中，指定的字段是否存在，返回 0 或 1
HGET key field	获取存储在哈希表中指定字段的值
HGETALL key	获取在哈希表中指定 key 的所有字段和值
HINCRBY key field increment	为哈希表 key 中的指定字段的整数值加上增量 increment
HINCRBYFLOAT key field increment	为哈希表 key 中的指定字段的浮点数值加上增量 increment
HKEYS key	获取所有哈希表中的字段
HLEN key	获取哈希表中字段的数量
HMGET key field1 [field2]	获取所有给定字段的值
HMSET key field1 value1 [field2 value2]	同时将多个 field-value（域-值）对设置到哈希表 key 中
HSET key field value	将哈希表 key 中的字段 field 的值设为 value
HSETNX key field value	只有在字段 field 不存在时，设置哈希表字段的值
HVALS key	获取哈希表中所有值
HSCAN key cursor [MATCH pattern] [COUNT count]	迭代哈希表中的键值对

Redis 哈希命令对大小写并不敏感，以下是使用 Redis 哈希的一些示例代码：

（1）使用 HSET 命令添加键值对

HSET myhash field1 "Hello"　　#将哈希表 myhash 中的字段 field1 的值设为 Hello

HSET myhash field2 "World"　　#将哈希表 myhash 中的字段 field2 的值设为 World

（2）使用 HGET 命令获取键对应的值

HGET myhash field1　　#获取哈希表 myhash 中字段 field1 的值

（3）使用 HMGET 命令同时获取多个键对应的值

HMGET myhash field1 field2　　#获取哈希表 myhash 中 field1 和 field2 的值

（4）使用 HGETALL 命令获取哈希中的所有键值对

HGETALL myhash　　#获取哈希表 myhash 中所有的键值对

（5）使用 HINCRBY 命令增加哈希中某个键的值：

HINCRBY myhash field1 1　　#为哈希表 myhash 中字段 field1 的值增加 1

（6）使用 HDEL 命令删除哈希中的某个键值对：

HDEL myhash field1　　#删除哈希表 myhash 中字段 field1 所对应的键值对

（7）使用 HEXISTS 命令检查哈希中是否存在某个键：

HEXISTS myhash field1 #查看哈希表 myhash 中是否存在字段 field1,如果存在,返回 1,

#如果不存在,则返回 0.

（8）使用 HKEYS 命令获取哈希中的所有键：

HKEYS myhash　　#获取哈希表 myhash 中所有的键

（9）使用 HVALS 命令获取哈希中的所有值：

HVALS myhash　　#获取哈希表 myhash 中所有的值

(10) 使用 HLEN 命令获取哈希中的键的数量:

HLEN myhash #获取哈希表 myhash 中键的数量

(11) #设置用户 ID 为 1 的用户的姓名为“Alice”,年龄为 30

HSET user:1 name "Alice" age 30

(12) #获取用户 ID 为 1 的用户的姓名,

HGET user:1 name # 输出:"Alice"

(13) #获取用户 ID 为 1 的用户的年龄

HGET user:1 age # 输出:"30"

(14) #获取用户 ID 为 1 的用户的所有字段和值

HGETALL user:1 # 输出:1) "name" 2) "Alice" 3) "age" 4) "30"

2. Redis 哈希操作

假设要创建一个 Redis 哈希表,名称为“myhash”,里面包含的字段和值的信息如表 9-3 所示。

表 9-3 Redis 哈希表示例数据

name	age	course	grade
Xiaoming	21	math	98

(1) 创建哈希表,并添加多个字段的数据

可以使用 HMSET 和 HMGET 命令来创建和查询哈希中多个键值对信息,具体命令如下:

>HMSET myhash name Xiaoming age 21 Course math grade 98 //HMSET 命令可以一次设置多个键值对

>HMGet myhase name age Course grade //HMSET 命令可以一次获取多个键值对的值

具体如图 9-25 所示。

```
127.0.0.1:6379> HMSET myhash name Xiaoming age 21 course math grade 98
OK
127.0.0.1:6379> HMGET myhash name Xiaoming age 21 course math grade 98
1) "Xiaoming"
2) (nil)
3) "21"
4) (nil)
5) "math"
6) (nil)
7) "98"
8) (nil)
127.0.0.1:6379>
```

图 9-25　用 HMSET 和 HMGET 方法创建和查询哈希表

（2）设置和查询单个键值对

如果只想设置或者获得一个值，可以使用 HSET 和 HGET。HSET 将哈希表 key 中的字段 field 的值设为 value，HGET 获取存储在哈希表 key 中指定字段 field 的值。

> HSET myhash grade 88　//对 myhash 中的 grade 字段的值设置为 88

> HGET myhash grade　//从哈希表 myhash 中获取 grade 字段的值

> HGET myhash name　//从哈希表 myhash 中获取 name 字段的值

具体如图 9-26 所示。

```
127.0.0.1:6379> HSET myhash grade 88
(integer) 0
127.0.0.1:6379> HGET myhash grade
"88"
127.0.0.1:6379> HGET myhash name
"Xiaoming"
127.0.0.1:6379>
```

图 9-26　用 HSET 和 HGET 方法添加和获取数据

（3）删除哈希表字段

可以使用 HDEL 命令删除一个或多个哈希表字段，具体命令如下：

> HDEL myhash grade　//将哈希表 myhash 中的 grade 字段删除掉

> HGET myhash grade　//从哈希表 myhash 中获取 grade 字段的值，此时显示为 nil

> HGET myhash name age course grade //从哈希表 myhash 中获取多个字

段的值,此时可以看到 name,age,course 字段的值,但 grade 字段值为 nil。(因为已经被删除)

>HEXISTS myhash name　//判定哈希表 myhash 中是否存在 name 字段,显示为 1,(存在)

>HEXISTS myhash grade　//判定哈希表 myhash 中是否存在 grade 字段,显示为 0(不存在)

具体如图 9 - 27 所示。

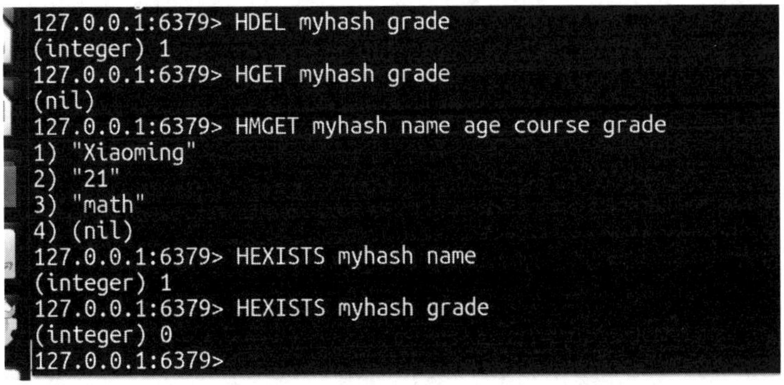

```
127.0.0.1:6379> HDEL myhash grade
(integer) 1
127.0.0.1:6379> HGET myhash grade
(nil)
127.0.0.1:6379> HMGET myhash name age course grade
1) "Xiaoming"
2) "21"
3) "math"
4) (nil)
127.0.0.1:6379> HEXISTS myhash name
(integer) 1
127.0.0.1:6379> HEXISTS myhash grade
(integer) 0
127.0.0.1:6379>
```

图 9 - 27　用 HDEL 命令删除哈希表字段

(4) 获取哈希表中所有键值对

可以使用 HGETALL 获取在哈希表 key 中的所有字段和值，具体命令如下：

>HGETALL myhash　//获取哈希表 myhash 中的所有键值对

具体如图 9 - 28 所示。

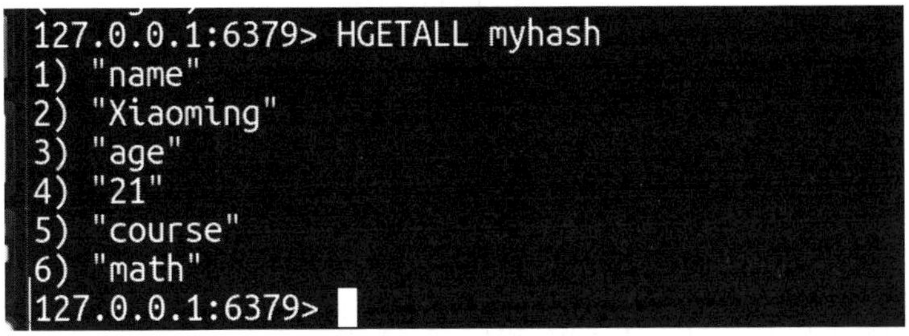

```
127.0.0.1:6379> HGETALL myhash
1) "name"
2) "Xiaoming"
3) "age"
4) "21"
5) "course"
6) "math"
127.0.0.1:6379>
```

图 9 - 28　用 HGETALL 命令获取哈希表中所有字段的值

（5）Redis Select 命令

Redis Select 命令用于切换到指定的数据库，数据库索引号 index 用数字值指定，以 0 作为起始索引值，即客户端连接到 Redis 的时候，默认是使用 0 号数据库。

Redis Select 的具体实例如图 9－29 所示。

```
127.0.0.1:6379> SET db_number 0
OK
127.0.0.1:6379> HGET myhash name
"Xiaoming"
127.0.0.1:6379> SELECT 1
OK
127.0.0.1:6379[1]> GET db_number
(nil)
127.0.0.1:6379[1]> SET db_number 1
OK
127.0.0.1:6379[1]> GET db_number
"1"
127.0.0.1:6379[1]> HGET myhash name
(nil)
127.0.0.1:6379[1]> SELECT 3
OK
127.0.0.1:6379[3]> GET db_number
(nil)
127.0.0.1:6379[3]> SET db_number 3
OK
127.0.0.1:6379[3]> GET db_number
"3"
127.0.0.1:6379[3]> SELECT 0
OK
127.0.0.1:6379> GET db_number
"0"
127.0.0.1:6379> HGET myhash name
"Xiaoming"
127.0.0.1:6379>
```

图 9－29　在 Redis 中使用 Select 命令

9.4　本章小结

内存数据库是一种将全部数据存储在内存中，无须进行磁盘 I/O 操作即可对数据进行增删查改，具备高读写性能的数据库，这种数据库的设计假设所有数据和索引都能够容纳在内存中，因此能够极大地提高应用的性能，更有效地使用 CPU 周期和内存。Redis 作为一种典型的内存数据库可以提高对大规模数据的处理能力，是进行大数据处理的重要工具。因此，本章主要对非关系型数据库中键值数据库 Redis 进行了详细介绍。

本章首先对内存数据库的概念、特点进行了介绍，其次具体介绍了 Redis 作为内存数据库的代表，其包含的主要数据类型及主要功能，在此基础上，介绍了 Redis 数据库的安装、部署和使用方式，最后，针对 Redis 哈希及相应操作进行了介绍。

本 章 习 题

一、填空题

1. Redis 数据库的英文全称是（　　　　　　　　　　）。

2. 内存数据库具有较高的数据和程度独立性，包括（　　　　　）和（　　　　　），这使得数据库的设计和使用更加灵活。

3. 内存数据库是一种将全部数据存储在（　　　　）中，无须进行（　　　　）就可以对数据进行增删查改，具备高读写性能的数据库。

4. 设置哈希结构中的字段和值所使用的命令是（　　　　）。

5. Redis 是一个（　　　　　）、（　　　　　）数据库，即键值对非关系型内存数据库，广泛应用于各种 Web 应用中。

6. 在 Redis 中，每个键值对都对应着（　　　　）里的一个元素，键是（　　　　）类型，每个键都对应（　　　　）的值；为了保证效率，Redis 的数据都是缓存在（　　　　）中，因此数据访问速度非常快，能达到毫秒级别的数据响应。

7. Redis 支持多种数据结构，如（　　　　　）、（　　　　　）、（　　　　　）、（　　　　　）、（　　　　　）等，这些数据类型都支持 push/pop、add/remove、交集、并集和差集及更丰富的操作，而且这些操作都是（　　　　　）的。

8. （　　　　）是 Redis 最基本、最常用的数据类型，一个 key 对应一个 value。集合中不允许出现（　　　　）的元素，常用于（　　　　）、交集、并集等操作。

9. Redis 支持分布式部署，可以将数据分布到多台服务器上，通过（　　　）和（　　　）两种方式实现数据的分布式操作。

10. 安装好 Redis 之后，启动 Redis 服务器的命令是（　　　　）。

二、问答题

1. 内存数据库的特点主要有哪些？

2. 列举四种常见的内存数据库，并简述其特点。

3. 简述 Redis 数据库的主要功能。

4. 将一些学生的姓名和年龄存入 Redis，如何利用集合或有序集合类型进行存储，请分别写出语句示例。如果要查询特定姓氏的学生或特定年龄的学生，应如何进行查询？

5. 如果需要将一些人的姓名、年龄、籍贯存入 Redis，如何利用哈希表进行存储？如何利用这 3 个条件进行条件查询？

三、实践操作题

1. 安装 Redis 数据库。

2. 启动 Redis 数据库，在 Redis 中进行如下操作：

（1）根据下表向数据库中插入如下记录：

图书表

图书代码	图书名称	出版社	单价
ts0001	Java 程序设计	高等教育出版社	58
Ts0002	大数据预测与分析	机械工业出版社	65
Ts0003	数据库原理	人民邮电出版社	56
Ts0004	管理研究设计与方法	高等教育出版社	67
Ts0005	Python 数据分析与应用	高等教育出版社	49

（2）修改图书名称为“数据库原理”为“数据库系统原理与设计”。

（3）查询“高等教育出版社”出版的所有书籍的信息。

（4）查询单价高于 60 的所有书籍的信息。

（5）查询图书名称中包含“数据”的图书信息。

我们始终从国情出发想问题、作决策、办事情，既不好高骛远，也不因循守旧，保持历史耐心，坚持稳中求进、循序渐进、持续推进。

——引自二十大报告

第 10 章

Hive 数据仓库实践

本章学习目的

- 了解掌握数据仓库的概念；掌握数据仓库的架构和特点。
- 掌握数据仓库 Hive 的相关概念、Hive 的体系结构、数据模型和 Hive 的三种部署方式及其特点。
- 了解 Hive SQL 执行流程。
- 掌握相关的 Hive SQL 命令。
- 了解并初步掌握在分布式环境中安装和部署 Hive 的过程，并能在虚拟机环境中真正完成 Hive 的环境部署，并能够正常启动 Hive。
- 掌握在 Hive 中使用 Hive SQL 命令的方法。

10.1 数据仓库

10.1.1 数据仓库的概念

数据仓库的概念是数据仓库之父比尔·恩门（Bill Inmon）在 1990 年提出的，并在其 1991 年出版的“Building the Data Warehouse”（《建立数据仓库》）一书中所提出被广泛接受的定义：数据仓库（Data Warehouse）是一个面向主题的（Subject Oriented）、集成的（Integrated）、相对稳定的（Non-Volatile）、反映历史变化（Time Variant）的数据集合，用于支持管理决策（Decision Making Support）。其主要功能是将组织通过联机事务处理（OLTP）所积累的大量资料，通过数据仓库进行系统整理，以能够利用联机分析处理（OLAP）、数据挖掘（Data Mining）等各种分析方法对数据进行分析，进而支持如决策支持系统（DSS）、主管资讯系统（EIS）的创建，帮助决策者能从大量资料中快速有效地分析出有价值的信息，以利于决策拟定并快速响应外在环境的变动，帮助建构商业智能。

数据仓库是一个用于长期存储历史数据并支持在线分析处理（OLAP）的系统，如图 10－1 所示，它是以主题为导向，集成了来自多个不同的数据源的数据，如关系型数据库、文件系统、数据采集工具等，按照一定时间范围或业务主题划分，并且是经过清洗、整合和转化后，对外提供统一的数据视图。数据仓库通常包含了企业历史数据的多个版本和大量维度信息，为企业级决策分析和业务报表等提供数据支持。因此，与数据库中的数据不同，数据仓库主要用于支持管理决策，侧重 OLAP（在线分析处理），而数据库主要用于日常的数据操作，侧重 OLTP（在线事务处理）。

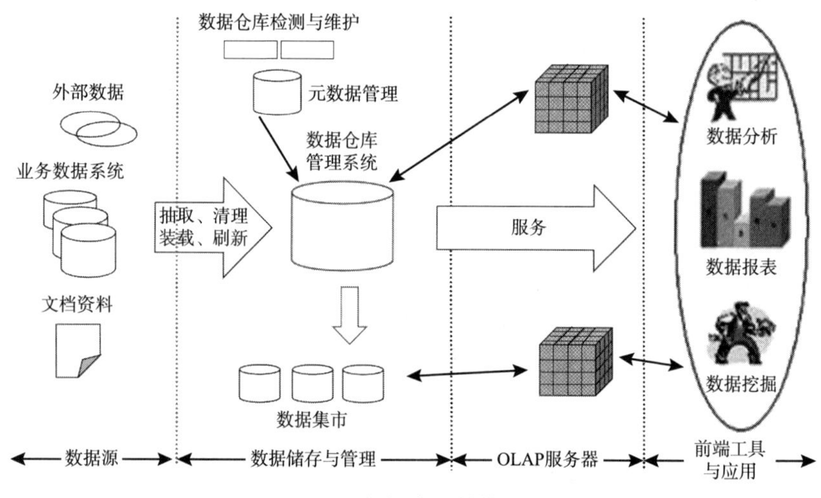

图 10－1　数据仓库的体系结构

数据仓库的架构一般分为三层：数据源层、数据仓库层和数据应用层。数据源层是指从各种数据源中抽取数据的过程，ETL 工具（Extraction, Transformation and Load，抽取、转换、加载）会将数据转化为规范格式和结构，然后加载到数据仓库层。数据仓库层是中央存储数据的地方，也是 OLAP 查询的目标区域。数据应用层则是企业内部或外部用户使用的各种报表和分析工具。

数据仓库相对于传统的关系型数据库管理系统（RDBMS）具有更强的数据分析和决策支持能力。数据仓库中的数据是按照主题或业务过程划分，并且是历史数据，使得数据分析更加灵活和方便。数据仓库还提供了多维数据分析、数据切片、数据透视表等功能，可以更好地支持大规模数据分析和挖掘。

总之，数据仓库是一种用于长期存储历史数据并支持在线分析处理的系统，它是企业级决策分析和业务报表等的重要支撑工具。通过数据仓库，企业可以更好地管理和利用数据，优化业务流程，提高决策分析的效率和准确性。

10. 1. 2　数据仓库的特点

数据仓库的主要特点：

（1）数据仓库是面向主题的

操作型数据库的数据组织是面向事务处理任务，而数据仓库中的数据是按照一定的主题域进行组织。主题是指用户使用数据仓库进行决策时所关心的重点方面，一个主题通常与多个操作型信息系统相关。

（2）数据仓库是集成的

数据仓库的数据通常来自分散的操作型数据库，是在对原有分散的数据进行数据抽取、清理的基础上，经过系统加工、汇总、整理与综合集成之后才能进入数据仓库，必须消除源数据中的不一致性，以保证数据仓库内的信息是关于整个企业的一致的全局信息。数据仓库中的数据主要用于管理决策，因此，数据在进入数据仓库之前一般需要将操作性数据映射成决策可用的汇总格式。

（3）数据仓库是不可更新的

数据仓库主要是为决策分析提供数据，所涉及的操作主要是数据查询，修改和删除操作很少。一旦数据进入数据仓库，一般情况下将被长期保留，通常只需要定期加载、刷新。数据仓库中的数据通常包含历史信息，系统记录了企业从过去某一时点（如开始应用数据仓库的时点）到当前的各个阶段的信息，通过这些信息，可以对企业的发展历程和未来趋势做出定量分析和预测。

（4）数据仓库是随时间而变化的

传统的关系数据库系统比较适合处理格式化的数据，能够较好地满足商业商务处理的需求。稳定的数据以只读格式保存，且不随时间改变。

10.2 数据仓库 Hive

10.2.1 数据仓库 Hive 简介

Apache Hive 是一款建立在 Hadoop 之上的开源数据仓库系统，可以将存储在 Hadoop 中的结构化、半结构化数据文件映射为一张数据库表，并基于数据库表提供了一种类似于 SQL 的查询语言（Hive SQL，HiveQL）能够进行类 SQL 查询功能，用于方便地处理和分析存储在 Hadoop 中的大规模数据集。HiveQL 的本质是将类 SQL 语句转换成 MapReduce 任务来执行，然后将程序提交到 Hadoop 集群中执行。Hive 的底层可以是 HDFS、HBase、Amazon S3 等多种数据源提供数据存储，使得 MapReduce 任务执行变得更加简单，也能很好地完成在 Hadoop 集群中处理大数据的任务。Hive 的设计目标是让开发者能够使用熟悉的 SQL 语言来查询和处理数据，而无须编写复杂的 MapReduce 应用程序代码，实现基于 Hadoop 的数据查询等功能，解决非关系型数据查询问题。因此，Hive 十分适合数据仓库的统计分析。

Hive 构建在基于静态批处理的 Hadoop 之上，由于 Hadoop 通常都有较高的延迟并且在作业提交和调度的时候需要大量的开销。因此，Hive 并不适合那些需要低延迟的应用，它最适合应用在基于大量不可变数据的批处理作业，例如，网络日志分析。而且，Hive 还具有很好的灵活性和扩展性，支持 UDF（User Defined Function，用户自定义函数）和自定义存储格式等。

因此，Hive 的主要特征包括：

（1）类 SQL 语言

HiveQL 非常类似于 SQL 语言，用户可以通过类似 SQL 的语句实现快速 MapReduce 统计，使 MapReduce 变得更加简单，而不必开发专门的 MapReduce 应用程序。因此对于已经熟悉 SQL 的用户来说，学习成本很低。

（2）基于 Hadoop 之上

Hive 运行在 Hadoop 之上，可以使用 Hadoop 的文件系统和分布式计算能力。Hive 采用 Hadoop 框架中的 MapReduce 进行处理，更擅长非实时的、离线的、对响应及时性要求不高的海量数据批量计算，即席查询，统计分析。

（3）可扩展

Hive 可以自由的扩展集群的规模，一般情况下不需要重启服务；而且 Hive 可以处理大规模数据，因此可以轻松地扩展到处理 PB 级别的数据。

（4）数据格式支持

Hive 支持多种不同的压缩格式、存储格式以及自定义函数。例如，支持 GZIP、LZO、Snappy、BZIP2 等多种压缩格式；支持文本文件、序列文件、RCFile、ORC、Parquet 等多种存储格式；还支持自定义函数（UDF）。

（5）优化查询

Hive 支持各种查询优化技术，如分区、桶和索引等。

（6）可视化工具支持

Hive 可以通过可视化工具，如 Tableau 和 Power BI 等直接查询和分析数据。

（7）兼容性

Hive 可以与其他 Hadoop 生态系统工具集成，如 Pig、HBase 等，高效地实现数据提取、转化和加载等功能，完成对 Hadoop 中大规模数据的查询和分析。

（8）延展性和容错性

Hive 支持用户自定义函数（User-Defined Functions，UDF）来扩展 Hive 的功能。用户定义函数可以是标量函数、聚合函数或表值函数，用于在查询过程中进行数据处理和计算，用户可以根据自己的需求来实现自己的函数。

（9）容错性

Hive 支持多种不同的执行引擎，如 Hive on MapReduce、Hive on Tez、Hive on Spark 等，并且具有良好的容错性，即使节点出现问题 SQL 仍可完成执行。

总的来说，Hive 是一个强大的数据仓库工具，它建立在 Hadoop 的其他组成部分之上，依赖于 HDFS 进行数据保存，并依赖于 MapReduce 完成查询操作，可以处理大规模的数据，并提供 SQL 接口方便用户查询和分析数据。

10.2.2 Hive 体系结构

Hive 是一个基于 Hadoop 的数据仓库工具，用于处理大规模结构化和半结构化数据。Hive 主要由用户接口模块、驱动模块和元数据存储模块组成，其中用户接口模块主要包括命令行接口（Command Line Interface，CLI）、Web 图形用户界面（Graphical User Interface，GUI）和 Web 接口（Hue）、JDBC、ODBC、Thrift Sever 等，用于与 Hive 交互，执行查询和管理操作；驱动（Driver）模块主要包括解析器、编译器、优化器和执行器等，所采用的执行引擎可以是 Map Reduce、Tez 或 Spark 等；元数据存储模块（Metastore）是一个独立的关系数据库，通常是与 MySQL 数据库连接后创建的一个 MySQL 实例，也可以是 Hive 自带的 derby 数据库实例，主要保存表模式和其他系统元数据，如表名、表的列及其属性、表的分区及其属性、表的属性、表中数据所在位置信息等。Hive 的体系结构如图 10－2 所示。

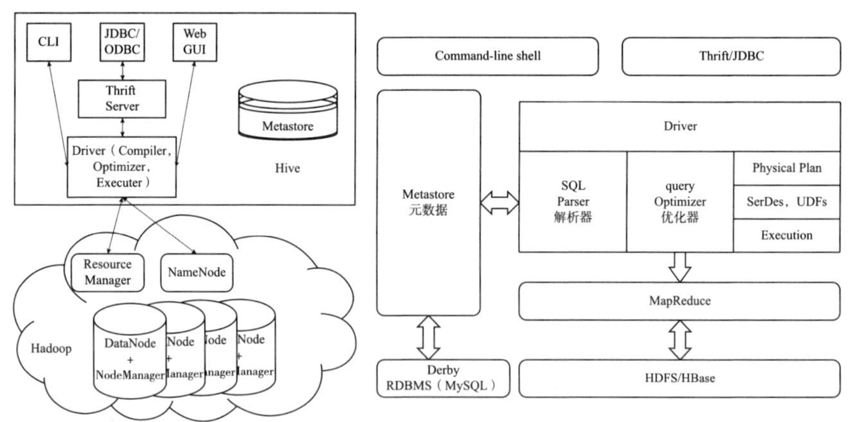

图 10－2　Hive 体系结构

在 Hive 体系结构中包含的主要组件如下：

1. 用户接口（User Interface）

Hive 提供了多种用户接口，如命令行接口（CLI）、Web GUI 等。其中，CLI 是 Hive 自带的一个命令行客户端工具，可以通过 Hive 命令行的方式来操作数据；JDBC、ODBC 和 Thrift Server 可以向用户提供进行编程访问的接口，Thrift Server 是通过 thrift 协议提供 Hive 的 RPC 通信接口。

2. 元数据（Metadata）

Hive 的元数据存储了表、分区、列和分桶等表结构信息，以及表与底层 Hadoop 文件的映射关系。Hive 的元数据可以使用不同的存储系统，如嵌入式 Derby 数据库（Hive 内置的 Derby 数据库）、MySQL、PostgreSQL 等。Hive 中所有的元数据默认存储在 Hive 内置的 derby 数据库中，但由于 derby 只能有一个实例，即不能有多个命令行客户端同时访问，所以在实际生产环境中，通常使用 MySQL 代替 derby。

在 Hive 中的元数据进行统一管理。如果在 Hive 上创建了一张表，在 presto/impala/sparksql 中可以直接使用，它们会从 Metastore 中获取统一的元数据信息，同样，在 presto/impala/sparksql 中创建一张表，在 Hive 中也可以直接使用。

3. 元数据服务（Metastore）

Metastore 服务的作用是管理 Metadata 元数据，对外暴露服务地址，让各种客户端通过连接 Metastore 服务，由 Metastore 再去连接 MySQL 数据库来存取元数据。通过 Metastore 服务，就可以有多个客户端同时连接，而且这些客户端不需要知道 MySQL 数据库的用户名和密码，只需要连接 Metastore 服务即可。

4. 查询处理器（Query Processor）

Hive 接收到用户提交的查询后，查询处理器将查询解析、优化并执行。

首先，查询解析器（Query Parser）将查询语句解析为语法树；其次，进行语义分析和查询优化（Query Optimizer）；最后，生成的优化后的查询计划将在 Hadoop 集群上执行。

5. 执行引擎（Execution Engine）

Hive 支持多种执行引擎，如 MapReduce、Tez 和 Spark 等，用于执行查询计划并获取结果。执行引擎负责将查询分发到 Hadoop 集群的节点上，并协调节点之间的数据传输和计算。

6. 存储管理器（Storage Handlers）

Hive 支持多种存储格式和存储处理器，如文本文件、Parquet、ORC 等。存储处理器负责将数据从底层文件系统读取到 Hive 表中，或将数据从 Hive 表写入底层文件系统。

7. 扩展工具（Extensions）

Hive 提供了许多扩展工具和库，如 Hive SerDe、Hive Avro、Hive HBase 等。这些工具和库可以与 Hive 集成，扩展 Hive 的功能和适应更广泛的数据处理需求。

Hive 的体系结构包括用户接口、元数据、查询处理器、执行引擎、存储管理器、用户定义函数和扩展工具，这些组件相互协作，使得 Hive 能够提供一个 SQL-like 的查询语言，以及基于 Hadoop 的大数据处理能力。

10.2.3 Hive 数据模型

Hive 的数据模型包括：Database、Table、Partition 和 Bucket。

1. 数据库（Database）

相当于关系数据库里的命名空间（namespace），它的作用是将用户和数据库的应用隔离到不同的数据库或模式中，在 HDFS 中表现为 ${hive.metastore.warehouse.dir} 目录下一个文件夹。该模型在 hive 0.6.0 之后的版本支持，hive 提供了 create database dbname、use dbname 以及 drop database dbname 这样的语句对 Database 进行操作。

2. 表（Table）

Hive 中的表（Table）逻辑上是由存储的数据和描述表格中数据的相关元数据组成。Hive 将元数据存储在关系数据库（RDBMS）里，如 MySQL、Derby 等。

表存储的数据存放在 Hive 的数据仓库中，该数据仓库是 HDFS 中的一个目录，该目录是在 hive-site. xml 配置文件中由 ${hive. metastore. warehouse. dir} 指定的。创建一张 Hive 的表，就是在 HDFS 的仓库目录下创建一个文件夹。在 Hive 中，每个表包含一个主题信息，由多个属性字段组成的二维数据集合，一个数据库可以包含多张表，在 HDFS 中表现为 db 目录下的一个文件夹。

在 Hive 中，表分为内部表和外部表（External Table）两种。内部表的数据文件存储在 Hive 的数据仓库里，删除内部表时，其元数据与数据都会被删除；外部表的数据文件可以存放在 Hive 数据仓库外部的分布式文件系统上，也可以放到 Hive 数据仓库里。外部表实际数据是存储在 LOCATION 后面指定的 HDFS 路径中，若不指定则移动到数据仓库目录中。当删除一个外部表时，仅删除该元数据。

3. 分区（Partition）

Hive 中的分区是根据“分区列”的值对表的数据进行粗略划分的机制，在 Hive 存储上就体现在表的主目录下的一个子目录，这个子目录的名字就是已经定义的“分区列 + 值”。分区以字段的形式存在表结构中，通过 describe table 命令可以查看到字段存在，但并不是对应着数据文件中某个列的字段，它不存放实际的数据内容，仅仅是分区的表示（伪列）。而用户存储的每个数据文档到底放到哪个分区，则由用户决定，只是单纯的数据文档的移动。即用户在加载数据时必须显示指定该部分数据放到哪个分区。

每个表可以有一个或多个分区键值，是数据的存储单元，可以按分区 key 划分查询数据范围，有效提高查询效率。比如可以按月和按天设计表分区，查询是指定查某天则不需要扫描整月数据。在 HDFS 中表现为 Table 目录下的子目录。

4. Hive 桶（Bucket）

对于每一个表（Table）或者分区，Hive 可以进一步组织成桶，桶是更细粒度的数据范围划分。桶是对数据源数据文件本身来拆分数据，使用桶的表会将源数据文件按一定规律拆分成多个文件。物理上，每个桶就是表（或分区）目录里的一个文件。桶表就是对应不同的文件。在 HDFS 中表现为 table/分区/00000_0…0000N_0。Hive 也是针对某一列进行桶的组织，这里的列字段是对应于数据文件中具体某个列的。Hive 采用对列值哈希，然后除以桶的个数求余的方式决定该条记录存放在哪个桶当中。

10.2.4 Hive 部署方式

Hive 是一个数据仓库软件，建立在 Hadoop 之上，用于查询和管理大型数据集，Hive 提供了多种部署方式，根据元数据 Metastore 存储位置的不同，可以分为三种模式：内嵌模式、本地模式和远程模式，即单用户模式、多用户模式和远程服务模式。这三种模式的 Metastore 服务配置如表 10－1 所示。

表 10－1　　三种部署模式下的 Metastore 服务配置

项目	内嵌模式	本地模式	远程模式
Metastore 单独配置、启动	否	否	是
Metadata 存储介质	Derby	Mysql	Mysql

1. 内嵌模式（Embedded Mode）

内嵌模式是 Hive 最简单的部署方式，也是 Hive 默认的配置方式，简单易用，如图 10－3 所示。在该模式下，Hive 服务运行在一个进程中，通常使用 Hive 内置的 Derby 数据库（Derby 数据库是一个轻量级的嵌入式数据库）来存储元数据，通过操作 Derby 数据库做元数据的管理，不需要额外启动 Metastore 服务；数据库和 Metastore 服务都嵌入在主 Hive Server 进程中；使用 Derby 存储方式时，运行 hive 会在当前目录生成一个 derby 文件和一个 metastore_db 目录；由于内嵌模式一次只能一个客户端连接，通常只适用于实验环境或小型、测试环境，不适合生产环境。

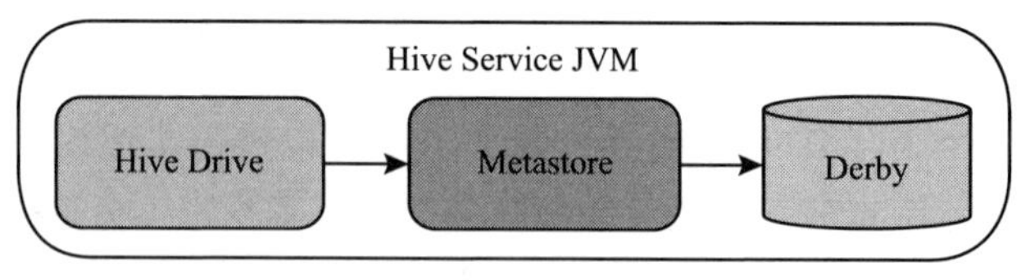

图 10－3　内嵌模式

（1）优点

内嵌模式配置简单，Hive 服务作为一个嵌入式服务运行，通常与 Hadoop 的其他组件（如 HDFS、YARN）一起部署在同一台机器上，Hive Server2 可以直接与 HDFS 和 YARN 进行交互，无须通过网络通信，没有网络延迟，因此，性能较高。

（2）缺点

不同路径启动 Hive，每一个 Hive 拥有一套自己的元数据，无法共享。在同一个目录下只能有一个 Hive 客户端能使用数据库，目录不同时，元数据也无法共享；Deby 只能接受一个 Hive 会话的访问，试图启动第二个 Hive 会话就会导致 Metastore 连接失败，因此内嵌模式下的 Hive 不支持多会话连接。

内嵌模式通常用于开发者调试环境中，不适合生产环境，只适合练习。

2. 本地模式（Local Mode）

在本地模式中，Hive 运行在客户端机器上，但它仍然连接到远程的 HDFS 和 YARN 集群，适用于小规模数据集。Hive Server2 和客户端在同一台机器上运行，但执行查询时会将任务提交到远程的 YARN 集群；Hive 服务和 Metastore 服务运行在同一个进程中，通常使用 MySQL 数据库做元数据的存储，通过操作 MySQL 数据库做元数据管理；MySQL 是单独的进程，可以在同一台机器上，也可以在远程机器上。Driver 和 Metastore 在同一台机器上，单个 Hive 会话（一个 Hive Service JVM）以组件方式调用 Metastore 和 Driver，能与 MySQL 进行连接，允许同时存在多个 Hive 会话，即多个用户可以同时连接到元数据库中，同时访问 MySQL，但这可能会增加 MySQL 服务端的压力。如图 10 - 4 所示。

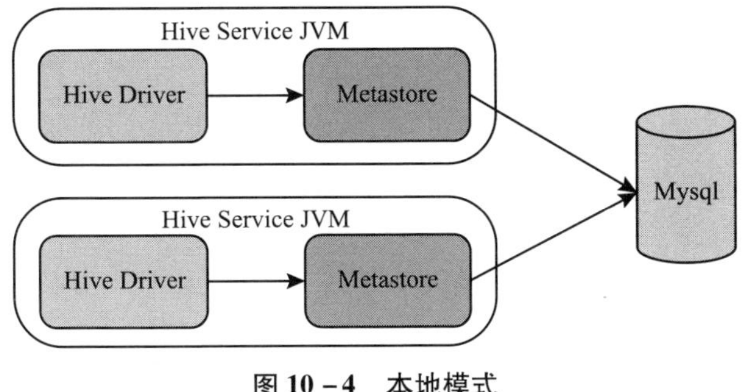

图 10 - 4　本地模式

(1) 优点

本地模式使用的与 Hive 在同一个进程中的 Metastore 服务，启动 Metastore 服务就启动了 Hive，不需要单独开启 Metastore 服务，而且可以多个 Hive Client 一起使用，共享元数据。这种模式适用于对元数据访问有较高要求的环境，由于使用 MySQL 数据库作为元数据存储，因此具有较高的可扩展性和可靠性。

(2) 缺点

由于 Driver 和 Metastore 运行在同一台机器上，MySQL 的连接信息明文存储在客户端配置，不便于数据库连接信息保密和以后对元数据库进行更改；由于每个客户端都自己发起连接，多个 Hive 服务同时访问 MySQL，如果客户端太多也会对 MySQL 造成较大的压力。当数据集较大时，客户端机器可能会成为瓶颈。

本地模式适用于小规模数据集或开发环境。

3. 远程模式 (Remote Mode)

在远程模式下，将 Metastore 分离出来，成为一个独立的 Hive 服务，HiveServer2 服务和 Hive Metastore 服务在不同的进程内，运行在不同的远程服务器上，客户端可以通过 JDBC/ODBC 连接到这些服务，执行查询时，任务会提交到远程的 YARN 集群进行处理。在远程模式下，通常是使用远程的独立数据库（如 MySQL）作为元数据的存储，使用 Metastore 服务做元数据的管理。由于可以只在运行 Metastore 的机器上配置元数据库连接信息，客户端只需要配置 Metastore 连接信息，而且多个用户之间不需要共享 JDBC 登录账户信息就可以存取元数据，这样更便于元数据库信息的保密，避免认证信息的泄露，同时可以部署多个 Metastore 服务，以提高数据仓库的可用性。但是，如果多个 Hive 服务同时访问 Metastore，可能使得 Metastore 服务端压力增加，但是可以通过横向扩展 Metastore 减压。而如果 Metastore 服务挂了，其他 Hive 终端就获取不到元数据信息，就容易出现单点故障问题。

(1) 优点

Metastore 服务和 Hive 运行在不同的进程中，采用外部数据库（通常是 MySQL）存储元数据，扩展性比较好，适合大规模数据集和生产环境；需要单独开启 Metastore 服务，每个客户端都在配置文件中配置连接该 Metastore 服务。

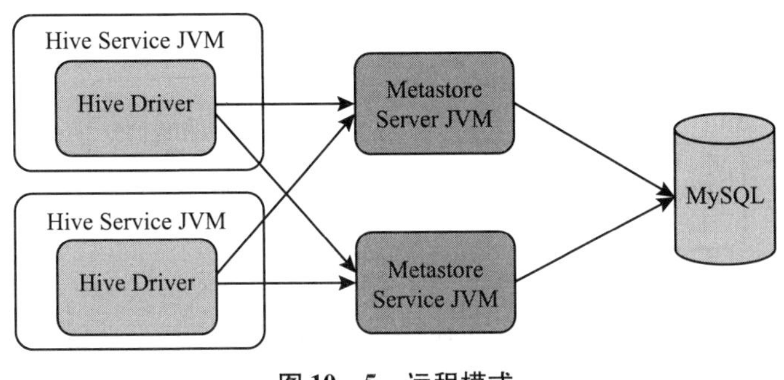

图 10-5　远程模式

（2）缺点

配置比较复杂，需要通过网络进行通信，可能会引起额外的网络延迟和性能损失。

远程模式适用于大型生产环境，特别是当 Hive 服务和 Metastore 服务需要分开部署以提高可用性和性能时，使用远程模式可以更好地利用资源，提高系统的稳定性和可扩展性。

10.2.5　Hive SQL 执行流程

Hive 查询操作过程严格遵守 Hadoop MapReduce 的作业执行模型。Hive 数据仓库主要通过 HiveSQL 进行统计分析，它首先将 SQL 语言的常用操作，如 select、where、Group 等用 MapReduce 编写成模板，并把所有的 MapReduce 模板封装在 Hive 中；当客户端用户根据业务需求编写相应的 SQL 查询语句，并提交给 Hive 框架时，Hive 框架会对提交的 SQL 语句匹配出相应的 MapReduce 模板，然后提交给 Hadoop 集群运行 MapReduce 程序，并生成相应的分析结果。具体过程如图 10-6 所示。

Hive 将用户编写的 HiveSQL 语句通过解释器转换为 MapReduce 作业进行执行的过程是一个复杂但结构化的转换流程。Hive 通过将 HiveSQL 查询转化为 MapReduce 作业，能够利用 Hadoop 集群的分布式计算能力来处理大规模数据，并能够充分利用 Hadoop 框架来监控所有作业的执行过程。具体地，Hive SQL 转化为 MapReduce 作业的主要步骤为：

（1）用户提交查询

用户在 Hive SQL 客户端中提交查询等任务给 Driver，以从一个或多个表中获取数据。

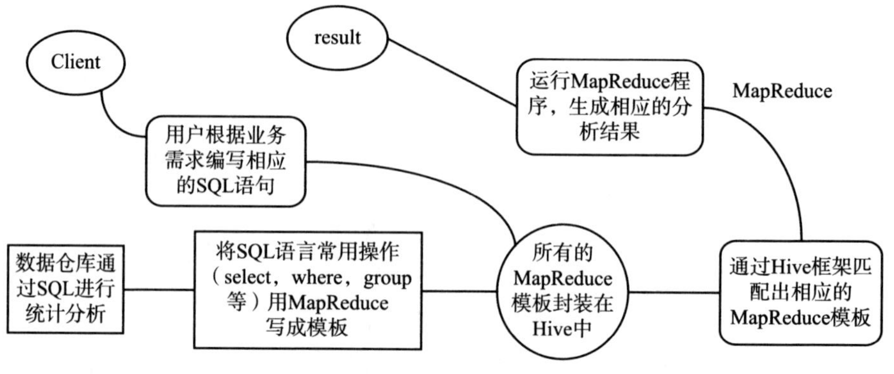

图 10－6　HiveSQL 执行过程

（2）语法解析和语义分析

语法解析：Hive 查询解析器对提交的 SQL 查询进行语法解析，将其分解为一系列的词法单元，并检查语法的正确性，将 SQL 语句解析为抽象语法树（AST）。如果查询存在语法错误，解析过程将抛出异常。

语义分析：Hive 对解析后得到的抽象语法树通过词法分析、语法分析、表达式解析、类型推导等转化为逻辑执行计划。在这个阶段，Hive 会检查语句的合法性和有效性，并进行语义分析，包括表、列是否存在，语法是否正确等，确保表、列等对象存在且正确引用。

（3）查询优化

查询优化的目的是生成一个高效的物理执行计划，以便在有限的资源下最快地得到结果。优化包括选择最佳的执行计划、逻辑优化、物理优化等。

逻辑优化：Hive 查询优化器对抽象语法树 AST 进行逻辑优化，如谓词下推、列裁剪、常量折叠等，以改进查询效率，提高查询性能。

物理优化：优化器进行物理优化，选择合适的 Join 算法、排序算法、过滤、合并等，以生成执行代价最小的查询计划。

（4）元数据访问

Hive 的编译器根据用户任务去 MetaStore 中获取需要的 Hive 的元数据信息，通过访问元数据（Metadata）来获取表的结构、列的数据类型等信息，这些信息对于后续的查询优化和执行至关重要。

（5）生成逻辑执行计划

基于优化后的抽象语法树 AST 和获取的元数据信息，Hive 生成逻辑执行计划，这个计划描述了查询的抽象执行流程，但还没有涉及具体的物理实现。

（6）生成物理执行计划

将逻辑执行计划转换为物理执行计划，物理执行计划包含了实际执行查询的具体步骤，如数据的加载、过滤、连接等操作。这个过程涉及具体的 MapReduce 作业的配置和生成。Hive 根据物理执行计划转换为 MapReduce 作业，包括生成 Mapper 和 Reducer 的代码，以及配置作业的执行参数，其中 Mapper 负责读取数据并进行初步的处理和过滤，Reducer 则负责聚合和输出最终结果；Hive 会根据表的存储格式、分区信息、查询的复杂性等因素，决定如何划分 MapReduce 任务，以及每个任务需要处理的数据范围。

（7）生成查询计划

在得到物理执行计划后，基于优化后的查询语句，Hive 生成查询计划，即执行计划。执行计划描述了如何在底层的存储系统（如 Hadoop）执行查询。

（8）执行查询计划

Hive 将查询计划提交给执行引擎（如 MapReduce、Tez、Spark 等），执行引擎负责将生成的 MapReduce 作业分发到 Hadoop 集群的各个节点上进行执行，并协调节点之间的数据传输和计算。在本阶段，Hadoop 集群中的 ResourceManager 负责调度作业的执行，NameNode 和 DataNode 负责数据的存储和访问，并涉及数据加载、过滤、排序、连接等操作，每个任务对应一个或多个 Hive 表或分区，可能涉及 Hive 的不同组件，如 Hive Metastore、HiveServer2 等。

在本阶段，各个节点会从 Hadoop 分布式文件系统（HDFS）或其他存储系统中读取数据，并按照查询计划中的操作进行处理，如过滤、聚合、排序等。如果查询涉及多个节点，执行引擎会负责节点之间的数据传输和合并，将部分结果合并成最终的查询结果。

（9）作业执行和结果输出

当查询执行完成后，执行引擎会将结果返回给 Hive，然后由 Hive 将结果返回给用户，结果可以输出到控制台、文件、数据库中。

（10）清理

最后，Hive 会进行一些清理工作，如释放资源、清理临时文件等。

由于 Hive 是基于 Hadoop 的，因此其性能和效率会受到 Hadoop 集群资源的影响。例如，如果 Hadoop 集群的资源有限，那么 Hive 的查询速度可能会比较慢。

10.2.6 Hive SQL 命令

Hive 定义了一套自己的 SQL，简称 HQL，如表 10－2 所示。它与关系型数据库的 SQL 略有不同，但支持了绝大多数的语句如 DDL、DML 以及常见的聚合函数、连接查询、条件查询。

表 10－2　　HiveSQL 命令

项目	HiveSQL 命令	功能	HiveSQL 命令	功能
DDL 操作（数据定义语言）	create database database_name	创建新数据库	create table table_name (column1 datatype, column2 datatype,...)	创建新表
	alter database database_name	修改数据库	alter table table_name	变更（改变）数据库表
	drop database database_name	删除数据库	drop table table_name	删除表
	use database_name	切换到指定数据库	show table table_name	查看表
	create index	创建索引（搜索键）	drop index	删除索引
DML 操作（数据操作语言）	load data	加载数据，导入数据到表	update table_name set column1 = value1, column2 = value2, ... where condition	更新表（从 Hive 0.14 开始可用，并且只能在支持 ACID 的表上执行）
	insert overwrite	覆盖数据（insert ... values 从 Hive 0.14 开始可用）	delete from table_name where condition	删除表中 ID 等于 1 的数据（delete 在 Hive 0.14 开始可用，并且只能在支持 ACID 的表上执行）
	INSERT INTO table_name VALUES (value1, value2, ...)	插入数据	merge	合并（MERGE 在 Hive 2.2 开始可用，并且只能在支持 ACID 的表上执行）
	SELECT column1, column2, ... FROM table_name WHERE condition	查询数据		

Hive SQL 命令示例如下：

（1）创建表 pokes

hive > CREATE TABLE pokes (foo INT, bar STRING
COMMENT 'This is bar');

（2）创建表 invites 并创建索引字段 ds

hive > CREATE TABLE invites (foo INT, bar STRING) PARTITIONED BY (ds STRING);

（3）显示所有表

hive > SHOW TABLES;

（4）按正条件（正则表达式）显示表

hive > SHOW TABLES '. * s';

（5）将 pokes 表添加一列 new_col

hive > ALTER TABLE pokes ADD COLUMNS (new_col INT);

（6）添加一列并增加列字段注释

hive > ALTER TABLE invites ADD COLUMNS (new_col2 INT COMMENT 'a comment');

（7）更改表名

hive > ALTER TABLE events RENAME TO 3koobecaf;

（8）删除列

hive > DROP TABLE pokes;

（9）将本地文件 kv1. txt 中的数据加载到表 pokes 中

hive > LOAD DATA LOCAL INPATH './examples/files/kv1. txt' OVERWRITE INTO TABLE pokes;

（10）加载本地数据 kv2. txt 到 invites 表中，同时给定分区信息

hive > LOAD DATA LOCAL INPATH './examples/files/kv2. txt' OVERWRITE INTO TABLE invites PARTITION (ds = '2008-08-15');

(11) 加载 DFS 数据，同时给定分区信息

hive > LOAD DATA INPATH '/user/myname/kv2. txt' OVERWRITE INTO TABLE invites PARTITION (ds = '2008-08-15') ;

(12) 按条件查询

hive > SELECT a. foo FROM invites a WHERE a. ds = '';

(13) 将查询数据输出至目录

hive > INSERT OVERWRITE DIRECTORY '/tmp/hdfs_out' SELECT a. * FROM invites a WHERE a. ds = '';

(14) 将查询结果输出至本地目录

hive > INSERT OVERWRITE LOCAL DIRECTORY '/tmp/local _ out ' SELECT a. * FROM pokes a;

(15) ** 选择所有列到本地目录 **

hive > INSERT OVERWRITE TABLE events SELECT a. * FROM profiles a;

hive > INSERT OVERWRITE TABLE events SELECT a. * FROM profiles a WHERE a. key < 100;

hive > INSERT OVERWRITE LOCAL DIRECTORY '/tmp/reg_3' SELECT a. * FROM events a;

hive > INSERT OVERWRITE DIRECTORY '/tmp/reg_4' select a. invites, a. pokes FROM profiles a;

hive > INSERT OVERWRITE DIRECTORY '/tmp/reg_5' SELECT COUNT (1) FROM invites a WHERE a. ds = '';

hive > INSERT OVERWRITE DIRECTORY '/tmp/reg_5' SELECT a. foo, a. bar FROM invites a;

hive > INSERT OVERWRITE LOCAL DIRECTORY '/tmp/sum' SELECT SUM(a. pc) FROM pc1 a;

(16) 将一个表的统计结果插入另一个表中

hive > FROM invites a INSERT OVERWRITE TABLE events SELECT

a. bar, count(1) WHERE a. foo > 0 GROUP BY a. bar;

hive > INSERT OVERWRITE TABLE events SELECT a. bar, count(1) FROM invites a WHERE a. foo > 0 GROUP BY a. bar;JOIN

hive > FROM pokes t1 JOIN invites t2 ON (t1. bar = t2. bar) INSERT OVERWRITE TABLE events SELECT t1. bar, t1. foo, t2. foo;

（17）将多表数据插入到同一表中

FROM src INSERT OVERWRITE TABLE dest1 SELECT src. * WHERE src. key < 100 INSERT OVERWRITE TABLE dest2 SELECT src. key, src. value WHERE src. key > = 100 and src. key < 200 INSERT OVERWRITE TABLE dest3 PARTITION(ds = '2008-04-08', hr = '12') SELECT src. key WHERE src. key > = 200 and src. key < 300 INSERT OVERWRITE LOCAL DIRECTORY '/tmp/dest4. out' SELECT src. value WHERE src. key > = 300;

（18）将文件流直接插入文件

hive > FROM invites a INSERT OVERWRITE TABLE events SELECT TRANSFORM(a. foo, a. bar) AS (oof, rab) USING '/bin/cat' WHERE a. ds > '2008-08-09';

（19）创建一个表

CREATE TABLE u_data (
userid INT,
movieid INT,
rating INT,
unixtime STRING)
ROW FORMAT DELIMITED FIELDS TERMINATED BY '\t' STORED AS TEXTFILE;

（20）下载示例数据文件，并解压缩

wget http://www. grouplens. org/system/files/ml-data. tar__0. gz
tar xvzf ml-data. tar__0. gz

（21）加载数据到表中

LOAD DATA LOCAL INPATH 'ml-data/u. data'

OVERWRITE INTO TABLE u_data;

(22) 统计数据总量

SELECT COUNT(1) FROM u_data;

(23) ** 创建一个 weekday_mapper. py: 文件，作为数据按周进行分割 **

import sysimport datetimefor line in sys. stdin:
line = line. strip( )
userid, movieid, rating, unixtime = line. split('\t')

(24) 生成数据的周信息

weekday = datetime. datetime. fromtimestamp(float(unixtime)). isoweekday( )
print '\t'. join([userid, movieid, rating, str(weekday)])

(25) 使用映射脚本

//创建表,按分割符分割行中的字段值
CREATE TABLE u_data_new (
userid INT,
movieid INT,
rating INT,
weekday INT) ROW FORMAT DELIMITEDFIELDS TERMINATED BY '\t';
//将 python 文件加载到系统
add FILE weekday_mapper. py;
//将数据按周进行分割
INSERT OVERWRITE TABLE u_data_newSELECT
TRANSFORM (userid, movieid, rating, unixtime)
USING 'python weekday_mapper. py'
AS (userid, movieid, rating, weekday) FROM u_data; SELECT weekday, COUNT(1) FROM u_data_newGROUP BY weekday;

10.3　Hive 的部署与使用

10.3.1　软件下载

方法 1：可以到 Hive 官方网站（https：//hive. apache. org/downloads. html）或镜像网站（http：//mirror. bit. edu. cn/apache/hive/或者 http：//mirrors. hust. edu. cn/apache/）中，选择合适的 Hive 版本进行下载，如图 10－7 和图 10－8 所示。在后面的实验中，我们使用的是 hive2. 1. 0. tar. gz 安装文件来安装 Hive。

Index of /apache/hive

Name	Last modified	Size	Description
Parent Directory		-	
hive-1.2.2/	20-Jun-2017 19:15	-	
hive-2.1.1/	20-Jun-2017 19:15	-	
hive-2.2.0/	26-Jul-2017 01:31	-	
hive-2.3.2/	14-Nov-2017 07:18	-	
hive-parent-auth-hook/	20-Jun-2017 19:15	-	
hive-storage-2.2.1/	20-Jun-2017 19:15	-	
hive-storage-2.3.0/	20-Jun-2017 19:15	-	
hive-storage-2.3.1/	20-Jun-2017 19:15	-	
hive-storage-2.4.0/	18-Jul-2017 10:50	-	
ldap-fix/	20-Jun-2017 19:15	-	
stable-2/	14-Nov-2017 07:18	-	
stable/	20-Jun-2017 19:15	-	

图 10－7　Hive 下载官网

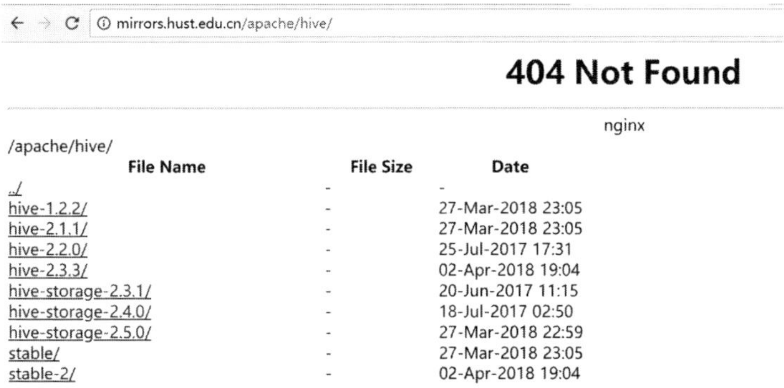

mirrors.hust.edu.cn/apache/hive/

404 Not Found

nginx

/apache/hive/

File Name	File Size	Date
../	-	-
hive-1.2.2/	-	27-Mar-2018 23:05
hive-2.1.1/	-	27-Mar-2018 23:05
hive-2.2.0/	-	25-Jul-2017 17:31
hive-2.3.3/	-	02-Apr-2018 19:04
hive-storage-2.3.1/	-	20-Jun-2017 11:15
hive-storage-2.4.0/	-	18-Jul-2017 02:50
hive-storage-2.5.0/	-	27-Mar-2018 22:59
stable/	-	27-Mar-2018 23:05
stable-2/	-	02-Apr-2018 19:04

图 10－8　Hive 下载镜像

方法2：为了确保软件兼容性，保证实验顺利，推荐使用已经下载好的版本，文件在Ubuntu Linux16.04镜像文件/usr/my_software/KINSTON/hive2.1.0.tar.gz中。

注意：Hive安装之前需要先安装Hadoop，如果还没有部署Hadoop，请先完成前面的实验内容。如果配合HBase使用，还需要考虑与HBase的兼容性。(Hadoop、HBase、Hive三者兼容性说明)。

10.3.2 安装部署

1. 安装准备

首先，以Hadoop用户的身份登录，新建一个文件夹/usr/local/java/hive作为Hive的安装目录，执行命令如下，结果如图10-9所示。

```
$cd /usr/local/java   //进入安装目录
$sudo mkdir hive   //创建 hive 安装目录
$ls  //查看目录是否创建成功
```

```
bigdata@bigdata-VirtualBox:~$ cd /usr/local/java
bigdata@bigdata-VirtualBox:/usr/local/java$ sudo mkdir hive
[sudo] bigdata 的密码:
bigdata@bigdata-VirtualBox:/usr/local/java$ ls
apache-tomcat-8.5.27  hive         jdk-8u162-linux-x64.tar.gz
hadoop                IDEA
hbase                 jdk1.8.0_162
bigdata@bigdata-VirtualBox:/usr/local/java$
```

图10-9 创建安装目录

2. 解压安装

步骤1：安装Hive。

将Hive部署到usr/local/java/hive目录中，首先复制Hive安装包文件到此目录中，用tar命令进行解压，最后清除安装包文件，命令如下，结果如图10-10~图10-12所示。

```
$cd /usr/local/java/hive
$sudo cp /usr/my_software/KINGSTON/apache-hive-2.1.0-bin.tar.gz
/usr/local/java/hive   //复制 Hive 的安装文件包到 Hive 目录中
```

$cd /usr/local/java/hive　//进入 hive 目录

$ls //查看 hive 安装包是否复制成功

```
bigdata@bigdata-VirtualBox:/usr/local/java$ cd /usr/local/java/hive
bigdata@bigdata-VirtualBox:/usr/local/java/hive$ sudo cp /usr/my_soft
ware/KINGSTON/apache-hive-2.1.0-bin.tar.gz  /usr/local/java/hive
bigdata@bigdata-VirtualBox:/usr/local/java/hive$ ls
apache-hive-2.1.0-bin.tar.gz
bigdata@bigdata-VirtualBox:/usr/local/java/hive$ 
```

图 10－10　查看 Hive 安装包是否复制成功

$sudo tar -zxvf　apache-hive-2. 1. 0-bin. tar. gz //将安装文件解压缩到安装路径

```
apache-hive-2.1.0-bin/lib/py/hive_metastore/constants.py
apache-hive-2.1.0-bin/lib/py/hive_metastore/ThriftHiveMetastore-remote
apache-hive-2.1.0-bin/lib/py/hive_metastore/ThriftHiveMetastore.py
apache-hive-2.1.0-bin/lib/py/hive_metastore/ttypes.py
apache-hive-2.1.0-bin/lib/py/queryplan/__init__.py
apache-hive-2.1.0-bin/lib/py/queryplan/constants.py
apache-hive-2.1.0-bin/lib/py/queryplan/ttypes.py
apache-hive-2.1.0-bin/hcatalog/bin/common.sh
apache-hive-2.1.0-bin/hcatalog/bin/hcat
apache-hive-2.1.0-bin/hcatalog/bin/hcat.py
apache-hive-2.1.0-bin/hcatalog/bin/hcatcfg.py
apache-hive-2.1.0-bin/hcatalog/bin/templeton.cmd
apache-hive-2.1.0-bin/hcatalog/etc/hcatalog/jndi.properties
apache-hive-2.1.0-bin/hcatalog/etc/hcatalog/proto-hive-site.xml
apache-hive-2.1.0-bin/hcatalog/etc/webhcat/webhcat-default.xml
apache-hive-2.1.0-bin/hcatalog/etc/webhcat/webhcat-log4j2.properties
apache-hive-2.1.0-bin/hcatalog/libexec/hcat-config.sh
apache-hive-2.1.0-bin/hcatalog/sbin/hcat_server.py
apache-hive-2.1.0-bin/hcatalog/sbin/hcat_server.sh
apache-hive-2.1.0-bin/hcatalog/sbin/hcatcfg.py
apache-hive-2.1.0-bin/hcatalog/sbin/update-hcatalog-env.sh
apache-hive-2.1.0-bin/hcatalog/sbin/webhcat_config.sh
apache-hive-2.1.0-bin/hcatalog/sbin/webhcat_server.sh
hadoop@bigdata-VirtualBox:/usr/local/java/hive$ 
```

图 10－11　解压成功

$sudo mv apache-hive-2. 1. 0-bin　hive-2. 1. 0　#将文件夹名字改为 hive-2. 1. 0

$sudo chown -R hadoop:hadoop . /hive-2. 1. 0　//修改 hive 安装目录的权限

$sudo rm -rf　apache-hive-2. 1. 0-bin. tar. gz　//删除 hive 的安装包

```
hadoop@bigdata-VirtualBox:/usr/local/java/hive$ sudo rm -rf  apache-hive-2.1.0-
bin.tar.gz
hadoop@bigdata-VirtualBox:/usr/local/java/hive$ ls
hive-2.1.0
hadoop@bigdata-VirtualBox:/usr/local/java/hive$ 
```

图 10－12　删除安装包成功

3. 配置 Hive 运行环境

步骤 1：修改 profile 文件，配置环境变量。

修改 profile 系统配置文件：

$sudo gedit /etc/profile　//利用 gedit 编辑器打开 profile 系统配置文件，该文件主要用于配置属性为全局变量，这里需要配置 hive 的安装路径 HIVE_HOME

在 profile 配置文件中加入如下代码：

```
#hive
export HIVE_HOME = /usr/local/java/hive/hive-2. 1. 0
PATH = $HIVE_HOME/bin: $PATH
```

注意：①HIVE_HOME 不用新创建，在 Path 项中已经存在，无须创建，只需在 Path 项中修改加上 HIVE_HOME 即可。②需要使用专门的命令更新配置文件，使修改的配置文件立即生效。

$source /etc/profile　//更新 profile 文件的配置，使之生效

步骤 2：配置 hive-site. xml 文件，如图 10 – 13 所示。

复制模板文件 hive-default. xml. template，并将其重命名为 hive-site. xml；然后，用 gedit 编辑器打开该文件，进行编辑。

```
$cd   /usr/local/java/hive/hive-2. 1. 0/conf   //进入 conf 目录
$cp   hive-default. xml. template   hive-site. xml
$gedit hive-site. xml
```

把原来在 hive-site. xml 中的内容删除，并在 hive-site. xml 中粘贴如下配置信息：

```
<? xml version = "1. 0" encoding = "UTF-8" standalone = "no"? >
<? xml-stylesheet type = "text/xsl" href = "configuration. xsl"? >
<configuration>
  <property>
    <name>javax. jdo. option. ConnectionURL</name>
    <value>jdbc: mysql://localhost: 3306/db _hive? createDatabase
```

```
IfNotExist = true </value>
        <description>JDBC connect string for a JDBC metastore </description>
    </property>
    <property>
        <name>javax.jdo.option.ConnectionDriverName</name>
        <value>com.mysql.jdbc.Driver</value>
        <description>Driver class name for a JDBC metastore </description>
    </property>
    <property>
        <name>javax.jdo.option.ConnectionUserName</name>
        <value>root</value>
        <description>username to use against metastore database </description>
    </property>
    <property>
        <name>javax.jdo.option.ConnectionPassword</name>
        <value>123456</value>
        <description>password to use against metastore database </description>
    </property>
</configuration>
```

$ls　//查看文件是否创建成功

以下为可选配置，该配置信息可以用来指定 Hive 数据仓库的数据在 HDFS 上具体存储的目录位置。

```
<property>
    <name>hive.metastore.warehouse.dir</name>
    <value>/hive/warehouse</value>
    <description>hive default warehouse, if nessecory, change it </description>
```

</property>

这里需要注意以下几点：

①该配置主要是配置了与 MySQL 的连接。

②hive-default. xml. template 是 Hive 提供的配置文件模板，要把里面配置项按照自身环境进行修改。

③我们前面配置的本地 MySQL；用户：root；密码：123456；数据库：db_hive。

④删除原有内容可以使用“shift”键：首先找到要删除内容的起始点，用鼠标左键点击一下，然后，再找到要删除的内容的末尾，按住“shift”键后再用鼠标左键进行点击，即可以选择全部要删除的内容，点击“空格”键即可以删除掉所选择的内容。

```
  <!-- WARNING!!! Any changes you make to this file will be ignored by Hive.   -->
  <!-- WARNING!!! You must make your changes in hive-site.xml instead.         -->
  <!-- Hive Execution Parameters -->
    <property>
    <name>javax.jdo.option.ConnectionURL</name>
    <value>jdbc:mysql://localhost:3306/db_hive?createDatabaseIfNotExist=true</value>
    <description>JDBC connect string for a JDBC metastore</description>
  </property>
  <property>
    <name>javax.jdo.option.ConnectionDriverName</name>
    <value>com.mysql.jdbc.Driver</value>
    <description>Driver class name for a JDBC metastore</description>
  </property>
  <property>
    <name>javax.jdo.option.ConnectionUserName</name>
    <value>root</value>
    <description>username to use against metastore database</description>
  </property>
  <property>
    <name>javax.jdo.option.ConnectionPassword</name>
    <value>123456</value>
    <description>password to use against metastore database</description>
  </property>

</configuration>
```

XML ▼ 制表符宽度：8 ▼ 行 42，列 1 ▼ 插入

图 10－13　配置 hive-site. xml 文件

10. 3. 3　配置 MySQL

1. 部署 JDBC 驱动

因为要使用 MySQL 作为数据仓库 Hive 的元数据库，所以，需要先安装配置好 MySQL。如果还没有配置安装 MySQL，具体安装步骤见安装 MySQL

的实验。

而如果 Hive 和 MySQL 要进行交互，还需要 MySQL JDBC 驱动的支持，该连接驱动可以到 MySQL 官网（http：//www. mysql. com/downloads/connector/j/）进行下载，下面的实验中使用的 MySQL 驱动包是 mysql-connector-java-5. 1. 40. tar. gz。

解压 JDBC 文件：

推荐使用已经下载好的版本，MySQL JDBC 驱动文件在 Ubuntu 镜像文件/usr/my_software/KINSTON/中：

```
$cd /usr/local/java/hive   #进入 JDBC 解压目录
$sudo cp /usr/my_software/KINGSTON/mysql-connector-java-5. 1. 40. tar. gz /usr/local/java/hive   #复制 MySQL JDBC 安装包到指定目录
$ls //查看 JDBC 安装包是否复制成功
$sudo tar -zxvf mysql-connector-java-5. 1. 40. tar. gz          #将连接驱动文件解压到当前文件夹
$ cp  /usr/local/java/hive/mysql-connector-java- 5. 1. 40/mysql-connector-java-5. 1. 40-bin. jar /usr/local/java/hive/hive-2. 1. 0/lib  //将 MySQL 驱动包复制到 hive 根目录下的 lib 目录中
```

注意，MySQL 驱动包为 mysql-connector-java-5. 1. 40-bin. jar，如图 10 – 14 所示。

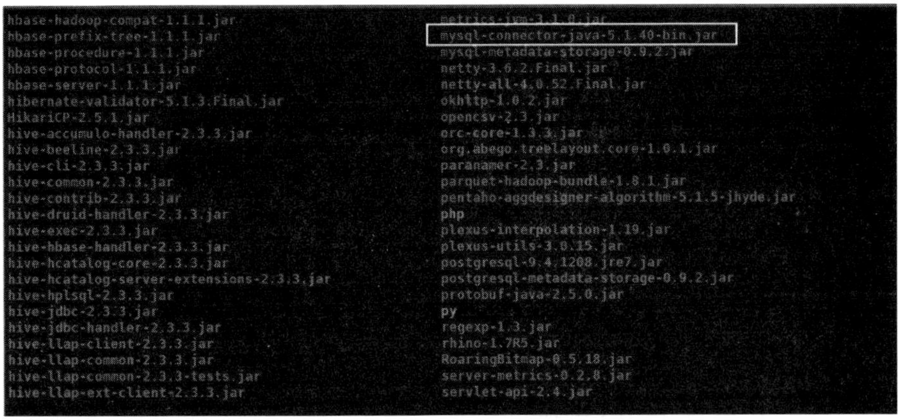

```
hbase-hadoop-compat-1.1.1.jar                      metrics-jvm-3.1.0.jar
hbase-prefix-tree-1.1.1.jar                        mysql-connector-java-5.1.40-bin.jar
hbase-procedure-1.1.1.jar                          mysql-metadata-storage-0.9.2.jar
hbase-protocol-1.1.1.jar                           netty-3.6.2.Final.jar
hbase-server-1.1.1.jar                             netty-all-4.0.52.Final.jar
hibernate-validator-5.1.3.Final.jar                okhttp-1.0.2.jar
HikariCP-2.5.1.jar                                 opencsv-2.3.jar
hive-accumulo-handler-2.3.3.jar                    orc-core-1.3.3.jar
hive-beeline-2.3.3.jar                             org.abego.treelayout.core-1.0.1.jar
hive-cli-2.3.3.jar                                 paranamer-2.3.jar
hive-common-2.3.3.jar                              parquet-hadoop-bundle-1.8.1.jar
hive-contrib-2.3.3.jar                             pentaho-aggdesigner-algorithm-5.1.5-jhyde.jar
hive-druid-handler-2.3.3.jar                       php
hive-exec-2.3.3.jar                                plexus-interpolation-1.19.jar
hive-hbase-handler-2.3.3.jar                       plexus-utils-3.0.15.jar
hive-hcatalog-core-2.3.3.jar                       postgresql-9.4.1208.jre7.jar
hive-hcatalog-server-extensions-2.3.3.jar          postgresql-metadata-storage-0.9.2.jar
hive-hplsql-2.3.3.jar                              protobuf-java-2.5.0.jar
hive-jdbc-2.3.3.jar                                py
hive-jdbc-handler-2.3.3.jar                        regexp-1.3.jar
hive-llap-client-2.3.3.jar                         rhino-1.7R5.jar
hive-llap-common-2.3.3.jar                         RoaringBitmap-0.5.18.jar
hive-llap-common-2.3.3-tests.jar                   server-metrics-0.2.8.jar
hive-llap-ext-client-2.3.3.jar                     servlet-api-2.4.jar
```

图 10 – 14　查看 MySQL 驱动包

2. 启动 MySQL 并进入 Shell

```
$service mysql start   #关闭 mysql 命令 service mysql stop
$mysql -u root -p
```

输入 MySQL 数据库 root 用户密码，此处为“123456”，进入 MySQL Shell。

3. 创建 Hive 元数据库

这里新建一个数据库存放 Hive 运行中产生的源数据：

mysql > create database db_hive； #构建元数据库

注意：MySQL Shell 中命令以分号结束。

4. MySQL 用户授权

为了能够使 Hive 连接到 MySQL，需要给它赋权，命令如下：

mysql > grant all on ＊. ＊ to root@ localhost identified by '123456'； #将所有数据库中的所有表的所有权限全部都赋给 MySQL 的 root 用户，后面的‘123456’是 MySQL 的密码，即 hive-site. xml 配置文件中配置的连接密码。

mysql > flush privileges； #刷新 MySQL 系统权限关系表

mysql > exit； #退出 mysql shell 环境

5. 启动 Hive

（1）验证 Hive 安装

利用 hive --help 命令验证 Hive 是否安装成功。界面如图 10 – 15 所示。

（2）启动 Hadoop 服务

启动 Hive 前，需要先启动 Hadoop 服务，命令如下，结果如图 10 – 16 所示：

```
$cd /usr/local/java/hadoop/hadoop-2. 7. 1/sbin
$. /start-dfs. sh    #启动 hadoop 服务
$jps      #查看是否启动成功
```

```
[hadoop@hadoop3 ~]$ hive --help
Usage ./hive <parameters> --service serviceName <service parameters>
Service List: beeline cleardanglingscratchdir cli hbaseimport hbaseschematool help hiveburninclient hiveserver2
hplsql jar lineage llapdump llap llapstatus metastore metatool orcfiledump rcfilecat schemaTool version
Parameters parsed:
  --auxpath : Auxiliary jars
  --config : Hive configuration directory
  --service : Starts specific service/component. cli is default
Parameters used:
  HADOOP_HOME or HADOOP_PREFIX : Hadoop install directory
  HIVE_OPT : Hive options
For help on a particular service:
  ./hive --service serviceName --help
Debug help:  ./hive --debug --help
[hadoop@hadoop3 ~]$
```

图 10－15　验证 Hive 安装

图 10－16　启动 Hadoop 成功

（3）初始化元数据库

当使用 hive 2. x 之前的版本时，也可以不做初始化，当 Hive 进行第一次启动时，会自动进行初始化，只是不会生成足够多的元数据库中的表，这些表需要在使用过程中慢慢生成。如果使用的是 Hive 2. x 版本，则 Hive 的元数据库必须手动初始化。使用的命令和显示界面如下，结果如图 10－17 所示：

```
$cd  /usr/local/java/hive/hive-2.1.0/bin  //进入 hive 安装目录
$./schematool -dbType mysql -initSchema  #对 Hive 进行重新初始化
```

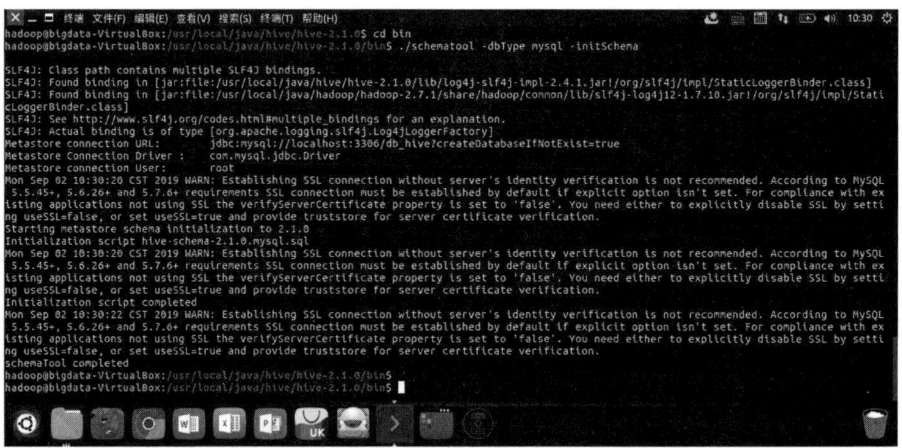

图 10－17　Hive 元数据库初始化

（4）启动 Hive 客户端

$./hive 或者 hive 或者 hive --service cli　　//三者效果是一样的

注意：①因为在/etc/profile 中配置了环境变量 HIVE_ HOME，因此，可以直接使用 Hive 命令启动 Hive 服务；②需要使用 schematool 工具初始化 Hive，否则，会报“Hive metastore database is not initialized”的错误。

当看到 hive > 提示符时则表示启动成功，如图 10－18 所示。

```
identity verification is not recommended. According to MySQL 5.5.45+, 5.6.26+ an
d 5.7.6+ requirements SSL connection must be established by default if explicit
option isn't set. For compliance with existing applications not using SSL the ve
rifyServerCertificate property is set to 'false'. You need either to explicitly
disable SSL by setting useSSL=false, or set useSSL=true and provide truststore f
or server certificate verification.
Wed Oct 09 14:49:54 CST 2019 WARN: Establishing SSL connection without server's
identity verification is not recommended. According to MySQL 5.5.45+, 5.6.26+ an
d 5.7.6+ requirements SSL connection must be established by default if explicit
option isn't set. For compliance with existing applications not using SSL the ve
rifyServerCertificate property is set to 'false'. You need either to explicitly
disable SSL by setting useSSL=false, or set useSSL=true and provide truststore f
or server certificate verification.
Wed Oct 09 14:49:54 CST 2019 WARN: Establishing SSL connection without server's
identity verification is not recommended. According to MySQL 5.5.45+, 5.6.26+ an
d 5.7.6+ requirements SSL connection must be established by default if explicit
option isn't set. For compliance with existing applications not using SSL the ve
rifyServerCertificate property is set to 'false'. You need either to explicitly
disable SSL by setting useSSL=false, or set useSSL=true and provide truststore f
or server certificate verification.
Hive-on-MR is deprecated in Hive 2 and may not be available in the future versio
ns. Consider using a different execution engine (i.e. spark, tez) or using Hive
1.X releases.
hive> serverce
```

图 10－18　Hive 启动成功

10.3.4　基本使用

现有一个文件 student. txt，将其存入 Hive 中，student. txt 数据格式如下：

```
95002,刘晨,女,19,IS
95017,王风娟,女,18,IS
95018,王一,女,19,IS
95013,冯伟,男,21,CS
95014,王小丽,女,19,CS
95019,邢小丽,女,19,IS
95020,赵钱,男,21,IS
95003,王敏,女,22,MA
95004,张立,男,19,IS
95012,孙花,女,20,CS
95010,孔小涛,男,19,CS
95005,刘刚,男,18,MA
95006,孙庆,男,23,CS
95007,易思玲,女,19,MA
95008,李娜,女,18,CS
95021,周二,男,17,MA
95022,郑明,男,20,MA
95001,李勇,男,20,CS
95011,包小柏,男,18,MA
95009,梦圆圆,女,18,MA
95015,王君,男,18,MA
```

1. 创建一个数据库 myhive

格式：create database 新数据库名，如图 10 – 19 所示。

```
hive > create database myhive; //创建数据库 myhive
```

```
hive> create database myhive;
OK
Time taken: 7.847 seconds
hive>
```

图 10－19　创建数据库 myhive

2. 使用新的数据库 myhive

格式：use 数据库名，如图 10－20 所示。

hive > use myhive; //打开数据库 myhive

```
hive> use myhive;
OK
Time taken: 0.047 seconds
hive>
```

图 10－20　打开数据库 myhive

3. 查看当前正在使用的数据库

格式：select current_database( )；//current_database( )能返回当前的数据库，如图 10－21 所示。

hive > select current_database( )；　//查看当前使用的数据库

```
hive> select current_database();
OK
myhive
Time taken: 0.728 seconds, Fetched: 1 row(s)
hive>
```

图 10－21　查看当前使用的数据库

4. 在数据库 myhive 创建一张 student 表

格式：create table 表名（字段名 数据类型，字段名 数据类型，…），如图 10－22 所示。

此时默认的分隔符是^A(Ctrl＋A）制表符，如果要指定其他分隔符（如用“,”作为分隔符)，则可以在语句后加入“row format delimited fields terminated by","”，例如：

hive＞ create table student(id int，name string，sex string，age int，department string) row format delimited fields terminated by ","；//在当前数据库中创建 student 表

```
hive> create table student(id int, name string, sex string, age int, department string) row format delimited fie
lds terminated by ",";
OK
Time taken: 0.718 seconds
hive>
```

图 10－22　在当前数据库中创建 student 表

5. 往表中加载数据

如果要导入 HDFS 中的数据，可以用“load data inpath ‘hdfs path’ into table 表名”的形式。如果要导入本地数据，可以用“load data local inpath ‘文件路径’ into table 表名”的形式，如图 10－23 所示。例如：

hive ＞ load data local inpath "/home/hadoop/student. txt" into table student；//将文本文件中的数据加载到 student 表中

```
hive> load data local inpath "/home/hadoop/student.txt" into table student;
Loading data to table myhive.student
OK
Time taken: 1.854 seconds
hive>
```

图 10－23　将文本文件中的数据加载到 student 表中

6. 查询数据

格式：select ＊ from 表名；查看表中的所有记录，如图 10－24 所示。

hive＞ select ＊ from student；//查看 student 表中的记录

```
hive> select * from student;
OK
95002   刘晨     女   19   IS
95017   王风娟   女   18   IS
95018   王一     女   19   IS
95013   冯伟     男   21   CS
95014   王小丽   女   19   CS
95019   邢小丽   女   19   IS
95020   赵钱     男   21   IS
95003   王敏     女   22   MA
95004   张立     男   19   IS
95012   孙花     女   20   CS
95010   孔小涛   男   19   CS
95005   刘刚     男   18   MA
95006   孙庆     男   23   CS
95007   易思玲   女   19   MA
95008   李娜     女   18   CS
95021   周二     男   17   MA
95022   郑明     男   20   MA
95001   李勇     男   20   CS
95011   包小柏   男   18   MA
95009   梦圆圆   女   18   MA
95015   王君     男   18   MA
Time taken: 2.455 seconds, Fetched: 21 row(s)
hive>
```

图 10－24　查看 student 表中的记录

7. 查看表结构

格式：desc extended 表名；查看指定表的表结构，如图 10－25 所示。

hive > desc extended student；　//查看 student 表的结构 hive > desc formatted student；

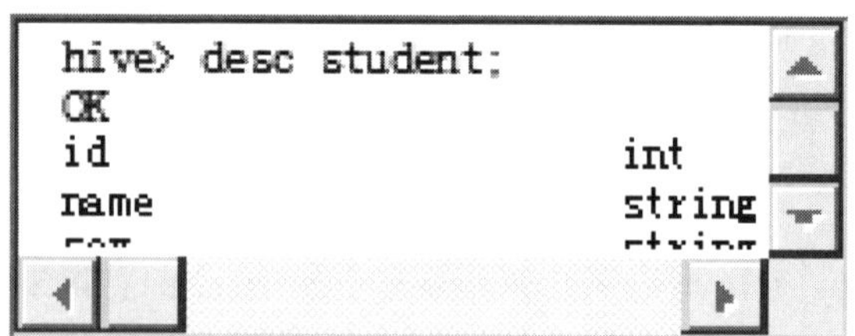

图 10－25　查看 student 表的结构

10.4 本章小结

数据仓库是一个面向主题的、集成的、相对稳定的、反映历史变化的数据集合，用于支持管理决策，是进行在线分析处理 OLAP 的重要数据来源。在大数据环境下，Apache Hive 是一款建立在 Hadoop 之上的开源数据仓库系统，它可以将存储在 Hadoop 中的结构化、半结构化数据文件映射为一张数据库表，并基于数据库表提供了一种类似于 SQL 的查询语言（Hive SQL，HiveQL）能够进行类 SQL 查询功能，用于方便地处理和分析存储在 Hadoop 中的大规模数据集，是一种非常重要的进行大规模数据分析的数据仓库工具。

因此，本章首先介绍了数据仓库的概念及特点，其次详细介绍了分布式环境下的数据仓库 Hive 的主要特征；Hive 体系结构中所包含用户接口模块、驱动模块和元数据存储模块的主要功能，Hive 的数据模型包括：Database、Table、Partition 和 Bucket，以及这四种概念在 Hive 中的体现；以及 Hive 的三种部署方式：内嵌模式、本地模式和远程模式及其特点；再次介绍了 Hive 中的 HiveSQL 的执行流程以及 HiveSQL 中的相关的命令及其语法格式，最后，介绍了 Hive 组件的安装与部署过程，并介绍了在 Hive 中进行的操作示例。

本章习题

一、填空题

1. 数据仓库的概念是数据仓库之父（　　　　　　）在 1990 年提出的。

2. 数据仓库是一个（　　　　　　）、（　　　　　　）、（　　　　　　）、（　　　　　　）的数据集合，用于支持管理决策。

3. 数据仓库的架构一般分为三层：（　　　　　　）、（　　　　　　）和（　　　　　　）。

4. 在从各种数据源中抽取数据的过程中，一般需要 ETL 工具将数据转化为规范格式和结构，这里的 ETL 分别是（　　　　）（　　　　）和（　　　　）的简称，分别表示（　　　）、（　　　）、（　　　）。

5. Hive 是一个基于（　　　　）的数据仓库工具，用于处理大规模（　　　）和（　　　）数据。

6. Hive 主要由（　　　　　）、（　　　　　）和（　　　　　）组成，其中（　　　　　）主要包括命令行接口（CLI）、Web 图形用户界面（GUI）和 Web 接口（Hue）、JDBC、ODBC、Thrift Sever 等，用于与 Hive 交互，执行查询和管理操作；驱动模块主要包括（　　　　）、（　　　）、（　　　　）和（　　　　）等，所采用的执行引擎可以使用 Map Reduce、Tez 或 Spark 等。

7. Hive 自带的数据库实例名字叫（　　　　）。

8. 在 Hive 中，表分为（　　　　）和（　　　　）两种。

9. Hive 的三种数据连接模式包括（　　　　　）、（　　　　　）和（　　　　）。

10. 在 Hive 中删除表用的命令是（　　　　　）。

二、问答题

1. 数据仓库和数据库的区别。
2. 数据仓库的特点。
3. Hive 数据仓库的特点。
4. 在 Hive 中内部表和外部表之间的区别。
5. Hive 的三种数据连接模式的区别。
6. 简述 Hive SQL 的执行过程。

三、实践操作题

1. 安装部署 Hive。
2. 启动 Hive，在 Hive 中实现 10.3.4 中的操作，并完成实验报告。

第 三 篇

编程实践篇

我们坚持把实现人民对美好生活的向往作为现代化建设的出发点和落脚点，着力维护和促进社会公平正义，着力促进全体人民共同富裕，坚决防止两极分化。

——引自二十大报告

第 11 章

HDFS 分布式文件系统编程实践

本章学习目的

- 了解 HDFS 程序设计的相关概念。
- 掌握 Hadoop 文件操作抽象类 FileSystem 及其封装的常用文件操作。
- 掌握在 HDFS 中进行文件操作的 Java API。
- 了解集成开发环境 IDEA；掌握 IntelliJ IDEA 集成开发环境部署的过程并能真正完成部署。
- 掌握在 IDEA 中进行 HDFS 程序设计的方法和过程。
- 掌握在 IDEA 环境中编程实现 HDFS 文件操作。

11.1 HDFS 程序设计

11.1.1 HDFS 程序设计简介

HDFS 是 Hadoop 项目的核心子项目，是分布式计算中数据存储管理的基础。为了实现本地文件系统与 HDFS 的文件传输，可以借助 Eclipse 开发环境，通过 Java 编程实现远程 HDFS 的文件创建、上传、下载、删除等，也可以使用 IDEA 集成开发环境，使用 Java 编程实现对 HDFS 中的文件操作功能。

对 HDFS 的文件操作主要有两种方式：命令行方式和 Java API 方式。其中，命令行方式简单直接，但是这种方式要求本地机器必须安装 Linux 系统，并且已经安装了 Hadoop；如果用户习惯使用 Windows，可以使用虚拟机，然后在虚拟机上安装 Linux 系统，但是，Windows 和 Linux 虚拟机之间的数据传输就需要借助一些工具才能实现；为了避免以上问题，如系统不一致、手动输入命令等，可以选择 Java API 方式，在 HDFS 中有专门的 API 函数，可以在非 Hadoop 机器上实现访问，同时与系统无关（Windows、Linux 甚至 XP 系统也可以）。

Hadoop 中关于文件操作类基本上全部在“org. apache. hadoop. fs”包中，Hadoop 类库中最终面向用户提供的接口类是 FileSystem，该类封装了几乎所有的文件操作，例如，copyToLocal、copyFromLocal、mkdir 及 delete 等。因此，在 HDFS 上操作文件的基本模式可以归纳为：

```
operator( ) {
得到 Configuration 对象
得到 FileSystem 对象
利用 FileSystem 对象进行文件操作
}
```

例如：

```
Configuration conf = new Configuration( );    //得到 Configuration 对象
FileSystem fs = FileSystem. get( conf);    //获取 FileSystem 对象
Path srcPath = new Path( "/local/path/to/file" );  //本地文件路径
Path dstPath = new Path( "/hdfs/path/to/file" );  // HDFS 目标路径
fs. copyFromLocal( srcPath, dstPath); //复制文件到 HDFS( 利用 FileSystem 对象在 HDFS 上进行文件操作)
```

在上述模式中，若要实现各项操作，需使用 Java 抽象类 org. apache. hadoop. fs. FileSystem，该类定义了 hadoop 的一个文件系统接口，是一个抽象类，可以通过以下两种静态工厂方法获取 FileSystem 实例：

public static FileSystem. get(Configuration conf) throws IOException

public static FileSystem. get(URI uri, Configuration conf) throws IOException

在 HDFS 上进行文件创建、上传、下载、删除等常见操作的具体方法实现如下：

(1) public boolean mkdirs(Path f) throws IOException

一次性新建所有目录（包括父目录），f 是完整的目录路径。

(2) public FSOutputStream create(Path f) throws IOException

创建指定 path 对象的一个文件，返回一个用于写入数据的输出流。

create() 有多个重载版本，允许我们指定是否强制覆盖已有的文件、文件备份数量、写入文件缓冲区大小、文件块大小以及文件权限。

(3) public boolean copyFromLocal(Path src, Path dst) throws IOException

将本地文件拷贝到 HDFS 文件系统。

(4) public boolean exists(Path f) throws IOException

检查文件或目录是否存在。

(5) public boolean delete(Path f, Boolean recursive)

永久性删除指定的文件或目录，如果 f 是一个空目录或者文件，那么 recursive 的值就会被忽略。只有 recursive = true 时，一个非空目录及其内容才会被删除。

(6) public boolean put(Path src,Path dst)throws IOException

将本地文件系统中的文件拷贝到 HDFS，其中 dst 为 HDFS 中的路径，功能同 copyFromLocal。

(7) public boolean get(Path src,Path dst)throws IOException

将 HDFS 上的文件下载到本地系统中，其中 src 为 HDFS 中的路径，dst 为本地 Linux 系统中的路径。

(8) public FileStatus(long length, boolean isdir, int block_replication,
long blocksize, long modification_time, Path path)

FileStatus 类封装了文件系统中文件和目录的元数据，包括文件长度、块大小、备份、修改时间、所有者以及权限信息。FileStatus 对象一般由 FileSystem 的 getFileStatus() 方法获得，调用该方法的时候要把文件的 Path 传递进去。

11.1.2 HDFS 中 Java API 操作

Hadoop 提供了丰富的 Java API 类库，用于操作 HDFS 上的文件，包括文件创建、读取、上传、下载、删除等操作。在 HDFS 中使用基本 Java API 函数对文件进行操作之前，一般需要通过 FileSystem 抽象基类来获取一个“FileSystem”实例对象，这个“FileSystem”抽象基类是 Hadoop Java API 类库中底层的类，是通用文件系统的抽象基类，来自 org. apache. hadoop. fs. FileSystem，它定义了对 Hadoop 文件系统进行访问的常用方法，可以被分布式文件系统继承，它具有许多实现类，如 LocalFileSystem、DistributedFileSystem 等，FileSystem 对象可以使用 FileSystem 类的静态方法 get（）方法进行获取，格式：

```
FileSystem.get(Configuration conf)
```

其中参数“conf”是 Hadoop 配置对象。通过“FileSystem”对象，可以对 HDFS 中的文件进行各种操作。

常用的 FileSystem 类的方法有：

（1）获取“FileSystem”对象

使用“get()”方法获取“FileSystem”对象示例，示例代码如下：

```
Configuration conf = new Configuration();
FileSystem fs = FileSystem.get(conf);
```

（2）创建文件夹

使用“mkdirs()”方法创建文件夹，示例代码如下：

```
Path directoryPath = new Path("/path/to/directory");
if (!fs.exists(directoryPath)) {
    boolean result = fs.mkdirs(directoryPath);
    if (result) {
        System.out.println("Directory created successfully on HDFS");
    } else {
        System.out.println("Failed to create directory on HDFS");
    }
} else {
```

```
    System.out.println("Directory already exists on HDFS");
}
```

(3) 删除文件夹

使用“delete()”方法删除文件夹，示例代码如下：

```
Path directoryPath = new Path("/path/to/directory");
boolean deleteResult = fs.delete(directoryPath, true);
System.out.println("Directory deletion result: " + deleteResult);
```

(4) 文件创建

使用“create()”函数创建文件，并返回一个输出流来写入文件内容。例：

```
FileSystem fs = FileSystem.get(conf); // 获取 FileSystem 对象
Path filePath = new Path("/path/to/file"); //指定文件路径
OutputStream outputStream = fs.create(filePath); // 创建输出流
// 可以通过 outputStream 写入文件内容
outputStream.close(); // 关闭输出流
```

(5) 文件删除

使用“delete ()”函数删除 HDFS 中的文件。例：

```
FileSystem fs = FileSystem.get(conf); // 获取 FileSystem 对象
Path filePath = new Path("/path/to/file"); // HDFS 文件路径
boolean deleted = fs.delete(filePath, false); // 删除文件,第二个参数表示是否递归删除子文件夹
```

(6) 读取文件

使用“open()”方法读取文件内容，示例代码如下：

```
Path filePath = new Path("/path/to/file");
if (fs.exists(filePath)) {
    InputStream inputStream = fs.open(filePath);
    BufferedReader bufferedReader = new BufferedReader(new InputStreamReader(inputStream));
    String line;
```

```
        while ((line = bufferedReader.readLine()) != null) {
            System.out.println(line);
        }
        bufferedReader.close();
        inputStream.close();
    } else {
        System.out.println("File not found on HDFS");
    }
```

（7）写入文件

使用“create()”方法创建文件并写入数据，示例代码如下：

```
Path filePath = new Path("/path/to/file");
OutputStream outputStream = fs.create(filePath);
byte[] data = "Hello HDFS!".getBytes("UTF-8");
outputStream.write(data);
outputStream.close();
```

（8）文件上传

使用“copyFromLocalFile()”函数将本地文件复制到HDFS中。例：

```
FileSystem fs = FileSystem.get(conf); // 获取 FileSystem 对象
Path srcPath = new Path("/local/path/to/file"); // 本地文件路径
Path dstPath = new Path("/hdfs/path/to/file"); // HDFS 目标路径
fs.copyFromLocalFile(srcPath, dstPath); // 复制文件到 HDFS
```

（9）文件下载

使用“copyToLocalFile()”函数将HDFS中的文件复制到本地。例：

```
FileSystem fs = FileSystem.get(conf); // 获取 FileSystem 对象
Path srcPath = new Path("/hdfs/path/to/file"); // HDFS 文件路径
Path dstPath = new Path("/local/path/to/file"); // 本地目标路径
fs.copyToLocalFile(srcPath, dstPath); // 复制文件到本地
```

以上是利用Java API类库对HDFS中的文件进行的操作。但是，在使用Hadoop Java API类库编写程序时需要注意线程安全和异常处理等问题，还需要根据具体需求进行适当的错误处理和资源释放。

另外，在 Java 中，Java IO 库是用于读取和写入数据的标准库。Java IO 库包含了读写文件、网络等输入输出操作。Java IO 库是一个非常强大和灵活的库，提供了许多类和方法，可以轻松地实现许多不同的输入输出操作。常用的 Java IO 类和方法如下：

（1）FileInputStream：用于从文件中读取数据

示例代码：

```
try (FileInputStream inputStream = new FileInputStream("filename.txt")) {
    int data = inputStream.read();
    while (data != -1) {
        System.out.println((char) data);
        data = inputStream.read();
    }
} catch (IOException e) {
    System.out.println("An error occurred: " + e.getMessage());
}
```

（2）FileOutputStream：用于将数据写入文件

示例代码：

```
try (FileOutputStream outputStream = new FileOutputStream("filename.
txt")) {
    String data = "Hello world";
    byte[] bytes = data.getBytes();
    outputStream.write(bytes);
} catch (IOException e) {
    System.out.println("An error occurred: " + e.getMessage());
}
```

（3）BufferedReader：用于对文本数据进行缓冲处理，提高读取性能

示例代码：

```
try (FileReader fileReader = new FileReader("filename.txt");
     BufferedReader bufferedReader = new BufferedReader(fileReader)) {
    String line;
```

```
        while ((line = bufferedReader.readLine()) != null) {
            System.out.println(line);
        }
    } catch (IOException e) {
        System.out.println("An error occurred: " + e.getMessage());
    }
```

(4) BufferedWriter：用于对文本数据进行缓冲处理，提高写入性能

示例代码：

```
try (FileWriter fileWriter = new FileWriter("filename.txt");
     BufferedWriter bufferedWriter = new BufferedWriter(fileWriter)) {
    String data = "Hello world";
    bufferedWriter.write(data);
} catch (IOException e) {
    System.out.println("An error occurred: " + e.getMessage());
}
```

(5) ObjectInputStream：用于将对象读取到流中

示例代码：

```
try (FileInputStream inputStream = new FileInputStream("filename.obj");
     ObjectInputStream objectInputStream = new ObjectInputStream(input
Stream)) {
    Object object = objectInputStream.readObject();
    System.out.println(object.toString());
} catch (IOException | ClassNotFoundException e) {
    System.out.println("An error occurred: " + e.getMessage());
}
```

(6) ObjectOutputStream：用于将对象写入流中

示例代码：

```
try (FileOutputStream outputStream = new FileOutputStream("filename.obj");
     ObjectOutputStream objectOutputStream = new ObjectOutputStream
(outputStream)) {
```

```
        Object object  =  new Object( ) ;
        objectOutputStream. writeObject( object) ;
    } catch (IOException e) {
        System. out. println( " An error occurred: "  + e. getMessage( ) ) ;
    }
```

以上是一些常用的 Java IO 类和方法，Java IO 库提供了更多更丰富的 API 和功能，可以根据需要选择适合的类和方法，但是，在使用 Java IO 库时需要进行异常处理，避免程序运行出现意外情况。为了能够利用 JAVA API 实现目录创建、文件创建、文件上传和下载、文件查看、文件删除、文件编辑等操作，可以安装 IntelliJ IDEA 集成环境，利用该环境就可以利用 HDFS 提供的类和方法在 HDFS 中进行文件和目录操作。

11.1.3　集成开发环境 IDEA

IDEA 全称 IntelliJ IDEA（Intelligent Java Integrated Development Environment，即智能化的 Java 集成开发环境），是一个由 JetBrains 公司（公司总部位于捷克共和国的首都布拉格）开发的集成开发环境（IDE），主要用于 Java 开发，是目前最受欢迎和广泛使用的 Java IDE 之一，也支持其他编程语言如 Kotlin、Groovy、Scala 等。IntelliJ 在业界被公认为最好的 Java 开发工具之一，尤其在智能代码助手、代码自动提示、重构、J2EE 支持、各类版本工具（Git、SVN、GitHub 等）、Ant、JUnit、CVS 整合、代码审查、创新的 GUI 设计等方面更为出色。IDEA 最突出的功能是调试（Debug），可以对 Java 代码、JavaScript、JQuery、Ajax 等技术进行调试。它的旗舰版本还支持 HTML、CSS、PHP、MySQL、Python 等，免费版只支持 Java、Kotlin 等少数语言。

IntelliJ IDEA 的每个方面都专门设计用于最大限度地提高开发人员的强大的静态代码分析和符合人体工程学的设计，使开发不仅具有高效性，而且还具有令人愉悦的体验。目前，IntelliJ IDEA 主要用于支持 Java、Scala、Groovy 等语言的开发工具，同时具备支持目前主流的技术和框架，擅长于企业应用、移动应用和 Web 应用的开发。IDEA 主要支持的语言如表 11 - 1 所示。

表 11 - 1　　**IDEA 语言支持**

安装插件后支持	SQL 类	基本 JVM
PHP	PostgreSQL	Java
Python	MySQL	Groovy
Ruby	Oracle	
Scala	SQL Server	
Kotlin		

其他支持如表 11 - 2 所示。

表 11 - 2　　**IDEA 支持的框架**

支持的框架	额外支持的语言代码提示	支持的容器
Spring MVC	H5	Tomcat
GWT	CSS3	TomEE
WebServices	SASS	WebLogin
JSF	LESS	Jetty
Hibernate	Node. js	

IntelliJ IDEA 提供了丰富的功能和工具，使开发人员在编写、调试和部署 Java 代码时更加高效和便捷。其主要特点和优势：

（1）智能代码编辑

IntelliJ IDEA 通过智能代码自动补全、语法高亮、错误检测、重构和代码生成等功能，可以根据上下文和代码语法，自动推断变量类型、提供方法建议等，大大提高了代码编写的效率和质量，帮助开发人员更轻松地编写代码，减少编码错误和重复性工作。

（2）强大的调试功能

IntelliJ IDEA 提供了先进的、易于使用的调试工具，包括断点设置、变量监视、表达式评估、单步执行等方式，帮助开发人员定位和修复代码中的问题，而且它还支持远程调试，可以连接到远程服务器进行调试操作。

（3）丰富的插件生态系统

IntelliJ IDEA 拥有丰富的插件库，开发人员可以根据自己的需求灵活安装和定制各种插件来扩展 IDE 的功能。这些插件包括语法检查、代码生成、框架集成、构建工具、版本控制等，可以极大地增强开发体验。

（4）集成开发环境

IntelliJ IDEA 提供了集成的开发环境，包括代码编辑器、编译器、调试器、构建工具等，简化了开发流程，提高了开发效率。

（5）版本控制支持

IntelliJ IDEA 集成了主流的版本控制系统，如 Git、Subversion 等，开发人员可以直接在 IDE 中进行版本控制操作，如代码提交、分支管理、合并等，方便团队协作和代码版本管理。

（6）代码重构和自动化工具

IntelliJ IDEA 提供了多种代码重构功能，如重命名、提取方法、提取变量等，帮助开发人员改善代码质量和可维护性。同时，它还提供了各种自动化工具，如自动导入包、自动格式化代码等，减少了烦琐的手动操作。

（7）高度可定制化

IntelliJ IDEA 允许开发者根据自己的喜好和习惯，对界面布局、快捷键、代码样式等进行自定义配置。这使得每个开发者都能够根据自己的喜好来使用 IDE，并提高工作效率。

总之，IntelliJ IDEA 是一个功能强大、易用且高度智能化和可定制化的 Java 集成开发环境，广泛应用于 Java 开发领域，成为众多开发人员首选的 Java 开发环境之一。

11.2　HDFS 程序设计实践

11.2.1　IntelliJ IDEA 集成开发环境部署

1. 下载 IntelliJ IDEA

进入 Jetbrains 官网（https：//www. jetbrains. com/idea/download/#section =

linux）下载 IntelliJ IDEA 安装软件。如图 11－1 所示，其中，左边为旗舰版 Ultimate 版本，是收费的；右边是社区版，是免费的。本实验选择旗舰版的下载之后可破解。推荐使用已经下载好的版本，文件在 Ubuntu Linux16.04 镜像文件/usr/my_software/IntelliJ-IDEA2017 中。

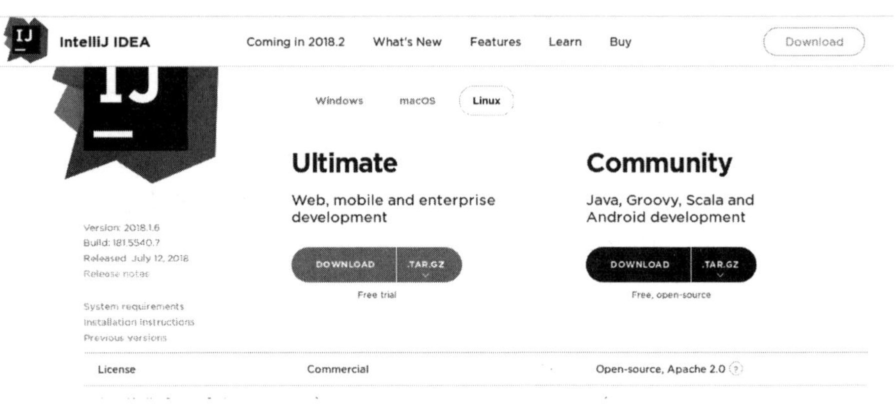

图 11－1　官网 IntelliJ IDEA 下载

2. 解压安装 IntelliJ IDEA

（1）创建安装目录

新建一个文件夹，如该文件夹已经建立，则不需要重复创建。命令如下，结果如图 11－2 所示。

```
$cd /usr/local/java
$sudo mkdir IDEA
```

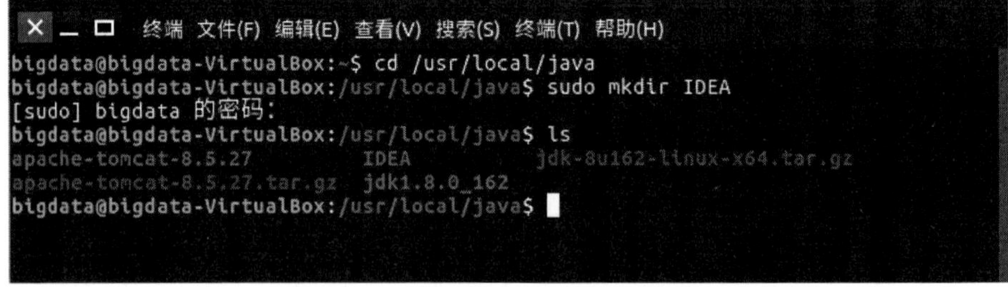

图 11－2　创建 Intellij IDEA 安装目录

将安装文件复制到/usr/local/java/IDEA 目录下，然后使用解压命令进行解压，命令如下，结果如图 11－3 所示。

$ sudo cp /usr/my_software/KINGSTON/IntelliJ-IDEA2017 /ideaIU-2017.3.5.tar.gz /usr/local/java/IDEA //复制安装文件到 IDEA 目录

```
bigdata@bigdata-VirtualBox:~$ cd /usr/local/java
bigdata@bigdata-VirtualBox:/usr/local/java$ sudo mkdir IDEA
[sudo] bigdata 的密码:
bigdata@bigdata-VirtualBox:/usr/local/java$ ls
apache-tomcat-8.5.27         IDEA          jdk-8u162-linux-x64.tar.gz
apache-tomcat-8.5.27.tar.gz  jdk1.8.0_162
bigdata@bigdata-VirtualBox:/usr/local/java$ ls /usr/my_software/KINGSTON
apache-flume-1.7.0-bin.tar.gz                 mysql-connector-java-5.1.40.tar.gz
apache-hive-1.2.1-bin.tar.gz                  R-3.3.2.tar.gz
apache-hive-2.1.0-bin.tar.gz                  redis-4.0.2.tar.gz
apache-maven-3.3.9-bin.zip                    sbt-launch.jar
apache-tomcat-8.5.27.tar.gz                   scala-2.11.8.tgz
hadoop-2.7.1.tar.gz                           scala-SDK-4.7.0-vfinal-2.12-linux.gtk.x86_64.tar.gz
hbase-1.1.5-bin.tar.gz                        spark-2.1.0-bin-without-hadoop.tgz
IntelliJ-IDEA2017                             spark-streaming-flume_2.11-2.1.0.jar
jdk-8u162-linux-x64.tar.gz                    spark-streaming-kafka-0-10_2.11-2.1.0.jar
kafka_2.11-0.10.2.0.tgz                       spark-streaming-kafka-0-8_2.11-2.1.0.jar
mongodb-linux-x86_64-ubuntu1604-3.2.7.tgz     sqoop-1.4.6.bin__hadoop-2.0.4-alpha.tar.gz
mongo-java-driver-3.2.2.jar                   System Volume Information
bigdata@bigdata-VirtualBox:/usr/local/java$ ^C
bigdata@bigdata-VirtualBox:/usr/local/java$ ls /usr/my_software/KINGSTON/IntelliJ-IDEA2017
ideaIU-2017.3.5.tar.gz  IntelliJ IDEA2017激活方法.txt  scala-intellij-bin-2017.3.5.zip
bigdata@bigdata-VirtualBox:/usr/local/java$ sudo cp /usr/my_software/KINGSTON/IntelliJ-IDEA2017/ideaIU-2017.
3.5.tar.gz /usr/local/java/IDEA
bigdata@bigdata-VirtualBox:/usr/local/java$ ls /usr/local/java/IDEA
ideaIU-2017.3.5.tar.gz
bigdata@bigdata-VirtualBox:/usr/local/java$
```

图 11－3　复制 ideaIU-2017.3.5.tar.gz 文件到 IDEA 目录

$cd /usr/local/java/IDEA //进入 IDEA 目录

结果如图 11－4 所示。

```
bigdata@bigdata-VirtualBox:~$ cd /usr/local/java/IDEA
bigdata@bigdata-VirtualBox:/usr/local/java/IDEA$
```

图 11－4　进入 IDEA 目录

$sudo tar -zxvf ideaIU-2017.3.5.tar.gz //解压安装文件

结果如图 11－5 所示。

$sudo rm -rf ideaIU-2017.3.5.tar.gz //删除安装包

结果如图 11－6 所示。

```
终端 文件(F) 编辑(E) 查看(V) 搜索(S) 终端(T) 帮助(H)
idea-IU-173.4674.33/jre64/lib/net.properties
idea-IU-173.4674.33/jre64/lib/psfont.properties.ja
idea-IU-173.4674.33/jre64/lib/psfontj2d.properties
idea-IU-173.4674.33/jre64/lib/resources.jar
idea-IU-173.4674.33/jre64/lib/rt.jar
idea-IU-173.4674.33/jre64/lib/security/blacklisted.certs
idea-IU-173.4674.33/jre64/lib/security/cacerts
idea-IU-173.4674.33/jre64/lib/security/java.policy
idea-IU-173.4674.33/jre64/lib/security/java.security
idea-IU-173.4674.33/jre64/lib/security/policy/limited/US_export_policy.jar
idea-IU-173.4674.33/jre64/lib/security/policy/limited/local_policy.jar
idea-IU-173.4674.33/jre64/lib/security/policy/unlimited/US_export_policy.jar
idea-IU-173.4674.33/jre64/lib/security/policy/unlimited/local_policy.jar
idea-IU-173.4674.33/jre64/lib/sound.properties
idea-IU-173.4674.33/jre64/lib/tools.jar
idea-IU-173.4674.33/jre64/lib/tzdb.dat
idea-IU-173.4674.33/jre64/release
idea-IU-173.4674.33/bin/format.sh
idea-IU-173.4674.33/bin/fsnotifier
idea-IU-173.4674.33/bin/fsnotifier-arm
idea-IU-173.4674.33/bin/fsnotifier64
idea-IU-173.4674.33/bin/idea.sh
idea-IU-173.4674.33/bin/inspect.sh
idea-IU-173.4674.33/bin/printenv.py
idea-IU-173.4674.33/bin/restart.py
idea-IU-173.4674.33/jre64/bin/java
idea-IU-173.4674.33/jre64/bin/jjs
idea-IU-173.4674.33/jre64/bin/keytool
idea-IU-173.4674.33/jre64/bin/orbd
idea-IU-173.4674.33/jre64/bin/pack200
idea-IU-173.4674.33/jre64/bin/policytool
idea-IU-173.4674.33/jre64/bin/rmid
idea-IU-173.4674.33/jre64/bin/rmiregistry
idea-IU-173.4674.33/jre64/bin/servertool
idea-IU-173.4674.33/jre64/bin/tnameserv
idea-IU-173.4674.33/jre64/bin/unpack200
bigdata@bigdata-VirtualBox:/usr/local/java/IDEA$ ls
idea-IU-173.4674.33  ideaIU-2017.3.5.tar.gz
bigdata@bigdata-VirtualBox:/usr/local/java/IDEA$
```

图 11-5　解压安装文件 ideaIU-2017.3.5.tar.gz

```
bigdata@bigdata-VirtualBox:/usr/local/java/IDEA$ ls
idea-IU-173.4674.33  ideaIU-2017.3.5.tar.gz
bigdata@bigdata-VirtualBox:/usr/local/java/IDEA$ sudo rm -rf ideaIU-2017.3.5.tar.gz
bigdata@bigdata-VirtualBox:/usr/local/java/IDEA$ ls
idea-IU-173.4674.33
bigdata@bigdata-VirtualBox:/usr/local/java/IDEA$
```

图 11-6　删除安装包

（2）检查 JDK 是否安装

安装前，首先先检查一下 Linux 环境是否安装了 JDK，如果 Linux 系统中没有安装 JDK，则按照上一章的过程将 JDK 安装好；如果已经安装则可以使用如下命令查看安装的 JDK 版本，结果如图 11-7 所示。

```
$java -version
```

```
bigdata@bigdata-VirtualBox:/usr/local/java/IDEA$ java -version
java version "1.8.0_162"
Java(TM) SE Runtime Environment (build 1.8.0_162-b12)
Java HotSpot(TM) 64-Bit Server VM (build 25.162-b12, mixed mode)
bigdata@bigdata-VirtualBox:/usr/local/java/IDEA$
```

图 11-7　检查 JDK 是否安装

（3）启动安装

安装包解压完成后，切换到安装的 bin 目录，执行 ./idea. sh 命令，打开图形安装界面，命令如下。

```
$cd /usr/local/java/IDEA/idea-IU-173. 4674. 33/bin
$. /idea. sh
```

选择“Do not import settings”选项，代表着当前环境从来没有安装过 IDEA，否则选择上面选项，点击“OK”按钮，如图 11－8 所示。

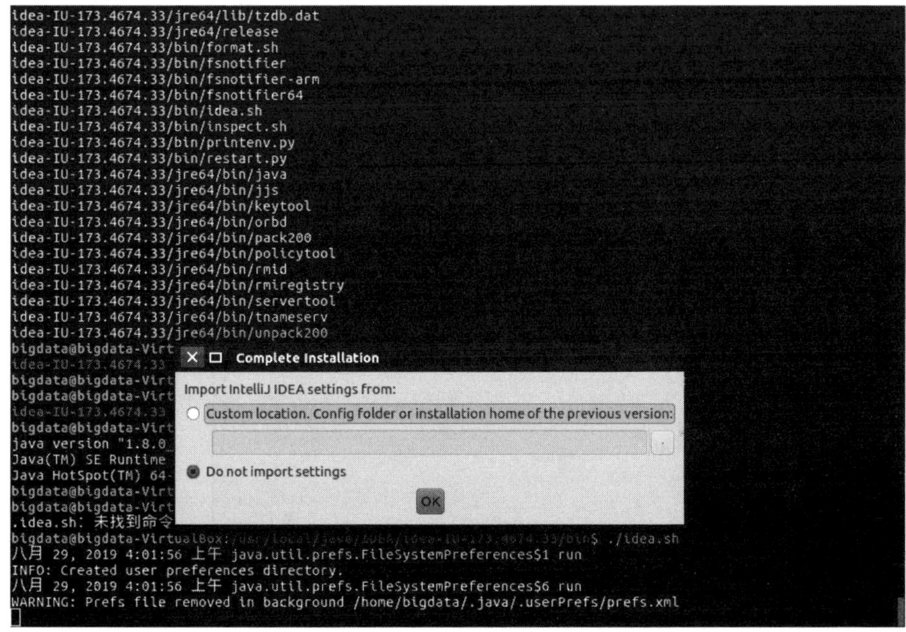

图 11－8　启动 IDEA

将滚动条拉到底部，再点击“Accept”接受许可协议，如图 11－9 所示。

有三种激活方式，这里选择第二种“Activation code”（激活码）方式，并前往 http：//idea. lanyus. com/该地址获取激活码，使用期为一年，如图 11－10 所示，点击“OK”继续。此时弹出激活码有效期说明界面，如图 11－11 所示。

IntelliJ IDEA Privacy Policy Agreement
Please read and accept these terms and conditions:
JetBrains Privacy Policy
Last updated: 14th March 2016
This Policy may be amended from time to time. The respective latest version of the policy at the point of time of the purchase/registration of a JetBrains Software Product (whichever occurs later) shall apply. The data controller is JetBrains s.r.o., Praha 4, Na hřebenech II 1718/10, PSČ 147 00, česká republika
In this Privacy Policy, we describe the type of data, including personal data (collectively, "data"), that we collect from you when you use our Website (listed under JetBrains WebSite) and certain JetBrains products and services as described in this Privacy Policy (collectively, our "services") and how we use and disclose that data. The following definitions will be used throughout this Privacy Policy.
Definitions
Why We Collect Data
Accept
Reject and Exit

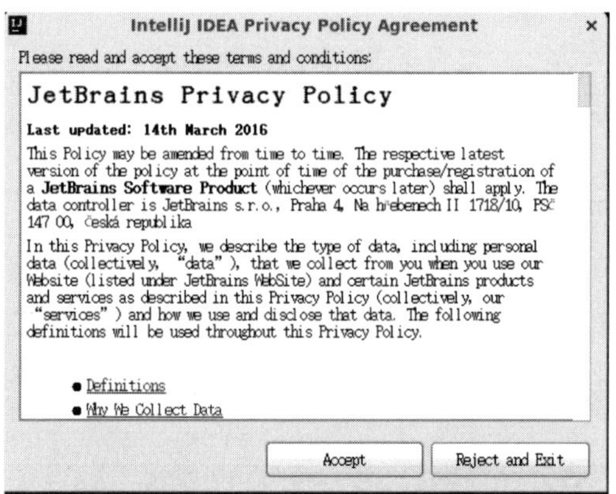

图 11-9　安装 IDEA 过程

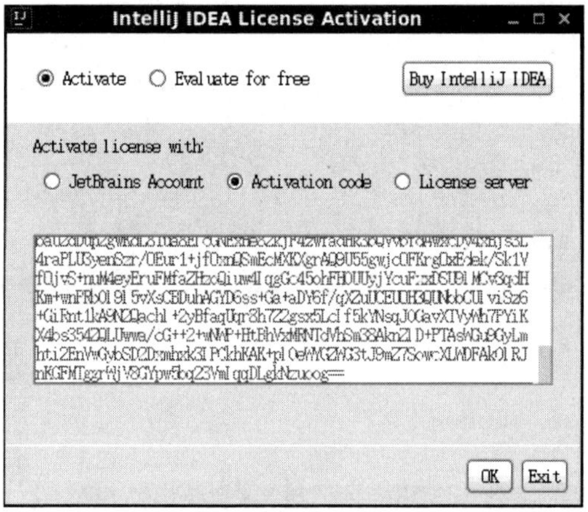

IntelliJ IDEA License Activation
Activate
Evaluate for free
Buy IntelliJ IDEA
Activate license with:
JetBrains Account
Activation code
License server
OK
Exit

图 11-10　激活 IDEA

注册码有效期为2019年3月10日至2020年3月11日
激活前清除hosts中屏蔽域名，激活后请将"0.0.0.0 account.jetbrains.com"及"0.0.0.0 www.jetbrains.com"添加到hosts文件中
用户名
idea
获得注册码

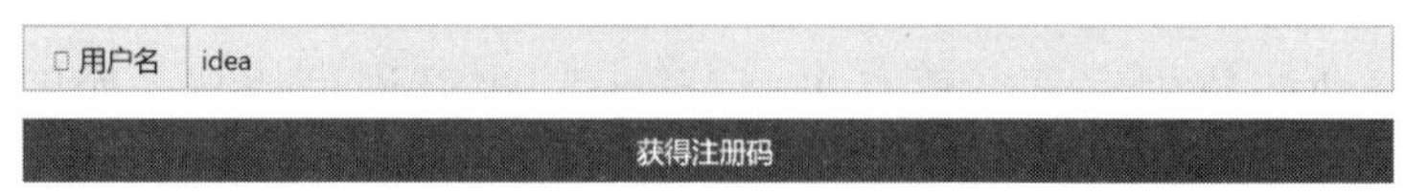

图 11-11　激活码有效期说明界面

在图 11-11 中，点击“获得注册码”按钮，获取注册码，弹出窗口如图 11-12 所示。

注意：在图 11-12 中获取的注册码中的汉字“试用版教育激活码 仅供

试用”需要删除后使用。

图 11－12　获得激活码

如图 11－13 所示，选择默认的界面风格，可按照个人喜好来选择，点击“Next：Desktop Entry”，进入设置快捷方式，如图 11－14 所示。

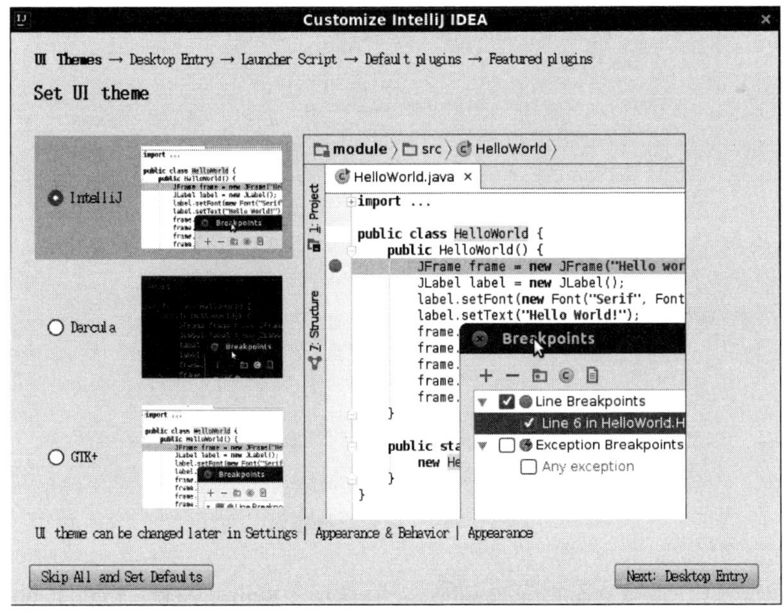

图 11－13　设置界面风格

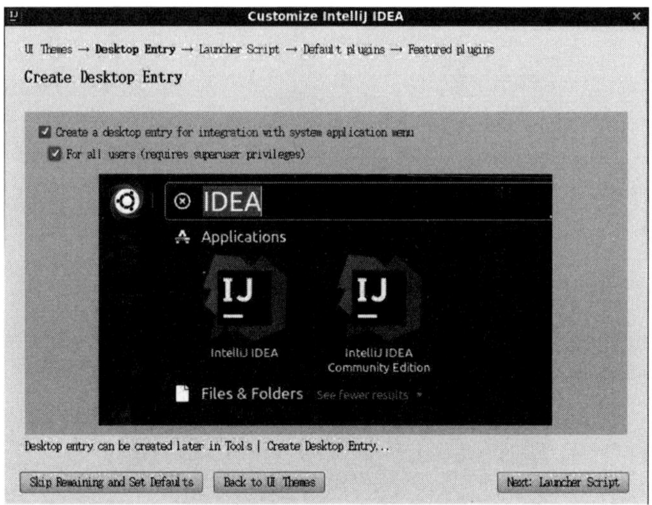

图 11－14　设置快捷方式

该步骤要创建快捷图标等启动链接，无须修改，点击“Next：Launcher Script”，设置启动脚本，如图 11－15 所示。

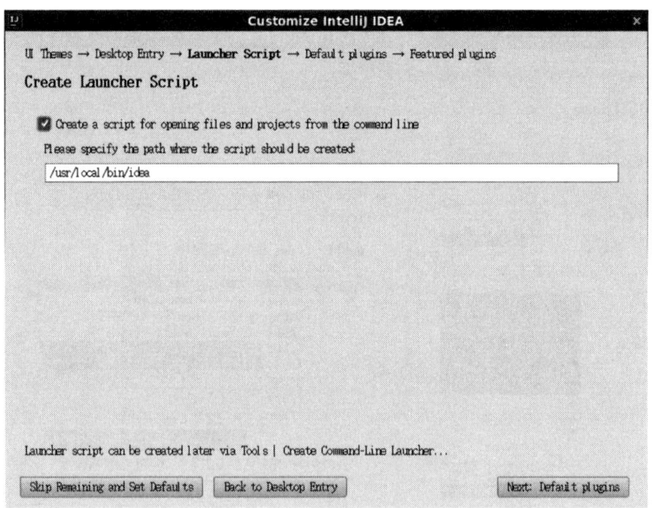

图 11－15　设置启动脚本

勾选“Create a script for opening...”选项，点击“Next：Default plugins”按钮继续进行默认安装插件的选择，如图 11－16 所示。

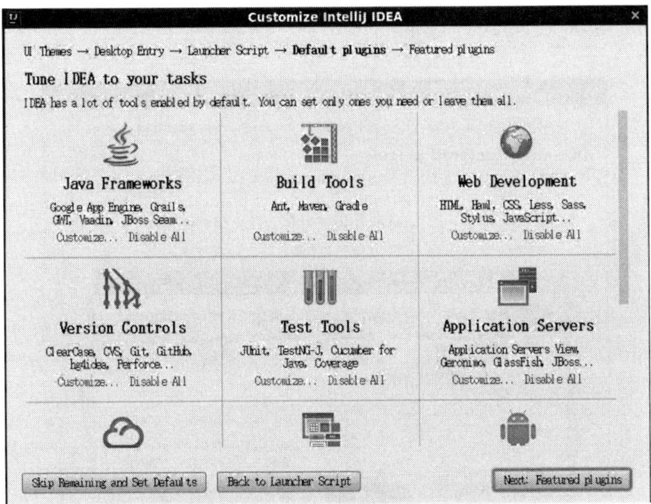

图 11－16　安装插件的选择

无须更改，采用默认插件，继续点击“Next：Featured plugins”按钮继续设置其他语言或工具的支持，如图 11－17 所示。

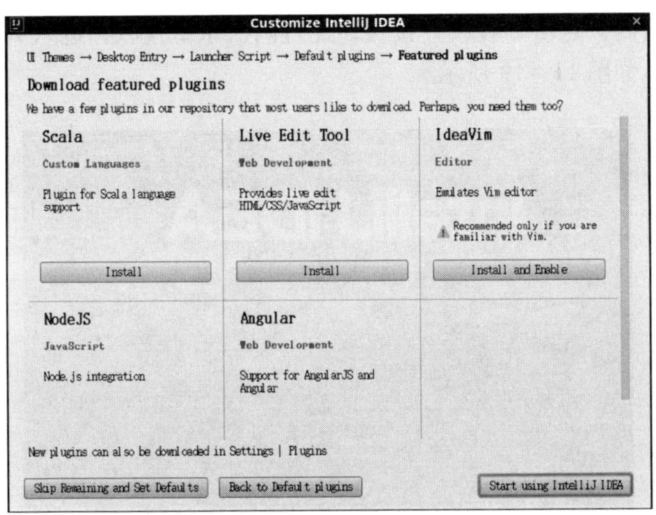

图 11－17　其他工具的安装

这里 scala、NodeJS 等插件可以支持以后用到时再进行选择安装，直接点击“Start using IntelliJ IDEA”。启动 IDEA，启动界面如图 11－18 所示。

Ubuntu Linux 系统会提示输入管理员密码（123456）。

图 11－18　授权启动 IDEA

输入密码，点击“授权”按钮，经过两次系统授权，进入 IntelliJ IDEA 安装界面，如图 11－19 所示。

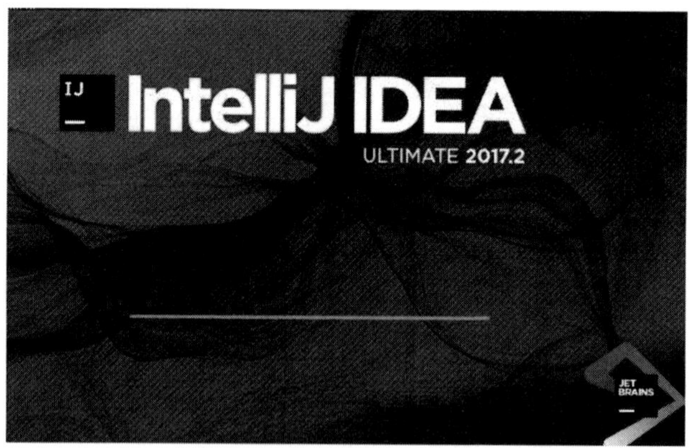

图 11－19　IntelliJ IDEA 安装界面

IDEA 安装完毕，即可点击桌面的快捷方式，启动 IDEA，如图 11－20 所示。

图 11 -20　IntelliJ IDEA 启动界面

点击“Create New Project”创建一个工程，如图 11 -21 所示。

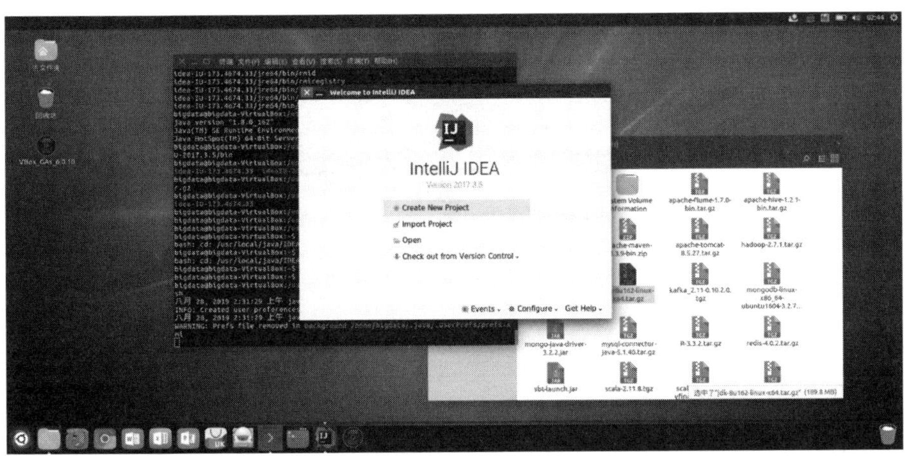

图 11 -21　创建一个工程

最左侧选择“Java”工程，右侧 Project SDK 为红色，原因是 IDEA 没有提供 JDK，需要手动选择已经部署的 JDK，如图 11 -22 所示；点击“New Project”选项选择“/usr/local/java/jdk1.8.0_162”路径下的 JDK；点击“OK”按钮完成设置，如图 11 -23 所示。

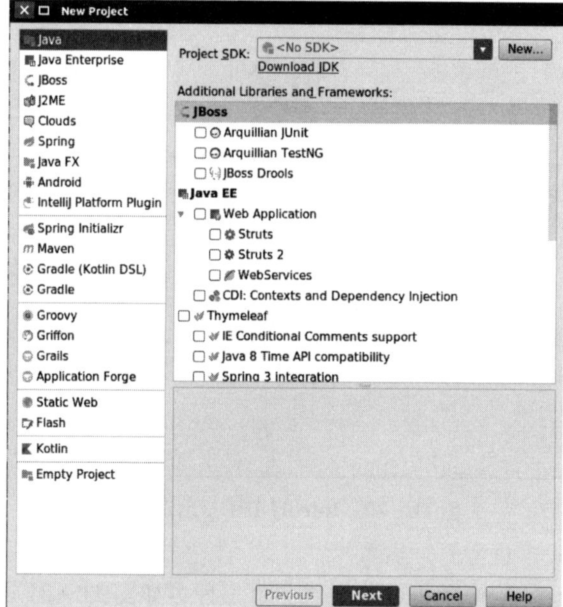

图 11－22　左侧选择 java

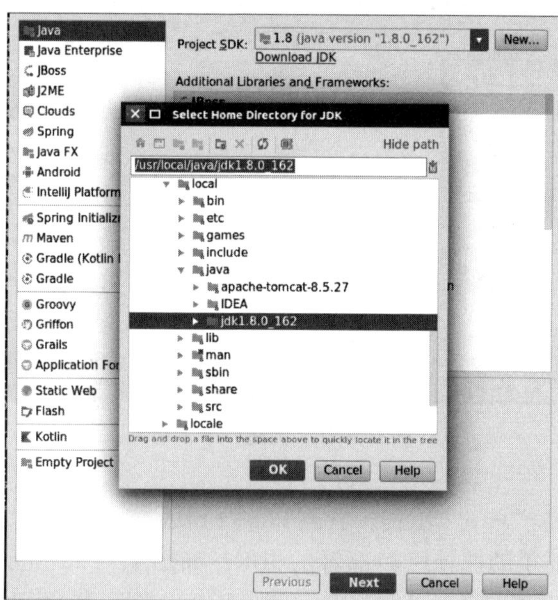

图 11－23　点“New Project”按钮选择 JDK 安装路径

如果系统没有安装 JDK，则需要点击“Download JDK”，如图 11－24 所示，根据向导提示，进行 JDK 的下载安装。

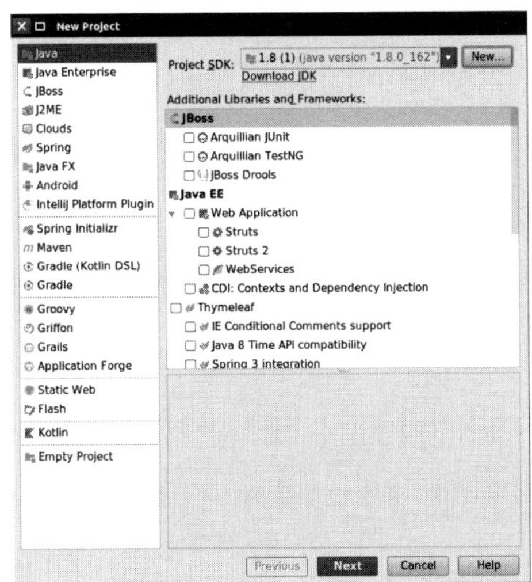

图 11－24　未安装 JDK 点击“DownLoad JDK”

设置好 JDK 后，点击“Next”按钮，进入“是否根据模板创建工程”界面，如图 11－25 所示。

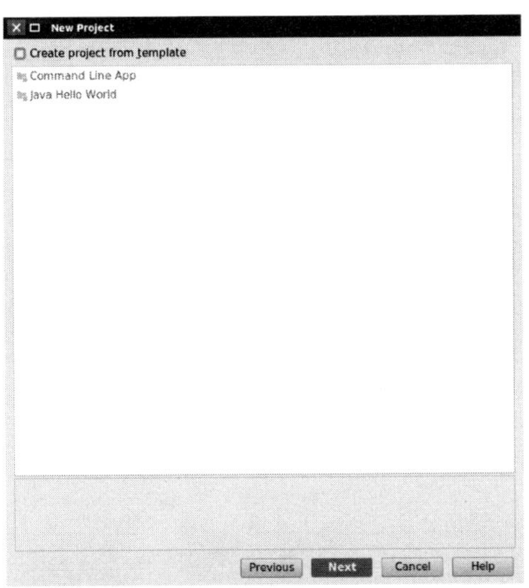

图 11－25　是否根据模板创建工程界面

这里按默认值，不进行勾选，然后点击“Next”按钮，进入工程名称及位置设定界面，如图 11－26 所示。

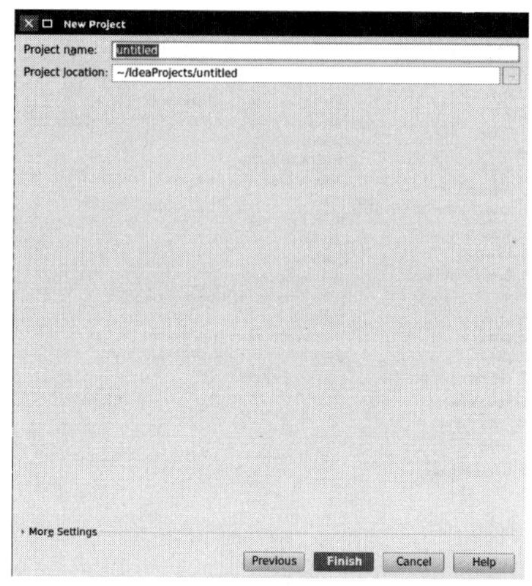

图 11－26　工程名称及位置设定界面

在“New Project”对话框中给工程命名输入“JavaTest”，并设置工程的存储路径，如图 11－27 所示；设置完毕后，点击“Finish”按钮完成工程的创建，如图 11－28 所示。

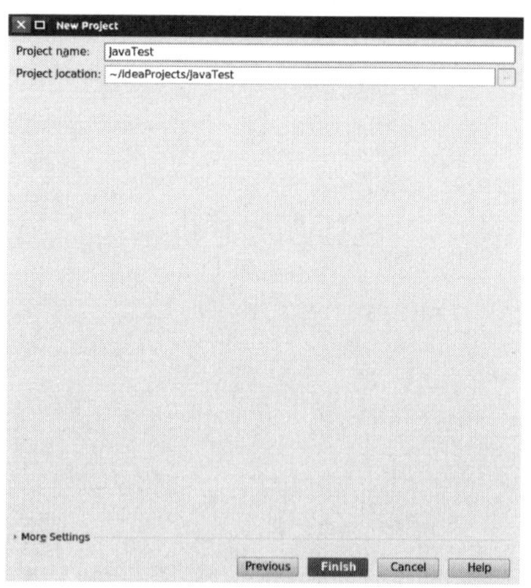

图 11－27　给工程命名

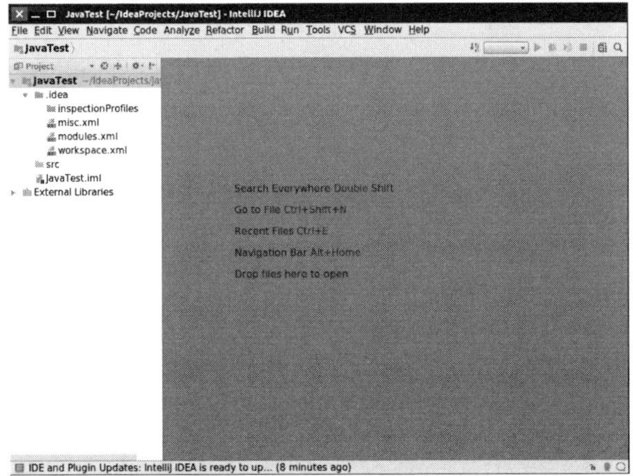

图 11－28　进入项目界面

首次创建项目，IDEA 会更新插件，耐心等待一会即可。

11.2.2　在 IDEA 中进行 HDFS 程序设计

1. 创建项目

(1) 启动 IDEA

在 Linux 系统中找到 Intellij IDEA 应用程序，点击启动 IDEA，进入 IDEA 环境，如图 11－29 所示。

图 11－29　IntelliJ IDEA 启动界面

（2）创建 Maven 项目

在 IntelliJ IDEA 环境中，选择 File→New→Project...，如图 11－30 所示。

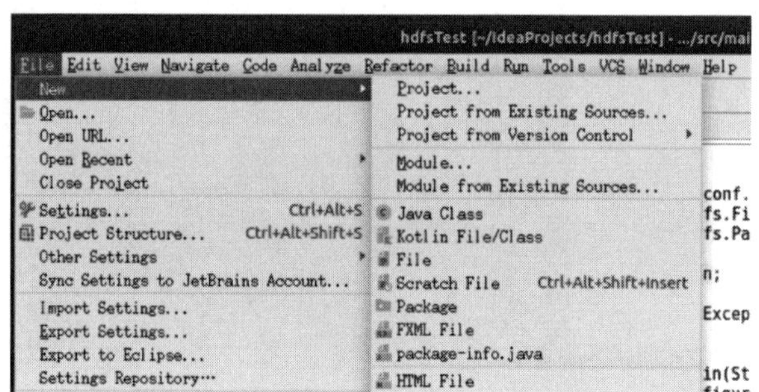

图 11－30　创建 Project 项目

弹出“New Project”窗口，如图 11－31 所示。

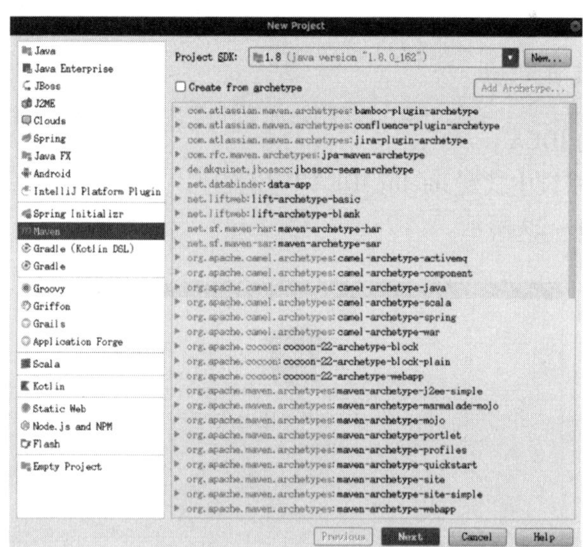

图 11－31　New Project 引导窗口

在 New Project 窗口中，在左侧导航栏中，选择“Maven”创建一个 Maven 项目，然后点击“Next”按钮，弹出如下窗口，设置 Maven 项目的

GroupId、ArtifactId 和 Version，创建一个名为 hdfsTest 的 Maven 项目，如图 11－32 所示。

图 11－32　设置 Maven 项目的 GroupId 和 ArtifactId

设置好之后，点击“Next”继续，最后点击“Finish”按钮完成 hdfsTest 项目的创建，得到项目的目录树结构，如图 11－33 所示。

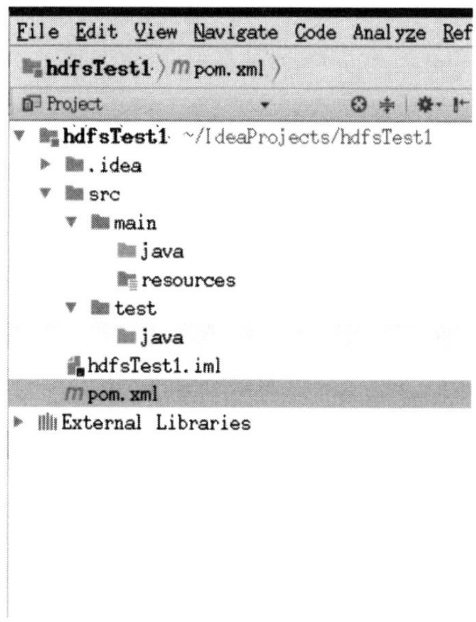

图 11－33　hdfsTest 项目目录树结构

（3）设置项目 pom.xml 文件

在 hdfsTest 项目的目录树中选择 pom.xml 文件，进行依赖导入，导入的依赖如图 11－34 所示。

```xml
<?xml version="1.0" encoding="UTF-8"?>
<project xmlns="http://maven.apache.org/POM/4.0.0"
         xmlns:xsi="http://www.w3.org/2001/XMLSchema-instance"
         xsi:schemaLocation="http://maven.apache.org/POM/4.0.0 http://maven.apache.org/xsd/maven-4.0.0.xsd">
    <modelVersion>4.0.0</modelVersion>

    <groupId>hdfstest</groupId>
    <artifactId>hdfsTest</artifactId>
    <version>1.0-SNAPSHOT</version>
    <dependencies>
        <dependency>
            <groupId>org.apache.hadoop</groupId>
            <artifactId>hadoop-client</artifactId>
            <version>2.6.1</version>
        </dependency>
    </dependencies>

</project>
```

图 11-34　hdfsTest 项目的 pom. xml 文件修改

然后在项目目录树中点击 pom. xml，点击右键，弹出如下快捷菜单，在快捷菜单中选择 Maven→Reimport，导入刚刚写进 pom. xml 中的依赖，如图 11-35 所示。

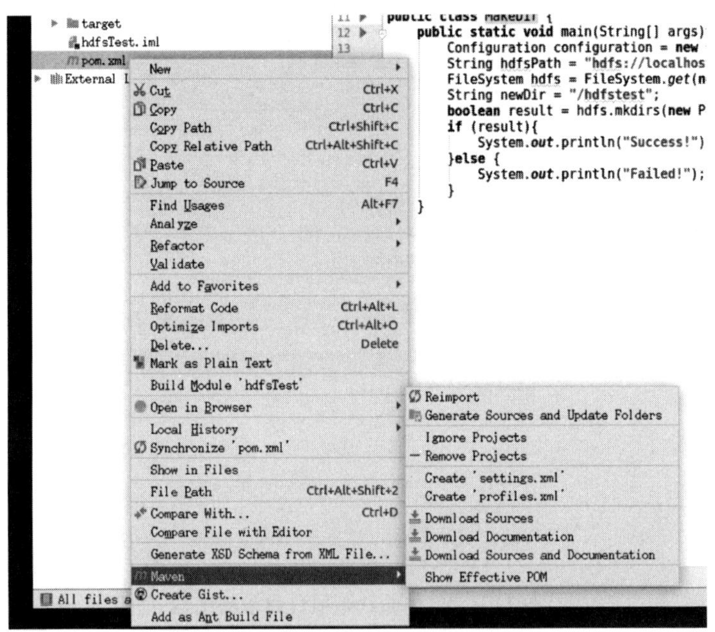

图 11-35　使用 Maven 工具重新导入依赖

2. 目录创建

在刚创建的 Project 目录中 Java 目录下创建包 my. hdfs，并在 my. hdfs 包

下，新建类 MakeDir，程序功能是在 HDFS 的根目录下，创建名为 hdfstest 的目录，同时在 pom. xml 文件导入包。目录结构如图 11 –36 所示。

```
hdfsTest ~/IdeaProjects/hdfsTest
  .idea
  src
    main
      java
        my.hdfs
          MakeDir
      resources
    test
  target
  hdfsTest.iml
  pom.xml
External Libraries
```

图 11 –36　在 IDEA 中创建项目的目录结构

```
package my.hdfs;
import java.io.IOException;
import java.net.URI;
import java.net.URISyntaxException;
import org.apache.hadoop.conf.Configuration;
import org.apache.hadoop.fs.FileSystem;
import org.apache.hadoop.fs.Path;
public class MakeDir {
  public static void main(String[] args) throws IOException, URISyntax-
Exception {
    Configuration conf = new Configuration();
    String hdfsPath = "hdfs://localhost:9000";
    FileSystem hdfs = FileSystem.get(new URI(hdfsPath), conf);
    String newDir = "/hdfstest";
    boolean result = hdfs.mkdirs(new Path(newDir));
    if (result) {
      System.out.println("Success!");
```

```
        } else {
            System.out.println("Failed!");
        }
    }
}
```

在 IDEA 里执行，然后启动 Hadoop 服务，在 HDFS 上查看实验结果。

```
$hadoop fs -ls -R  /
```

在本实验中需要注意两个问题：

①如果显示无法导入 Hadoop 包，则需要在 pom.xml 文件加入 hadoop-common 和 hadoop-hdfs 两个 dependency，代码如下：

```
<dependencies>
    <dependency>
        <groupId>org.apache.hadoop</groupId>
        <artifactId>hadoop-common</artifactId>
        <version>2.7.1</version>
    </dependency>
    <dependency>
        <groupId>org.apache.hadoop</groupId>
        <artifactId>hadoop-hdfs</artifactId>
        <version>2.7.1</version>
    </dependency>
</dependencies>
```

②在运行 makeDir 程序时，报错显示如下内容：

Exception in thread "main" org.apache.hadoop.ipc.RemoteException (org.apache.hadoop.hdfs.server.namenode.SafeModeException): Cannot create directory /hdfstest. Name node is in safe mode.

出现上述问题的原因是：名称节点处于安全模式，可以通过使 hdfs 退出安全模式的方式解决，具体方法如下：

```
$cd /usr/local/java/hadoop/hadoop-2.7.1   //进入 hadoop 安装路径
```

```
$./sbin/start-dfs.sh              //启动 hdfs 服务
或  $./sbin/start-all.sh          //启动 Hadoop 服务
$hdfs dfsadmin -safemode leave    //退出 Hadoop 安全模式
```

3. 文件创建

在 my.hdfs 包下，新建类 TouchFile，程序功能是在 HDFS 的目录/hdfstest 下，创建名为 touchfile 的文件：

```
package my.hdfs;
import java.io.IOException;
import java.net.URI;
import java.net.URISyntaxException;
import org.apache.hadoop.conf.Configuration;
import org.apache.hadoop.fs.FSDataOutputStream;
import org.apache.hadoop.fs.FileSystem;
import org.apache.hadoop.fs.Path;
public class TouchFile {
  public static void main(String[] args) throws IOException, URISyntax
Exception {
      Configuration configuration = new Configuration();
      String hdfsPath = "hdfs://localhost:9000";
      FileSystem hdfs = FileSystem.get(new URI(hdfsPath), configuration);
      String filePath = "/hdfstest/touchfile";
      FSDataOutputStream create = hdfs.create(new Path(filePath));
      System.out.println("Finish!");
  }
}
```

在 IDEA 里执行，然后在 hdfs 上查看实验结果。

```
$hadoop fs -ls -R /
```

4. 文件上传

在/data/hadoop 下使用 vim 编辑器创建 sample_data 文件。

```
$cd /data/hadoop
$vim sample_data      //使用 vim 编辑器打开 sample_data 文件,对文件内容进行编辑,如果文件不存在,
                      //则创建该文件
```

向 sample_data 文件中写入 hello world（使用 vim 编辑时，需输入 a，开启输入模式）。

```
hello world
```

在 my. hdfs 包下，创建类 CopyFromLocalFile. class，程序功能是将本地 linux 操作系统上的文件/data/hadoop/sample_data，上传到 HDFS 文件系统的/hdfstest 目录下。

```java
package my.hdfs;
import java.io.IOException;
import java.net.URI;
import java.net.URISyntaxException;
import org.apache.hadoop.conf.Configuration;
import org.apache.hadoop.fs.FileSystem;
import org.apache.hadoop.fs.Path;
public class CopyFromLocalFile {
  public static void main(String[] args) throws IOException, URISyntax
Exception {
      Configuration conf = new Configuration();
      String hdfsPath = "hdfs://localhost:9000";
      FileSystem hdfs = FileSystem.get(new URI(hdfsPath), conf);
      String from_Linux = "/data/hadoop/sample_data";
      String to_HDFS = "/hdfstest/";
      hdfs.copyFromLocalFile(new Path(from_Linux), new Path(to_HDFS));
      System.out.println("Finish!");
  }
}
```

在 IDEA 里执行，然后在 HDFS 上查看实验结果。

```
$hadoop fs -ls -R   /
```

5. 文件下载

在/data/hadoop/下创建目录 copytolocal。

```
$mkdir /data/hadoop/copytolocal
```

在 my. hdfs 包下，创建类 CopyToLocalFile. class，程序功能是将 HDFS 文件系统上的文件/hdfstest/sample_data，下载到本地 Linux 系统的/data/hadoop/copytolocal 目录下。

```
package my.hdfs;
import java.io.IOException;
import java.net.URI;
import java.net.URISyntaxException;
import org.apache.hadoop.conf.Configuration;
import org.apache.hadoop.fs.FileSystem;
import org.apache.hadoop.fs.Path;
public class CopyToLocalFile {
  public static void main(String[] args) throws IOException,URISyntax
Exception {
          Configuration conf  = new Configuration();
      String hdfsPath  = "hdfs://localhost:9000";
          FileSystem hdfs  =  FileSystem.get(new URI(hdfsPath), conf);
      String from_HDFS  = "/hdfstest/sample_data";
          String to_Linux  = "/data/hadoop/copytolocal";
          hdfs.copyToLocalFile(false, new Path(from_HDFS), new Path
(to_Linux));
      System.out.println("Finish!");
  }
}
```

在 IDEA 里执行，然后在 Linux 本地/data/hadoop 上查看实验结果。

```
$cd /data/hadoop/copytolocal
```

```
$ls
```

6. 本级文件显示

在 my. hdfs 包下，新建类 ListFiles，程序功能是列出 HDFS 文件系统/hdfstest 目录下，所有的文件，以及文件的权限、用户组、所属用户。

```
package my.hdfs;
import java.io.IOException;
import java.net.URI;
import org.apache.hadoop.conf.Configuration;
import org.apache.hadoop.fs.FileStatus;
import org.apache.hadoop.fs.FileSystem;
import org.apache.hadoop.fs.Path;
public class ListFiles {
  public static void main(String[] args) throws IOException {
    Configuration conf = new Configuration();
    String hdfspath = "hdfs://localhost:9000/";
    FileSystem hdfs = FileSystem.get(URI.create(hdfspath), conf);
    String watchHDFS = "/hdfstest";
    FileStatus[] files = hdfs.listStatus(new Path(watchHDFS));
    for (FileStatus file : files) {
      System.out.println(file.getPermission() + " " + file.getOwner()
          + " " + file.getGroup() + " " + file.getPath());
    }
  }
}
```

在 IDEA 里执行，然后在 IDEA 的控制界面 Console 上查看实验结果。

7. 文件递归显示

在 my. hdfs 包下，新建类 IteratorListFiles，程序功能是列出 HDFS 文件系统/根目录下，以及各级子目录下，所有文件以及文件的权限、用户组，所属用户。

```
package my.hdfs;
import java.io.FileNotFoundException;
import java.io.IOException;
import java.net.URI;
import org.apache.hadoop.conf.Configuration;
import org.apache.hadoop.fs.FileStatus;
import org.apache.hadoop.fs.FileSystem;
import org.apache.hadoop.fs.Path;
public class IteratorListFiles {
  public static void main(String[] args) throws IOException {
    Configuration conf = new Configuration();
    String hdfspath = "hdfs://localhost:9000/";
    FileSystem hdfs = FileSystem.get(URI.create(hdfspath), conf);
    String watchHDFS = "/";
    iteratorListFile(hdfs, new Path(watchHDFS));
  }
  public static void iteratorListFile(FileSystem hdfs, Path path)
      throws FileNotFoundException, IOException {
    FileStatus[] files = hdfs.listStatus(path);
    for (FileStatus file : files) {
      if (file.isDirectory()) {
        System.out.println(file.getPermission() +" " + file.getOwner()
            +" " + file.getGroup() + " " + file.getPath());
        iteratorListFile(hdfs, file.getPath());
      } else if (file.isFile()) {
        System.out.println(file.getPermission() +" " + file.getOwner()
            +" " + file.getGroup() + " " + file.getPath());
      }
    }
  }
}
```

在 IDEA 里执行，然后在 IDEA 的控制界面 Console 上查看实验结果。

8. 文件是否存在判断、文件删除与文件重命名

了解 FileSystem 类下的方法，例如：判断文件是否存在、删除文件、重命名文件等。FileSystem 的方法 exists、delete、rename。

（1） exists：判断文件是否存在

如图 11 –37 所示。

```
String hdfsPath = "hdfs://localhost:9000";
FileSystem hdfs = FileSystem. get(new URI(hdfsPath),conf);
Path file  = new Path("/hdfstest/sample_data");
hdfs. exists(file);//返回布尔值,如果存在,返回为真;如果不存在,返回为假。
```

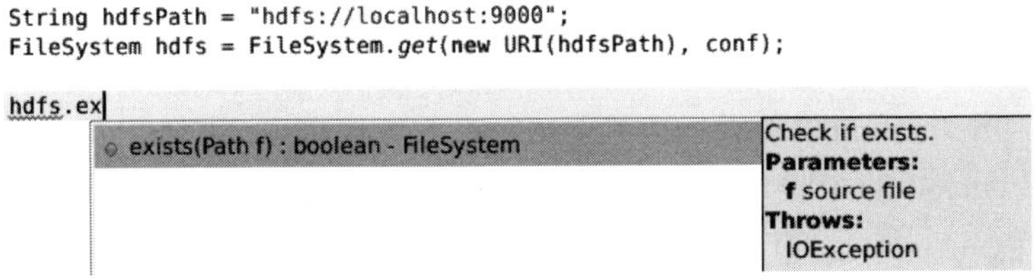

```
String hdfsPath = "hdfs://localhost:9000";
FileSystem hdfs = FileSystem.get(new URI(hdfsPath), conf);

hdfs.ex
    exists(Path f) : boolean - FileSystem
```

Check if exists.
Parameters:
f source file
Throws:
IOException

图 11 –37　判断文件是否存在

（2） rename：对文件进行重命名

如图 11 –38 所示。

```
String hdfsPath = "hdfs://localhost:9000";
FileSystem hdfs = FileSystem. get(new URI(hdfsPath),conf);
Pathsrc  =  new Path("/hdfstest/src_data");
Pathdst =  new Path("/hdfstest/dst_data");
hdfs. rename(src,dst);
```

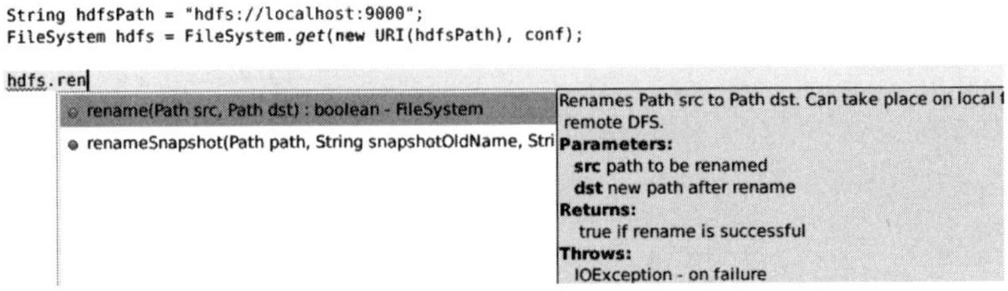

```
String hdfsPath = "hdfs://localhost:9000";
FileSystem hdfs = FileSystem.get(new URI(hdfsPath), conf);

hdfs.ren
    rename(Path src, Path dst) : boolean - FileSystem
    renameSnapshot(Path path, String snapshotOldName, Stri
```

Renames Path src to Path dst. Can take place on local f
remote DFS.
Parameters:
src path to be renamed
dst new path after rename
Returns:
true if rename is successful
Throws:
IOException - on failure

图 11 –38　对文件进行重命名

（3） delete：删除文件

如图 11 - 39 所示。

```
String hdfsPath = "hdfs://localhost:9000";
FileSystem hdfs = FileSystem.get(new URI(hdfsPath),conf);
hdfs.delete(new Path(hdfsPath));
```

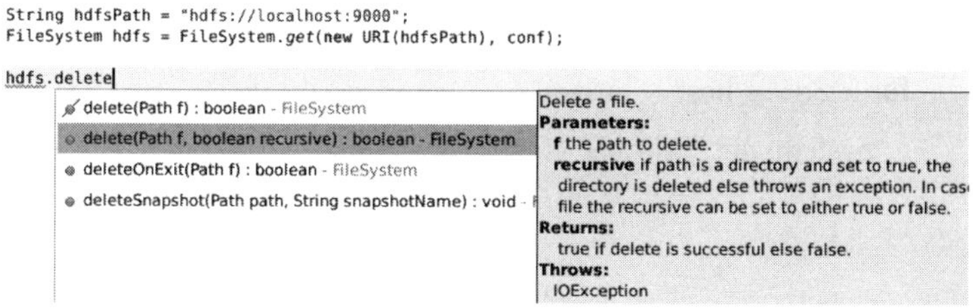

```
String hdfsPath = "hdfs://localhost:9000";
FileSystem hdfs = FileSystem.get(new URI(hdfsPath), conf);

hdfs.delete
    delete(Path f) : boolean - FileSystem
    delete(Path f, boolean recursive) : boolean - FileSystem
    deleteOnExit(Path f) : boolean - FileSystem
    deleteSnapshot(Path path, String snapshotName) : void -

Delete a file.
Parameters:
  f the path to delete.
  recursive if path is a directory and set to true, the
  directory is deleted else throws an exception. In cas
  file the recursive can be set to either true or false.
Returns:
  true if delete is successful else false.
Throws:
  IOException
```

图 11 - 39　删除指定的文件

9. 文件块信息查看

在 my.hdfs 包中新建类 LocateFile，功能是查看 HDFS 文件系统上文件/hdfstest/sample_ data 的文件块信息。

```
package my.hdfs;
import java.io.IOException;
import java.net.URI;
import java.net.URISyntaxException;
import org.apache.hadoop.conf.Configuration;
import org.apache.hadoop.fs.BlockLocation;
import org.apache.hadoop.fs.FileStatus;
import org.apache.hadoop.fs.FileSystem;
import org.apache.hadoop.fs.Path;
public class LocateFile {
    public static void main(String[] args) throws IOException, URISyntax
Exception {
        Configuration conf = new Configuration();
        String hdfsPath = "hdfs://localhost:9000";
        FileSystem hdfs = FileSystem.get(new URI(hdfsPath), conf);
```

```
        Path file  = new Path("/hdfstest/sample_data");
        FileStatus fileStatus  =  hdfs.getFileStatus(file);
        BlockLocation[] location  =  hdfs.getFileBlockLocations(fileStatus, 0,
fileStatus.getLen());

        for (BlockLocation block : location) {
          String[] hosts  =  block.getHosts();
          for (String host : hosts) {
            System.out.println("block:"  + block  +  " host:"  +  host);
          }
        }
    }
}
```

在 IDEA 里执行，然后在 IDEA 的控制界面 Console 上查看实验结果。

10. 创建文件并写入内容

在 my.hdfs 包下，新建类 WriteFile，程序功能是在 HDFS 上，创建/hdfstest/writefile 文件并在文件中写入内容“hello world hello data!”。

```
package my.hdfs;
import java.io.IOException;
import java.net.URI;
import org.apache.hadoop.conf.Configuration;
import org.apache.hadoop.fs.FSDataOutputStream;
import org.apache.hadoop.fs.FileSystem;
import org.apache.hadoop.fs.Path;
public class WriteFile {
  public static void main(String[] args) throws IOException {
    Configuration conf  = new Configuration();
    String hdfsPath  = "hdfs://localhost:9000";
    FileSystem hdfs  =  FileSystem.get(URI.create(hdfsPath), conf);
    String filePath  = "/hdfstest/writefile";
```

```
        FSDataOutputStream create = hdfs.create(new Path(filePath));
        System.out.println("Step 1 Finish!");
        String sayHi ="hello world hello data!";
        byte[] buff = sayHi.getBytes();
        create.write(buff, 0, buff.length);
        create.close();
        System.out.println("Step 2 Finish!");
    }
}
```

在 IDEA 里执行，然后在 HDFS 上查看实验结果。

```
$hadoop fs -ls -R /hdfstest
$hadoop fs -cat /hdfstest/writefile
```

11. 删除目录下的所有文件

首先切换到/data/hadoop 目录下，将该目录下的所有文件删除（此时要求/data/hadoop 中必须全是文件，不能有目录）。

```
$cd /data/hadoop
$rm -r /data/hadoop/ *
```

随后，在该目录下新建两个文件，分别命名为 file1，file2。

```
$touch file1
$touch file2
```

向 file1 和 file2 中，分别输入内容如下

```
$echo "hello file1" > file1
$echo "hello file2" > file2
```

在 my.hdfs 包下，新建类 PutMerge，程序功能是将 Linux 本地文件夹/data/hadoop/下的所有文件，上传到 HDFS 上并合并成一个文件/hdfstest/mergefile。

```
package my.hdfs;
import java.io.IOException;
```

```
import java.net.URI;
import java.net.URISyntaxException;
import org.apache.hadoop.conf.Configuration;
import org.apache.hadoop.fs.FSDataInputStream;
import org.apache.hadoop.fs.FSDataOutputStream;
import org.apache.hadoop.fs.FileStatus;
import org.apache.hadoop.fs.FileSystem;
import org.apache.hadoop.fs.Path;
public class PutMerge {
  public static void main(String[] args) throws IOException, URISyntax
Exception {
      Configuration conf = new Configuration();
      String hdfsPath = "hdfs://localhost:9000";
      FileSystem hdfs = FileSystem.get(new URI(hdfsPath), conf);
      FileSystem local = FileSystem.getLocal(conf);
      String from_LinuxDir = "/data/hadoop/";
      String to_HDFS = "/hdfstest/mergefile";
      FileStatus[] inputFiles = local.listStatus(new Path(from_LinuxDir));
      FSDataOutputStream out = hdfs.create(new Path(to_HDFS));

      for (FileStatus file : inputFiles) {
        FSDataInputStream in = local.open(file.getPath());
        byte[] buffer = new byte[256];
        int bytesRead = 0;
        while ( (bytesRead = in.read(buffer) ) > 0) {
          out.write(buffer, 0, bytesRead);
        }
        in.close();
      }
      System.out.println("Finish!");
  }
}
```

在 IDEA 里执行，然后在 HDFS 上查看实验结果。

```
$hadoop fs -ls /hdfstest
```

11.3　本章小结

HDFS 作为 Hadoop 项目的核心子项目，是分布式计算中数据存储管理的基础，可以借助 Eclipse 开发环境，通过 Java 编程实现远程 HDFS 的文件创建、上传、下载、删除等，也可以使用 IDEA 集成开发环境，使用 Java 编程实现对 HDFS 中的文件操作功能。为了更好地学习 HDFS 的相关操作，本章主要介绍了在 IDEA 集成环境中利用 Java API 函数进行的文件操作。

本章首先介绍了 HDFS 程序设计的主要功能，以及 HDFS 提供的 Java API 函数，其次介绍了集成开发环境 IntelliJ IDEA 的发展及特点，并对 IntelliJ IDEA 集成环境的部署过程进行了详细描述，最后介绍了在 IntelliJ IDEA 集成环境中创建项目的过程，在此基础上介绍了利用 Java API 函数在 HDFS 中进行的编程过程，并对目录创建、文件创建、文件上传、文件下载、文件显示及递归显示、文件删除及内容输入等功能做了详细介绍。

本章习题

一、填空题

1. 对 HDFS 的文件操作主要有两种方式：（　　　　）和（　　　　）。

2. Hadoop 中关于文件操作类基本上全部在（　　　　）包中，Hadoop 类库中最终面向用户提供的接口类是（　　　　），该类封装了几乎所有的（　　　　）。

3. FileSystem 对象可以使用 FileSystem 类的静态方法（　　　　）方法进行获取。

4. IDEA 全称（　　　　　　　　　　　　）中文含义

是：（　　　　　　　　　　）。

5. IDEA 环境主要用（　　　　　）开发，但不仅限于这一种语言。

6. 在 IDEA 中读取 HDFS 上文件的数据，通常是先用（　　　　　）命令打开文件，然后再用（　　　　　）命令读取数据，读取完再用（　　　　　）命令关闭文件。

7. 要创建一个文件，首先需要用（　　　　　）命令创建这个文件，其次再利用（　　　　　）命令向这个文件中写入相应的内容，最后写完再用（　　　　　）命令关闭该文件。

8. （　　　　　　　）类主要用于对文本数据进行缓冲处理，提高读取性能。

9. （　　　　　　　）类主要用于对文本数据进行缓冲处理，提高写入性能。

10. 如果要将本地文件拷贝到 HDFS 文件系统，需要调用 FileSystem 对象的（　　　　　　　）方法。

二、实践操作题

1. 安装部署 IntelliJ IDEA。

2. 编程实现一个类 MyFSDataInputStream，该类继承 org. apache. hadoop. fs. FSDataInputStream，要求如下：

（1）实现按行读取 HDFS 中指定文件的方法 readLine（），如果读到文件末尾，则返回空，否则返回文件一行的文本。

（2）实现读取 HDFS 中指定文件中的内容方法 readLines（），如果文件为空，则返回空，否则返回文件中的所有文本。

3. 实现 11. 2. 2 中的所有题目，调试完成，并完成试验报告。

我们不断厚植现代化的物质基础，不断夯实人民幸福生活的物质条件，同时大力发展社会主义先进文化，加强理想信念教育，传承中华文明，促进物的全面丰富和人的全面发展。

——引自二十大报告

第12章

MapReduce分布式编程实践

本章学习目的

- 了解分布式计算相关概念，了解分布式计算平台。
- 理解和掌握MapReduce分布式编程模型及其技术特征。
- 掌握MapReduce1. X架构和MapReduce2. X架构的组成及在相应架构下MapReduce作业执行流程，掌握不同架构下MapReduce工作流程的演变。
- 掌握MapReduce编程模型中涉及的五大核心组件。
- 理解MapReduce的工作流程和主要功能。
- 掌握MapReduce中的Shuffle过程。
- 理解和掌握利用MapReduce实现求聚合、平均值、去重和单表连接的实现方式，掌握MapReduce思想在分布式编程中的实现方式，掌握MapReduce编程。

12.1 分布式计算基础

12.1.1 分布式计算相关概念

分布式计算（Distributed Computing）是一门计算机科学，与集中式计算相对，它主要研究如何将需要极大计算能力的问题拆分为多个小任务，并将这些小任务分配给多台计算机处理，这些小任务可以并行执行以提高计算效率并缩短整体计算时间，最后将这些计算结果进行综合得出最终结果，从而完成整体计算任务。一般地，分布式计算通常是指在分布式系统上执行的计算，而分布式系统是由若干通过网络互联的计算机组成的软硬件系统，这些计算机具有一定的独立性和自治能力，可以独立完成各自的任务，也可以互相配合、协同工作，共同完成一个相同的目标。常见的分布式计算项目通常使用世界各地成千上万的志愿者计算机的闲置计算能力，通过互联网进行数据传输，分布式计算能够以较低的成本实现目标。例如，可以分析来自外太空的电讯号，寻找隐蔽的黑洞，并探索可能存在的外星智慧生命；寻找超过 1 000 万位的梅森质数；以及发现对抗艾滋病病毒的更有效药物。这些项目通常规模庞大，计算量巨大，单靠一台计算机或个人在可接受的时间内无法完成，需要利用多台计算机的存储能力和计算能力进行处理才能够完成。

分布式计算的应用广泛而多样，已经涵盖了多个领域，主要包括：

①科学计算：分布式计算特别适用于处理海量数据，进行大规模的数值计算和模拟，如气象预报、地震模拟、天文学计算等。

②人工智能：分布式计算在人工智能领域也发挥着重要作用，如用于训练深度学习模型、构建神经网络，从而提高机器学习算法的效率和精度。

③金融行业：分布式计算可以用于高频交易、风险管理、投资组合优化等方面，帮助金融公司提高交易速度和决策能力。

④云计算：分布式计算是云计算的核心技术之一，用于构建弹性计算集群，提供高可用性和高性能的计算服务。它还可以用于构建云计算平台，提供弹性计算、资源共享和服务部署等功能。

⑤大数据处理：分布式计算在处理大规模数据集时具有显著优势，例如数据挖掘、机器学习、图像处理等应用。

⑥分布式存储：分布式计算也用于构建可扩展的分布式存储系统，如分布式文件系统和分布式数据库。

⑦医疗及生命科学：在医疗保健和生命科学领域，分布式计算用于建模和模拟复杂的生命科学数据，加快图像分析、医学药物研究和基因结构分析的速度。

分布式计算在科学、工程、经济、医疗等领域的应用非常广泛，极大推动了这些学科的发展。此外，分布式计算还用于分布式机器学习、分布式图计算、分布式仿真、分布式网络优化、分布式游戏服务器、分布式网络爬虫等多个方面。

12.1.2　分布式计算平台

伯克利开放式网络计算平台（Berkeley Open Infrastructure for Network Computing，BOINC）是目前主流的分布式计算平台之一，由加州大学伯克利分校（University of California-Berkeley）电脑学系于 2003 年发展出来的分布式计算系统，并由美国国家科学基金会赞助。BOINC 基于分布式计算的概念，通过整合和利用全球范围内的个人电脑资源，为科学研究提供强大的计算能力。以 SETI@ home 项目为例，该项目在 BOINC 平台上拥有 49 000 台活跃主机，平均提供约 852 TeraFLOPS（TFLOPS）的运算能力。

BOINC 是一个计算平台，对志愿者来说，它提供了一个统一的客户端程序，客户端本身并不直接进行计算，而是提供管理功能。当志愿者加入 BOINC 平台上的计算项目后，客户端程序会自动下载任务单元，并调用相应项目的计算程序进行处理。如果志愿者参与了多个项目，客户端将根据用户的设定自动分配计算资源。在任务完成后，客户端会自动上传计算结果并获取新的任务单元。通过多年时间、多个项目的测试，该平台已经较为成熟。伯克利大学成功运行了 SETI@ home 项目多年，该项目通过分析射电望远镜的数据来搜寻地外文明，吸引了超过五百万用户参与，累计完成了两百万 CPU 小时的计算。BOINC 平台统一的界面，统一的方式大大方便新加入分布式计算的用户，而不必研究每个不同项目的参与方法、积分算法等。BOINC 是不同分布式计算可以共享的分布式计算平台，不同分布式计算项目可以直接使用 BOINC 的公用上传下载系统、统计系统等，这样不仅可以发挥各个分布式计算之间的协调性，也能使分布式计算的管理、使用更加方便易用。

BOINC 平台的运行主要包括如下步骤：

①项目整合与发布：BOINC 平台为不同的分布式计算项目提供了一个统一的运行环境。这些项目涵盖了数学、医学、天文学、气象学等多个领域。项目开发者可以将他们的计算任务发布到 BOINC 平台上，以便利用全球范围内的个人电脑资源进行计算。

②任务分配与调度：当用户将他们的个人电脑连接到 BOINC 平台时，平台会根据当前可用的计算资源和任务需求，将计算任务分配给各个个人电

脑。任务分配和调度算法会考虑多种因素，如电脑的硬件配置、网络状况以及用户的偏好设置等。

③计算过程：一旦个人电脑接收到计算任务，它会在后台运行这些任务，同时不影响用户的正常使用。当用户再次使用电脑时，屏保退出，计算终止。这种设计使得个人电脑用户可以在不影响日常使用的情况下，为科学研究作出贡献。

④结果上传与整合：计算完成后，个人电脑会将结果上传回 BOINC 平台。平台会对这些结果进行验证和整合，以确保数据的准确性和完整性。然后，平台会将结果分发给相应的项目开发者，以供他们进行进一步的分析和研究。

12.1.3 分布式编程模型 MapReduce

MapReduce 是一种编程模型，旨在处理大规模数据集（通常超过 1TB）的分布式并行计算。它使得编程人员无须了解分布式并行编程的底层细节，就能在分布式系统上运行自己的程序。MapReduce 采用“分而治之”的思想，通过“先拆分，再合并”的方式，将处理任务高度抽象为两个关键函数：Map 函数和 Reduce 函数，将整个任务的执行划分为 Map 任务阶段和 Reduce 任务阶段，执行不同的计算任务，其中，Map（映射）函数以键值对作为输入数据，通过指定一定的映射规则，将一组键值对映射成一组新的键值对，执行 Map 任务的每个计算节点（Mapper，映射器）尽量处理该节点在 HDFS 中保存的数据信息，所有的 Map 任务在不同的计算节点上并行完成，Map 任务的中间结果存储在本地磁盘上，待所有 Map 任务完成后，才会进入 Reduce 阶段；Reduce（规约）函数是以 Map 的输出结果作为输入数据，通过指定一定的规约规则，对数据进行处理，执行 Reduce 任务的计算节点（Reducer，规约器）也可以在不同的计算节点并发执行，主要工作是将计算结果进行聚合或汇总，并将最终结果写入到 HDFS。简而言之，MapReduce 的核心就是“任务的分解与结果的汇总”。

MapReduce 设计的主要技术特征包括：

（1）向“外”横向扩展，而非向“上”纵向扩展

MapReduce 集群通常由价格低廉、易于扩展的商用低端服务器构建，而非价格高昂、难以扩展的高端服务器。

对于大规模数据处理，由于有大量数据存储需要，基于低端服务器的集

群远比基于高端服务器的集群优越，这也是 MapReduce 并行计算集群会基于低端服务器实现的原因。

（2）“失效”被认为是常态

MapReduce 集群中使用大量的低端服务器，因此，节点硬件失效和软件出错是常态，因而一个良好设计、具有高容错性的并行计算系统不能因为节点失效而影响计算服务的质量，任何节点失效都不应当导致结果的不一致或不确定性；任何一个节点失效时，其他节点要能够无缝接管失效节点的计算任务；当失效节点恢复后应能自动无缝加入集群，而不需要管理员人工进行系统配置。为应对节点失效，MapReduce 并行计算框架采用了多种有效的错误检测和恢复机制，如节点自动重启技术，使得集群在面对节点失效时仍能保持健壮性，确保计算任务的正常进行。

（3）把处理向数据迁移

传统高性能计算系统通常有很多处理器节点与一些外存储器节点相连，如用存储区域网络（Storage Area，SAN Network）连接的磁盘阵列，因此，大规模数据处理时外存文件数据 I/O 访问会成为一个制约系统性能的瓶颈。

为了减少大规模数据并行计算系统中的数据通信开销，代之以把数据传送到处理节点（数据向处理器或代码迁移），应当考虑将处理向数据靠拢和迁移。MapReduce 采用了数据/代码互定位的技术方法，计算节点将首先尽量负责计算其本地存储的数据，以发挥数据本地化特点，仅当节点无法处理本地数据时，再采用“就近原则”寻找其他可用计算节点，并把数据传送到该可用计算节点。

（4）顺序处理数据、避免随机访问数据

大规模数据处理的特点决定了大量的数据记录难以全部存放在内存，而通常只能放在外存中进行处理。由于磁盘的顺序访问要远比随机访问快得多，因此 MapReduce 主要设计为面向顺序式大规模数据的磁盘访问处理。为了实现面向大数据集批处理的高吞吐量的并行处理，MapReduce 可以利用集群中的大量数据存储节点同时访问数据，以此利用分布集群中大量节点上的磁盘集合提供高带宽的数据访问和传输。

（5）为应用开发者隐藏系统层细节

软件工程实践指南中，专业程序员认为之所以写程序困难，是因为程序员需要记住太多的编程细节（从变量名到复杂算法的边界情况处理），这对大脑记忆是一个巨大的认知负担，需要高度集中注意力；而并行程序编写有更多困难，如需要考虑多线程中诸如同步等复杂烦琐的细节。由于并发执行中的不可预测性，程序的调试查错也十分困难；而且，大规模数据处理时程序员需要考虑诸如数据分布存储管理、数据分发、数据通信和同步、计算结果收集等诸多细节问题。

MapReduce 提供了一种抽象机制将程序员与系统层细节隔离开来，程序员仅需描述需要计算什么（What to compute），而具体怎么去计算（How to compute）就交由系统的执行框架处理，这样程序员可从系统层细节中解放出来，而致力于其应用本身计算问题的算法设计。

12.2 MapReduce 架构演变

12.2.1 MapReduce1. X 架构

1. MapReduce1. X 组成

MapReduce 1. x 采用了 Master/Slave 架构，如图 12 -1 所示，其中 JobTracker 为 Master 节点，TaskTracker 为 Slave 节点，核心组件主要包括 Client、JobTracker、TaskTracker、Map Task 和 Reduce Task。

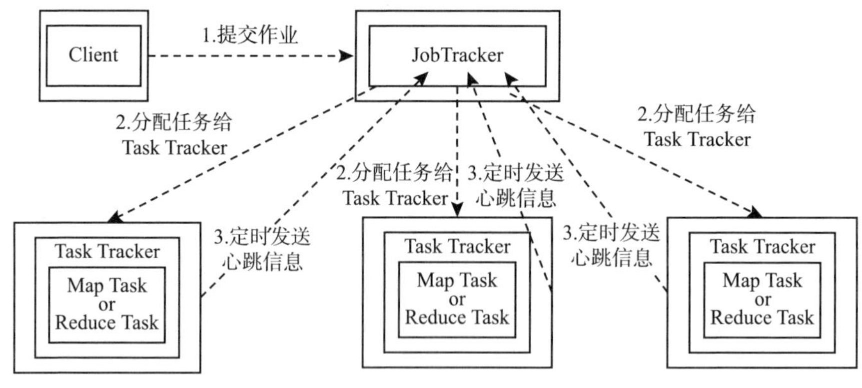

图 12 -1　MapReduce1. x 架构

（1） Client （客户端）

Client 是 MapReduce 任务的提交者，主要负责提供 API 供用户调用，将用户编写的 MapReduce 程序提交到 JobTracker。在提交作业前，Client 需要完成相关的初始化工作（如获取作业的 Job ID、创建 HDFS 目录等）。在提交作业之后，可以通过相关函数查看任务的执行状态等。

（2） JobTracker （作业跟踪器）

JobTracker 是 MapReduce 1. x 框架的主节点，负责管理和监控整个任务的执行过程。它的主要职责包括接收用户提交的作业，启动并跟踪任务的执行；将作业分解成多个 Task （包括 Map Task 和 Reduce Task），并分派给 TaskTracker 进行运行；集群资源的监控和作业的调度；监控作业的执行情况，并处理容错（如某个 Task 执行失败，会重新启动该 Task）；如果在一定时间内没有收到某个 TaskTracker 的心跳信息，JobTracker 会判断其已宕机，并将在其上运行的任务重新指派给其他 TaskTracker 执行。

（3） TaskTracker （任务跟踪器）

TaskTracker 是 MapReduce 框架的工作节点，是任务的执行者，负责执行具体的任务。它接收由 JobTracker 分配的任务，执行 Map 或 Reduce 任务，管理各个任务在每个节点上的执行情况并周期性地向 JobTracker 汇报本节点任务执行情况，包括自身运行情况和作业执行情况。

（4） Task （任务）

Task 分为 Map Task 和 Reduce Task。其中 Map Task 负责 map 阶段的并行任务处理，解析每条记录的数据，交给用户编写的 Map 方法进行处理，处理完成后，将 Map 的输出结果写到本地磁盘；Reduce Task 主要负责 Reducer 阶段的任务处理，读取 Map Task 输出的数据，并按照数据的规则进行分组、分区，将分区后的数据传给用户编写的 Reduce 方法处理，处理完成后，默认将输出结果写到 HDFS。

2. MapReduce1. x 作业执行过程

MapReduce 1. x 中作业的执行过程，如图 12 -2 所示。

MapReduce 作业执行过程大致可分为以下步骤：

（1） 客户端启动作业

客户端启动作业，初始化 JobClient 实例，通过 Configuration 对象读取并传入 JobTracker 的地址和端口等配置信息，并生成 JobTracker 的 RPC 实例以维持与 JobTracker 的通信。

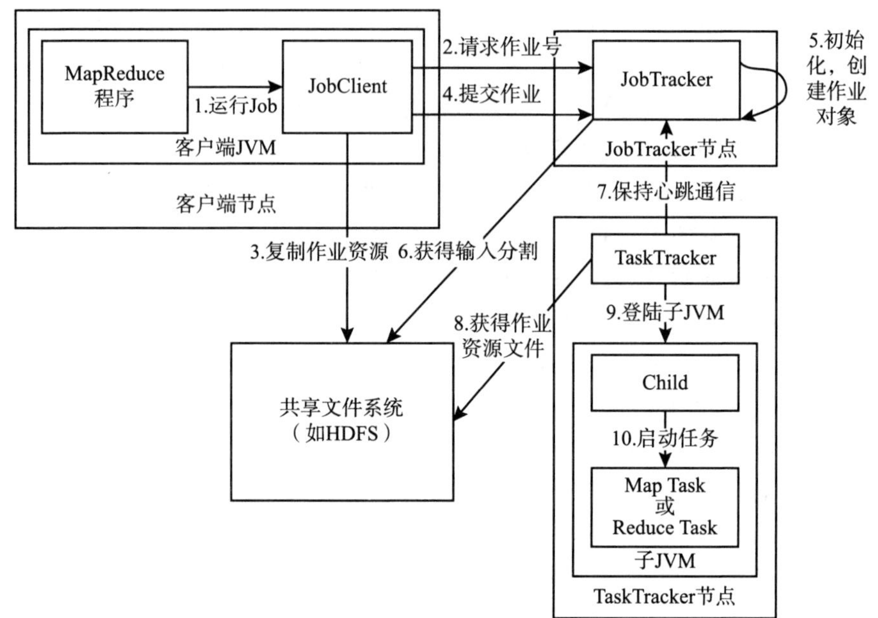

图 12－2　MapReduce1. x 作业执行过程

（2）请求作业号

JobClient 提交作业到 Hadoop 集群，并与 JobTracker 进行通信，JobTracker 返回一个 JobID。

（3）JobClient 复制作业资源文件到 HDFS

JobClient 生成以作业 JobID 命名的作业目录，并将运行作业所需的资源从本地复制到 HDFS，包括 MapReduce 程序打包的 JAR 文件、配置文件和输入划分信息。这些文件都存在 JobTracker 专门为该作业创建的作业目录中。如果 DistributedCache 中有需要的数据，也会从 DistributedCache 中拷贝这些数据到作业目录；然后，根据 InputFormat 实例，对输入数据进行分片（Split），并在作业目录上生成相关的 split 文件和元信息文件；将配置文件写入到作业目录的 job. xml 文件中。

（4）提交作业

JobClient 与 JobTracker 通信，提交作业。

（5）作业初始化与作业调度

JobTracker 接收到作业请求，将作业加入到作业队列中；JobTracker 的 TaskScheduler（任务调度器）对作业队列进行调度，并初始化作业，创建作业对象。

（6）获得输入分片

从 HDFS 中获取客户端已经计算好的输入分片（Split），每个分片对应一个 Map Task，Reduce 任务数量由 setNumReduceTask（）方法设置。当 TaskScheduler 根据自己的调度算法调度到该作业时，JobTracker 将作业分解成多个 Task，这些 Task 可以分为 Map Task 和 Reduce Task；根据输入划分信息为每个划分创建一个 Map 任务，并将 Map 任务分配给相应的 TaskTracker 执行。

（7）保持心跳联系

TaskTracker 通过定期发送心跳信号与 JobTracker 保持联系。JobTracker 根据心跳信息判断是否需要为 TaskTracker 分配任务，并由 TaskScheduler 进行调度。如果 JobTracker 在一段时间内没有收到 TaskTracker 的心跳信息，JobTracker 会认为 TaskTracker 宕机，并把 TaskTracker 的任务分配给其他 TaskTracker 重新进行执行。

（8）获得作业资源文件

对于 Map 和 Reduce 任务，TaskTracker 根据主机核的数量和内存的大小有固定数量的 Map 槽和 Reduce 槽。这里需要强调的是：Map 任务不是随随便便地分配给某个 TaskTracker 的，而是以“数据本地化”（Data-Local）形式进行分配。即，将 Map 任务分配给含有该 Map 处理的数据块的 TaskTracker 上，同时将程序 JAR 包复制到该 TaskTracker 上来运行，这叫“运算移动，数据不移动”。而分配 Reduce 任务时并不考虑数据本地化。

TaskTracker 接收到 JobTracker 分配的任务后，从分布式文件系统中 JAR 文件复制到本地。

（9）登录到子 JVM

登录到 TaskTracker，由 TaskTracker 在子 JVM 中启动任务。

（10）启动任务

TaskTracker 启动一个 Child 进程来执行具体的 Map Task 或 Reduce Task。任务运行过程中 TaskTracker 会定期通过“心跳”将任务的状态及运行情况告知 JobTracker。

(11) 作业完成

当 JobTracker 收到作业的最后一个任务完成通知后，将作业的状态设置为“完成”；在 JobClient 查询状态时，得知任务已经完成，并从 runjob( ) 方法返回。

在整个执行过程中，MapReduce 框架负责任务调度、数据分片与传输以及结果输出。用户则只需关注 Map 和 Reduce 阶段的业务逻辑实现。

MapReduce1.0 架构存在的问题：

①在 MapReduce1.0 中，JobTracker 同时具有资源管理和监控以及任务管理和监控的功能，使得 JobTracker 节点压力过大。

②在 MapReduce1.0 中，JobTracker 是 master 节点，一旦出现问题，会使整个集群瘫痪，可能会出现单点故障问题。

③在 MapReduce1.0 中，只能运行 MapReduce 作业。

12.2.2 MapReduce2.X 架构

1. MapReduce2.x 组成

在 MapReduce 1.x 架构中，JobTracker 同时负责资源管理和任务管理与监控，导致其负担过重，影响集群性能，并且容易出现单点故障。此外，Hadoop 1.x 无法集成多种分布式计算模型，难以适应不同场景的需求。在 MapReduce2.X 架构中，将 MapReduce1.x 中与应用程序无关的资源管理部分的功能由 Yarn 来完成，与应用程序有关的部分仍然由 MapReduce 完成。在 MapReduce2.x 架构的核心组件如下：

(1) Client（客户端）

Client 主要负责提交 MapReduce 作业。

(2) ResourceManager（资源管理器）

ResourceManager 简称 RM，是 YARN 资源控制框架的中心模块，负责集群中所有资源的统一管理和分配。它接收来自 NodeManager 的汇报，为每一个应用程序建立 ApplicationMaster，并将资源派送给 ApplicationMaster。

(3) NodeManager（节点管理器）

NodeManager 简称 NM，是 ResourceManager 在每台机器上的代理，负责集群中的容器管理，监控其资源使用情况（CPU、内存、磁盘、网络等），并向 ResourceManager 报告。

（4）ApplicationMaster

ApplicationMaster 简称 AM。在 YARN 中，每个应用程序都会启动一个 ApplicationMaster，负责向 ResourceManager 申请资源、请求 NodeManager 启动 Container，并指定在 Container 上执行的任务。

（5）Container（资源容器）

Container 是一种动态的资源分配单位，YARN 中所有的应用程序都是在 Container 之上运行的，这些 Container 是由这些应用程序所对应的 ApplicationMaster 向 ResourceManager 申请的资源；ApplicationMaster 也是在 Container 上运行的，只是运行 ApplicationMaster 的 Container 是由 ResourceManager 上的 ApplicationsManager（应用程序管理器，ASM）向 ResourceManager 申请的，并由 ResourceManager 上的 Scheduler（调度器）按照一定的调度策略分配的资源。

Container 是 YARN 中的资源抽象，封装了节点上的一定量资源（如 CPU 和内存）。Container 由 ApplicationMaster 向 ResourceManager 申请，并由 ResourceManager 的资源调度器异步分配。Container 的运行是由 ApplicationMaster 向资源所在的 NodeManager 发起的，Container 运行时需提供内部执行的任务命令（可以是任何命令，如 java、Python、C ++ 进程启动命令均可）以及该命令执行所需的环境变量和外部资源（如词典文件、可执行文件、jar 包等），这些任务命令和相应的资源都由执行任务的 JobTracker（作业跟踪器）进行作业分配时将子任务所对应的代码及相应的文件通过网络传递到执行该子任务的计算节点上，即执行任务的 ResourceManager 上。

一个应用程序所需的 Container 主要分为两大类：

①运行 ApplicationMaster 的 Container：这是由 ResourceManager（向内部的资源调度器）申请和启动的，用户提交应用程序时，可指定唯一的 ApplicationMaster 所需的资源。

②运行各类任务的 Container：这是由该任务对应的 ApplicationMaster 向 ResourceManager 申请的，并为了 ApplicationMaster 与 NodeManage 通信以启动的。

以上两类 Container 可能在任意节点上，它们的位置通常而言是随机的，即 ApplicationMaster 可能与它管理的任务运行在一个节点上。

（6）分布式文件系统（一般为 HDFS），

分布式文件系统主要用来与其他实体间共享作业文件，在 Hadoop 系统中通常是 HDFS。

2. MapReduce2. x 作业执行流程

在 MapReduce 2. x 中，资源管理由 YARN（Yet Another Resource Negotiator）框架负责，使得 MapReduce 不再包含自己的资源管理功能。其作业执行过程如图 12－3 所示。

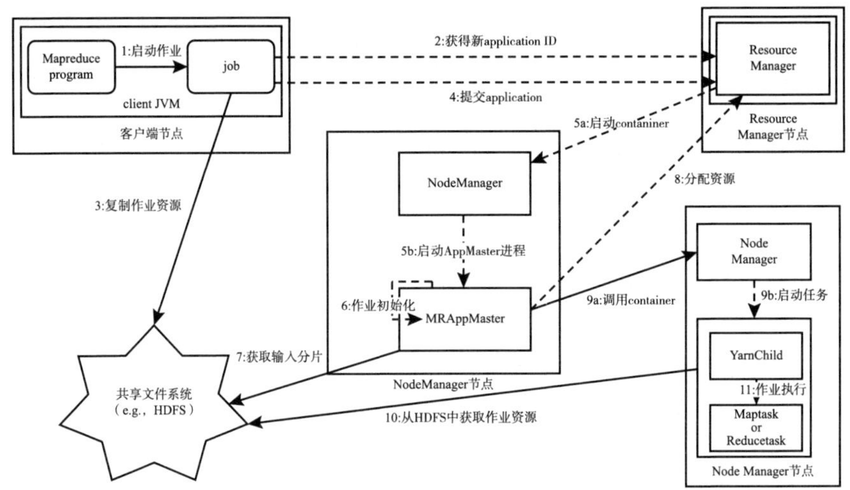

图 12－3　MapReduce 在 Yarn 上的工作原理

MapReduce 作业在 Yarn 框架上的工作过程如下：

（1）客户端启动作业

客户端提交一个 MapReduce 作业，Job 的 submit( ) 方法创建一个内部的 JobSummiter 实例，并且调用其 submitJobInternal( ) 方法。作业提交后，waitForCompletion( ) 方法每秒轮询作业进度，并将变化报告到控制台。作业完成后，如果成功，就显示作业计数器；如果失败，则导致作业失败的错误被记录到控制台。

（2）获得新应用程序 ID

Job 向 ResourceManager 请求一个新的应用程序 ID，该 ID 将用作 MapReduce 作业 ID。ResourceManager 检查作业的输出说明和计算作业的输入分片，如果没有指定输出目录，输出目录已存在或者分片无法计算，那么作业就不提交，错误抛回给 MapReduce 程序（这里需要注意，和 MapReduce1. x 不同的是，作业 ID 是从资源管理器 ResourceManager 中获得，而不是 JobTracker，在 Yarn 中命名中是一个应用程序 ID）。

（3）复制作业资源

将运行作业所需要的各种资源（包括作业 JAR 文件、配置文件和计算所得的输入分片）复制到一个以作业 ID 命名的目录下的共享文件系统（如 HDFS）中。作业 JAR 的副本数量较多，可通过属性 mapreduce. client. submit. file. replication 进行控制，默认值为 10，因此在运行作业的任务时，集群中有很多个副本可供节点管理器访问。

（4）提交应用程序

客户端通过调用 ResourceManager 的 submitApplication( ) 方法提交作业。

（5）找到一个 NodeManager 调用其上 Container 资源启动 Application Master 进程

ResourceManager 收到调用它的 submitApplication( ) 消息后，便将请求传递给 YARN 调度器（scheduler）。调度器分配一个容器，ResourceManager 随后在 NodeManager 的管理下启动 MapReduce 作业的 Application Master 进程。

（6）作业初始化

MapReduce 作业的 Application Master 是一个 Java 应用程序，它的主类是 MRAppMaster，它对作业进行初始化。由于将接受来自任务的进度和完成报告，因此 Application Master 对作业的初始化，然后通过创建多个簿记对象以跟踪作业的执行进度。

（7）获取输入分片

Application Master（MRAppMaster）接受来自 HDFS 在客户端计算的输入分片。对每一个分片创建一个 Map 任务对象以及由 mapreduce. job. reduces 属性（通过作业的 setNumReduceTasks( ) 方法设置）确定的多个 Reduce 任务对象。任务 ID 在此时分配。

Application Master 必须决定如何运行构成 MapReduce 作业的各个任务。如果作业很小，就选择和自己在同一个 JVM 上运行任务。与在一个节点上顺序运行这些任务相比，当 Application Master 判断在新的容器中分配和运行任务的开销大于并行运行它们的开销时，就会发生这种情况。这样的作业称为 uberized 任务，或者 uber 任务（小作业）运行。

默认情况下，小作业指少于 10 个 Mapper 且只有 1 个 Reducer 且输入大小小于一个 HDFS 块的作业（可以通过设置 mapreduce. job. ubertask. max-maps、mapreduce. job. ubertask. maxreduces 和 mapreduce. job. ubertask. max-bytes 改变）。必须明确启动 uber 任务（对于单个作业，或者是对整个集群），具体方法是将 mapreduce. job. ubertask. enable 设置为 True。

最后，在任何任务运行之前，Application Master 会调用 setupJob( ) 方法设置 OutputCommitter，默认值为 FileOutputCommitter，表示将建立作业的最终输出目录及任务输出的临时工作空间。

(8) 分配资源

如果作业不适合作为 uber 任务运行，那么 Application Master 就会为该作业中的所有 Map 任务和 Reduce 任务向 ResourceManager 请求容器资源。

首先为 Map 任务发出请求，该请求优先级要高于 Reduce 任务的请求，这是因为所有的 Map 任务必须在 Reduce 的排序阶段能够启动前完成。直到有 5% 的 Map 任务已经完成时，作为 Reduce 任务的请求才会发出（慢启动 Reduce）。

Reduce 任务可以在集群中的任意位置运行，但 Map 任务的请求则受到数据本地化的限制，这是调度器优先考虑的因素。请求也为任务指定了内存需求和 CPU 数。在默认情况下，每个 Map 任务和 Reduce 任务都分配到 1024MB 的内存和一个虚拟的内核，这些值可以在每个作业的基础上进行配置，配置参考如表 12 - 1 所示。

表 12 - 1　　配置参数

属性名称	类型	默认值	说明
mapreduce. map. memory. mb	int	1024	Map 容器所用的内存容量
mapreduce. reduce. memory. mb	int	1024	Reduce 容器所用的内存容量
mapreduce. map. cpu. vcores	int	1	Map 容器所用的虚拟内核
mapreduce. reduce. cpu. vcoresp. memory. mb	int	1	Reduce 容器所用的虚拟内核

(9) 调用 Container 资源启动任务

一旦 ResourceManager 的调度器为任务分配了一个特定节点上的容器，Application Master 就通过与 NodeManager 通信启动容器。该任务由一个主类为 YarnChild 的 Java 应用程序执行。

（10）从 HDFS 中获取资源

在运行任务之前，任务所需的资源首先会被本地化，包括作业的配置、JAR 文件以及来自分布式缓存的文件。

（11）作业执行

NodeManager 根据 ApplicationMaster 的请求，在其管理的节点上启动任务（Mapper 或 Reducer）。Mapper 任务对输入数据进行处理，生成中间结果；Reducer 任务对中间结果进行合并，生成最终输出。

（12）作业完成

所有任务完成后，ApplicationMaster 通知 ResourceManager 作业已完成。ResourceManager 更新集群状态，并释放分配给作业的资源。

在整个过程中，ResourceManager 负责全局的资源管理和调度，NodeManager 负责节点上的资源管理和任务执行，而 ApplicationMaster 则负责单个作业的资源申请、任务调度和状态跟踪。这种架构使得 YARN 能够更高效、更灵活地管理集群资源，并支持各种不同类型的计算模型。

对于 MapReduce2. x 架构，在 Hadoop 版本中称为 MRv2，所解决的问题主要包括：

①更高的集群利用率，一个框架未使用的资源可由另一个框架进行使用，充分地避免资源浪费；

②能够具有很高的扩展性；

③YARN 通过引入可变的 ApplicationMaster 部分，支持编写不同的 ApplicationMaster，以适应多种计算框架。

④监控 Job 的 tasks 运行情况下放到 ApplicationMaster 中。

12. 2. 3　MapReduce 编程设计思想

在分布式计算中，MapReduce 框架负责处理并行编程中分布式存储、工作调度、负载均衡、容错处理以及网络通信等复杂问题，整个处理过程高度抽象为 Map 与 Reduce 两个部分，其中 Map 部分负责把任务分解成多个子任务，Reduce 部分负责把分解后多个子任务的处理结果汇总起来，具体设计思路如下：

（1）Map 过程需要继承 org. apache. hadoop. mapreduce 包中 Mapper 类，并重写其 Map 方法

在 Map 方法中添加代码将 key 和 value 输出到控制台，可以发现 value

值存储的是文本文件中的一行（以回车符为行结束标记），而 key 值存储的是该行首字母相对于文本文件首地址的偏移量。然后用 StringTokenizer 类将每一行拆分成为一个个的字段，把截取出需要的字段设置为 key，并将其作为 Map 方法的结果输出。

（2）Reduce 过程需要继承 org. apache. hadoop. mapreduce 包中 Reducer 类，并重写其 reduce 方法

Map 过程输出的 < key，value > 经过 shuffle 过程后，所有相同 key 的 value 被聚集为一个列表 values。然后 < key，values > 被输入到 reduce 方法中，reduce 方法通过遍历 values 并求和，即可得到某个单词的总次数。

在 main( ) 函数中新建一个 Job 对象，负责管理和运行 MapReduce 计算任务，并通过 Job 的方法设置任务参数。本实验是设置使用将继承 Mapper 的 doMapper 类完成 Map 过程中的处理和使用 doReducer 类完成 Reduce 过程中的处理。还设置了 Map 过程和 Reduce 过程的输出类型：key 的类型为 Text，value 的类型为 IntWritable。任务的输入输出路径由字符串指定，并通过 FileInputFormat 和 FileOutputFormat 分别设定。完成相应任务的参数设定后，即可调用 job. waitForCompletion( ) 方法执行任务，其余的工作都交由 MapReduce 框架处理。

12.3 MapReduce 编程模型

12.3.1 MapReduce 核心组件

MapReduce 框架的核心组件包括：InputFormat、Mapper、Shuffle、Reducer、OutputFormat，各组件之间的关系如图 12－4 所示。

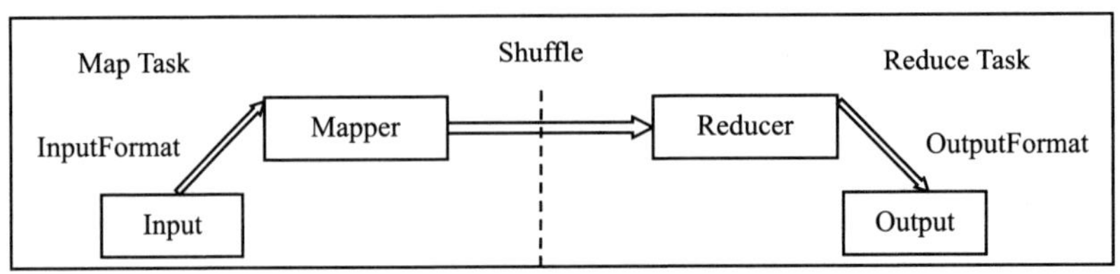

图 12－4 MapReduce 框架核心组件

1. InputFormat 组件

MapReduce 框架支持多种输入格式，包括文本、序列化、Hadoop Archives 等，可以根据数据类型选择合适的输入格式。InputFormat 是 MapReduce 框架的输入格式组件，负责将输入进入 MapReduce 的数据进行规范化处理，格式化为 MapReduce 框架可以处理的格式。InputFormat 阶段主要包括 InputSplit 和 RecordReader 两个部分，其中 InputSplit 负责数据切分，RecordReader 负责为 Mapper 提供输入数据，定义如何读取和分割输入数据。InputFormat 是一个类，定义了 InputSplit 用于把输入数据拆分到任务，并提供 RecordReader 对象工厂用于读取文件。InputFormat 由作业的驱动器直接调用，基于 InputSplit 来确定 Map 任务执行的数量和位置。

```
public class XXXInputFormat extends FileInputFormat <Text,Text > {
    @ Override
    public RecordReader < Text, Text > createRecordReader ( InputSplit inputSplit,TaskAttemptContext taskAttemptcontext) throws IOException,InterruptedException{
    ......
    }
}
```

具体如图 12 –5 所示。

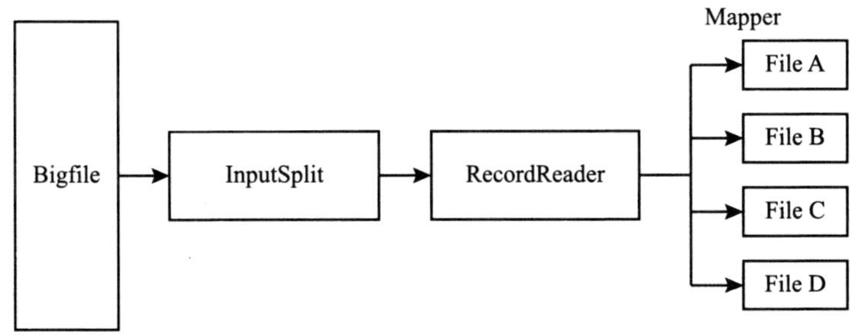

图 12 –5　InputFormat 过程

(1) InputSplit

InputSplit 是指对输入的文件进行逻辑切割（注意：不是物理切割），切割成一系列 Key-Value 值，主要有两个参数可以定义 InputSplit 切片大小，分别是 mapred. max. split. size（记为 minSize）和 mapred. min. split. size（记为 maxSize）。对于每个文件，首先获取文件大小（size），通常基于文件大小、最小切片大小（由 mapred. min. split. size 属性定义，记为 minSize）和最大切片大小（由 mapred. max. split. size 属性定义，记为 maxSize）来计算切片大小，在 Hadoop2. x 以上的版本中，一个 splitSize 的计算公式为：

computeSplitSize（blockSize，minSize，maxSize）= Math. max [minSize，Math. min(maxSize，blockSize)]

MapReduce 的 split 切片和 HDFS 的 block 划分是两个不同的概念。HDFS 是将数据物理上切分成多个 block 数据块进行存储，这是 HDFS 的基本存储单位，在 Hadoop 1. x 中 block_size 默认值为 64M，在 Hadoop 2. x 以上版本中 block_size 的大小默认值是 128M（但在某些情况下可以进行配置）。而 split 则是在逻辑上对输入数据进行分片，只记录切片的元数据描述信息，如切片的起始位置、长度等，而不是在磁盘上实际切割文件，为方便管理，切片大小通常与 HDFS 的块大小有关，默认情况下，切片大小等于块大小，但也可以进行配置。切片的大小和数量由 MapReduce 框架根据文件大小、块大小以及配置参数进行计算和确定。

MapReduce 框架首先找到数据存储的目录，遍历目录下的每一个文件，根据切片大小对文件进行切片，同时确保每次切片后剩余部分不小于块大小的 1. 1 倍，否则不进行新的切片。将切片信息（如起始位置、长度、所在节点列表等元数据）写入到切片规划文件（InputSplit）中。将切片规划文件提交到 YARN 上，YARN 的 MrAppMaster 根据切片规划计算需要开启的 MapTask 数量。每个切片会对应启动一个 MapTask 进行并行处理。因此，MapTask 的并行度由提交 job 时的切片数决定。

（2）RecordReader（RR）

InputFormat 定义了 RecordReader，它负责从 InputSplit 切割输出的一系列 Key-Value 中读取实际的数据记录，并将数据转换为 Map 过程的输入键值对（Key-Value Pair），通常键是数据在文件中的位置，值是组成记录的数据块，以便 Mapper 进行处理。为了简化数据管理的复杂性，一般地，如果没有特殊定义，一个 Mapper 文件的大小就是由 Hadoop 的 block_size 决定的。

Hadoop 提供了多种内置的 InputFormat，以适应不同的数据格式和处理需求。最常用的 InputFormat 格式如表 12 - 2 所示。

表 12－2　　　　　　　　　常用的 InputFormat 数据格式

InputFormat 格式名称	描述
TextInputFormat	这是系统默认的数据输入格式，用于处理文本文件。可以将文本文件分块并逐行读入以便 Map 节点进行处理。每个文件单独进行切片，且按照默认的块大小进行切分。每一行作为一个记录。键是 LongWritable 类型，表示该行在文件中的字节偏移量；值是该行的内容，不包括任何行终止符
KeyValueTextInputFormat	用于处理键值对形式的文本文件，与 TextInputFormat 类似，每一行由键和值组成，但 Key 是每一行分隔符前面的所有内容（分隔符默认为 tab 键），Value 是分隔符后面的内容。可以通过设置分隔符来自定义键和值的分隔方式。
CombineTextInputFormat	用于处理小文件过多的场景。它可以将多个小文件从逻辑上规划到一个切片中，也可以将多个小文件组合成一个 InputSplit，减少切片的数量，以便一个 MapTask 处理多个小文件，减少 Map 任务的数量。
SequenceFileInputFormat	用于处理 Hadoop 支持的 SequenceFile 文件，其包含一系列键值对。可以以二进制或文本格式读取。
DBInputFormat	用于处理关系型数据库中的数据。
NLineInputFormat	按照指定的行数划分 InputSplit，每个 InputSplit 包含固定行数的记录。

除了这些 InputFormat 外，用户还可以根据自己的需求实现自定义的 InputFormat。通过实现 InputFormat 接口，用户可以定义自己的数据拆分策略和读取逻辑，以适应更复杂的数据处理场景。

2. Mapper 组件

在 MapReduce 模型中，map 任务的输入通常以键值对（key-value pair）的形式存在，由 Mapper 对这些键值对进行处理，最后输出一组中间键值对发送到 Reducer 做后续处理。InputFormat 为每一个 InputSplit 生成一个 Map 任务，每个 Mapper 独立处理一个 split，这允许系统可以并行处理大量的 split。Map 任务运行的节点会优先选择数据所在的节点，一般可以通过在本地机器上进行计算来减少数据的网络传输。Mapper 的实现是通过 job 中的 setMapperClass（Class）方法来配置写好的 Map 类，如：

```
job. setMapperClass( WordMapper. class);  //设置要执行的 mapper 类
```

其内部是调用了 Map（WritableComparable，Writable，Context）这个方

法来为每一个键值对写入到 InputSplit，程序会调用 cleanup（Context）方法来执行清理任务，清理掉不需要使用到的中间值。关于输入的键值对类型不需要和输出的键值对类型一样，而且输入的键值对可以映射到 0 个或者多个键值对。通过调用 context. write（WritableComparable，Writable）来收集输出的键值对。程序使用 Counter 来统计键值对的数量，在 Mapper 中的输出被排序后，就会被划分到每个 Reducer 中，分块的总数目和一个作业的 Reduce 任务的数目是一样的。官方文档建议，一个节点有 10 ~ 100 个任务是最好的，如果是 CPU 低消耗的话，300 个也是可以的，最合理的一个 map 任务是需要运行超过 1 分钟。

在 Mapper 中，用户需要定义一个 Map 函数来完成具体的数据处理工作，利用用户定义的 Map 函数来处理 Record Reader 解析的每个键/值对，经过过滤、转换、计算等操作，输出一组中间键值对，其中键是经过处理后的值，通常作为在 Reducer 中处理时被分组的依据，而值是与该键相关的数据，也是 Reducer 需要分析的数据。Map 函数完成后，会向 JobTracker 报告完成状态，以便 MapReduce 框架能够监控任务进度并进行后续的资源管理和调度。

Hadoop 提供的 Mapper 类是实现 Map 任务的一个抽象基类，该基类提供了一个 map( ) 方法。Mapper 执行 MapReduce 程序第一阶段的用户自定义工作。从实现角度来看，Mapper 实现以一系列键值对（k1，v1）的形式接收输入数据，这些数据会用于单个 Map 执行。Map 通常将输入对转换成输出对（k2，v2），后者会被用作洗牌和排序的输入。对于构成总的作业输入的每个 Map 任务而言，Mapper 的新实例均运行在独立的 JVM 实例中。这是特意设计，即不为单独的 Mapper 提供以任何方式与其他 Mapper 进行通信的机制。这使得每个 Map 任务的可靠性仅取决于本地机器的可靠性。

```
public class XXXMapper extends Mapper<LongWritable,Text,LongWritable,Text>{
    @Override
    protected void map(LongWritable Key,Text value,Context context)
            throws IOException,InterruptedException{
        context.write(key,value);
    }
}
```

3. Shuffle

Shuffle 阶段在 MapReduce 框架中起到了至关重要的作用，它连接了 Map 阶段和 Reduce 阶段，实现了中间计算结果的输出和进一步处理。Shuffle 不是由编程代码直接控制的，而是由 MapReduce 框架负责执行。在 Shuffle 阶段，所有 Mapper 的输出会被收集起来，根据键（Key）进行分区，确定每个键值对应该发送到哪个 Reducer 节点上；在每个分区内，键值对会根据键进行排序，以便 Reduce 阶段能够更高效地处理。将分区内排序好的键值对发送到对应的 Reducer 节点上，这涉及网络传输和数据复制的过程。

（1）Combiner 组件

Combiner 是一个可选的本地 Reducer，Combiner 一般在 Mapper 之后、Reducer 之前运行，可以在 Map 阶段聚合数据，用于优化 MapReduce 作业执行。Combiner 通过执行用户指定的来自 Mapper 的中间键对 Map 的中间结果做单个 Map 范围内的聚合。一个 Combiner 类的实例在每个 Map 任务和部分 Reduce 任务中运行。Combiner 接收 Mapper 实例派发的所有数据作为输入，并尝试着组合有着相同键的值，从而缩小键空间，同时减少了需要排序的键（不必要的数据）的数量。接下来，Combiner 的输出会被排序并发送到 Reducer。例如，一个聚合的计数是每个部分计数的总和，用户可以先将每个中间结果取和，再将中间结果的和相加，从而得到最终结果。在很多情况下，这样可以明显地减少通过网络传输的数据量。在网络上发送一次（hello，3）要比三次（hello，1）节省更多的字节量。通过 combiner 可以产生特别大的性能提升，并且没有副作用，因此 combiner 的应用非常广泛。

（2）Partitioner 组件

Partitioner 的作用是用来划分键值空间，将 Mapper（如果使用了 Combiner 就是 Combiner）输出的键/值对拆分为分片（shard），每个 Reducer 对应一个分片。HashPartitioner 是默认的 Partitioner。默认情况下，Partitioner 先计算目标的散列值（通常为 md5 值），然后，通过 Reducer 的个数执行取模运算 key. hashCode( )%（Reducer 的个数）。这种方式不仅能够随机地将整个键空间平均分发给每个 Reducer，同时也能确保不同 Mapper 产生的相同键能被分发至同一个 Reducer。用户可以定制 Partitioner 的默认行为，并可以使用更高级的模式，如排序。一般情况下不需要改写 Partitioner。对于每个 Map 任务，其分好区的数据最终会写入本地文件系统，等待其各自对应的

Reducer 拉取。

Partitioner 组件可以让 Map 对 Key 进行分区，从而可以根据不同的 key 分发到不同的 Reducer 中去处理，其目的就是将 Key 均匀分布在 ReduceTask 上。由每个单独 Mapper 产生的中间键空间（k2，v2）的子集会被分配给每个 Reducer。这些子集（或分区）是 Reduce 任务的输入。每个 Map 任务可能会向任何分区派发键值对。相同键的所有值总要在一起进行 Reduce，无论它们来自哪个 Mapper。其结果是，所有 Map 节点必须达成一致，确定由哪个 Reducer 来处理不同的中间数据片段。Partitioner 类确定了一个给定的键值对要去向哪一个 Reducer。默认的 Partitioner 为每个键计算散列值，并基于这个结果来分配分区。

```
public class HashPartitioner < K2,V2 > implements Partitioner < K2,V2 > {
    public HashPartitioner( ) {
    }
    public void configure(JobConf   job) {
    }
    public int getPartition(K2 key,V2 value,int numReduceTasks) {
        return(key. hashCode( )&2147483647) % numReduceTasks
    }
}
```

4. Reducer 组件

在 Reduce 阶段，MapReduce 程序中的 Reducer 会根据 Shuffle 阶段的分区结果，从相应的分区中复制数据，将已经分好组的数据作为输入，对每一组具有相同中间键的键值对执行 Reduce 函数进行汇总，输出最终的结果。Reducer 每次处理一组具有相同键的键值对。Reduce 阶段会将 Map 阶段产生的多个局部结果汇总到一起，形成一个全局的汇总结果，这使得从分布式计算环境中获取的最终结果更加易于管理和分析。Reduce 阶段允许用户定义复杂的聚合函数和操作，以支持各种复杂的数据分析任务。例如，用户可以在 Reduce 阶段实现求和、平均值、最大值、最小值等聚合操作，以满足不同的数据分析需求。

用户可以使用 Job. setNumReduceTasks（int）方法自定义系统中 Reducer 的数量。如果要调用 Reducer，则可以调用 job 的 setReducerClass（Class）

方法，格式如下：

```
job. setReducerClass( Class)      ////设置要执行的 Reducer 类
```

其内部调用的是 reduce（WritableComparable，Iterable < Writable >，Context）方法，最后，程序会调用 cleanup（Context）来进行清理工作。如：

```
job. setReducerClass( WordReduce. class);  //设置要执行的 reduce 类
```

Reducer 任务的数量建议是 0.95 或 1.75 * mapred. tasktracker. reduce. tasks. maximum。如果是 0.9 的话，那么就可以在 Mapper 任务结束时，立即就可以启动 Reducer 任务。如果是 1.75，那么运行快的节点就可以在 map 任务完成的时候先计算一轮，然后等到其他节点完成时就可以计算第二轮。Reduce 任务的个数并不是越多就越好，个数太多会增加系统开销，但是可以在提升负载均衡的同时，降低由于失败而带来的负面影响。MapReduce 框架将 Reducer 处理的结果输出到指定的输出文件或数据存储系统中。

Map 过程输出的键值对，将由 Reducer 组件进行合并处理，最终的某种形式的结果输出。Reducer 负责执行第二阶段作业特定工作的用户提供代码。对于分配给特定 Reducer 的每一个键，Reducer 的 reduce( ) 方法仅被调用一次。该方法接收一个键，以及一个与键关联的所有值的迭代器。迭代器以未定义的顺序返回与键相关的值。典型地，Reducer 将输入的键值对转换成输出对（k3，v3）。

```
public class XXXReducer extends Reducer <Text,IntWritable,Text,IntWritable> {
    @ Override
    protected void reduce(Text key,Iterable <IntWritable> values,Context con-
text)
            throws IOException,InterruptedException{
        int count =0;
        for(IntWritable value:values){
            count = count + value. get( );
        }
        context. write(key,new IntWritable(count));
    }
}
```

5. OutputFormat 组件

OutputFormat 是 MapReduce 框架的输出格式组件，负责对输出的文件进行规范处理，将 MapReduce 框架的输出结果格式化为指定的输出格式。

OutputFormat 主要的工作有两个部分：一个是检查输出的目录是否已经存在，如果存在的话就会报错；另一个是将最终结果的文件输出到文件系统中，TextOutputFormat 是默认的输出格式。输出格式获取 reduce 函数输出的最终键/值对，并通过 RecordWriter 将它写入到输出文件中。每条记录的键和值默认通过 tab 分隔，不同记录通过换行符分隔。一般情况下，Hadoop 允许用户通过实现 OutputFormat 接口根据特定的需求定制输出数据的格式和结构，但是不管什么格式，最终结果都将写到 HDFS 上。

OutputFormat 是一个用于描述 MapReduce 程序输出格式和规范的抽象类。OutputFormat 管理作业输出（作业输出由 Reducer 生成，如果 Reducer 不存在，则由 Mapper 生成）的写方式。OutputFormat 的职责是定义输出数据的位置以及用于保存结果数据的 RecordWriter。其实现形式如下：

```
public class XXXOutputFormat <K,V> extends FileOutputFormat <K,V> {
    @Override
    public RecordWriter <K,V> getRecordWriter(TaskAttemptContext  job)
            throws IOException,InterruptedException{
        Path path = super.getDefaultWorkFile(job,extension:"");
        Configuration conf = job.getConfiguration();
        FileSystem fileSystem = path.getFileSystem(conf);
        FSDataOutputStream out = fileSystem.create(path);
        Return new XXXRecordWriter <K,V> (out);
    }
}
```

OutputFormat 有多种实现，常见的如表 12-3 所示。

表 12-3　　OutputFormat 常用的数据格式

OutputFormat 格式名称	描述
TextOutputFormat	默认的输出格式，将每条记录写为文本行。键和值可以通过 toString() 方法转换为字符串，并可以使用自定义的分隔符进行分隔

续表

OutputFormat 格式名称	描述
SequenceFileOutputFormat	将输出写为二进制顺序文件，这是一种紧凑且易于压缩的格式。特别适合作为后续 MapReduce 任务的输入
自定义 OutputFormat	根据具体需求，用户可以自定义 OutputFormat 以满足特定的数据输出要求

OutputFormat 的流程如图 12－6 所示。

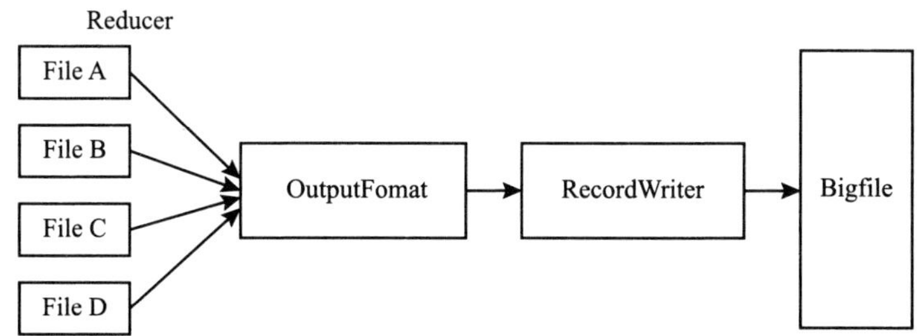

图 12－6　OutputFormat 流程

（1）OutputCommitter 对象

OutputFormat 要确保输出被正确提交，通过利用 getOutputCommitter( ) 方法，该方法返回一个 OutputCommitter 对象，用于确保输出被正确提交到文件系统或其他存储系统中。OutputCommitter 在作业完成后执行清理和提交操作，确保输出的一致性和可靠性。OutputCommitter 的作用主要包括：

①作业（job）的初始化。

//进行作业初始化，建立临时目录，如果初始化成功，作业就会进入到 Running 状态

public abstract void setupJob(JobContext var1) throws IOException;

②作业运行结束后就删除作业。

//如果这个 job 完成之后，就会删除掉这个 job。

//例如删除掉临时目录，然后会宣布这个 job 处于 SUCCEDED 或 FAILED 或 KILLED 状态

@ Deprecated

```
public void cleanupJob(JobContext jobContext) throws IOException {
}
```

③初始化 Task。

```
//初始化 Task，建立 Task 的临时目录
public abstract void setupTask(TaskAttemptContext var1) throws IOException;
```

④检查是否提交 Task 的结果。

```
//检查是否需要提交 Task
public abstract boolean needsTaskCommit(TaskAttemptContext var1) throws
IOException;
```

⑤提交 Task。

```
//任务结束的时候，需要提交任务
public abstract void commitTask(TaskAttemptContext var1) throws IOException;
```

⑥回退 Task。

```
//如果 Task 处于 KILLED 或者 FAILED 状态，Task 就会删除临时目录。
//如果临时目录删除不了（例如出现异常处于被锁定的状态），另一个同样的 Task 会被执行，然后使用同样的 attempt-id 把这个临时目录给删除掉，即一定会把临时目录给删除干净
public abstract void abortTask(TaskAttemptContext var1) throws IOException;
```

⑦处理 Task Side-Effect File。

在 Hadoop 中有一种特殊文件和特殊操作，即 Side-Eddect File，该文件是为了解决某一个 Task 因为网络或者机器性能的原因导致运行时间过长，从而拖慢整体作业的进度的问题，所以会为每一个任务在另一个节点上再运行一个子任务，然后选择两者中处理最快的任务得到的结果作为最终结果，但为了避免文件都输入在同一个文件中，就把备份任务输出的文件取作为 Side-Effect File。

（2）RecordWriter

RecordWriter 是 MapReduce 框架中的一个组件，用于将作业的输出 KEY-VALUE 写入到文件中。OutputFormat 负责通过为一个指定的任务（Task）调用 getRecordWriter() 方法获取一个 RecordWriter 对象，该对象负责将数据写入到指定的输出位置。

12.3.2　MapReduce 工作流程

MapReduce 的工作流程如图 12－7 所示。

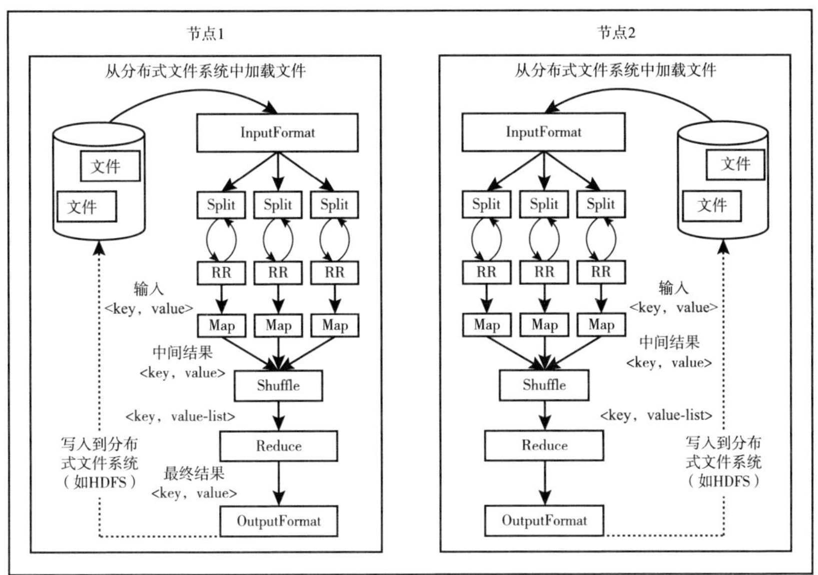

图 12－7　MapReduce 工作流程

具体可以分为如下几个步骤：

①从分布式文件系统中加载文件，由 InputFormat 验证 Job 的输入规范，以确保输入数据是否符合 MapReduce 作业的要求，然后将输入数据按照一定的规则进行解析和处理，将其划分为多个 InputSplit，并为每个 InputSplit 生成一个 RecordReader 对象，进而将输入数据转化为键值对的形式，为 Map 任务提供输入。

②每个 RecordReader 对象生成的键值对 < key，value > 作为一个对应的 Map 任务的输入，根据 Map 任务定义的映射规则进行任务处理，输出一系列的 < key，value > 作为中间结果。

③为了让 Reducer 可以并行处理 Map 的结果，需要对 Map 的输出进行 Shuffle 处理，其中包括分区（Partition）、排序（Sort）、合并（Combine）、归并（Merge）等操作，得到 < key，value-list > 形式的中间结果，再根据分区将相应的数据交给对应的 Reducer 进行处理。

④Reducer 从相应的分区中提取数据，以一系列 <key，value-list> 中间结果作为输入，执行 Reducer 中 Reduce 函数定义的规则，输出结果交给 OutputFormat 模块。

⑤OutputFormat 模块会验证输出目录是否已经存在，以及输出结果类型是否符合配置文件中的配置类型，如果都满足，就输出 Reduce 的结果到分布式文件系统。

12.3.3 MapReduce 主要功能

MapReduce 提供的主要功能：

（1）数据划分和计算任务调度

系统自动将一个作业（Job）待处理的大数据划分为很多个数据块，每个数据块对应于一个计算任务（Task），并自动调度计算节点来处理相应的数据块。作业和任务调度功能主要负责分配和调度计算节点（Map 节点或 Reduce 节点），同时负责监控这些节点的执行状态，并负责 Map 节点执行的同步控制。

（2）数据/代码互定位

为了减少数据通信，一个基本原则是本地化数据处理，即一个计算节点尽可能处理其本地磁盘上所分布存储的数据，这实现了代码向数据的迁移；当无法进行这种本地化数据处理时，再寻找其他可用节点并将数据从网络上传送给该节点（数据向代码迁移），但将尽可能从数据所在的本地机架上寻找可用节点以减少通信延迟。

（3）系统优化

为了减少数据通信开销，中间结果数据进入 Reduce 节点前会进行一定的合并处理；一个 Reduce 节点所处理的数据可能会来自多个 Map 节点，为了避免 Reduce 计算阶段发生数据相关性，Map 节点输出的中间结果需使用一定的策略进行适当的划分处理，保证相关性数据发送到同一个 Reduce 节点；此外，系统还进行一些计算性能优化处理，如对最慢的计算任务采用多备份执行、选最快完成者作为结果。

（4）出错检测和恢复

以低端商用服务器构成的大规模 MapReduce 计算集群中，节点硬件（主机、磁盘、内存等）出错和软件出错是常态，因此 MapReduce 需要能检测并隔离出错节点，并调度分配新的节点接管出错节点的计算任务。同时，系统还将维护数据存储的可靠性，用多备份冗余存储机制提高数据存储的可靠性，并能及时检测和恢复出错的数据。

12.3.4　MapReduce 中 Shuffle 过程

Shuffle 意即洗牌、混洗，即把一组有一定规则的数据尽量转换成一组无规则的数据，随机性越高越好。MapReduce 中的 Shuffle 更像是洗牌的逆过程，把一组无规则的数据尽量转换成一组具有一定规则的数据。

MapReduce 计算模型一般包括两个重要的阶段：Map 是映射，负责数据的过滤分发；Reduce 是规约，负责数据的计算归并。Reduce 的数据来源于 Map，Map 的输出即 Reduce 的输入，Reduce 需要通过 Shuffle 来获取数据。

从 Map 输出到 Reduce 输入的整个过程可以广义地称为 Shuffle。Shuffle 横跨 Map 端和 Reduce 端，在 Map 端包括 Spill 过程，在 Reduce 端包括 copy 和 sort 过程，如图 12－8 所示。

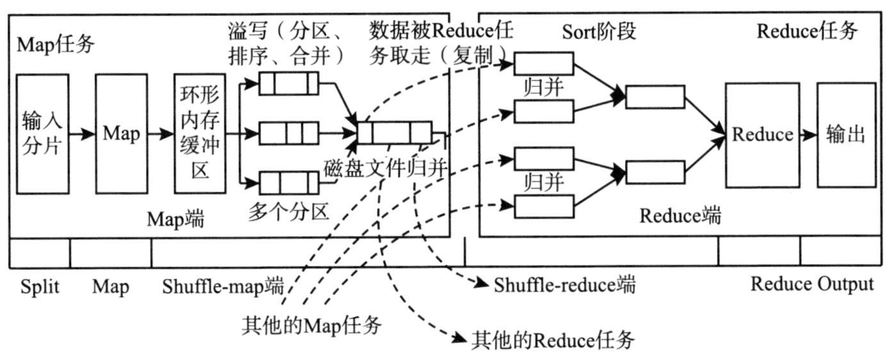

图 12－8　MapReduce 中的 Shuffle 过程

1. Map 端 Shuffle

步骤 1：在 MapReduce 模型中，首先将要处理的输入数据按照 InputFormat 规定的格式以分片的形式进行逻辑划分，每个输入分片对应一个 Map 任务，由该 Map 任务所对应的 Map 函数进行处理。为减少数据处理的复杂性，默认情况下，一个 Split 的大小通常与 HDFS 中一个块（Block）的大小相同（Hadoop2. x 以前版本一个 Block 默认为 64M，以后的版本默认为 128M），也可以通过属性设置来改变分片的大小。

注意：Split 是逻辑划分，不是真正的切分，在每个 Split 中保存有该分片的起始位置、分片大小等信息，而 Block 是实际物理划分。Map 任务输出的结果不会直接写到磁盘上，而是会先暂且存放在一个环形内存缓冲区中（该缓冲区的大小默认为 100M，由 io. sort. mb 属性控制），当该缓冲区要溢出时（由设置的溢出比例决定，默认为缓冲区大小的 80%，由 io. sort. spill. percent 属性控制），会在本地文件系统中创建一个溢出文件，将该缓冲区中的数据写入这个文件。

步骤 2：在写入磁盘之前，线程首先根据 Reduce 任务的数目将数据划分为相同数目的分区，也就是一个 Reduce 任务对应一个分区的数据。这样做是为了避免有些 Reduce 任务分配到大量数据，而有些 Reduce 任务却分到很少数据，甚至没有分到数据的不均衡局面。分区是对数据进行 hash 的过程，根据得到的 <key，value>对其 key 求 hash 值，然后再对 Reduce 任务数目求余数，得到该 <key，value> 要放置的分区号。然后对每个分区中的 <key，value>根据 key 的大小进行排序；如果此时设置有 Combiner，则会将排序后的结果进行 Combine（合并）操作，这种合并可以看作是局部的规约 Reduce 操作，目的是让尽可能少的数据写入到磁盘。

步骤 3：当 Map 任务输出最后一个记录时，可能会有很多的溢出文件，这时需要将这些文件合并。合并的过程中会不断地进行排序和 Combia 操作，目的有两个：①尽量减少每次写入磁盘的数据量。②尽量减少下一复制阶段网络传输的数据量。最后合并成了一个已分区且已排序的文件。为了减少网络传输的数据量，这里可以将数据压缩，只要将 mapred. compress. map. out 设置为 True 即可。

步骤 4：将分区中的数据拷贝给相对应的 Reduce 任务。由于 Map 任务一直和其父 TaskTracker 保持联系，而 TaskTracker 又一直和 JobTracker 保持心跳。所以 JobTracker 中保存了整个集群中的宏观信息，只要 Reduce 任务向 JobTracker 获取对应的 Map 输出位置即可获取其要拷贝的分区中的数据。

这就是 Map 端 Shuffle 过程，从上述过程可以看出，一个从 Map 端产生的数据，通过 hash 过程分区却能够分配给不同的 Reduce 任务进行处理，本身就是一个对数据进行洗牌的过程，符合中文含义“洗牌”。

2. Reduce 端 Shuffle

第一，Reducer 会接收到来自不同的 Map 任务传过来的数据，并且每个

Map 任务传过来的数据都是有序的。如果 Reducer 端接收的数据量比较少时，则可以直接存储在内存缓冲区中（该缓冲区大小可以由 mapred. job. shuffle. input. buffer. percent 属性进行控制，表示用作此用途的堆空间的百分比），如果数据量超过该缓冲区大小的一定比例（由 mapred. job. shuffle. merge. percent 决定），则对数据合并后溢写到磁盘中。

第二，随着溢写文件的增多，后台线程会将它们合并成一个更大的有序的文件，这样做是为了给后面的合并节省时间。实际上，不管在 Map 端还是 Reduce 端，MapReduce 都是反复地执行排序、合并操作，因此，排序对 MapReduce 模型来说是非常重要的，可以说是 Hadoop 的灵魂。

第三，合并的过程中会产生许多的中间文件（已写入磁盘），但 MapReduce 会让写入磁盘的数据尽可能地少，并且最后一次合并的结果并没有写入磁盘，而是直接输入到 Reduce 函数。

排序是 MapReduce 的天然特性，在数据到达 Reducer 之前，MapReduce 框架已经对这些数据按键（key）进行排序了。其默认排序规则是按照 key 值进行排序，如果 key 为封装 int 的 IntWritable 类型，那么 MapReduce 将按照数字大小对 key 排序；如果 key 为封装 String 的 Text 类型，那么 MapReduce 将按照数据字典顺序对字符排序。因此，在 Map 阶段，要将读入的数据中要排序的字段转化为 Intwritable 型，然后作为 key 值输出（不排序的字段作为 value），而在 Reduce 阶段获得 <key，value-list> 之后，在需要将输入的 key 作为输出的 key，并根据 value-list 中的元素的个数决定输出的次数。

12.4　MapReduce 编程实践——求聚合

12.4.1　需求分析

现有某网站用户对商品的收藏数据，存放在 cust_fav 表中，记录了用户收藏的商品 id 以及收藏日期。cust_fav 表主要包括：买家 id，商品 id，收藏日期这三个字段，样本数据及格式如表 12 -4 所示。

表 12－4　　样本数据及格式

买家 id	商品 id	收藏日期
20067	1000481	2015－04－02 16：54：31
20001	1001597	2015－04－07 12：07：12
20001	1001560	2015－04－07 14：08：22
20042	1001368	2015－04－08 08：12：36
20067	1002061	2015－04－08 16：45：33
20056	1003289	2015－04－11 10：50：24
20056	1003290	2015－04－12 11：57：35
20056	1003292	2015－04－12 12：05：29
20067	1002420	2015－04－15 15：24：12

要求编写 MapReduce 程序，统计每个买家收藏的商品数量。统计结果数据如表 12－5 所示。

表 12－5　　统计结果数据

买家 id	商品数量
20067	3
20001	2
20042	1
20056	3

12.4.2　实践步骤

1. 启动 Hadoop 服务

切换目录到/usr/local/java/hadoop/hadoop-2.7.1/sbin 下，启动 Hadoop 服务，并利用 jps 命令查看相关进程是否已经完全启动。

```
$cd  /usr/local/java/hadoop/hadoop-2.7.1/sbin
$./start-all.sh  //启动 hadoop 服务
$jps
```

2. 创建 MapReduce 程序目录

在 Ubuntu linux 系统中，创建一个目录/usr/local/data/mapreduce，用于存放 MapReduce 应用程序。

首先切换到/usr/local 目录下，查看该目录下是否存在 data 子目录，如果存在，则可以直接创建/usr/local/data/mapreduce 目录；如果不存在 data 子目录，则要么先创建 data 子目录，再创建 Mapreduce 子目录，要么利用级联合创建的方式直接创建两级目录。这里由于在/usr/local 目录下，不存在 data 子目录，所以在创建/usr/local/data/mapreduce 目录时，可以使用-p 实现级联创建两级子目录。命令如下：

```
$cd/usr/local
$ls
$mkdir-p/usr/local/data/mapreduce
```

3. 复制源文件 cust_fav 表

按表 8 -2 的数据格式创建 cust_fav 表并输入相应数据。

切换到/usr/local/data/mapreduce 目录下，将源文件 cust_fav 表拷贝到此目录下，命令如下：

```
$cd/usr/local/data/mapreduce
$sudo cp/usr/my_software/KINGSTON/cust_fav  /usr/local/data/mapreduce
$cd/usr/local/data/mapreduce  //进入文件数据目录
$ls    //查看源文件是否复制成功
```

4. 将 cust_fav 文件上传至 HDFS 系统

将 Linux 本地的/data/mapreduce/cust_fav 文件，上传到 HDFS 上的/mymapreduce/in 目录下。若 HDFS 目录不存在，则需要提前进行创建。

```
$hadoop fs-mkdir-p/mymapreduce/in
$hadoop fs-put/data/mapreduce/cust_fav  /mymapreduce/in
```

5. 新建 Maven 项目

在 IDEA 环境中，点击左上角“File”菜单及子菜单“New Project”，弹出 New Project 对话框，在该对话框中的左侧选择“maven”，如图 12－9 所示，然后点击“Next”按钮，弹出设置项目所在 Group 组的对话框，如图 12－10 所示。

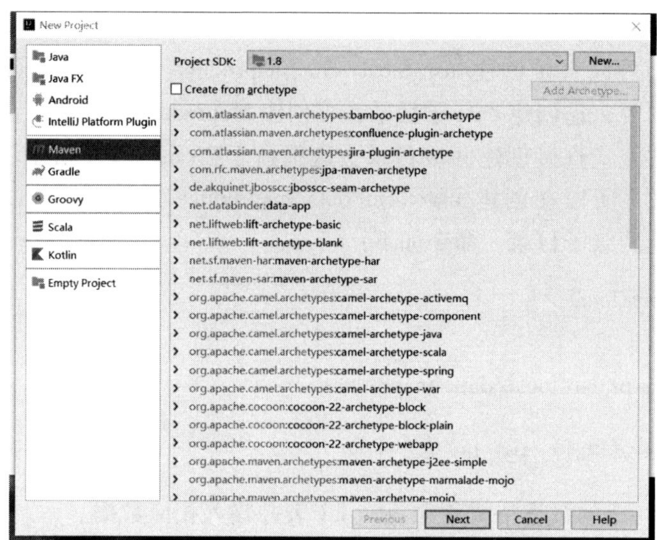

图 12－9　在 IDEA 环境中创建 Maven 项目

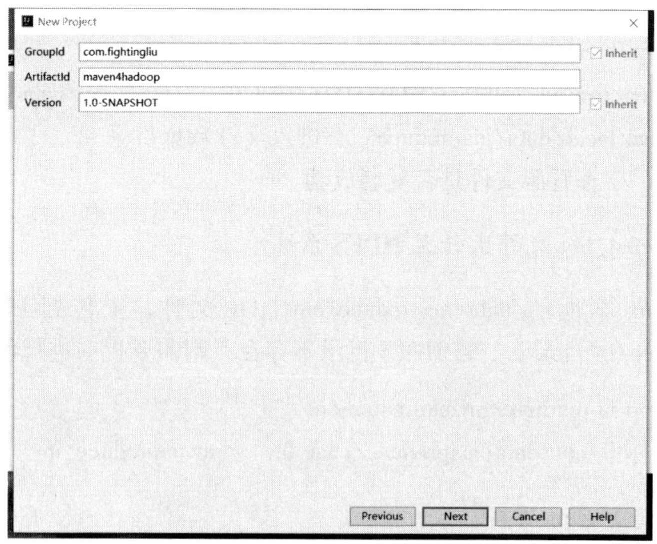

图 12－10　配置项目所在的组

在图 12－10 中，为该项目命名其 groupId 与 ArtifactId（这里注意：版本不同项目命名与 groupId 命名可能出现的顺序不同），设置完成后，点击“Next”按钮，则弹出设置项目名称的对话框，如图 12－11 所示。

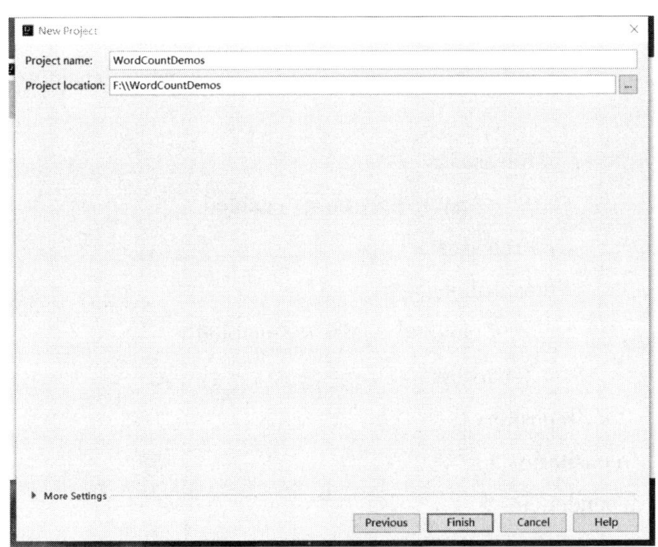

图 12－11　输入项目名称和保存位置对话框

在图 12－11 为项目命名的对话框中，输入项目的名字及存储位置，输入完之后点击“Finish”按钮，则可以创建一个 Maven 项目。

6. 修改 pom. xml

修改 pom. xml 文件的代码如下：

```
<? xml version = "1.0" encoding = "UTF-8"? >
<project xmlns = "http://maven.apache.org/POM/4.0.0"
         xmlns:xsi = "http://www.w3.org/2001/XMLSchema-instance"
         xsi:schemaLocation = "http://maven.apache.org/POM/4.0.0 http://maven.apache.org/xsd/maven-4.0.0.xsd" >
    <modelVersion>4.0.0</modelVersion>
    <groupId>org.example</groupId>
    <artifactId>maven4hadoop</artifactId>
```

```
        <version>1.0-SNAPSHOT</version>
        <repositories>
            <repository>
                <id>alimaven</id>
                <name>aliyun maven</name>
                <url>http://maven.aliyun.com/nexus/content/groups/pub-
lic/</url>
                <releases>
                    <enabled>true</enabled>
                </releases>
                <snapshots>
                    <enabled>false</enabled>
                </snapshots>
            </repository>
        </repositories>
        <dependencies>
    <!--            hadoop1.x    -->
    <!--             <dependency>-->
    <!--                 <groupId>org.apache.hadoop</groupId>-->
    <!--                 <artifactId>hadoop-core</artifactId>-->
    <!--                 <version>1.2.1</version>-->
    <!--             </dependency>-->
            <dependency>
                <groupId>org.apache.hadoop</groupId>
                <artifactId>hadoop-hdfs</artifactId>
                <version>2.7.1</version>
            </dependency>
            <dependency>
                <groupId>org.apache.hadoop</groupId>
                <artifactId>hadoop-common</artifactId>
                <version>2.7.1</version>
            </dependency>
```

```
        <dependency>
            <groupId>org.apache.hadoop</groupId>
            <artifactId>hadoop-client</artifactId>
            <version>2.7.1</version>
        </dependency>
        <dependency>
            <groupId>org.apache.hadoop</groupId>
            <artifactId>hadoop-mapreduce-client-core</artifactId>
            <version>2.7.1</version>
        </dependency>
        <dependency>
            <groupId>org.apache.hadoop</groupId>
            <artifactId>hadoop-mapreduce-client-jobclient</artifactId>
            <version>2.7.1</version>
        </dependency>
    </dependencies>
</project>
```

这里需要注意的是：

Hadoop2.7.x 以及之后的版本需要 jdk1.7（1.8 也可以，open JDK 也可以），2.6.x 及以下需要 jdk1.6。Version 中的内容需要根据所使用的 Hadoop 版本而定，如果使用的是 Hadoop-1.x 版本依赖还需加入 hadoop-core，内容形式如图 12－12 所示。

```
    <dependency>
        <groupId>org.apache.hadoop</groupId>
        <artifactId>hadoop-core</artifactId>
        <version>1.2.1</version>
    </dependency>
```

图 12－12 hadoop 的 version 版本依赖

7. 编写 Java 代码

图 12－13 描述了该 Mapreduce 的执行过程：

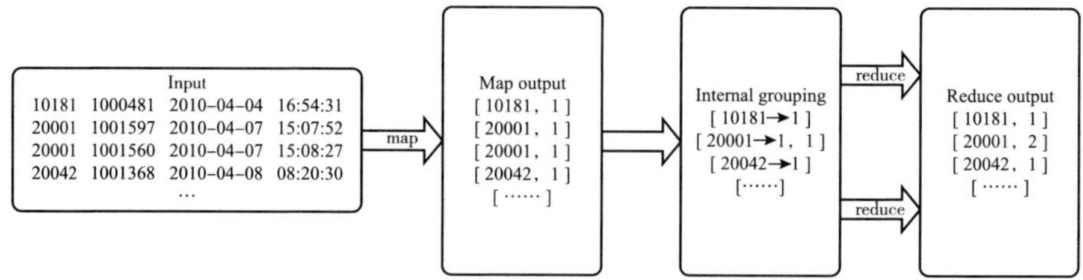

图 12－13　MapReduce 执行过程

大致思路是：将 HDFS 上的文本作为输入，MapReduce 通过 InputFormat 会将文本进行切片处理，并将每行的首字母相对于文本文件的首地址的偏移量作为输入键值对的 key，文本内容作为输入键值对的 value，经过在 Map 函数处理，输出中间结果 <word，1>的形式，并在 Reduce 函数中完成对每个单词的词频统计。整个程序代码主要包括两部分：Mapper 部分和 Reducer 部分。

（1）Mapper 代码

```
public static class doMapper extends Mapper < Object, Text, Text, IntWritable > {
//第一个 Object 表示输入 key 的类型;第二个 Text 表示输入 value 的类型;第三个 Text 表示输出键的类型;第四个 IntWritable 表示输出值的类型
public static final IntWritable one = new IntWritable(1);
    public static Text word = new Text();
    @Override
    protected void map(Object key,Text value,Context context)
        throws IOException,InterruptedException
          //抛出异常
{
    StringTokenizer tokenizer = new StringTokenizer(value.toString(),"\t");
    //StringTokenizer 是 Java 工具包中的一个类,用于将字符串进行拆分
    word.set(tokenizer.nextToken());
    //返回当前位置到下一个分隔符之间的字符串
      context.write(word,one);
        //将 word 存到容器中,记一个数
    }
```

在 Map 函数里有三个参数，前面两个（Object key，Text value）就是输入的 key 和 value，第三个参数（Context context）是可以记录输入的 key 和 value。例如 context. write（word，one）；此外，Context 还会记录 Map 运算的状态。Map 阶段采用 Hadoop 的默认的作业输入方式，把输入的 value 用 StringTokenizer( ) 方法截取出的买家 id 字段设置为 key，设置 value 为 1，然后直接输出 <key，value>。

（2）Reducer 代码

```
public static class doReducer extends Reducer<Text,IntWritable,Text,IntWritable>{
//参数同 Map 一样,依次表示输入键的类型,输入值的类型,输出键的类型,输出值的类型
private IntWritable result = new IntWritable( );
    @Override
    protected void reduce(Text key,Iterable<IntWritable> values,Context context)
  throws IOException,InterruptedException {
  int sum = 0;
  for (IntWritable value : values) {
  sum + = value. get( );
  }
  //通过 for 循环进行遍历,将得到的 values 值累加求和
  result. set(sum);
  context. write(key,result);
  }
  }
```

Map 输出的键值对 <key，value> 要先经过 Shuffle 过程把具有相同 key 值的所有 value 值聚集起来，形成 <key，values> 后再交给 Reduce 端。Reduce 端在接收到 <key，values> 之后，再将输入的 key 直接复制给输出的 key，用 for 循环遍历所有的 values 值并对其进行求和，求和的结果就是 key 值所代表的单词出现的总次数，然后将其设置为 value，直接将 <key，value> 输出即可。

(3) 完整代码

```
package mapreduce;
import java.io.IOException;
import java.util.StringTokenizer;
import org.apache.hadoop.fs.Path;
import org.apache.hadoop.io.IntWritable;
import org.apache.hadoop.io.Text;
import org.apache.hadoop.mapreduce.Job;
import org.apache.hadoop.mapreduce.Mapper;
import org.apache.hadoop.mapreduce.Reducer;
import org.apache.hadoop.mapreduce.lib.input.FileInputFormat;
import org.apache.hadoop.mapreduce.lib.output.FileOutputFormat;
public class WordCount {
    public static void main(String[] args) throws IOException, ClassNotFoundException, InterruptedException {
        Job job = Job.getInstance();
        job.setJobName("WordCount");
        job.setJarByClass(WordCount.class);
        job.setMapperClass(doMapper.class);
        job.setReducerClass(doReducer.class);
        job.setOutputKeyClass(Text.class);
        job.setOutputValueClass(IntWritable.class);
        Path in = new Path("hdfs://localhost:9000/mymapreduce/in/cust_fav");
        Path out = new Path("hdfs://localhost:9000/mymapreduce/out");
        FileInputFormat.addInputPath(job, in);
        FileOutputFormat.setOutputPath(job, out);
        System.exit(job.waitForCompletion(true) ? 0 : 1);
    }
    public static class doMapper extends Mapper<Object, Text, Text, IntWritable> {
        public static final IntWritable one = new IntWritable(1);
```

```
        public static Text word = new Text ( );
        @ Override
        protected void map (Object key, Text value, Context context)
                throws IOException, InterruptedException {
          StringTokenizer tokenizer = new StringTokenizer ( value. toString
( ), "\t");
              word. set (tokenizer. nextToken ( ) );
              context. write (word, one);
        }
    }
    public static class doReducer extends Reducer < Text, IntWritable,
Text, IntWritable > {
        private IntWritable result = new IntWritable ( );
        @ Override
        protected void reduce ( Text key, Iterable < IntWritable > values,
Context context)
        throws IOException, InterruptedException {
        int sum = 0;
        for (IntWritable value : values) {
        sum + = value. get ( );
        }
        result. set (sum);
        context. write (key, result);
        }
    }
}
```

8. 程序执行

在 WordCount 类文件的空白处，单击右键弹出快捷菜单，选中“Run As”菜单，弹出其下级子菜单，选择子菜单中“Run on Hadoop”选项，将 MapReduce 的任务提交到 Hadoop 中进行执行，如图 12－14 所示。

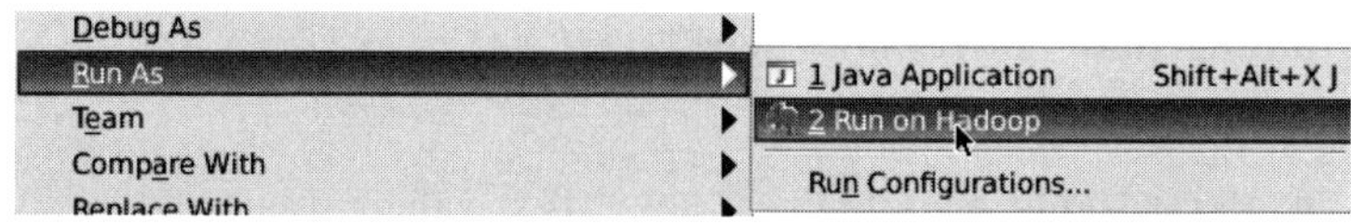

图 12 – 14　执行程序

9. 查看执行结果

等程序执行完毕后，打开终端窗口来查看 hdfs 上程序输出的最后实验结果，如图 12 – 15 所示。

```
$hadoop fs-ls/mymapreduce/out
$hadoop fs-cat/mymapreduce/out/part-r-00000   //查看输出内容
```

（注意：使用该命令前先要将 hadoop 加入环境变量（/etc/profile）中）

图 12 – 15　查看执行结果

12.5　MapReduce 编程实践——求均值

12.5.1　需求分析

现有某电商关于商品点击情况的数据文件，表名为 data_click，包含两个字段（商品分类，商品点击次数），分隔符 “\ t”，由于数据量很大，为了方便统计只截取其中一部分数据，内容如表 12 – 6 所示。

表 12 – 6　　电商商品点击情况部分数据

商品分类	商品点击次数
12127	5
12120	93

续表

商品分类	商品点击次数
12092	93
12120	37
12127	43
12109	28
12109	43
12109	19

要求使用 Mapreduce 统计出每类商品的平均点击次数。结果数据如表 12 – 7 所示。

表 12 – 7　　MapReduce 程序输出结果

商品分类	商品平均点击次数
12127	24
12120	65
12092	93
12109	30

通过本实验，要求能够准确理解利用 Mapreduce 求平均值的设计原理，熟练掌握 Mapreduce 求平均值程序的编写，并学会编写 Mapreduce 求平均值程序代码解决问题。

12.5.2　实践原理

求平均值是 MapReduce 编程比较常见的算法之一，该算法也比较简单，也容易理解。其中一种思路是：首先在 Map 端读取数据，在数据输入到 Reduce 之前先经过 Shuffle，将 Map 函数输出的具有相同 key 值的所有 value 值形成一个集合 value-list，然后将其输入到 Reduce 端，在 Reduce 端进行汇总并且统计记录个数，然后作商即可。具体原理如图 12 – 16 所示。

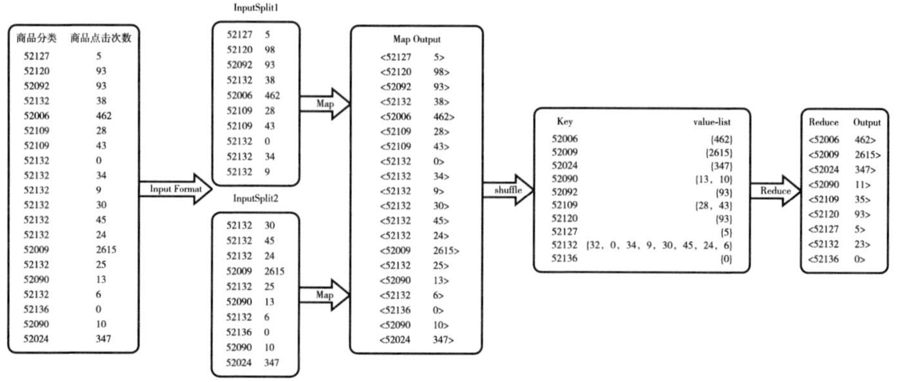

图 12－16　MapReduce 方法求解平均值的原理

实验环境：

Linux Ubuntu 16. 04
jdk-7u75-linux-x64
hadoop-2. 6. 0-cdh5. 4. 5
hadoop-2. 6. 0-eclipse-cdh5. 4. 5. jar
eclipse-java-juno-SR2-linux-gtk-x86_64

12. 5. 3　实践步骤

1. 启动 Hadoop 服务

切换目录到/usr/local/java/hadoop/hadoop-2. 7. 1/sbin 下，启动 Hadoop 服务，并利用 jps 命令查看相关进程是否已经完全启动。具体命令如下：

```
$cd  /usr/local/java/hadoop/hadoop-2. 7. 1/sbin
$. /start-all. sh   //启动 hadoop 服务
$jps
```

2. 创建 MapReduce 项目目录

首先切换到/usr/local 目录下，然后在 Linux 本地新建/data/mapreduce2 目录。具体命令如下：

$cd/usr/local

$mkdir-p/data/mapreduce2

在 Linux 中切换到/data/mapreduce2 目录下，

$cd/data/mapreduce2

3. 复制源文件 data_click 表

切换到/usr/local/data/mapreduce2 目录下，将源文件 data_click 表拷贝到该目录下，具体命令如下：

$cd/usr/local/data/mapreduce2　//切换目录

$sudo cp/usr/my_software/KINGSTON/data_click　/usr/local/data/mapreduce2

$cd/usr/local/data/mapreduce2　//进入文件数据目录

$ls　　//查看源文件是否复制成功

4. 数据准备

将 data_click 文件上传到 HDFS 文件系统中，首先在 HDFS 上新建/mymapreduce2/in 目录，然后将 Linux 本地/data/mapreduce2 目录下的 data_click 文件导入到 HDFS 的/mymapreduce2/in 目录中。

$hadoop fs-mkdir-p/mymapreduce2/in

$hadoop fs-put/data/mapreduce2/data_click　/mymapreduce2/in

5. 创建 Maven 项目

创建 Maven 项目的过程和上一章中创建 Maven 项目的过程相同，这里不再赘述。

或者在已有的项目中添加 Java 文件也可以。

6. 编写 Java 代码

(1) Mapper 代码

```
public static class Map extends Mapper<Object,Text,Text,IntWritable>{
        public void map(Object key,Text value,Context context) throws IOException,InterruptedException{//实现 Map 函数
```

```
                StringTokenizer tokenizer = new StringTokenizer(value.toString
(),"\n");
                StringTokenizer tokenizerLine = new StringTokenizer(tokenizer.
nextToken());
                String strId = tokenizerLine.nextToken();
                String strScore = tokenizerLine.nextToken();
//                String[] arrs = value.toString().split("\n")[0].split
("\t");
                Text id = new Text(strId);
                int score = Integer.parseInt(strScore);
                context.write(id,new IntWritable(score));
            }
        }
```

在 Map 端通常会采用 Hadoop 的默认输入方式进行输入，首先会将输入的 value 值通过 split() 方法截取出来，在本例中，通过把截取的“商品点击次数”字段转化为 IntWritable 类型，并将其设置为 value，并将“商品分类”字段设置为 key，最后直接输出 key/value 的值。

（2）Reducer 代码

```
    public static class Reduce extends Reducer<Text,IntWritable,Text,IntWrit-
able>{
            public void reduce(Text key,Iterable<IntWritable> values,Con-
text context) throws IOException,InterruptedException {
                int sum =0;
                int count =0;
                Iterator<IntWritable> iterator = values.iterator();
                while (iterator.hasNext()) {
                    int score = iterator.next().get();
                    System.out.println(score);
                    sum += score;  //对每个元素求和 num
                    count ++;//统计元素的次数
                }
```

```
            int avg = sum/count;//计算出平均值
            context.write(key,new IntWritable(avg));
        }
    }
```

在 Map 端的输出 <key, value> 经过 shuffle 过程进行集成得到 <key, values> 键值对，然后，再将 <key, values> 键值对交给 Reduce 端。Reduce 端接收到 values 之后，会将输入的 key 值直接复制得到输出的 key 值，然后，将 values 中的值通过 for 循环进行遍历，把 values 里面的每个元素求和得到和 sum，并统计元素的次数 count，然后用 sum 除以 count 就可以得到平均值 avg，再将 avg 设置为 value，最后直接输出 <key, value> 即可。

（3）完整代码

```
import java.io.IOException;
import java.util.Iterator;
import java.util.StringTokenizer;
import org.apache.hadoop.fs.Path;
import org.apache.hadoop.io.IntWritable;
import org.apache.hadoop.io.Text;
import org.apache.hadoop.mapreduce.Job;
import org.apache.hadoop.mapreduce.Mapper;
import org.apache.hadoop.mapreduce.Reducer;
import org.apache.hadoop.mapreduce.lib.input.FileInputFormat;
import org.apache.hadoop.mapreduce.lib.output.FileOutputFormat;
public class Average {
    public static class Map extends Mapper<Object,Text,Text,IntWritable>{
        public void map(Object key,Text value,Context context) throws
IOException,InterruptedException{
            StringTokenizer tokenizer = new StringTokenizer(value.toString
(),"\n");
            StringTokenizer tokenizerLine = new StringTokenizer(tokeni-
zer.nextToken());
            String strId = tokenizerLine.nextToken();
```

```
                String strScore = tokenizerLine. nextToken( ) ;
//                  String[ ] arrs = value. toString( ). split( " \n" )[0]. split
( " \t" ) ;
                Text id = new Text( strId) ;
                int score = Integer. parseInt( strScore) ;
                context. write( id, new IntWritable( score) ) ;
            }
        }

        public static class Reduce extends Reducer < Text, IntWritable, Text, In-
tWritable > {
            public void reduce( Text key, Iterable < IntWritable > values, Con-
text context) throws IOException, InterruptedException {
                int sum =0;
                int count =0;
                Iterator < IntWritable > iterator = values. iterator( ) ;
                while ( iterator. hasNext( ) ) {
                    int score = iterator. next( ). get( ) ;
                    System. out. println( score) ;
                    sum + = score;
                    count ++ ;
                }
                int avg = sum/count;
                context. write( key, new IntWritable( avg) ) ;
            }
        }
        public static void main( String[ ] args) throws IOException, ClassNot-
FoundException, InterruptedException {
            Job job = Job. getInstance( ) ;
            job. setJarByClass( Average. class) ;
            job. setMapperClass( Map. class) ;
            job. setReducerClass( Reduce. class) ;
```

```
            job. setOutputKeyClass( Text. class) ;
            job. setOutputValueClass( IntWritable. class) ;

            Path in = new Path( " file:///root/data_click" ) ; //用本地文件输入
          Path out = new Path ("file: ///root/output2") ; //结果输出到本地
    //Path in = new Path ( " hdfs: //localhost: 9000/mymapreduce/in/data_click") ;   //用 hdfs 中的文件输入的格式
        //Path out = new Path ( " hdfs: //localhost: 9000/mymapreduce/out") ;   //结果输出到 hdfs 中的格式
            FileInputFormat. addInputPath (job, in) ;
            FileOutputFormat. setOutputPath (job, out) ;
            System. exit (job. waitForCompletion (true) ? 0 : 1) ;
        }
    }
```

这里需要注意：

①输入的文件为本地文件时的格式：file：///输入文件的具体路径，如果用 hdfs 中的路径，其格式为：hdfs：//masterIP 或别名：9000/输入文件路径。

②结果输出的文件夹是不能预先建立的（要让程序自动建立输出文件夹，否则会报错 Output directory xxx already exists）。

7. 运行 MapReduce 程序

在 Average 类文件的任意空白处，点击“右键”，弹出快捷菜单，在快捷菜单中点击“Run As”及其子菜单“Run on Hadoop”，将 MapReduce 任务提交到 Hadoop 中进行执行，如图 12－17 所示。

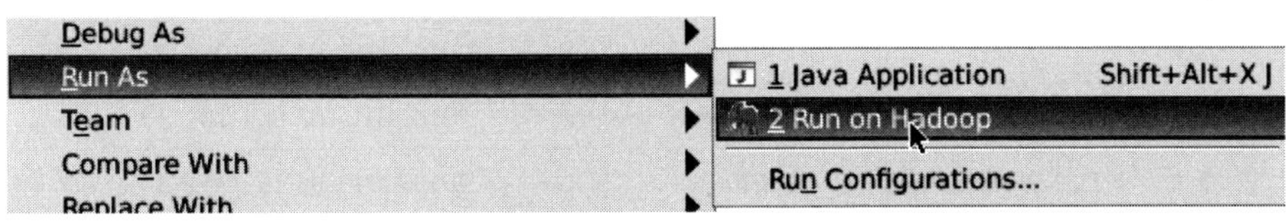

图 12－17　执行程序

8. 查看执行结果

MapReduce 程序执行完毕后，进入命令模式下，在 HDFS 上/mymapreduce2/out 中查看实验结果，如图 12－18 所示。

```
$hadoop fs-ls/mymapreduce2/out
$hadoop fs-cat/mymapreduce2/out/part-r-00000
```

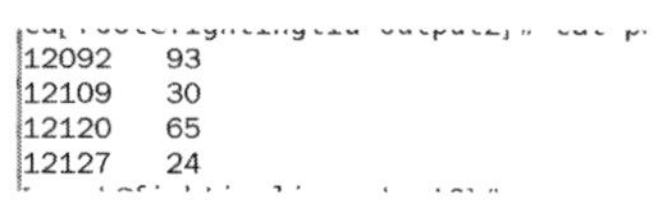

图 12－18　查看执行结果

12.6　MapReduce 编程实践——去重

12.6.1　需求分析

现有一个某电商网站的数据文件，名为 buyer_favorite1，记录了用户收藏的商品以及收藏的日期，文件 buyer_favorite1 中包含（用户 id，商品 id，收藏日期）三个字段，数据内容以“ \t”分割，由于数据很大，所以为了方便统计只截取它的一部分数据，内容如表 12－8 所示。

表 12－8　　表 buyer_favorite1 中的部分数据示例

序号	用户 id	商品 id	收藏日期
1	10181	1000481	2010－04－04 16：54：31
2	20001	1001597	2010－04－07 15：07：52
3	20001	1001560	2010－04－07 15：08：27
4	20042	1001368	2010－04－08 08：20：30
5	20067	1002061	2010－04－08 16：45：33
6	20056	1003289	2010－04－12 10：50：55

续表

序号	用户 id	商品 id	收藏日期
7	20056	1003290	2010－04－12 11：57：35
8	20056	1003292	2010－04－12 12：05：29
9	20054	1002420	2010－04－14 15：24：12
10	20055	1001679	2010－04－14 19：46：04
11	20054	1010675	2010－04－14 15：23：53
12	20054	1002429	2010－04－14 17：52：45
13	20076	1002427	2010－04－14 19：35：39
14	20054	1003326	2010－04－20 12：54：44
15	20056	1002420	2010－04－15 11：24：49
16	20064	1002422	2010－04－15 11：35：54
17	20056	1003066	2010－04－15 11：43：01
18	20056	1003055	2010－04－15 11：43：06
19	20056	1010183	2010－04－15 11：45：24
20	20056	1002422	2010－04－15 11：45：49
21	20056	1003100	2010－04－15 11：45：54
22	20056	1003094	2010－04－15 11：45：57
23	20056	1003064	2010－04－15 11：46：04
24	20056	1010178	2010－04－15 16：15：20
25	20076	1003101	2010－04－15 16：37：27
26	20076	1003103	2010－04－15 16：37：05
27	20076	1003100	2010－04－15 16：37：18
28	20076	1003066	2010－04－15 16：37：31
29	20054	1003103	2010－04－15 16：40：14
39	20054	1003100	2010－04－15 16：40：16

要求：用 Java 编写 MapReduce 程序，根据商品 id 进行去重，统计用户收藏商品中都有哪些商品被收藏。结果数据如表 12－9 所示。

表 12-9　　运行 MapReduce 程序去重之后的结果

序号	商品 id
1	1000481
2	1001368
3	1001560
4	1001597
5	1001679
6	1002061
7	1002420
8	1002422
9	1002427
10	1002429
11	1003055
12	1003064
13	1003066
14	1003094
15	1003100
16	1003101
17	1003103
18	1003289
19	1003290
20	1003292
21	1003326
22	1010178
23	1010183
24	1010675

12.6.2 实验原理

“数据去重”主要是为了掌握和利用并行化思想来对数据进行有意义的

筛选。统计大数据集上的数据种类个数、从网站日志中计算访问地等这些看似庞杂的任务都会涉及数据去重。

数据去重的最终目标是让原始数据中出现次数超过一次的数据在输出文件中只出现一次（见图 12－19）。在 MapReduce 流程中，Map 的输出 <key, value>经过 shuffle 过程聚集成 <key, value-list>后交给 Reducer 执行 Reduce 函数。因此，可以将同一个数据的所有记录都交给一台 Reduce 机器，无论这个数据出现多少次，只要在最终结果中输出一次就可以了。具体就是 Reduce 的输入应该以数据作为 key，而对 value-list 则没有要求（可以设置为空）。当 Reducer 接收到一个 <key, value-list>时就直接将输入的 key 复制到输出的 key 中，并将 value 设置成空值，然后输出 <key, value>。

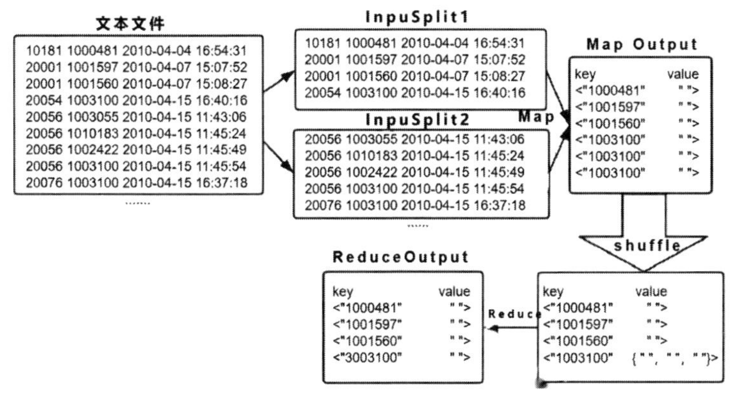

图 12－19　去重原理

Map 阶段采用 Hadoop 的默认的作业输入方式，把输入的 value 用 split() 方法截取，截取出的商品 id 字段设置为 key，设置 value 为空，然后直接输出 <key, value>。

12.6.3　实现步骤

1. 创建数据文件

在 Ubuntu 中创建文件/usr/local/data/mapreduce/buyer_favorite1.txt，根据表 12－8 中的内容输入相应数据。

$sudo mkdir-p/usr/local/data/mapreduce//级联创建文件夹 data/mapreduce 存放输入数据

$cd/usr/local/data/mapreduce　　　　　　//切换到存放数据的文件夹 mapReduce 中

$touch buyer_favorite1. txt　　　//在 mapreduce 文件夹下创建 buyer_favorite1. txt

$gedit buyer_favorite1. txt　　　//利用 gedit 编辑器对 buyer_favorite1. txt 文件进行编辑

在 buyer_favorite1. txt 中以文本形式输入表 12－8 中的数据。

2. 启动 Hadoop 服务

命令如下，结果如图 12－20 所示。

$cd　$HADOOP_HOME
$. /sbin/start-all. sh

```
hadoop@ramcax-VirtualBox:      $ cd $HADOOP_HOME
hadoop@ramcax-VirtualBox:                              $ ./sbin/start-all.sh
```

图 12－20　启动 Hadoop 服务

3. 数据准备

在 HDFS 中准备数据文件，在 HDFS 中创建文件夹/mymapreduce4/in，存放输入数据，如图 12－21 所示。

$hadoop　fs　-mkdir　-p　/mymapreduce4/in　　//在 HDFS 中创建文件夹，存放输入数据

$hadoop　fs　-put　/usr/local/data/mapreduce/buyer_favorite1. txt　/mymapreduce4/in

　　　　//将 buyer_favorite1. txt 从 Linux 中上传到 HDFS 中

$hadoop fs-cat/mymapreduce4/in/buyer_favorite1. txt//在 HDFS 中查看 buyer_favorite1. txt 内容

```
hadoop@ramcax-VirtualBox:$ sudo cp /usr/local/downloads/buyer_favorite1.txt /usr/local/data/mapreduce
hadoop@ramcax-VirtualBox:$ hadoop fs -mkdir -p /mymapreduce4/in
hadoop@ramcax-VirtualBox:$ hadoop fs -put /usr/local/data/mapreduce/buyer_favorite1.txt /mymapreduce4/in
hadoop@ramcax-VirtualBox:$ hadoop fs -cat /mymapreduce4/in/buyer_favorite1.txt
10181   1000481 2010-04-04 16:54:31
20001   1001597 2010-04-07 15:07:52
20001   1001560 2010-04-07 15:08:27
```

图 12－21　在 HDFS 中准备输入数据

4. 启动 IDEA

编写 MapReduce 程序需要启动 IDEA，具体命令如下，结果如图 12－22 所示。

```
$cd    $IDEA_HOME
$. /bin/idea. sh
```

```
hadoop@ramcax-VirtualBox:$ cd $IDEA_HOME
hadoop@ramcax-VirtualBox:$ ./bin/idea.sh
```

图 12－22　启动 IDEA

5. 创建项目

在 IDEA 中创建项目，创建 Maven 项目，具体过程和第八章中创建 Maven 项目的过程相同，这里不再赘述。或者在已有的项目中添加 Java 文件也可以。

如果在已有的项目中添加新功能，则需要利用 File →open 打开该项目，如图 12－23 所示的界面。

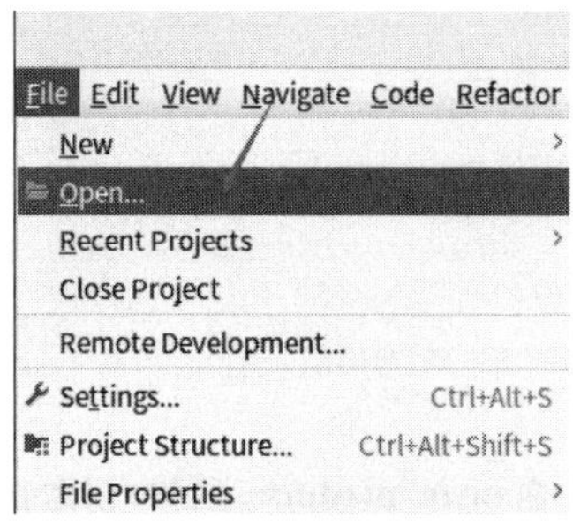

图 12－23　打开现有的项目文件

在弹出的对话框中找到对应的文件，这里是 mymapreduce 文件，选定之后，点击“OK”按钮，如图 12 - 24 所示。

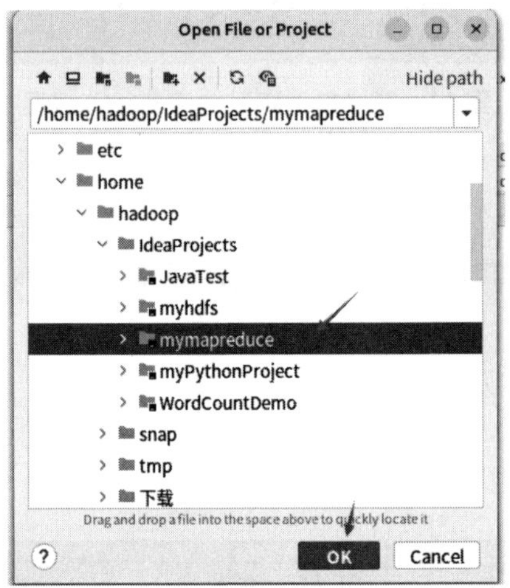

图 12 - 24　选择已有的 mymapreduce 项目

在 mymapreduce 项目文件中通过 New →Java Class，创建新的 Java 类，如图 12 - 25 和图 12 - 26 所示。

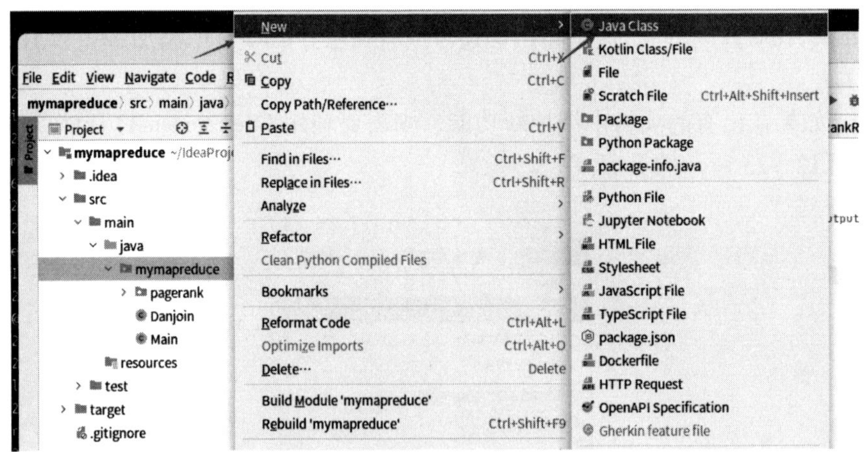

图 12 - 25　在 mymapreduce 项目中创建新的 Java 类

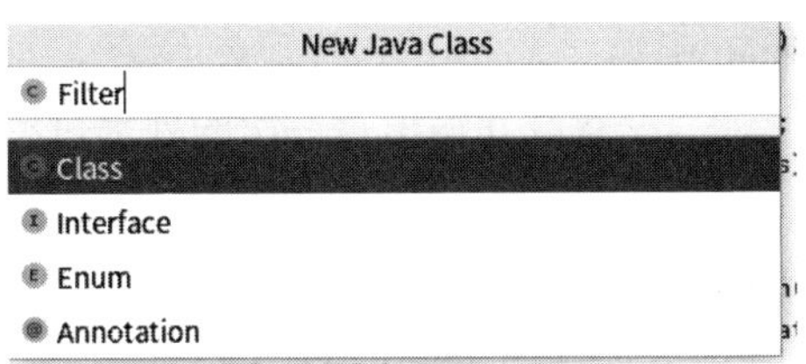

图 12－26　输入新的 Java 类名

6. 编写 Java 代码

在创建的新类中，输入以下代码：

```
package mymapreduce;
import java.io.IOException;
import org.apache.hadoop.conf.Configuration;
import org.apache.hadoop.fs.Path;
import org.apache.hadoop.io.IntWritable;
import org.apache.hadoop.io.NullWritable;
import org.apache.hadoop.io.Text;
import org.apache.hadoop.mapreduce.Job;
import org.apache.hadoop.mapreduce.Mapper;
import org.apache.hadoop.mapreduce.Reducer;
import org.apache.hadoop.mapreduce.lib.input.FileInputFormat;
import org.apache.hadoop.mapreduce.lib.input.TextInputFormat;
import org.apache.hadoop.mapreduce.lib.output.FileOutputFormat;
import org.apache.hadoop.mapreduce.lib.output.TextOutputFormat;
public class Filter{
    public static class Map extends Mapper<Object,Text,Text,NullWritable>
            //map 将输入中的 value 复制到输出数据的 key 上,并直接输出
    {
        private static Text newKey = new Text();        //从输入中得到的每行的数据的类型
        public void map(Object key,Text value,Context context) throws IOException,InterruptedException
```

```
        //实现 map 函数
        {            //获取并输出每一次的处理过程
            String line = value.toString();
            System.out.println(line);
            String[] arr = line.split("\t");
            newKey.set(arr[1]);
            context.write(newKey,NullWritable.get());
            System.out.println(newKey);
        }
    }
    public static class Reduce extends Reducer<Text,NullWritable,Text,
NullWritable>{
        public void reduce(Text key,Iterable<NullWritable> values,Con-
text context) throws IOException,InterruptedException
        //实现 reduce 函数
        {
            context.write(key,NullWritable.get());   //获取并输出每一
次的处理过程
        }
    }
    public static void main(String[] args) throws IOException,ClassNot-
FoundException,InterruptedException{
        Configuration conf = new Configuration();
        System.out.println("start");
        Job job = new Job(conf,"filter");
        job.setJarByClass(Filter.class);
        job.setMapperClass(Map.class);
        job.setReducerClass(Reduce.class);
        job.setOutputKeyClass(Text.class);
        job.setOutputValueClass(NullWritable.class);
        job.setInputFormatClass(TextInputFormat.class);
        job.setOutputFormatClass(TextOutputFormat.class);
```

```
        Path in = new Path( " hdfs://localhost:9000/mymapreduce4/in/buy-
er_favorite1. txt" );
        Path out =new Path (" hdfs: //localhost: 9000/mymapreduce4/out");
        FileInputFormat. addInputPath (job, in);
        FileOutputFormat. setOutputPath (job, out);
        System. exit (job. waitForCompletion (true) ?0 : 1);
    }
}
```

将上述程序提交给 Hadoop 进行执行，出现如图 12 - 27 所示的界面。

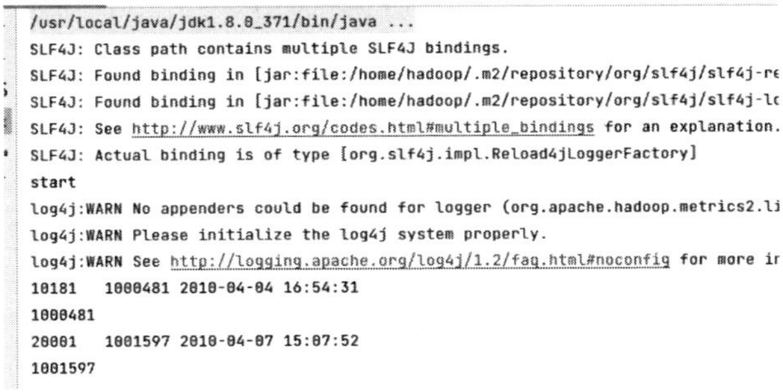

```
/usr/local/java/jdk1.8.0_371/bin/java ...
SLF4J: Class path contains multiple SLF4J bindings.
SLF4J: Found binding in [jar:file:/home/hadoop/.m2/repository/org/slf4j/slf4j-re
SLF4J: Found binding in [jar:file:/home/hadoop/.m2/repository/org/slf4j/slf4j-lc
SLF4J: See http://www.slf4j.org/codes.html#multiple_bindings for an explanation.
SLF4J: Actual binding is of type [org.slf4j.impl.Reload4jLoggerFactory]
start
log4j:WARN No appenders could be found for logger (org.apache.hadoop.metrics2.li
log4j:WARN Please initialize the log4j system properly.
log4j:WARN See http://logging.apache.org/log4j/1.2/faq.html#noconfig for more ir
10181   1000481 2010-04-04 16:54:31
1000481
20001   1001597 2010-04-07 15:07:52
1001597
```

图 12 - 27　执行程序代码

7. 查看执行结果

如图 12 - 28 所示。

```
$hadoop   fs   -ls   /mymapreduce4/out
$hadoop   fs   -cat   /mymapreduce4/out/part-r-00000
```

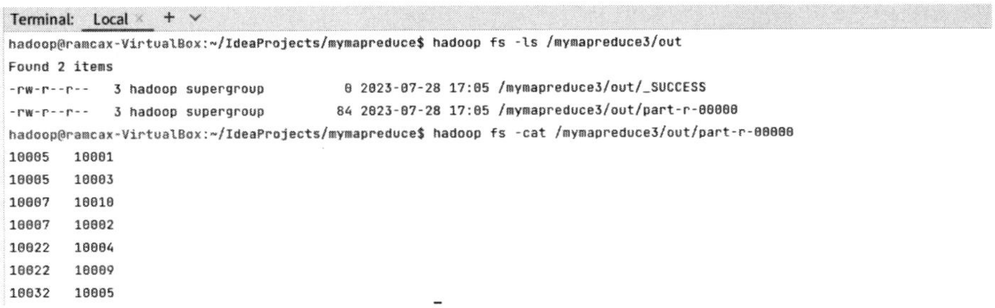

```
Terminal:  Local ×  +  ∨
hadoop@ramcax-VirtualBox:~/IdeaProjects/mymapreduce$ hadoop fs -ls /mymapreduce3/out
Found 2 items
-rw-r--r--   3 hadoop supergroup          0 2023-07-28 17:05 /mymapreduce3/out/_SUCCESS
-rw-r--r--   3 hadoop supergroup         84 2023-07-28 17:05 /mymapreduce3/out/part-r-00000
hadoop@ramcax-VirtualBox:~/IdeaProjects/mymapreduce$ hadoop fs -cat /mymapreduce3/out/part-r-00000
10005   10001
10005   10003
10007   10010
10007   10002
10022   10004
10022   10009
10032   10005
```

图 12 - 28　查看执行结果

12.7 MapReduce 编程实践——单表 join 连接

12.7.1 需求分析

现有某电商的用户好友数据文件，名为 buyer1，buyer1 中包含（buyer_id，friends_id）两个字段，内容是以" \ t" 分隔，编写 MapReduce 进行单表连接，查询出用户的间接好友关系。例如：10001 的好友是 10002，而 10002 的好友是 10005，那么 10001 和 10005 就是间接好友关系。buyer1（buyer_id，friends_id），部分数据如表 12 – 10 所示。

表 12 – 10　　buyer1 表中的部分数据

buyer_id,	friends_id
10001	10002
10002	10005
10003	10002
10004	10006
10005	10007
10006	10022
10007	10032
10009	10006
10010	10005
10011	10013

统计结果数据如表 12 – 11 所示。

表 12－11　　统计结果部分数据

好友 id	用户 id
10005	10001
10005	10003
10007	10010
10007	10002
10022	10004
10022	10009
10032	10005

12. 7. 2　实验原理

以本实验的 buyer1（buyer_id，friends_id）表为例来阐述单表连接的实验原理（见图 12－29）。单表连接，连接的是左表的 buyer_id 列和右表的 friends_id 列，且左表和右表是同一个表。因此，在 Map 阶段将读入数据分割成 buyer_id 和 friends_id 之后，会将 buyer_id 设置成 key，friends_id 设置成 value，直接输出并将其作为左表；再将同一对 buyer_id 和 friends_id 中的 friends_id 设置成 key，buyer_id 设置成 value 进行输出，作为右表。为了区分输出中的左右表，需要在输出的 value 中再加上左右表的信息，比如在 value 的 String 最开始处加上字符 1 表示左表，加上字符 2 表示右表。这样在 Map 的结果中就形成了左表和右表，然后在 Shuffle 过程中完成连接。Reduce 接收到连接的结果，其中每个 key 的 value-list 就包含了"buyer_idfriends_id-friends_idbuyer_id" 关系。取出每个 key 的 value-list 进行解析，将左表中的 buyer_id 放入一个数组，右表中的 friends_id 放入一个数组，然后对两个数组求笛卡尔积就是最后的结果。

12. 7. 3　实验步骤

1. 产生数据文件

在 Ubuntu 中新建一个文件 buyer1. txt，命令如下：

$touch/usr/local/downloads/buyer1. txt

$gedit/usr/local/downloads/buyer1. txt

复制表 12 - 10 的内容到 buyer1. txt

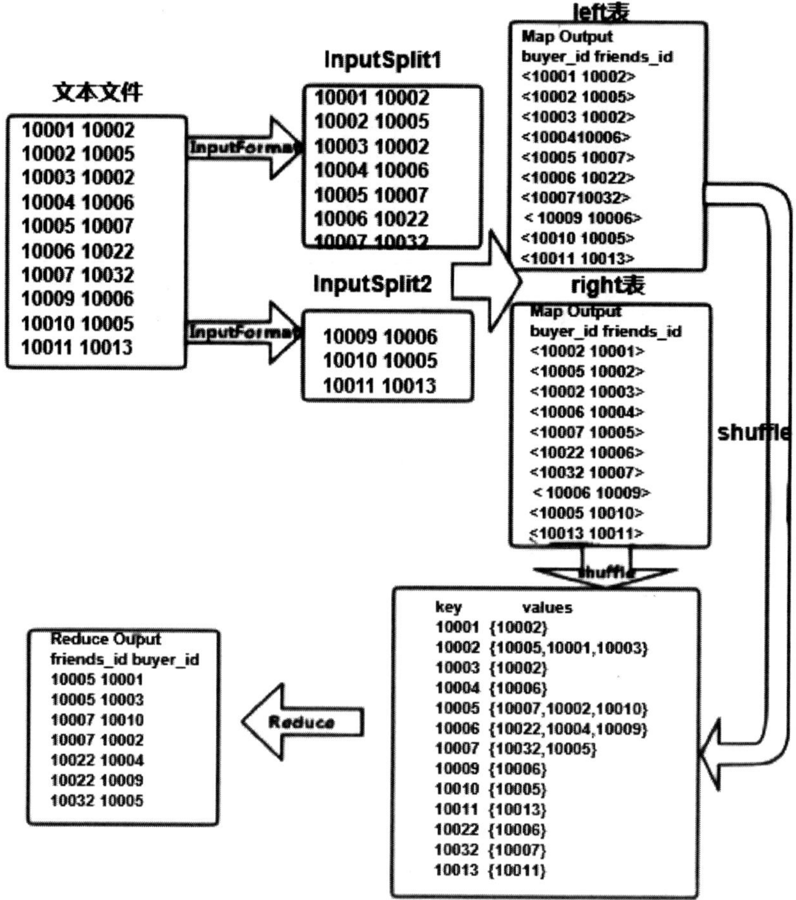

图 12 - 29　单表连接实验原理

2. 启动 Hadoop 服务

启动 Hadoop 服务，命令如下，结果如图 12 - 30 所示。

```
$cd    $HADOOP_HOME
$. /sbin/start-all. sh
```

```
hadoop@ramcax-VirtualBox: /usr/local/java/hadoop/hadoop-2.10.2
hadoop@ramcax-VirtualBox:        $ cd $HADOOP_HOME
hadoop@ramcax-VirtualBox:        $ ./sbin/start-all.sh
```

图 12－30　启动 Hadoop 服务

3. 数据准备

命令如下，结果如图 12－31 所示。

$sudo　cp　/usr/local/downloads/buyer1. txt　/usr/local/data/mapreduce

$cd　/usr/local/data/mapreduce

$ls

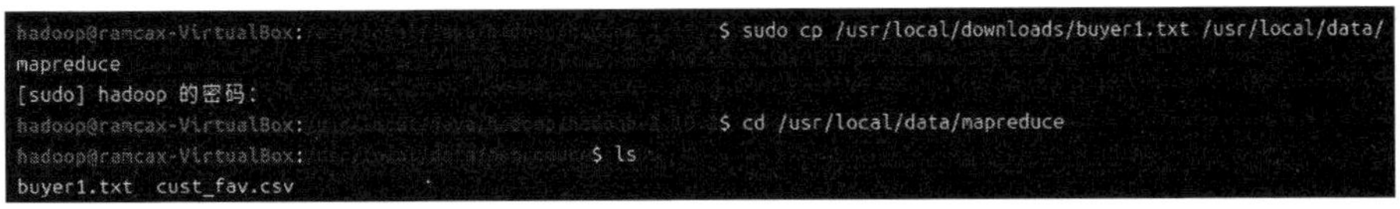

```
hadoop@ramcax-VirtualBox:        $ sudo cp /usr/local/downloads/buyer1.txt /usr/local/data/
mapreduce
[sudo] hadoop 的密码:
hadoop@ramcax-VirtualBox:        $ cd /usr/local/data/mapreduce
hadoop@ramcax-VirtualBox:        $ ls
buyer1.txt  cust_fav.csv
```

图 12－31　数据准备

将数据上传到 HDFS. 命令如下，结果如图 12－32 所示。

$hadoop　fs　-mkdir　-p　/mymapreduce3/in

$ hadoop　fs　-put　/usr/local/data/mapreduce/buyer1. txt　/mymapreduce3/in

$hadoop　fs　-cat　/mymapreduce3/in/buyer1. txt

```
hadoop@ramcax-VirtualBox:        $ hadoop fs -mkdir -p /mymapreduce3/in
hadoop@ramcax-VirtualBox:        $ hadoop fs -put /usr/local/data/mapreduce/buyer1.txt /mymapreduce3/i
n
hadoop@ramcax-VirtualBox:        $ hadoop fs -cat /mymapreduce3/in/buyer1.txt
10001   10002
10002   10005
10003   10002
10004   10006
10005   10007
10006   10022
10007   10032
10009   10006
10010   10005
10011   10013
```

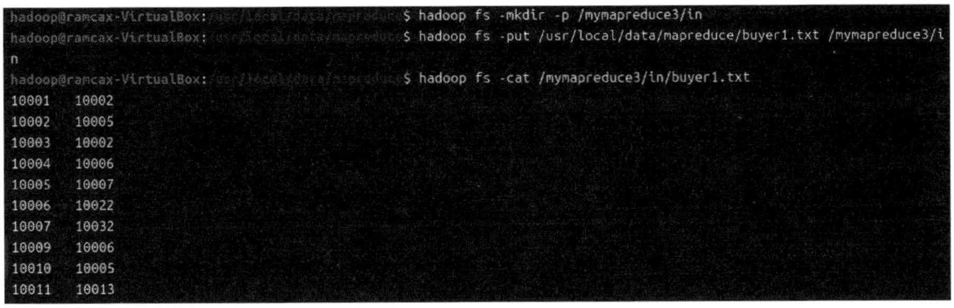

图 12－32　将数据上传到 HDFS

4. 启动 IDEA 集成环境

命令如下，结果如图 12 – 33 所示。

```
$cd  $IDEA_HOME
$./bin/idea.sh
```

图 12 – 33　启动 IDEA 集成环境

5. 创建项目

在 IDEA 中，点击 File →New →Project，如图 12 – 34 所示，创建一个项目。

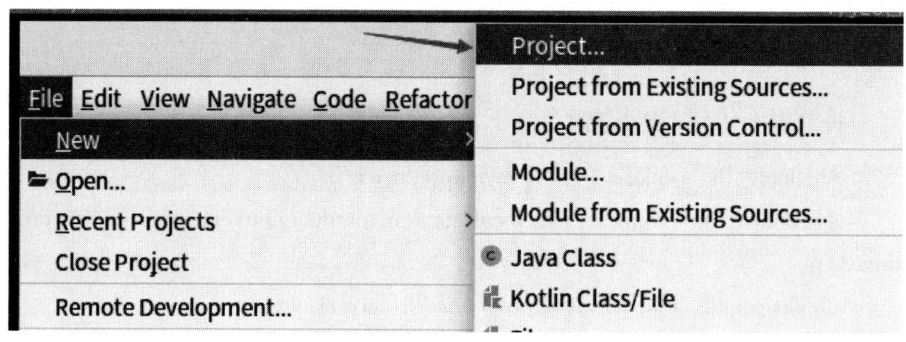

图 12 – 34　创建项目

在新建项目的窗口中，设置项目名称、项目保存位置、项目使用的语言（这里默认用 java）等信息，其中项目名称设为 mymapreduce，语言用 Java，构建系统选择 Maven、JDK 环境选择 1.8 及以上版本，GroupId 和 ArtifactId 都按默认值即可，设置好之后，点击 “Create” 按钮，如图 12 – 35 所示。

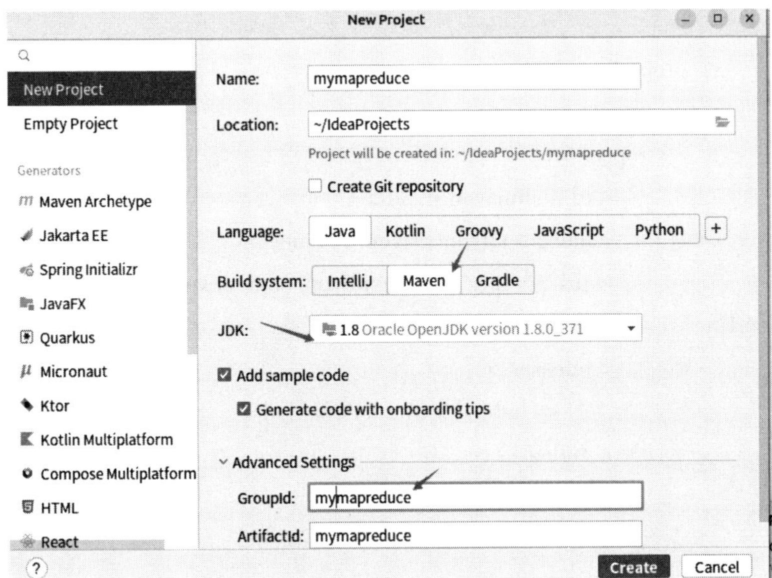

图 12－35　给项目命名

6. 修改 pom. xml 文件

修改 pom. xml 文件的代码如下：

```
<? xml version = "1. 0"  encoding = "UTF-8"?  >
<project xmlns = "http://maven. apache. org/POM/4. 0. 0"
            xmlns:xsi = "http://www. w3. org/2001/XMLSchema-instance"
            xsi:schemaLocation = "http://maven. apache. org/POM/4. 0. 0 ht-
tp://maven. apache. org/xsd/maven-4. 0. 0. xsd" >
      <modelVersion >4. 0. 0 </modelVersion >
      <groupId > mapreduce </groupId >
      <artifactId > WordCountDemo </artifactId >
      <version >1. 0-SNAPSHOT </version >
      <properties >
            <maven. compiler. source >8 </maven. compiler. source >
            <maven. compiler. target >8 </mave. compiler. target >
            <project. build. sourceEncoding > UTF-8 </project. build.  sourceEn-
```

```
coding >
        </properties >
        < repositories >
            < repository >
                < id > alimaven </id >
                < name > aliyun maven </name >
                < url > http://maven. aliyun. com/nexus/content/groups/pub-
lic/ </url >
                < releases >
                    < enabled > true </enabled >
                </releases >
                < snapshots >
                    < enabled > false </enabled >
                </snapshots >
            </repository >
        </repositories >
        < dependencies >
    <! --          hadoop1. x    -- >
    <! --           < dependency > -- >
    <! --               < groupId > org. apache. hadoop </groupId > -- >
    <! --               < artifactId > hadoop - core </artifactId > -- >
    <! --               < version > 1. 2. 1 </version > -- >
    <! --           </dependency > -- >
            < dependency >
                < groupId > org. apache. hadoop </groupId >
                < artifactId > hadoop-hdfs </artifactId >
                < version > 2. 7. 1 </version >
            </dependency >
            < dependency >
                < groupId > org. apache. hadoop </groupId >
                < artifactId > hadoop-common </artifactId >
                < version > 2. 7. 1 </version >
```

```
            </dependency>
            <dependency>
                <groupId>org. apache. hadoop</groupId>
                <artifactId>hadoop-client</artifactId>
                <version>2. 7. 1</version>
            </dependency>
            <dependency>
                <groupId>org. apache. hadoop</groupId>
                <artifactId>hadoop-mapreduce-client-core</artifactId>
                <version>2. 7. 1</version>
            </dependency>
            <dependency>
                <groupId>org. apache. hadoop</groupId>
                <artifactId>hadoop-mapreduce-client-jobclient</artifactId>
                <version>2. 7. 1</version>
            </dependency>
        </dependencies>
    </project>
```

这里需要注意的是：

Hadoop2. 7. x 以及之后的版本需要 jdk1. 7（1. 8 也可以，open JDK 也可以），2. 6. x 及以下需要 jdk1. 6。

Version 中的内容需要根据所使用的 Hadoop 版本而定，如果使用的是 Hadoop-1. x 版本依赖还需加入 hadoop-core，内容形式如图 12 – 36 所示。

```
    <dependency>
        <groupId>org.apache.hadoop</groupId>
        <artifactId>hadoop-core</artifactId>
        <version>1.2.1</version>
    </dependency>
```

图 12 – 36　加入 Hadoop 依赖

设置好 pom 文件和 Hadoop 依赖之后，重新加载项目，如图 12 – 37 所示。

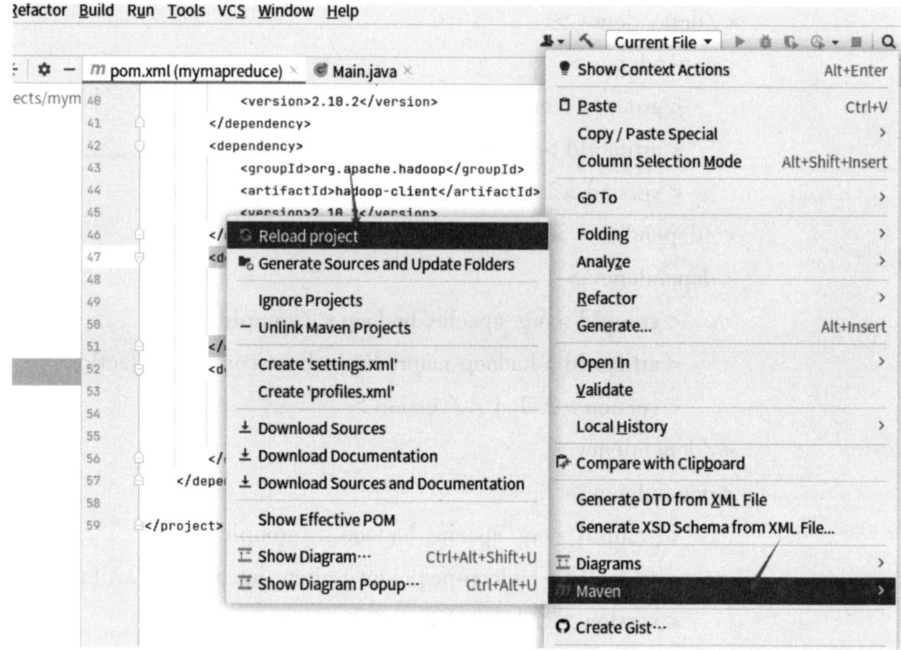

图 12－37　重新加载 Maven

7. 编写 Java 代码

在已创建的 mymapreduce 项目中创建 java 类，New- > JavaClass，如图 12－38 所示。

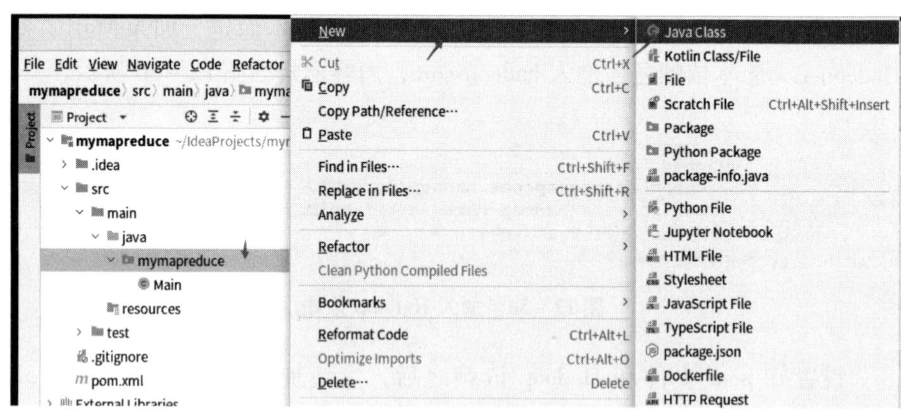

图 12－38　创建 JavaClass

在弹出的对话框中为新建的 Java 类命名，如图 12－39 所示。

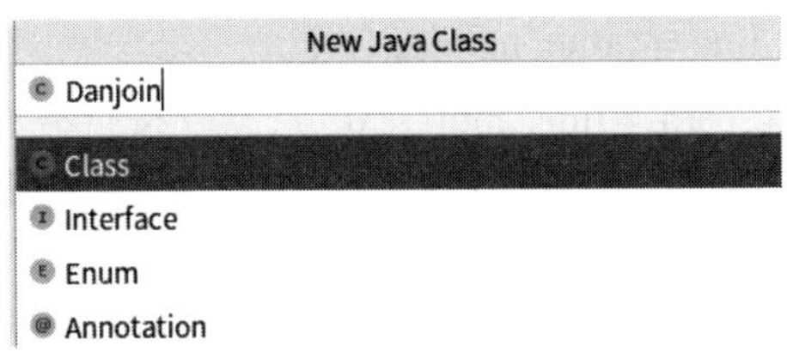

图 12－39　将 Java 类命名为 Danjoin

随后输入以下代码：

```
package mymapreduce;
import java.io.IOException;
import java.util.Iterator;
import org.apache.hadoop.conf.Configuration;
import org.apache.hadoop.fs.Path;
import org.apache.hadoop.io.Text;
import org.apache.hadoop.mapreduce.Job;
import org.apache.hadoop.mapreduce.Mapper;
import org.apache.hadoop.mapreduce.Reducer;
import org.apache.hadoop.mapreduce.lib.input.FileInputFormat;
import org.apache.hadoop.mapreduce.lib.output.FileOutputFormat;
public class Danjoin {
    public static class Map extends Mapper<Object,Text,Text,Text>{
        //实现 map 函数
```

/ ** Map 处理的是一个纯文本文件，Mapper 处理的数据是由 InputFormat 将数据集切分成小的数据集 InputSplit，并用 RecordReader 解析成 <key/value> 对提供给 Map 函数使用。Map 函数中用 split（"\t"）方法把每行数据进行截取，并把数据存入到数组 arr [ ]，把 arr [0] 赋值给 Mapkey，arr [1] 赋值给 Mapvalue。用两个 context 的 write( ) 方法把数据输出两份，再通过标识符 relationtype 为 1 或 2 对两份输出数据的 value 打标记。** /

```
    @Override
```

```
        protected void map(Object key,Text value,Context context)
                throws IOException,InterruptedException{
            String line = value.toString();
            String[] arr = line.split("\t");  //按行截取
            String mapkey = arr[0];
            String mapvalue = arr[1];
            String relationtype = new String();  //左右表标识
            relationtype = "1";  //输出左表
            context.write(new Text(mapkey),new Text(relationtype +" +" +
mapvalue));
            //System.out.println(relationtype +" +" + mapvalue);
            relationtype = "2";  //输出右表
            context.write(new Text(mapvalue),new Text(relationtype +" +" +
mapkey));
            //System.out.println(relationtype +" +" + mapvalue);
        }
    }
    public static class Reduce extends Reducer<Text,Text,Text,Text>{
      //实现 reduce 函数
```

/ ** reduce 端在接收 Map 端传来的数据时已经把相同 key 的所有 value 都放到一个 Iterator 容器中 values。Reduce 函数中，首先新建两数组 buyer [ ] 和 friends [ ] 用来存放 Map 端的两份输出数据。然后 Iterator 迭代中 hasNext( ) 和 Next( ) 方法加 while 循环遍历输出 values 的值并赋值给 Record，用 charAt（0）方法获取 Record 第一个字符赋值给 relationtype，用 if 判断如果 relationtype 为 1 则用 substring（2）方法从下标为 2 开始截取 record 将其存放到 buyer [ ] 中，如果 relationtype 为 2 时将截取的数据放到 frindes [ ] 数组中。然后用三个 for 循环嵌套遍历输出 <key，value>，其中 key = buyer [m]，value = friends [n]。 ** /

```
        @Override
            protected void reduce(Text key,Iterable<Text> values,Context
context)
```

```
        throws IOException,InterruptedException{
    int buyernum =0;
    String[ ] buyer = new String[20];
    int friendsnum =0;
    String[ ] friends = new String[20];
    Iterator ite = values. iterator( );
    while( ite. hasNext( ) ){
        String record = ite. next( ). toString( );
        int len = record. length( );
        int i =2;
        if(0 = =len){
            continue;
        }
        //取得左右表标识
        char relationtype = record. charAt(0);
        //取出 record,放入 buyer
        if('1'= =relationtype){
            buyer[buyernum] =record. substring(i);
            buyernum ++ ;
        }
        //取出 record,放入 friends
        if('2'= =relationtype){
            friends[friendsnum] =record. substring(i);
            friendsnum ++ ;
        }
    }
    //buyernum 和 friendsnum 数组求笛卡尔积
    if(0!  =buyernum&&0!  =friendsnum){
        for( int m =0;m < buyernum;m ++ ){
            for( int n =0;n < friendsnum;n ++ ){
                if( buyer[m]!  =friends[n]){
                    //输出结果
```

```
                                    context.write(new Text(buyer[m]),new
Text(friends[n]));
                                }
                            }
                        }
                    }
                }
            }

        public static void main(String[] args) throws Exception{
            Configuration conf = new Configuration();
            String[] otherArgs = new String[2];
                        otherArgs[0] = "hdfs://localhost:9000/mymapre-
duce3/in/buyer1.txt";
            otherArgs[1] = "hdfs://localhost:9000/mymapreduce3/out";
            Job job = new Job(conf," Table join");
            job.setJarByClass(DanJoin.class);
            job.setMapperClass(Map.class);
            job.setReducerClass(Reduce.class);
            job.setOutputKeyClass(Text.class);
            job.setOutputValueClass(Text.class);
            FileInputFormat.addInputPath(job,new Path(otherArgs[0]));
            FileOutputFormat.setOutputPath(job,new Path(otherArgs[1]));
            System.exit(job.waitForCompletion(true)? 0:1);
        }
    }
```

8. 执行 MapReduce 程序

在程序的对应的窗口的空白处点击右键，在弹出的快捷菜单中单击“Run ‘Danjoin. main’”，执行创建的 MapReduce 程序，如图 12 -40 所示。

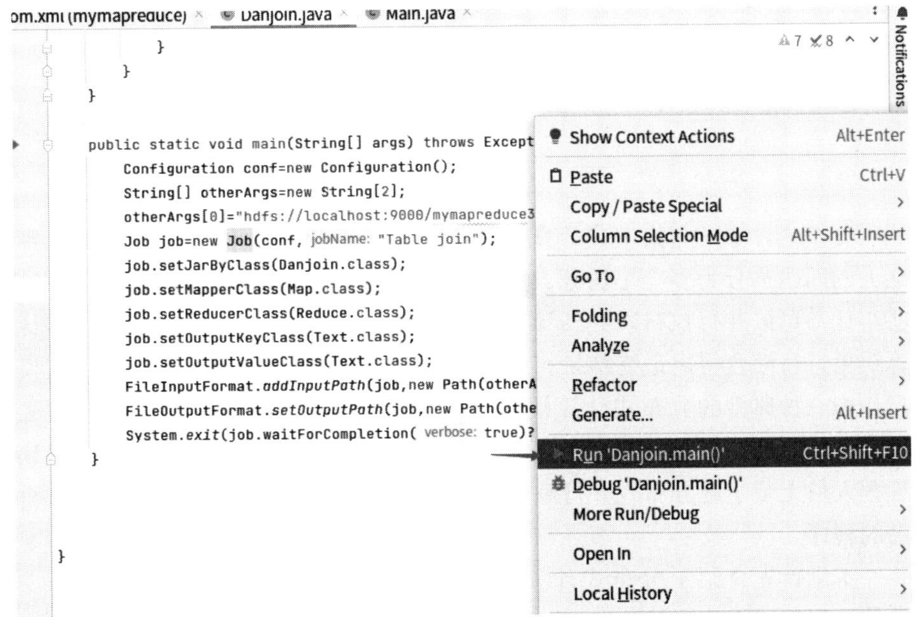

图 12－40　执行单表连接 MapReduce 程序

9. 查看执行结果

程序执行成功后，可以在指定的文件夹中查看所生成的文件，具体代码如下，结果如图 12－41 所示。

```
$hadoop fs -ls /mymapreduce3/out
$hadoop fs -cat /mymapreduce3/out/part-r-00000
```

```
Terminal: Local
hadoop@ramcax-VirtualBox:~/IdeaProjects/mymapreduce$ hadoop fs -ls /mymapreduce3/out
Found 2 items
-rw-r--r--   3 hadoop supergroup          0 2023-07-28 17:05 /mymapreduce3/out/_SUCCESS
-rw-r--r--   3 hadoop supergroup         84 2023-07-28 17:05 /mymapreduce3/out/part-r-00000
hadoop@ramcax-VirtualBox:~/IdeaProjects/mymapreduce$ hadoop fs -cat /mymapreduce3/out/part-r-00000
10005   10001
10005   10003
10007   10010
10007   10002
10022   10004
10022   10009
10032   10005
```

图 12－41　查看 MapReduce 程序执行结果

12.8 本章小结

分布式计算是与集中式计算相对的概念，主要研究如何将需要极大计算能力的问题拆分为多个小任务，并将这些小任务分配给多台计算机处理，这些小任务可以并行执行以提高计算效率并缩短整体计算时间，最后将这些计算结果进行综合得出最终结果，从而完成整体计算任务。MapReduce 编程模型作为一种典型的分布式计算模式，采用“分而治之”的思想，通过“先拆分，再合并”的方式来处理大规模数据集上的分布式并行计算，能够让编程人员无须了解分布式并行编程的底层细节，就能在分布式系统上运行自己的程序。

本章首先介绍了分布式计算的相关概念、分布式编程模型 MapReduce 的特征和编程设计思想、MapReduce1. x 和 MapReduce2. x 的组成及在相应架构下的作业执行过程，其次，介绍了 MapReduce 核心组件、工作流程、主要功能以及 MapReduce 中 Shuffle 过程；最后，利用统计买家收藏商品数量、对网站用户点击数量的均值计算、数据去重以及单表 Join 连接四个例子，详细介绍了利用 MapReduce 分布式编程思想进行聚合、均值计算、去重、单表连接的整个实现过程，进而掌握 MapReduce 分布式编程思想。

本章习题

一、填空题

1. 分布式计算是与（　　　　　　　　）相对的。

2. MapReduce 编程模型中的核心组件包括（　　　　）、（　　　　）、（　　　　）、（　　　　）、（　　　　）。

3. MapReduce 1. x 采用了（　　　　）架构，其中（　　　　）为 Master 节点，（　　　　　　　　）为 Slave 节点，核心组件主要包括（　　　　）、（　　　　）、（　　　　　　）、（　　　　　　）

和（　　　　　　）。

4. 在编写MapReduce程序时，Map过程需要继承（　　　　　　）包中的（　　　　　　），并重写其（　　　　　　）方法。

5. InputSplit相对于HDFS中的block，是对输入的文件进行（　　　）切割，不是（　　　　　　），切割成一系列（　　　　　　）值，主要有两个参数可以定义InputSplit切片大小，分别是（　　　　　　）和（　　　　　　）。

6. InputFormat阶段主要包括（　　　　　　）和（　　　　　　）两个部分，其中（　　　　　　）负责数据切分，（　　　　　　）负责为Mapper提供输入数据，定义如何读取和分割输入数据。

7. Split则是在逻辑上对输入数据进行分片，只记录切片的（　　　），如切片的起始位置、长度等，而不是在磁盘上实际切割文件，为方便管理，切片大小通常与HDFS的块大小有关，默认情况下，切片大小（　　　）块大小，但也可以进行配置。

8. Hadoop提供了多种内置的InputFormat，以适应不同的数据格式和处理需求，默认的数据输入格式（　　　　　　）。

9. map任务运行的节点会优先选择在（　　　　　　），一般可以通过在（　　　　　　）机器上进行计算来减少数据的网络传输，Mapper的实现是通过job中的（　　　　　　）方法来配置写好的（　　　　　　）。

10. （　　　　　　）在MapReduce框架中起到了至关重要的作用，它连接了Map阶段和Reduce阶段，实现了中间计算结果的输出和进一步处理。

11. Combiner是一个（　　　　　　）本地Reducer，Combiner一般在（　　　　　　）之后、（　　　　　　）之前运行，可以在（　　　　　　）聚合数据，用于优化MapReduce作业执行。

12. Partitioner的作用是用来划分（　　　　　　），将Mapper（如果使用了combiner就是combiner）输出的键/值对拆分为分片，每个（　　　　　　）对应一个分片。（　　　　　　）是默认的Partitioner。

13. 默认情况下，Partitioner先计算目标的散列值，通常为（　　　），然后，通过（　　　）执行取模运算，计算公式为：（　　　　　　）。

这种方式不仅能够随机地将整个键空间平均分发给每个 Reducer，同时也能确保（　　　　　　　　　　　　　　　）。

14. OutputFormat 主要工作有两个部分：一个是检查输出的目录是否已经存在，如果存在的话就会报错；另一个是将最终结果的文件输出到文件系统中，（　　　　　　　）是默认的输出格式。

15. （　　　　　　　）是 MapReduce 框架中的一个组件，用于将作业的输出 KEY-VALUE 写入到文件中。

二、问答题

1. MapReduce 设计的主要技术特征有哪些?
2. 阐述 MapReduce1. X 的作业执行流程。
3. 阐述 MapReduce2. X 的作业执行流程。
4. 阐述 MapReduce 的 Shuffle 过程。
5. 阐述 MapReduce 的工作流程。

三、实践操作题

某电商平台，需要对订单数据进行分析，已知订单数据包括两个文件，分别为订单表 orders1 和订单明细表 order_items1，orders1 表记录了用户购买商品的下单数据，order_items1 表记录了商品 id，订单 id 以及明细 id，它们的表结构以及关系如图 12－42 所示。

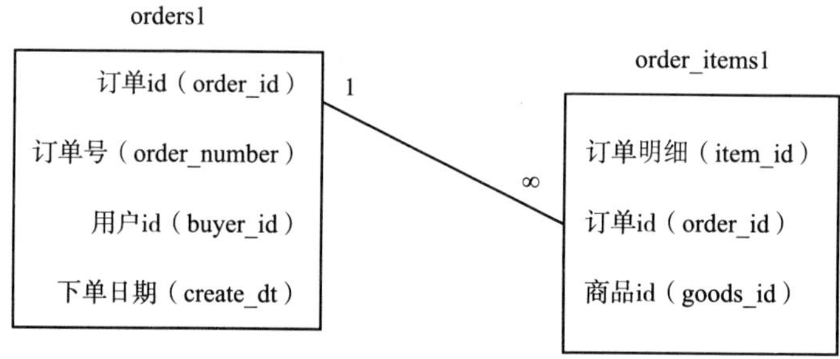

图 12－42　orders1 表和 order_items1 表之间的关系

数据内容是以"\ t" 键分割，部分数据内容如表 12－12 和表 12－13 所示。

表 12 – 12　　orders1 表

订单 ID	订单号	用户 ID	下单日期
52304	215052630	U1731	2023 – 10 – 13 04：58：21
52303	215052629	U1732	2023 – 10 – 13 04：45：31
52302	215052628	U1733	2023 – 10 – 13 03：12：23
52301	215052627	U1734	2023 – 10 – 13 02：37：32
52300	215052626	U1739	2023 – 10 – 13 02：18：56
52299	215052625	U1740	2023 – 10 – 13 01：33：46
52298	215052624	U1741	2023 – 10 – 13 01：04：41
52297	215052623	U1742	2023 – 10 – 13 01：02：20
73379	215052622	U1738	2023 – 10 – 13 00：38：02
73377	215052621	U1737	2023 – 10 – 13 00：18：43
73369	215052620	U1736	2023 – 10 – 13 00：14：37
73372	215052619	U1735	2023 – 10 – 13 00：13：07

表 12 – 13　　order_items1 表

明细 ID	订单 ID	商品 ID
252578	73372	1016840
252579	73372	1014040
252580	73369	1014200
252581	73369	1001012
252582	73369	1022245
252583	73369	1014724
252584	73369	1010731
252586	73377	1023399
252587	73377	1016840
252592	73379	1021134
252593	73379	1021133
252585	73377	1021840

续表

明细 ID	订单 ID	商品 ID
252588	73377	1014040
252589	73379	1014040
252590	73379	1019043

要求编写 MapReduce 程序实现：查询在 2023 – 10 – 13 日该电商都有哪些用户购买了什么商品。假设 orders1 文件记录数很少，order_items1 文件记录数很多。

结果数据如表 12 – 14 所示。

表 12 – 14　　分析结果数据

订单 ID	用户 ID	下单日期	商品 ID
73372	U1735	2023 – 10 – 13 00：13：07	1016840
73372	U1735	2023 – 10 – 13 00：13：07	1014040
73369	U1736	2023 – 10 – 13 00：14：37	1010731
73369	U1736	2023 – 10 – 13 00：14：37	1014724
73369	U1736	2023 – 10 – 13 00：14：37	1022245
73369	U1736	2023 – 10 – 13 00：14：37	1014200
73369	U1736	2023 – 10 – 13 00：14：37	1001012
73377	U1737	2023 – 10 – 13 00：18：43	1023399
73377	U1737	2023 – 10 – 13 00：18：43	1014040
73377	U1737	2023 – 10 – 13 00：18：43	1021840
73377	U1737	2023 – 10 – 13 00：18：43	1016840
73379	U1738	2023 – 10 – 13 00：38：02	1021134
73379	U1738	2023 – 10 – 13 00：38：02	1021133
73379	U1738	2023 – 10 – 13 00：38：02	1014040
73379	U1738	2023 – 10 – 13 00：38：02	1019043

我们坚持可持续发展，坚持节约优先、保护优先、自然恢复为主的方针，像保护眼睛一样保护自然和生态环境，坚定不移走生产发展、生活富裕、生态良好的文明发展道路，实现中华民族永续发展。

——引自二十大报告

第 13 章

Python 分布式编程实践

本章学习目的

- 了解常用的 Python 开发环境及其特点。
- 了解四种开发环境的功能和特点，会用这四种开发环境。
- 掌握在 IDEA 中进行 Python 项目开发的方法。
- 理解和掌握在 IDEA 中实现 Python 爬虫程序，并能进行实现。

13.1 Python 开发环境

Python 的开发环境多种多样，如自带的集成开发环境 IDLE、Pycharm、Anaconda 等，每种开发环境各有各的特点，常用的开发环境如表 13 - 1 所示。

表 13 - 1　　Python 开发环境

开发环境	特点
IDLE	这是 Python 自带的集成开发环境（IDE），具有代码编辑、调试、执行等功能。它可以在 Windows、Mac OS X、Linux 等操作系统上运行。IDLE 的优点是简单易用，缺点是功能较为基础

续表

开发环境	特点
PyCharm	这是一款由 JetBrains 公司开发的 Python IDE，支持代码高亮、代码自动完成、调试、版本控制等功能。PyCharm 分为专业版和社区版，专业版功能更加强大，但需要付费使用
Anaconda	这是一个用于科学计算的 Python 发行版，包含了 Python 解释器、科学计算包、数据可视化工具等。Anaconda 可以在 Windows、Mac OS X、Linux 上运行，可以通过 Anaconda Navigator 进行管理
Jupyter Notebook	这是一款基于 Web 的交互式计算环境，支持多种编程语言，包括 Python。Jupyter Notebook 可以用于数据清洗、数据可视化、机器学习等领域，具有交互性强、可视化效果好等优点
Sublime Text	这是一款轻量级的文本编辑器，支持多种编程语言，包括 Python。Sublime Text 可以通过插件扩展其功能，如代码高亮、自动完成、调试等。Sublime Text 的优点是快速、稳定，但不支持直接运行 Python 程序
Visual Studio Code	这是微软开发的一个轻量级文本编辑器，它提供了丰富的扩展和插件，支持 Python 语言开发，同时还能够实现代码的自动补全、语法高亮和代码片段等功能
Pydev + Eclipse	Pydev 是一个免费的 Python IDE，它是基于 Eclipse 的开源插件。Pydev 提供了很多强大的功能来支持高效的 Python 编程，包括 Django 集成、自动代码补全、多语言支持、集成的 Python 调试、代码分析、代码模板、智能缩进、括号匹配、错误标记、源代码控制集成、代码折叠、UML 编辑和查看和单元测试整合等

不同的 Python 开发环境各有其特点，开发人员可以根据自己的需求选择合适的环境。下面对常用的开发环境进行具体介绍。

13.1.1 集成开发和学习环境 IDLE

Python 是一种高级编程语言，被广泛用于科学计算、数据分析、Web 开发等领域。要编写和运行 Python 代码，需要一个集成开发环境（Integrated Development Environment，简称 IDE）。Python IDLE（Integrated Development and Learning Environment，集成开发和学习环境）是 Python 官方推荐的一种简单易用的 IDE，是纯 Python 下使用 Tkinter（界面库）编写的 IDE，是 Python 自带的 IDE 工具，特别适合初学者和小型项目（见图 13－1）。IDLE 是标准的 Python 代码编写交互式环境，不仅提供了一个交互式的 Python 解释器和一个基于文本的代码编辑器，而且还提供了一些非常友好的功能，如语法高亮、程序动画或步进（指一次执行一行代码）、段落缩进、TABLE 键控制、断点可用于简化调试、调用堆栈清晰可见等，以方便用户编写、执行和调试 Python 代码。只要 Python 解释器连接到 IDLE，在 IDLE 中写一行代码就可以被 Python 解释器进行直接编译执行。Python IDLE 已经内置于 Python 解释器中，随 python 安装包一起提供，不需要额外安装。IDLE 官方下载地址是：https：//www. python. org/downloads/，可以在 Windows，MacOS，Linux 中使用，在 Windows 中安装好 Python 后，在 Windows 开始菜单中可以看到相应的项目。Python IDLE 友好的语法错误提示可以帮助用户学习 Python 语法，轻量级的架构可以快速启动，提高运行效率。

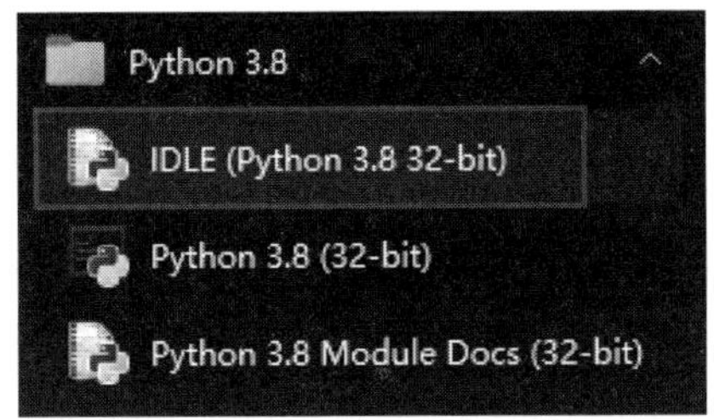

图 13－1　Windows 中 Python IDLE 项目

Python IDLE 是使用 Python 编写的（使用的界面库是 tkinter），其源代码是开源的，路径保存在 Python 的安装目录下的 Lib \ idlelib \ idle. pyw，在系统中可以安装不同的 Python 版本，不同 Python 版本有不同的安装路径，其 IDLE 源文件路径都是在其安装路径下对应的文件夹中。Python IDLE 的界面简洁明了，主要由菜单栏、工具栏、代码编辑器和 Shell 组成。在菜单栏上，可以找到各种功能，如文件操作、编辑代码、运行程序等；工具栏上提供了一些常用的快捷操作按钮；代码编辑器是编写和编辑 Python 代码的主要区域，在这里输入程序代码，并可以使用自动补全（Alt +/）、代码折叠等功能来提高编写效率。Shell 是 Python 的交互式解释器，用于运行一行一行的 Python 代码。可以在 Shell 中输入 Python 表达式，它会立即执行并输出结果。

Python IDLE 还提供了许多有用的功能，使编写和运行 Python 代码变得更加方便。Python IDLE 主要功能有：

(1) 代码自动补全

Python IDLE 可以自动补全代码，减少手动输入的工作量。当输入代码的一部分时，它会显示可能的选项，并根据上下文进行补全。

(2) 代码折叠

Python IDLE 可以折叠代码块，使代码更加清晰易读。通过折叠不需要的代码块，可以使程序设计人员集中关注当前正在编写的部分。

要折叠代码块，可以通过点击编辑器左侧的小箭头，或者使用快捷键 Ctrl + 1。

(3) 代码运行和调试

Python IDLE 允许快速运行和调试 Python 代码。要运行代码，可以选择菜单栏中的“运行”选项，或者使用快捷键 F5，代码将在 Shell 中执行，并显示结果。如果要调试代码，可以设置断点，以便在特定位置停止执行，并逐步调试。使用菜单栏中的“调试”选项来设置断点，并使用 F5 键来启动调试。

(4) 帮助和文档

Python IDLE 提供了丰富的帮助和文档资源，以帮助用户解决问题和学习更多内容。菜单栏上的“帮助”选项提供了 Python IDLE 的帮助文档和常见问题解答，可以在此找到关于 Python IDLE 的详细信息和示例代码。另外，还可以使用内置的 help( ) 函数来获取 Python 内置函数和模块的帮助信息，只需在 Shell 中输入 help (function_name)，即可显示相关帮助文档。

(5) 快捷键

Python IDLE 提供了许多有用的快捷键，可以加快编码速度，提高工作效率。Python IDLE 常用的快捷键如表 13 - 2 所示。

表 13 - 2　Python IDLE 常用的快捷键

快捷键	功能	快捷键	功能	快捷键	功能
Ctrl + N	新建文件	Ctrl + O	打开文件	Ctrl + S	保存文件
Ctrl + R	运行代码	Ctrl + F5	运行模块	Ctrl + /	注释/取消注释代码

(6) 代码模板

Python IDLE 允许创建自定义的代码模板，以便在编写代码时快速插入常用的代码结构。可以选择菜单栏中的“选项” > “配置 IDLE”，然后在“启动”选项卡下找到“代码模板”部分。在这里，可以添加、编辑和删除代码模板。例如，可以创建一个名为“for 循环”的代码模板，以便在需要时快速插入一个 for 循环结构。

（7）多窗口编辑

Python IDLE 支持在同一个窗口中同时打开多个代码编辑器，这对于同时编辑多个文件或将代码片段拆分为多个模块非常有用。要在 Python IDLE 中打开多个编辑器窗口，您可以选择菜单栏中的“文件” > “新建窗口”，或者使用快捷键 Ctrl + N。

13.1.2　PyCharm

PyCharm 是一个跨平台的全功能 Python IDE（集成开发环境），由捷克著名的软件公司 JetBrains 公司开发，带有一整套可以帮助用户在使用 Python 语言开发时提高效率、保证代码质量、降低开发成本的工具，如智能代码补全、调试、语法高亮、项目管理与导航、代码跳转、智能提示、图形化的调试器和运行器、自动完成、单元测试、版本控制、遵循 PEP8 规范的代码质量检查、智能重构等，它有两个版本，一个是免费的社区版本，另一个是面向企业开发者的更先进的专业版本，而且 PyCharm 具有 Windows、Mac 或 Linux 版本，适用面比较广。Pycharm 是程序员常使用的开发工具，简单、易用，并且能够设置不同的主题模式，还能与 IPython Notebook 进行集成，并支持 Anaconda 及其他的科学计算包，如 Matplotlib 和 NumPy，同时它支持很多的第三方 web 开发框架，如 Django、Pyramid、Web2py、Google App Engine 和 Flask 等。

PyCharm 作为 Jetbrains 家族中的一个明星产品，Jetbrains 开发了许多好用的编辑器，包括 Java 编辑器（IntelliJ IDEA）、JavaScript 编辑器（WebStorm）、PHP 编辑器（PHPStorm）、Ruby 编辑器（RubyMine）、C 和 C++ 编辑器（CLion）、.Net 编辑器（Rider）、iOS/MacOS 编辑器（AppCode）等。PyCharm 目前在官网有两个版本，第一个版本是 Professional（专业版本），这个版本功能更加强大，主要是为 Python 和 Web 开发者而准备，需要付费；第二个版本是社区版，是一个专业版的缩减版，比较轻量级，主要是为 Python 和数据专家而准备的。

PyCharm 的主界面如图 13-2 所示。

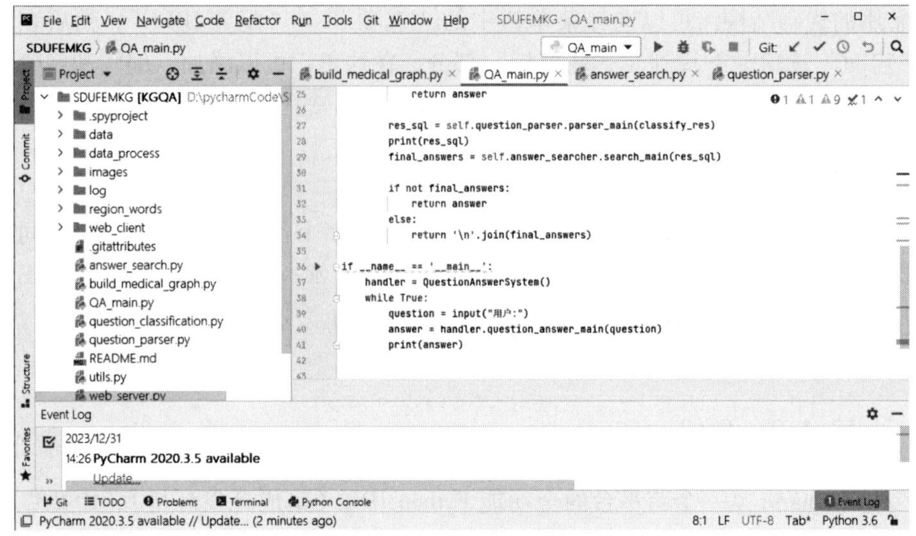

图 13-2　PyCharm 的界面

PyCharm 的主要功能包括：

（1）强大的代码编辑器

PyCharm 提供了自动补全、语法高亮、代码折叠、代码片段、分割窗口等功能，可帮助用户更快更轻松地完成编码工作，使得编码更优化，大大提高开发效率。

（2）集成 Python 调试器

PyCharm 内置了强大的调试器，可以对代码进行单步调试，查看变量值、函数调用栈等，方便开发者快速地定位问题所在。

（3）丰富的插件支持

PyCharm 配备了 1000 多个插件，程序员也可以编写自己的插件来扩展其功能，如支持 Django、Flask、Pyramid 等 Web 框架的插件。

（4）版本控制系统集成

PyCharm 支持多种版本控制系统，登入、录出、视图拆分与合并等这些功能都能在其统一的 VCS 用户界面中得到，可用于 Mercurial，Git，Subversion，Perforce 和其他的 SCM 中，可以方便地管理代码版本。

（5）优秀的性能

PyCharm 在运行速度和内存占用方面都表现出色，可以带来更加快速和流畅的开发体验。

（6）项目和代码导航

专门的项目视图，文件结构视图和文件、类、方法和用例的快速跳转，可帮助用户即时从一个文件导航至另一个，从一个方法至其申明或者用法甚至可以穿过类的层次。若使用其提供的快捷键其速度能更快。

（7）Python 重构

利用 Python 重构功能，用户便能在项目范围内轻松进行重命名、提取方法/超类、导入域/变量/常量、移动和前推/后退重构等。

（8）支持 Django

利用 Pycharm 自带的 HTML、CSS 和 JavaScript 编辑器，用户可以更快速的通过 Django 框架进行 Web 开发。此外，Pycharm 还能支持 CoffeeScript、Mako 和 Jinja2 等。

（9）支持 Google App 引擎

用户可选择使用 Python 2.5 或者 2.7 运行环境，为 Google App 引擎进行应用程序的开发，并执行例行程序部署工作。

（10）图形页面调试器

用户可以用其自带的功能全面的调试器对 Python 或者 Django 应用程序以及测试单元进行调整，该调试器带断点、步进、多画面视图、窗口以及评估表达式等。

13.1.3　Spyder

Spyder 是一个强大的交互式 Python 语言开发环境，是 Anaconda 自带的一种 Python 编辑器，提供高级的代码编辑、交互测试、调试等特性，支持平台包括 Windows、Linux、MacOS 和 OS X 系统。Spyder Python 也是一个开源的 python 集成开发环境，非常适合用来进行科学计算方面的 python 开发，是用 python 开发的轻量级软件，遵循 MIT 协议，可免费使用。

Spyder 有一个 Editor（编辑器）用于编写代码，Console（控制台）可以评估代码并且在任何时候都可以看到运行结果，Variable Explorer（变量管理器）可以查看代码中定义的变量。Spyder 界面如图 13－3 所示。

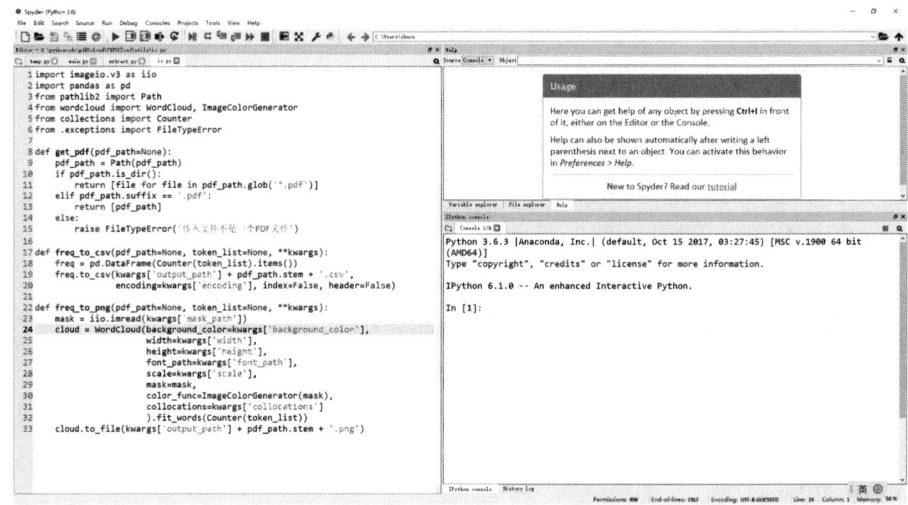

图 13-3　Spyder 主界面

Spyder python 的基本功能包括：

（1）多语言编辑器

具有函数/类浏览器的多语言编辑器，代码分析功能（目前支持 pyflakes 和 pylint），代码完成，水平和垂直分割以及 goto 定义；

（2）交互式控制台

Python 或 IPython 控制台具有工作空间和调试支持，还带有 Matplotlib 数字集成；

（3）文件查看

显示在编辑器或控制台中进行的任何类或函数调用的文档；

（4）variable explorer（变量探索器）

浏览在执行文件期间创建的变量；

（5）文件查找

支持正则表达式。

（6）文件管理

13.1.4　Jupyter Notebook

Jupyter 是一款开源 IDE，IPython 的衍生品，它的名字来自 Julia、Python、R 三种语言的组合，主要是用来做数据科学。Jupyter 家族有 Jupyter

Notebook、Jupyter Lab、Jupyter Hub 三大产品，前两者都是基于 Web 的交互式计算环境，Hub 是服务器端的应用。Jupyter 可以支持 Chrome，Firefox，Safari 等多种浏览器。

Jupyter Notebook 是一款创建和分享计算文档的网络应用程序，它提供了一种简单、流线型、以文档为中心的体验。由于它可以同时显示丰富的文本和运行代码，并且其内置丰富的交互式控件，能够极大地丰富可视化功能，给使用者非常直观的体验，因此它非常适合作为个人笔记工具和教学工具。Jupyter Notebook 是一个交互式笔记本，支持运行 40 多种编程语言。其本质是一个 Web 应用程序，便于创建和共享程序文档，支持实时代码、数学方程、可视化和 markdown。用途包括：数据清理和转换、数值模拟、统计建模、机器学习等。Jupyter Notebook 内部通过内核维护状态并运行代码片段，浏览器显示代码片段和其执行的结果。Jupyter Notebook 提供了一个用户交互式的开发环境，用户可以通过执行一部分代码片段，并观察执行结果。这种交互式设计，使得 Jupyter Notebook 非常适合数据科学和机器学习的开发工作。

Jupyter Notebook 包括两个部分：

（1）网页应用

网页应用即基于网页形式的、结合了编写说明文档、数学公式、交互计算和其他富媒体形式的工具。即网页应用是可以实现各种功能的工具。

（2）文档

Jupyter Notebook 中所有交互计算、编写说明文档、数学公式、图片以及其他富媒体形式的输入和输出，都是以文档的形式体现的。这些文档是保存为后缀名为 . ipynb 的 JSON 格式文件，不仅便于版本控制，也方便与他人共享。此外，文档还可以导出为 HTML、LaTeX、PDF 等格式。

Jupyter Notebook 的主要特点：

①编程时具有语法高亮、缩进、tab 补全的功能。

②可直接通过浏览器运行代码，同时在代码块下方展示运行结果。

③以富媒体格式展示计算结果。富媒体格式包括 HTML，LaTeX，PNG，SVG 等。

④对代码编写说明文档或语句时，支持 Markdown 语法。

⑤支持使用 LaTeX 编写数学性说明。

13.2 在IDEA中编写Python爬虫程序

13.2.1 新建项目

首先启动IDEA，进入IDEA环境，点击“文件→新建→项目”，进入新建项目页面，如图13-4所示。

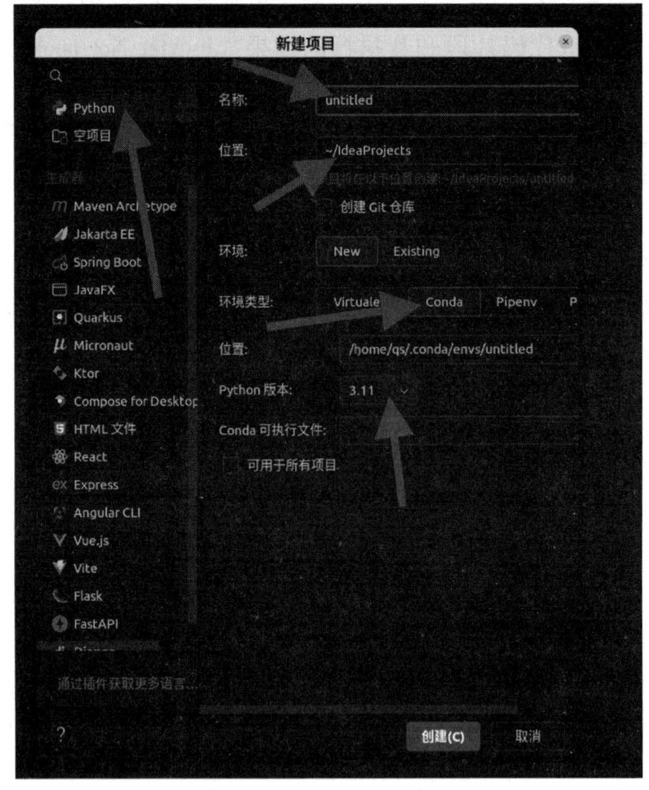

图13-4 新建项目窗口

点击左侧边框的“Python”选项，进行项目设置，在名称后面的文本框中填入项目名称“reptile”，默认为“untitled”，最好以英文命名；位置后面的文本框输入“该项目在 Linux 操作系统中的存储位置”，可以用系统默认位置，也可以选择存储的文件目录；环境类型选择“Conda”，Python 版本选择最新版本即可，设置完毕，点击“创建”按钮即可。

13.2.2　创建 Python 文件

成功创建项目后，会在 IDEA 中出现该项目的树状结构，然后将鼠标悬停在项目名称位置，点击“右键”，在弹出的快捷菜单中选择“新建”→“Python 文件”，创建一个新的 Python 文件，如图 13－5 所示，并命名为“oil”文件。

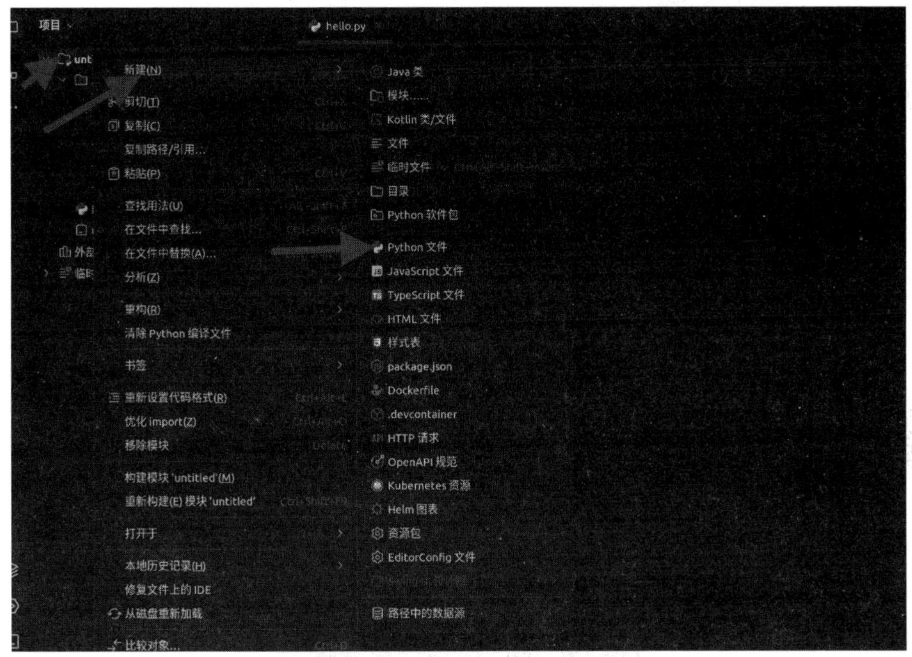

图 13－5　创建 Python 文件

如果此时，IDEA 提醒“No Python interpreter configured for the module”，表示本模块未配置 Python 解释器，如图 13－6 所示，请点击该提示进行配置。

图 13－6　为配置 Python 解释器提示

在 SDK 选择系统能够检测到的 SDK 即可，语言级别选数字最大的即可，随后点击“确认”按钮，并应用上述配置，如图 13－7 所示。

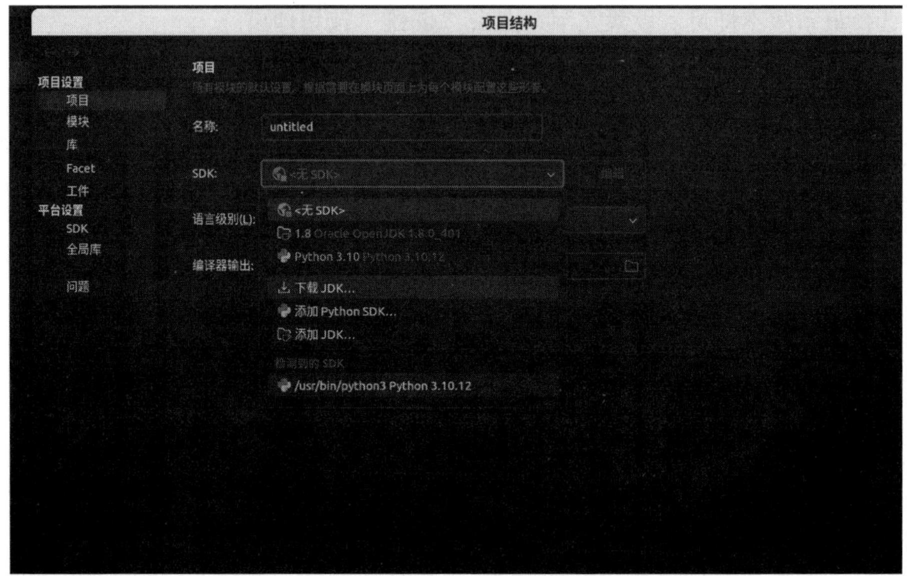

图 13－7　为项目配置和安装 SDK

最后形成爬虫程序的树状结构，如图 13－8 所示。

图 13－8　爬虫程序树状结构

13. 2. 3　编写爬虫程序

在 oil. py 文件中输入如下爬虫程序代码：

```
import requests
import json
import csv
url = "https://www.cneeex.com/zhhq/jsonData/hiskline.json"
headers = {
    "User-Agent":"Mozilla/5.0 (Windows NT 10.0; Win64; x64) AppleWebKit/537.36 (KHTML, like Gecko) Chrome/120.0.0.0 Safari/537.36 Edg/120.0.0.0"
}
response = requests.get(url = url,headers = headers)
content = json.loads(response.text)
with open("today.csv","a",encoding = 'utf-8-sig',newline = "") as file:
    a = csv.writer(file)
    lst = ["日期","开盘","收盘","最低","最高","成交量"]
    a.writerow(lst)
    a.writerows(content)

response.close()
```

执行该程序，运行成功，可以在默认文件夹中获得 today. csv 文件，其内容如图 13 –9 所示。

13. 2. 4　配置 Maven 环境

（1）下载 Maven 安装包

打开浏览器访问清华镜像网站，下载 Maven 安装包（以版本 3. 9. 6 为例）Index of apache/maven/maven-3/3. 9. 8/binaries（tsinghua. edu. cn），如图 13 –10 所示。

图 13－9　爬虫程序运行结果

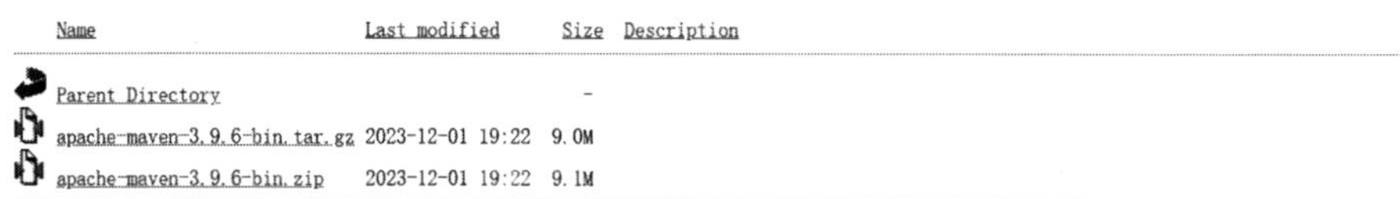

Index of /apache/maven/maven-3/3.9.6/binaries

Name	Last modified	Size	Description
Parent Directory		-	
apache-maven-3.9.6-bin.tar.gz	2023-12-01 19:22	9.0M	
apache-maven-3.9.6-bin.zip	2023-12-01 19:22	9.1M	

Apache/2.4.61 (Debian) Server at 127.0.0.1 Port 10080

图 13－10　清华镜像 Maven 安装包下载

（2）安装

在本地磁盘创建一个文件夹，把安装包解压到该文件夹，如图 13－11 所示。注意：存储的目录尽可能不要包含中文。

› 此电脑 › Data (D:) › Code_tools › my_maven

名称	修改日期	类型
apache-maven-3.9.6	2024-03-01 17:24	文件夹
my_local_storehouse	2024-06-03 13:19	文件夹

图 13－11　创建 Maven 安装目录

（3）配置环境变量

在本地计算机中，打开此电脑进入“计算机”，点击“系统属性”，再进入“高级系统设置”，弹出如图 13－12 所示的对话框。

图 13－12　高级系统设置界面

在高级系统配置界面中，点击“环境变量”按钮，会弹出如图 13－13 所示的界面。

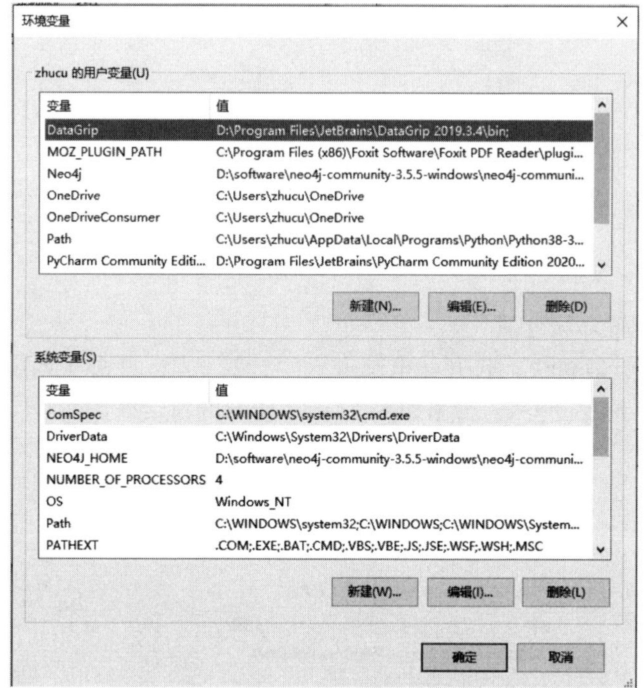

图 13－13　环境变量设置界面

在“环境变量”设置界面的下半部分是已经设置的系统变量以及对系统变量进行的“新建”、“编辑”和“删除”操作，这里要创建系统变量 MAVEN_HOME，因此，点击“新建”按钮，弹出如图 13－14 所示“新建系统变量”的界面。

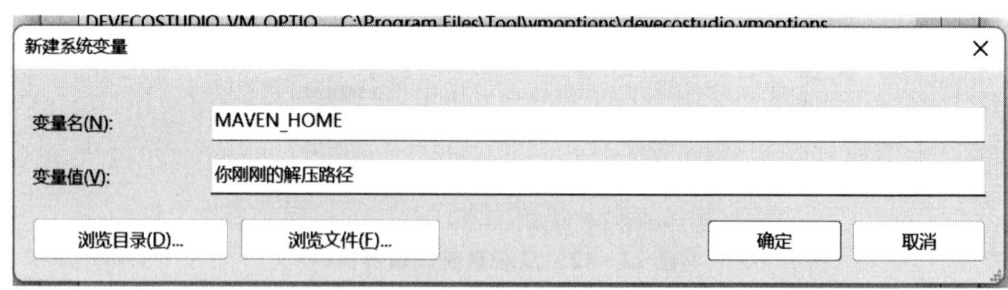

图 13－14　新建系统变量 MAVEN_HOME

在上述“新建系统变量”界面中，做如下设置：变量名为：MAVEN_

HOME，变量值为上述 Maven 解压的路径，设置好之后，点击“确定”按钮。

在“环境变量”设置界面的下半部分展示的系统变量中，找到系统变量 Path，选中，如图 13 – 15 所示。

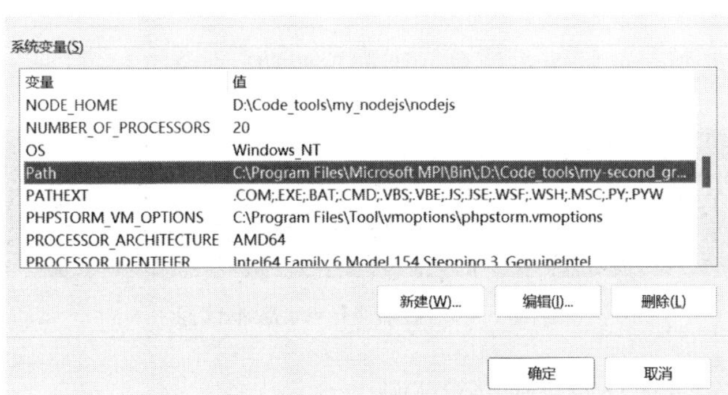

图 13 – 15　系统变量 Path

在上述界面中，选中 Path 变量，点击“编辑”按钮，会弹出如图 13 – 16 所示的界面。

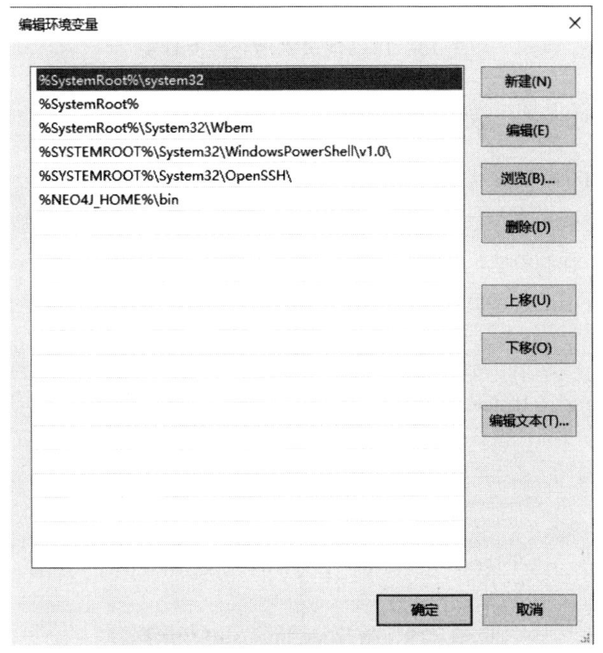

图 13 – 16　编辑系统变量 Path 界面

在系统变量 Path 编辑界面中添加% MAVEN_HOME% \ bin，然后三次点击“确定”按钮，退出环境变量编辑界面。然后，打开 cmd 命令行窗口输入如下命令：

mvn-v

如果出现 Maven 的版本信息，则配置成功，如图 13 –17 所示。

```
C:\Users\蒋开通>mvn -v
Apache Maven 3.9.6 (bc0240f3c744dd6b6ec2920b3cd08dcc295161ae)
Maven home: D:\Code_tools\my_maven\apache-maven-3.9.6
Java version: 21.0.2, vendor: Oracle Corporation, runtime: D:\Code_tools\my_java\my_jdk-21.0.2
Default locale: zh_CN, platform encoding: UTF-8
OS name: "windows 11", version: "10.0", arch: "amd64", family: "windows"
```

图 13 –17　查看 Maven 版本信息

（4）配置本地仓库及阿里云私服

创建一个文件夹为本地仓库，如图 13 –18 所示。

apache-maven-3.9.6	2024-03-01 17:24	文件夹
my_local_storehouse	2024-06-03 13:19	文件夹

图 13 –18　创建本地仓库文件夹

①修改 conf/settings. xml 中的标签，为其指定上述目录：

<localRepository>

D:\Code tools\my maven\my_local_storehouse　//指定本地数据仓库目录

</localRepository>

<localRepository>D:\ Code tools \ my maven \ my local storehouse </localRepository>

②修改 conf/settings. xml 中的标签，为其添加如图 13 –19 所示的标签。

```
<mirror>
  <id>alimaven</id>
  <mirrorOf>central</mirrorOf>
  <name>aliyun maven</name>
  <url>http://maven.aliyun.com/nexus/content/groups/public</url>
</mirror>
```

图 13 –19　修改 settings. xml 中的标签

（5）在 IDEA 中配置 Maven 环境

①首先在 IDEA 中，选择“文件→关闭项目”以关闭所有项目文件，如图 13 - 20 所示。

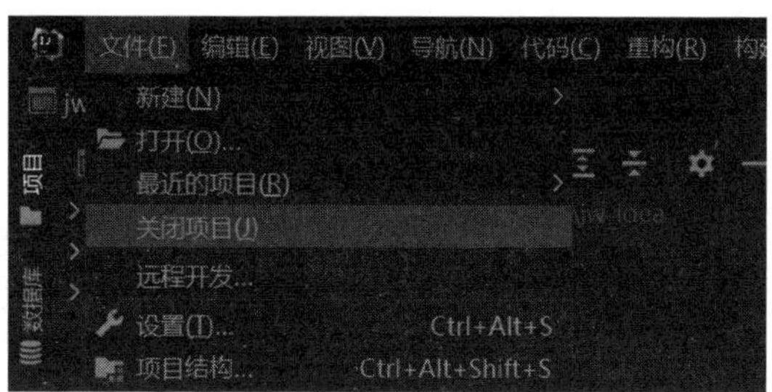

图 13 - 20　关闭项目

②在左侧导航栏中，选择“自定义”项，然后点击“所有设置”如图 13 - 21 所示的界面。

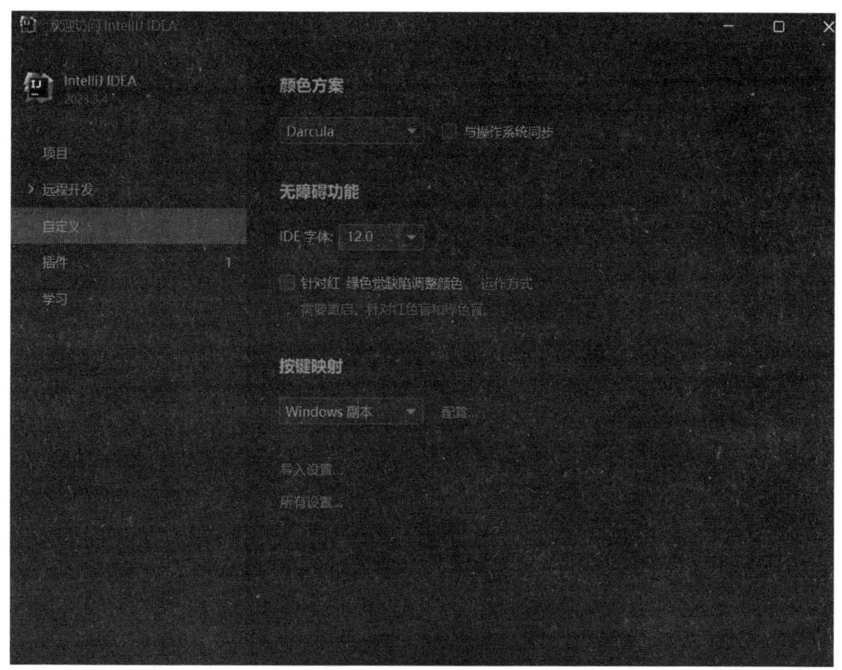

图 13 - 21　自定义配置界面

③在“所有配置”界面中，选中“Maven”项目进行 Maven 配置，如图 13 -22 所示。

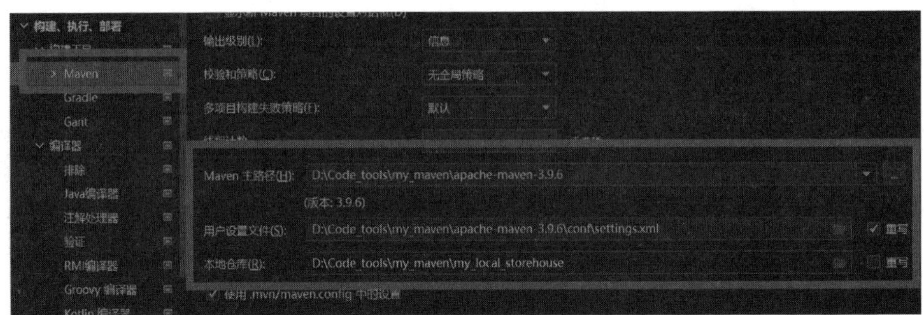

图 13 -22　Maven 项目配置

在 Maven 项目配置界面中，配置 Maven 主路径为在本地计算机中 Maven 的实际安装路径，此处的路径为“D:\Code_tools\my_maven\apache-maven-3.9.6”；用户设置文件为 Maven 安装路径下的配置文件 settings.xml 的绝对路径，此处的路径为“D:\Code_tools\my_maven\apache-maven-3.9.6\conf\settings.xml”；本地仓库是上一步骤中安装的本地仓库的绝对路径，此处的路径为：“D:\Code_tools\my_maven\my_local_storehouse”。

然后，在“构建、执行、部署→构建工具→Maven”选项中，确定 JRE 的版本和自己当前 jdk 版本一致，如图 13 -23 所示。

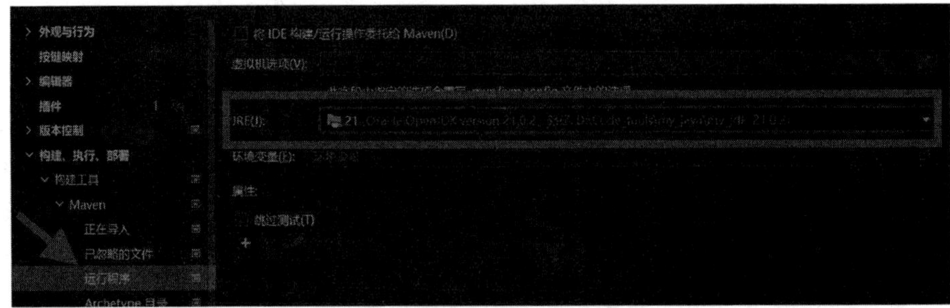

图 13 -23　确定 JRE 的版本与当前 JDK 版本一致

在“构建、执行、部署→编译器→Java 编译器”，来确定字节码的版本和自己当前 JDK 版本一致，如图 13 -24 所示。

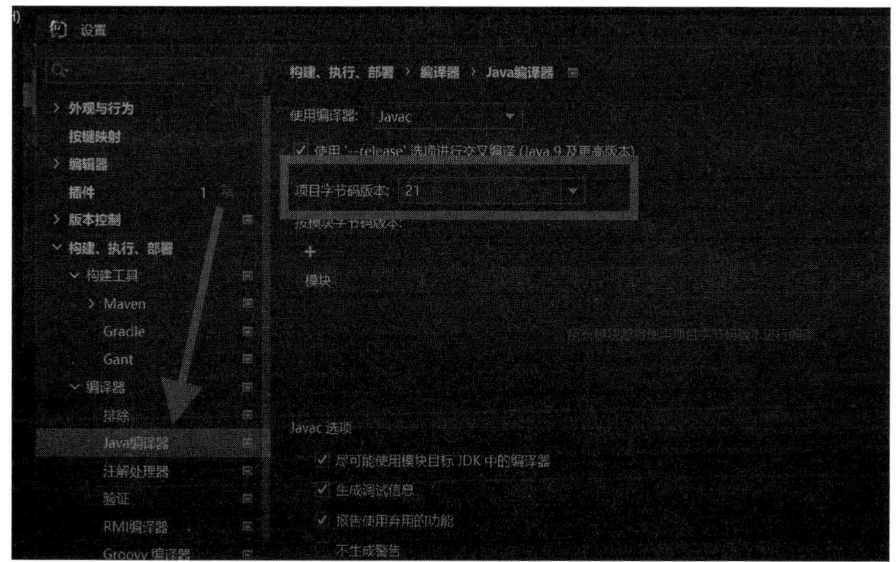

图 13－24　确定字节码的版本和当前 JDK 版本一致

（6）创建 Maven 项目

在 IDEA 中，点击“文件→新建→模块”新建模块，如图 13－25 所示。

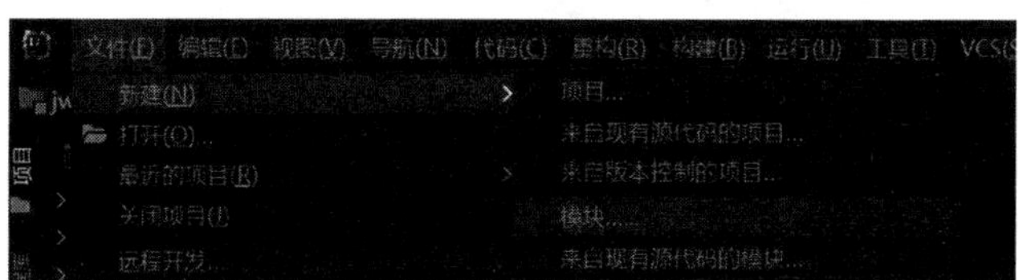

图 13－25　在 IDEA 中新建模块

选择 Maven，设置选项，具体如图 13－26 所示。

按照上述设置内容进行设置，设置完毕，点击“创建”按钮，可以创建 Maven 项目，Maven 项目的文件结构如图 13－27 所示。运行示例文件，如图 13－28 所示。

13.2.5　编写 MapReduce 数据分析程序

对爬取到的数据编写 MapReduce 程序进行分析，以“按月进行分类对成交量进行汇总求和”为例。

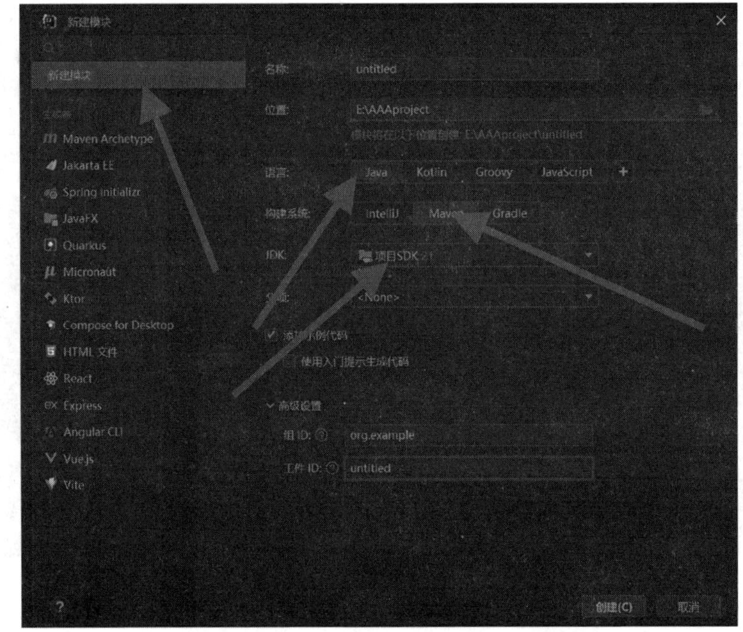

图 13 – 26　对 Maven 项目进行选项设置

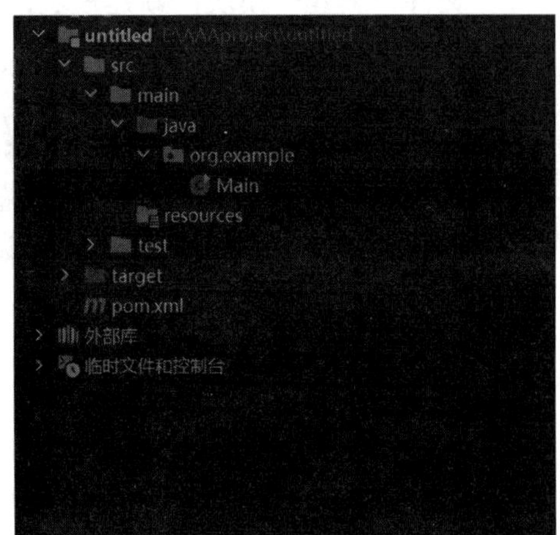

图 13 – 27　创建 Maven 项目的文件结构

先在 IDEA 中配置 Maven 环境，Maven 环境配置完毕之后，目录结构大致如图 13 – 29 所示。

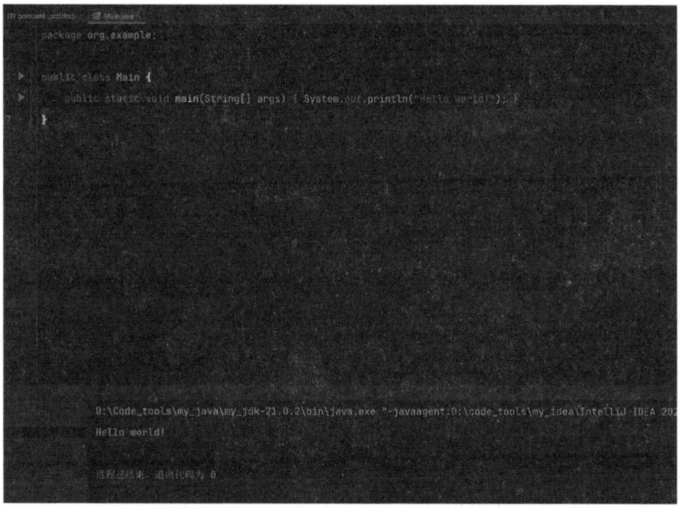

```
package org.example;

public class Main {
    public static void main(String[] args) { System.out.println("Hello world!"); }
}
```

```
D:\Code_tools\my_java\my_jdk-21.0.2\bin\java.exe "-javaagent:D:\code_tools\my_idea\IntelliJ IDEA 202
Hello world!

进程已结束，退出代码为 0
```

图 13－28　示例文件运行界面

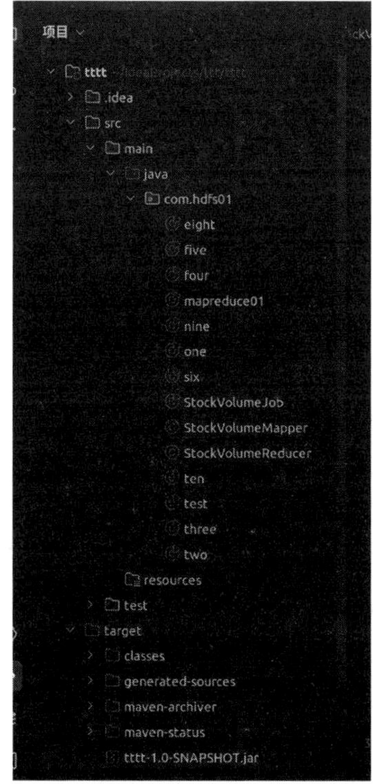

图 13－29　MapReduce 数据分析程序树状结构

在 Java 文件夹下新建一个包，命名如图：com. hdfs01，并在该包下新建 3 个 Java 类文件，分别是：StockVolumeJob 类、StockVolumeMapper 类和 StockVolumeReducer 类。具体代码如下：

（1）StockVolumeJob 类的代码

```
package com.hdfs01;
import java.io.IOException;
import org.apache.hadoop.conf.Configuration;
import org.apache.hadoop.fs.Path;
import org.apache.hadoop.io.IntWritable;
import org.apache.hadoop.io.Text;
import org.apache.hadoop.mapreduce.Job;
import org.apache.hadoop.mapreduce.lib.input.FileInputFormat;
import org.apache.hadoop.mapreduce.lib.output.FileOutputFormat;
public class StockVolumeJob {
    public static void main(String[] args) throws IOException, ClassNotFoundException, InterruptedException {
        Configuration conf = new Configuration();
        conf.set("fs.defaultFS", "hdfs://localhost:9000");
        conf.set("hadoop.home.dir", "/usr/local/jdk1.8/hadoop/hadoop-3.4.0");

        Job job = Job.getInstance(conf, "Stock Volume by Month");
        job.setJarByClass(StockVolumeJob.class);
        job.setMapperClass(StockVolumeMapper.class);
        job.setReducerClass(StockVolumeReducer.class);
        job.setOutputKeyClass(Text.class);
        job.setOutputValueClass(IntWritable.class);

        FileInputFormat.addInputPath(job, new Path("/mymapreduce/reptile"));
        FileOutputFormat.setOutputPath(job, new Path("/mymapreduce/reptile_out"));
```

```
        System. exit (job. waitForCompletion (true) ? 0 : 1);
    }
}
```

（2） StockVolumeMapper 类的代码

```
package com. hdfs01;

import java. io. IOException;
import org. apache. hadoop. io. IntWritable;
import org. apache. hadoop. io. LongWritable;
import org. apache. hadoop. io. Text;
import org. apache. hadoop. mapreduce. Mapper;

public class StockVolumeMapper extends Mapper < LongWritable, Text, Text,
IntWritable > {
    @ Override
    protected void map ( LongWritable key, Text value, Context context )
throws IOException, InterruptedException {
        //Skip header
        if (key. get() = =0 && value. toString(). contains("日期")) {
            return;
        }

        String[ ] fields = value. toString(). split(",");
        if (fields. length = =6) {
            String date = fields[0];
             String month = date. substring(0,7);    //Extract year and
month (YYYY-MM)
            int volume = Integer. parseInt(fields[5]);
            context. write(new Text(month),new IntWritable(volume));
        }
    }
}
```

(3) StockVolumeReducer 类的代码

```
package com.hdfs01;

import java.io.IOException;
import org.apache.hadoop.io.IntWritable;
import org.apache.hadoop.io.Text;
import org.apache.hadoop.mapreduce.Reducer;

public class StockVolumeReducer extends Reducer<Text,IntWritable,Text,
IntWritable>{
    @Override
    protected void reduce(Text key,Iterable<IntWritable> values,Context
context) throws IOException,InterruptedException {
        int totalVolume =0;
        for (IntWritable value : values) {
            totalVolume += value.get();
        }
        context.write(key,new IntWritable(totalVolume));
    }
}
```

13.2.6 执行 MapReduce 程序

①首先进入 Hadoop 安装目录，启动 Hadoop 服务，命令如下：

```
$cd $HADOOP_HOME
$./sbin/start-all.sh
```

②创建一个存储爬虫数据的文件夹，命令如下：

```
$hdfs dfs-mkdir-p/mymapreduce/reptile
```

③把本地爬虫文件上传到新建的文件夹，命令如下：

```
hdfs dfs-put/home/qs/IdeaProjects/reptile/hadoop-reptile/today.csv/myma-
```

preduce/reptile

④运行 StockVolumeJob 类。

使用 Maven 生成项目 jar 包，先点击 IDEA 右边侧边栏，点击“MAVEN”选项，然后找到对应的项目，先点击“clean”，再点击“package”，如图 13－30 所示。

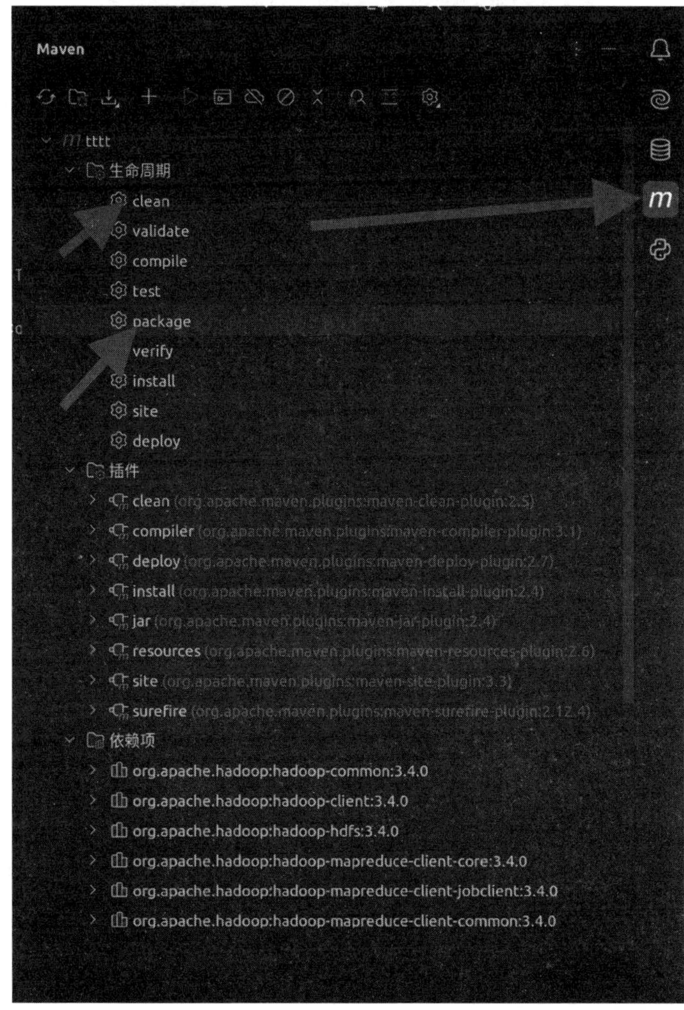

图 13－30　生成项目 jar 包执行过程

执行完毕，在左侧项目栏中，可以看到 target 文件夹下生成了一个 jar 包，如图 13－31 所示。

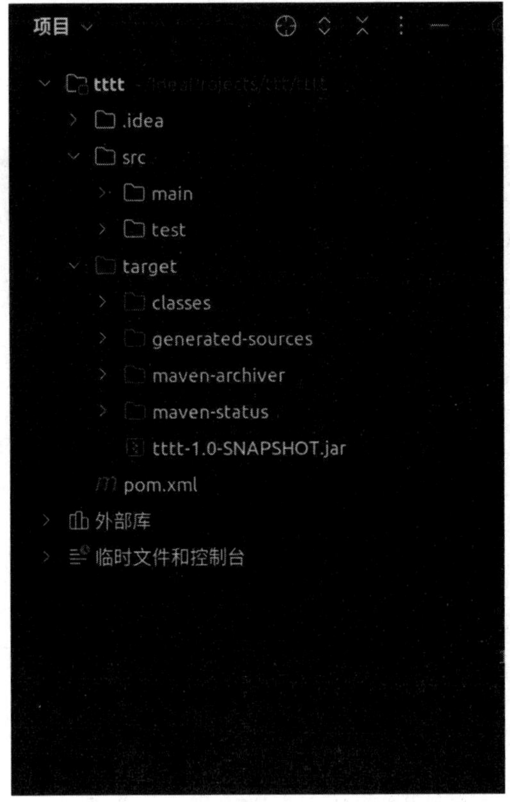

图 13－31　生成项目 jar 包

利用 hadoop 运行该 jar 包，对刚才上传的数据进行分析并得出结果，命令如下：

```
$hadoop jar/home/qs/IdeaProjects/ttt/tttt/target/tttt-1. 0-SNAPSHOT. jar
```

⑤查看分析结果。

在 hadoop 上查看结果，命令如下：

```
$hdfs dfs-cat/mymapreduce/reptile_out/part-r-00000
```

执行结果如图 13－32 所示。

```
qs@qs-virtual-machine: $ hdfs dfs -cat /mymapreduce/reptile_out/part-r-00000
2021-07 5051937
2021-08 353636
2021-09 225207
2021-10 407431
2021-11 2960229
2021-12 21776156
2022-01 991818
2022-02 192429
2022-03 167898
2022-04 45435
2022-05 125149
2022-06 290
2022-07 441990
2022-08 196652
2022-09 10810
2022-10 310060
2022-11 2634242
2022-12 1102199
2023-01 257400
```

图 13－32　查看分析结果

注意：所有代码中有关地址的部分，要根据自己的文件地址来灵活调整。

13.3　本章小结

Python 作为一种非常重要的大数据分析编程语言，其开发环境多种多样，如自带的集成开发环境 IDLE、Pycharm、Anaconda 等，每种开发环境各有各的特点，本章主要是对这些开发环境进行介绍，进而对在分布式环境下利用 Python 语言实现 MapReduce 编程的过程进行探索和尝试。

本章首先介绍了 Python 的常见的四种开发环境及其特点，然后通过在 IDEA 开发环境中利用 MapReduce 编程思想实现爬虫程序，实现在分布式环境中利用 Python 语言进行数据爬取的实例，从而掌握如何在分布式环境中利用 Python 语言实现 MapReduce 分布式程序。

本章习题

一、填空题

1. Python 的开发环境多种多样，常用的开发环境有（　　　　）、（　　　　）、（　　　　）等。

2. Python IDLE 的全称是（　　　　　　　　），中文含义是：（　　　　　　　　），是 Python 自带的 IDE 工具，也是官方推荐的一种简单易用的 IDE。Python IDLE 是纯 Python 下使用（　　　　　　）编写的 IDE，特别适合初学者和小型项目。

3. IDLE 是标准的 python 代码编写交互式环境，不仅提供了一个交互式的（　　　　　）和一个基于文本的（　　　　　），而且还提供了一些非常友好的功能，如语法高亮等。

4.（　　）是 Python 的交互式解释器，用于逐行运行 Python 代码，可以在其中输入 Python 表达式，它会立即执行并输出结果。

5. Pycharm 是程序员常使用的开发工具，简单、易用，并且能够设置不同的主题模式，还能与（　　　　　）进行集成，并支持 Anaconda 及其他的科学计算包。Pycharm 有两个版本，一个是免费的（　　　　），另一个是（　　　　　　　）的更先进的专业版本，而且 PyCharm 根据操作系统不同还设置有（　　　）、（　　　）或（　　　）版本，适用面比较广。

6. PyCharm 作为 Jetbrains 家族中的一个明星产品，Jetbrains 开发了许多好用的编辑器，包括（　　　　　　）、（　　　　　　）、（　　　　　　）、（　　　　　）、C 和 C ++ 编辑器 CLion、. Net 编辑器 Rider、iOS/MacOS 编辑器 AppCode 等。

7. Spyder Python 也是一个（　　　）python 集成开发环境，非常适合用来进行科学计算方面的 python 开发，是用 python 开发的轻量级软件，遵循 MIT 协议，可免费使用。

8. Spyder 有一个（　　　　　　）用于编写代码，（　　　　　　）可以评估代码并且在任何时候都可以看到运行结果，（　　　　　　）可以查看代码中定义的变量。

9. Jupyter Notebook 是一个交互式笔记本，支持运行 40 多种编程语言。

其本质是一个（　　　　　），便于创建和共享程序文档，支持实时代码、数学方程、可视化和 markdown。

10. Jupyter Notebook 包括两个部分：（　　　　）和（　　　　）。

二、实践操作题

1. 完成 13.2 节中在 IDEA 中利用 MapReduce 思想实现数据的爬取和分析。

2. 在 IDEA 中利用 MapReduce 思想编程实现如下功能：

有多个输入文件，每个文件中的每行内容均为一个证书。要求读取所有文件中的整数进行升序排列后，将其输出到一个新的文件中，输出的数据格式为每行两个整数，第一个整数为第二个整数的排序位次，第二个整数为原来待排列的整数。下面是输入文件和输出文件的一个样例，供参考。

输入文件 1 的样例如下：

33

37

12

输入文件 2 的样例如下：

4

16

39

输入文件 3 的样例如下：

1

45

25

根据输入文件 1、文件 2 和文件 3 的数据，得到的输出文件是：

1　1

2　4

3　12

4　16

5　25

6　33

7　37

8　39

9　45

参考文献

［1］VirtualBox_百度百科（baidu. com）. https：//baike. baidu. com/item/VirtualBox/5842786？fr = ge_ala.

［2］VMware Workstation_百度百科（baidu. com）. https：//baike. baidu. com/item/VMware%20Workstation/9884359？fr = ge_ala.

［3］北京邮电大学智能信息技术课题组 . NoSQL 数据库原理（第 2 版）［M］. 北京：人民邮电出版社，2023.

［4］杜焱，廉哲，李耸 . Ubuntu Linux 操作系统实用教程［M］. 北京：人民邮电出版社，2017.

［5］何晓龙 . 完美应用 Ubuntu［M］. 北京：电子工业出版社，2017.

［6］黑马程序员 . Hadoop 大数据技术原理与应用［M］. 北京：清华大学出版社，2019.

［7］黑马程序员 . Hadoop 大数据技术原理与应用［M］. 北京：清华大学出版社，2021.

［8］胡祥培，孔祥维等 . 非结构化数据分析与应用［M］. 北京：高等教育出版社，2022.

［9］林子雨，郑海山，赖永炫 . Spark 编程基础（python 版）［M］. 北京：人民邮电出版社，2022.

［10］林子雨 . 大数据技术原理与应用：概念、存储、处理、分析与应用（第 3 版）［M］. 北京：人民邮电出版社，2021.

［11］萨师煊，王珊 . 数据库系统概论（第三版）［M］. 北京：高等教育出版社，2001.

［12］唐一之 . 分布式网络文件系统（DNFS）研究与实现［D］. 湖南：湖南大学，2002.

［13］王大亮，曾广平，张德政 . Ubuntu 标准教程［M］. 北京：人民邮

电出版社，2008.

［14］王珊，陈红．数据库系统原理教程［M］．北京：清华大学出版社，1999.

［15］王雪涛，刘伟杰．分布式文件系统［J］．科技信息（学术研究），2006.

［16］夏辉，杨伟吉，金鑫．Linux 系统与大数据应用［M］．北京：机械工业出版社，2019.

［17］肖蓉．分布式文件系统负载均衡技术探讨［J］．电子世界，2020（9）.

［18］肖睿．MySQL 数据库开发实战（大数据开发工程师系列）［M］．北京：中国水利水电出版社有限公司，2017.

［19］虚拟机_百度百科（baidu. com）. https：//baike. baidu. com/item/%E8%99%9A%E6%8B%9F%E6%9C%BA/104440？fr = ge_ala.

［20］徐鲁辉等．Hadoop 大数据原理与应用实验教程［M］．西安：西安电子科技大学出版社，2020.

［21］杨力．Hadoop 大数据开发实战［M］．北京：人民邮电出版社，2019.

［22］应朝晖，高洪奎，黄若衡．分布式文件系统［J］．计算机工程与科学，1995（3）.

［23］张金石．Ubuntu Linux 操作系统（第 2 版）［M］．北京：人民邮电出版社，2020.

［24］张绍华，潘蓉，宗宇伟．大数据技术与应用——大数据治理与服务［M］．上海：上海科学技术出版社，2016.

我们坚定站在历史正确的一边、站在人类文明进步的一边，高举和平、发展、合作、共赢旗帜，在坚定维护世界和平与发展中谋求自身发展，又以自身发展更好维护世界和平与发展。

——引自二十大报告

附录1

Hadoop 3.2.0 HDFS命令指南

所有HDFS命令都由bin/hdfs脚本调用。不带任何参数运行hdfs脚本会打印所有命令的描述，命令选项如表1所示。

表1 **HDFS命令选项**

COMMAND_OPTIONS	描述
SHELL_OPTIONS	常见的shell选项集
GENERIC_OPTIONS	多个命令支持的通用选项集
COMMAND	命令
COMMAND_OPTIONS	以下各节介绍了各种命令及其选项。这些命令已分组为“用户命令”和“管理命令”

用法：hdfs [SHELL_OPTIONS] COMMAND [GENERIC_OPTIONS] [COMMAND_OPTIONS]

Hadoop有一个选项解析框架，它使用解析通用选项以及运行类。

1. 用户命令

对Hadoop集群的用户有用的命令。

（1）类路径

classpath 命令选项如表 2 所示。

表 2　classpath 命令选项

命令选项	描述
--glob	扩展通配符
--jar path	将类路径写为 jar 命名路径中的清单
-help	打印帮助

用法：hdfs classpath [--glob | --jar <path> | -h | --help]

打印获取 Hadoop jar 和所需库的类路径。如果不带参数调用，则打印由命令脚本设置的类路径，该脚本可能在类路径条目中包含通配符。其他选项在通配符扩展后打印类路径，或将类路径写入 jar 文件的清单中。后者在无法使用通配符且扩展类路径超过支持的最大命令行长度的环境中非常有用。

（2）dfs

用法：hdfs dfs [COMMAND [COMMAND_OPTIONS]]

在 Hadoop 支持的文件系统上运行 filesystem 命令。可以在 File System Shell Guide 中找到各种 COMMAND_OPTIONS。

（3）envvars

用法：hdfs envvars

显示计算的 Hadoop 环境变量。

（4）fetchdt

fetchdt 命令选项如表 3 所示。

表 3　fetchdt 命令选项

命令选项	描述
--webservice NN_Url	要连接 NN 的网址（以 http 或 https 开头）
--renewer name	委托令牌更新程序的名称
--cancel	取消委托令牌
--renew	续订委托令牌。必须使用-renewer name 选项获取委派令牌

续表

命令选项	描述
--print	打印委托令牌
token_file_path	用于存储令牌的文件路径

用法：hdfs fetchdt < opts > < token_file_path >

从 NameNode 获取委托令牌。

（5） fsck

fsck 命令选项如表 4 所示。

表 4　　fsck 命令选项

命令选项	描述
path	从这条路径开始检查
-delete	删除损坏的文件
-files	打印出要检查的文件
-files-blocks	打印出块报告
-files-blocks-locations	打印每个块的位置
-files-blocks-racks	打印数据节点位置的网络拓扑
-files-blocks-replicaDetails	打印出每个副本的详细信息
-files-blocks-upgradedomains	打印每个块的升级域
-includeSnapshots	如果给定路径指示快照目录或其下有快照目录，则包括快照数据
-list-corruptfileblocks	打印出所属的缺失块和文件列表
-move	将损坏的文件移至/lost + found
-openforwrite	打印出用于写入的文件
-showprogress	打印出输出点的点。默认为 OFF（无进度）
-storagepolicies	打印出块的存储策略摘要
-maintenance	打印出维护状态节点详细信息
-blockId	打印出有关块的信息

用法：

hdfs fsck <path>

[-list-corruptfileblocks |

[-move | -delete | -openforwrite]

[-files [-blocks [-locations | -racks | -replicaDetails | -upgradedomains]]]

[-includeSnapshots] [-showprogress]

[-storagepolicies] [-maintenance]

[-blockId <blk_Id>]

运行 HDFS 文件系统检查实用程序。

(6) getconf

getconf 命令选项如表 5 所示。

表 5　　getconf 命令选项

命令选项	描述
-namenodes	获取集群中的名称节点列表
-secondaryNameNodes	获取群集中的辅助名称节点列表
-backupNodes	获取群集中的备份节点列表
-journalNodes	获取群集中的日记节点列表
-includeFile	获取包含文件路径，该路径定义可以加入群集的 datanode
-excludeFile	获取排除文件路径，该路径定义需要停用的数据节点
-nnRpcAddresses	获取 namenode rpc 地址
-confKey [key]	从配置中获取特定密钥
命令选项	描述

用法：

hdfs getconf-namenodes

hdfs getconf-secondaryNameNodes

hdfs getconf-backupNodes

hdfs getconf-journalNodes

hdfs getconf-includeFile

hdfs getconf-excludeFile

hdfs getconf-nnRpcAddresses

hdfs getconf-confKey [key]

从配置目录中获取配置信息，进行后处理。

(7) groups

用法：hdfs groups [username...]

返回给定一个或多个用户名的组信息。

(8) httpfs

用法：hdfs httpfs

运行 HttpFS 服务器，HDFS HTTP 网关。

(9) lsSnapshottableDir

lsSnapshottableDir 命令帮助选项如表 6 所示。

表 6　　lsSnapshottableDir 命令帮助选项

命令选项	描述
-help	打印帮助

用法：hdfs lsSnapshottableDir [-help]

获取快照目录列表。当它以超级用户身份运行时，它将返回所有快照目录。否则，它返回当前用户拥有的那些目录。

jmxget

Usage: hdfs jmxget [-localVM ConnectorURL | -port port | -server mbeanserver | -service service]

表 7　　jmxget 命令选项

命令选项	描述
-help	打印帮助
-localVM ConnectorURL	连接到同一台计算机上的 VM
-port mbean server port	指定 mbean 服务器端口，如果缺少它将尝试连接到同一 VM 中的 MBean Server

续表

命令选项	描述
-server	指定 mbean 服务器（默认为 localhost）
-service NameNode | DataNode	指定 jmx 服务。默认情况下为 NameNode。

服务的快照信息：

oev

Usage:hdfs oev[OPTIONS]-i INPUT_FILE-o OUTPUT_FILE

必需的命令行参数如表8所示。

表8　　oev命令必选项

命令选项	描述
-i，-inputFile arg	编辑要处理的文件，xml（不区分大小写）扩展名表示 XML 格式，任何其他文件名表示二进制格式
-o，-outputFile arg	输出文件的名称。如果指定的文件存在，则将覆盖该文件，文件的格式由-p 选项确定

可选的命令行参数如表9所示。

表9　　oev命令可选项

命令选项	描述
-f，--fix-txids	重新编号输入中的事务 ID，以便没有间隙或无效的事务 ID
-h，—help	显示使用信息并退出
-r，—recover	读取二进制编辑日志时，请使用恢复模式。这将使您有机会跳过编辑日志的损坏部分
-p，—processor arg	选择要对图像文件应用的处理器类型，当前支持的处理器是：二进制（Hadoop 使用的本机二进制格式），xml（默认，XML 格式），统计信息（打印有关编辑文件的统计信息）
-v，--verbose	更详细地输出，打印输入和输出文件名，用于写入文件的处理器，也输出到屏幕。在大图像文件上，这将大大增加处理时间（默认为 false）

Hadoop 离线编辑查看器。

（10） oiv

用法：hdfs oiv ［OPTIONS］ -i INPUT_FILE

必需的命令行参数如表 10 所示。

表 10　　oiv 命令必选项

命令选项	描述
-i ｜ --inputFile input file	指定要处理的输入 fsimage 文件（或 XML 文件，如果使用 ReverseXML 处理器）

可选的命令行参数如表 11 所示。

表 11　　oiv 命令可选项

命令选项	描述
-o，--outputFile output file	如果指定的输出处理器生成一个，请指定输出文件名。如果指定的文件已存在，则会以静默方式覆盖该文件。（默认情况下输出到 stdout）如果输入文件是 XML 文件，它还会创建 < outputFile >. md5
-p，--processor	指定要对图像文件应用的图像处理器。目前有效的选项是 Web（默认），XML，Delimited，FileDistribution 和 ReverseXML
-addr address	指定要侦听的地址（主机：端口）。（localhost：默认为 5978）。此选项与 Web 处理器一起使用
-maxSize size	指定要以字节为单位分析的文件大小的范围［0，maxSize］（默认为 128GB）。此选项与 FileDistribution 处理器一起使用
-step size	以字节为单位指定分发的粒度（默认为 2MB）。此选项与 FileDistribution 处理器一起使用
-format	以人类可读的方式而不是多个字节格式化输出结果。（默认为 false）。此选项与 FileDistribution 处理器一起使用
-delimiter arg	定界字符串以与分隔处理器一起使用
-t，-temp temporary dir	使用临时目录缓存中间结果以生成分隔输出。如果未设置，则分隔处理器在输出文本之前在内存中构造命名空间
-h，-help	显示工具使用情况和帮助信息并退出

Hadoop 离线图像查看器，用于 Hadoop 2.4 或更高版本中的图像文件。

(11) oiv_legacy

oiv_legacy 命令必选项如表 12 所示。

表 12　　　　oiv_legacy 命令必选项

命令选项	描述
-i，-inputFile input file	指定要处理的输入 fsimage 文件
-o，-outputFile output file	如果指定的输出处理器生成一个，请指定输出文件名。如果指定的文件已存在，则会以静默方式覆盖该文件

用法：hdfs oiv_legacy [OPTIONS] -i INPUT_FILE-o OUTPUT_FILE

可选的命令行参数如表 13 所示。

表 13　　　　oiv_legacy 命令可选项

命令选项	描述
-p | --processorprocessor	指定要对图像文件应用的图像处理器。有效选项包括 Ls（默认），XML，分隔符，缩进，FileDistribution 和 NameDistribution
-maxSize size	指定要以字节为单位分析的文件大小的范围 [0，maxSize]（默认为 128GB）。此选项与 FileDistribution 处理器一起使用
-step size	以字节为单位指定分发的粒度（默认为 2MB）。此选项与 FileDistribution 处理器一起使用
-format	以人类可读的方式而不是多个字节格式化输出结果。（默认为 false）。此选项与 FileDistribution 处理器一起使用
-skipBlocks	不要枚举文件中的单个块。这可以节省具有非常大的文件的命名空间上的处理时间和 outfile 文件空间。Ls 处理器读取块以正确确定文件大小并忽略此选项
-printToScreen	将处理器的输出管道输出到控制台以及指定的文件。在极大的命名空间上，这可能会使处理时间增加一个数量级
-delimiter arg	与分隔处理器一起使用时，将默认选项卡分隔符替换为 arg 指定的字符串
-h | --help	显示工具使用情况和帮助信息并退出

适用于旧版 Hadoop 的 Hadoop 离线图像查看器。

（12） snapshotDiff

用法：hdfs snapshotDiff <path> <fromSnapshot> <toSnapshot>

确定 HDFS 快照之间的差异。

（13） version

用法：hdfs version

功能：打印版本。

2. 管理命令

对 hadoop 集群的管理员有用的命令。

（1） balancer

balancer 命令选项如表 14 所示。

表 14　　balancer 命令选项

命令选项	描述
-policy <policy>	datanode（默认值）：如果每个 datanode 均衡，则群集是平衡的 blockpool：如果每个 datanode 中的每个块池都是平衡的，则群集是平衡的
-threshold <threshold>	磁盘容量的百分比。这会覆盖默认阈值
-exclude-f <hosts-file> | <comma-separated list of hosts>	排除指定的数据节点被平衡器平衡
-include-f <hosts-file> | <comma-separated list of hosts>	仅包括由平衡器平衡的指定数据节点
-source-f <hosts-file> | <comma-separated list of hosts>	仅选择指定的数据节点作为源节点
-blockpools <comma-separated list of blockpool ids>	平衡器仅在此列表中包含的块池上运行
-idleiterations <iterations>	退出前的最大空闲迭代次数。这会覆盖默认的空闲状态（5）
-runDuringUpgrade	是否在正在进行的 HDFS 升级期间运行平衡器。这通常是不希望的，因为它不会影响过度使用的机器上的已用空间
-h | -help	显示工具使用情况和帮助信息并退出

用法：

hdfs balancer

[-policy <policy>]

[-threshold <threshold>]

[-exclude [-f <hosts-file> | <comma-separated list of hosts>]]

[-include [-f <hosts-file> | <comma-separated list of hosts>]]

[-source [-f <hosts-file> | <comma-separated list of hosts>]]

[-blockpools <comma-separated list of blockpool ids>]

[-idleiterations <idleiterations>]

[-runDuringUpgrade]

运行集群平衡实用程序。管理员只需按 Ctrl-C 即可停止重新平衡过程。

请注意，blockpool 策略比 datanode 策略更严格。

除了上述命令选项外，还引入了一个固定功能，从 2.7.0 开始，以防止某些副本被平衡器/移动器移动。默认情况下，此固定功能处于禁用状态，可通过配置属性“dfs.datanode.block-pinning.enabled”启用。启用时，此功能仅影响写入 create（）调用中指定的 favored 节点的块。对于 HBase regionserver 等应用程序，我们希望维护数据局部性时，此功能非常有用。

（2）cacheadmin

用法：

hdfs cacheadmin [-addDirective-path <path>-pool <pool-name> [-force] [-replication <replication>] [-ttl <time-to-live>]]

hdfs cacheadmin [-modifyDirective-id <id> [-path <path>] [-force] [-replication <replication>] [-pool <pool-name>] [-ttl <time-to-live>]]

hdfs cacheadmin [-listDirectives [-stats] [-path <path>] [-pool <pool>] [-id <id>]]

hdfs cacheadmin [-removeDirective <id>]

hdfs cacheadmin [-removeDirectives-path <path>]

hdfs cacheadmin [-addPool <name> [-owner <owner>] [-group <group>] [-mode <mode>] [-limit <limit>] [-maxTtl <maxTtl>]]

hdfs cacheadmin [-modifyPool <name> [-owner <owner>] [-group <group>] [-mode <mode>] [-limit <limit>] [-maxTtl <maxTtl>]]

hdfs cacheadmin [-removePool <name>]

hdfs cacheadmin [-listPools [-stats] [<name>]]

hdfs cacheadmin [-help <command-name>]

(3) crypto

用法:

hdfs crypto-createZone-keyName <keyName> -path <path>

hdfs crypto-listZones

hdfs crypto-provisionTrash-path <path>

hdfs crypto-help <command-name>

(4) datanode

datanode 命令选项如表 15 所示。

表 15　　　datanode 命令选项

命令选项	描述
-regular	正常的 datanode 启动（默认）
-rollback	将 datanode 回滚到以前的版本。这应该在停止 datanode 并分发旧的 hadoop 版本后使用
-rollingupgrade rollback	回滚滚动升级操作

用法：hdfs datanode [-regular | -rollback | -rollingupgrade rollback]

运行 HDFS datanode。

(5) dfsadmin

dfsadmin 命令选项如表 16 所示。

表 16　　　dfsadmin 命令选项

命令选项	描述
-report [-live] [-dead] [-decommissioning] [-enteringmaintenance] [-inmaintenance]	报告基本文件系统信息和统计信息，dfs 用法可以与“du”用法不同，因为它测量所有 DN 上的复制，校验和，快照等使用的原始空间。可选标志可用于过滤显示的 DataNode 列表

续表

命令选项	描述
-safemode enter | leave | get | wait | forceExit	安全模式维护命令。安全模式是一种 Namenode 状态，其中： ①不接受对名称空间的更改（只读）； ②不复制或删除块 在 Namenode 启动时自动进入安全模式，并在配置的最小块百分比满足最小复制条件时自动离开安全模式。如果 Namenode 检测到任何异常，那么它将以安全模式停留，直到该问题得到解决。如果该异常是故意操作的结果，则管理员可以使用-safemode forceExit 退出安全模式。可能需要 forceExit 的情况是： ①Namenode 元数据不一致。如果 Namenode 检测到元数据已在带外修改并可能导致数据丢失，则 Namenode 将进入 forceExit 状态。此时，用户可以使用正确的元数据文件或 forceExit 重新启动 Namenode（如果数据丢失可接受）； ②回滚导致元数据被替换，很少可以在 Namenode 中触发安全模式 forceExit 状态。在这种情况下，您可以通过发出-safemode forceExit 来继续 安全模式也可以手动输入，但之后也只能手动关闭
-saveNamespace [-beforeShutdown]	将当前名称空间保存到存储目录并重置编辑日志。需要安全模式。如果给出“beforeShutdown”选项，则当且仅当在时间窗口期间没有完成检查点（可配置数量的检查点周期）时，NameNode 才会执行检查点。通常在关闭 NameNode 之前使用，以防止潜在的 fsimage/editlog 损坏
-rollEdits	在活动 NameNode 上滚动编辑日志
-restoreFailedStorage true | false | check	此选项将打开/关闭自动尝试以还原失败的存储副本。如果故障存储再次可用，系统将尝试在检查点期间恢复编辑和/或 fsimage。'check'选项将返回当前设置
-refreshNodes	重新读取主机并排除文件以更新允许连接到 Namenode 的数据节点集以及应该退役或重新调试的数据节点集
-setQuota <quota> <dirname>…<dirname>	有关详细信息，请参阅 HDFS 配额指南
-clrQuota <dirname>…<dirname>	有关详细信息，请参阅 HDFS 配额指南
-setSpaceQuota <quota> [-storageType <storagetype>] <dirname>…<dirname>	有关详细信息，请参阅 HDFS 配额指南

续表

命令选项	描述
-clrSpaceQuota [-storageType < storage-type >] < dirname >… < dirname >	有关详细信息，请参阅 HDFS 配额指南
-finalizeUpgrade	完成 HDFS 的升级。Datanodes 删除其先前版本的工作目录，然后 Namenode 执行相同操作。这样就完成了升级过程
-rollingUpgrade [< query > | < prepare > | < finalize >]	有关详细信息，请参阅滚动升级文档
-upgrade query | finalize	查询当前升级状态。 完成 HDFS 的升级（相当于-finalizeUpgrade）
-refreshServiceAcl	重新加载服务级别授权策略文件
-refreshUserToGroupsMappings	刷新用户到组的映射
-refreshSuperUserGroupsConfiguration	刷新超级用户代理组映射
-refreshCallQueue	从 config 重新加载呼叫队列
-refresh < host：ipc_port > < key > [arg1..argn]	触发 < host：ipc_port > 上 < key > 指定的资源的运行时刷新。之后的所有其他 args 被发送到主机
-reconfig < datanode | namenode > < host：ipc_port > < start | status | properties >	开始重新配置或获取正在进行的重新配置的状态，或获取可重新配置属性的列表。第二个参数指定节点类型
-printTopology	根据 Namenode 的报告打印机架及其节点的树
-refreshNamenodes datanodehost：port	对于给定的 datanode，重新加载配置文件，停止为已删除的块池提供服务并开始提供新的块池
-getVolumeReport datanodehost：port	对于给定的 datanode，获取卷报告
-deleteBlockPool datanode-host：port blockpoolId [force]	如果强制传递，则删除给定 datanode 上给定 blockpool id 的块池目录及其内容，否则仅当目录为空时才删除该目录。如果 datanode 仍在为块池提供服务，则该命令将失败。请参阅 refreshNamenodes 以关闭 datanode 上的块池服务
-setBalancerBandwidth < bandwidth in bytes per second >	在 HDFS 块平衡期间更改每个数据节点使用的网络带宽。< bandwidth > 是每个 datanode 将使用的每秒最大字节数。此值将覆盖 dfs.datanode.balance.bandwidthPerSec 参数。注意：新值在 DataNode 上不是持久的

续表

命令选项	描述
-getBalancerBandwidth < datanode _ host: ipc_port >	获取给定 datanode 的网络带宽（以每秒字节数为单位）。这是在 HDFS 块平衡期间 datanode 使用的最大网络带宽
-fetchImage < local directory >	从 NameNode 下载最新的 fsimage 并将其保存在指定的本地目录中
-allowSnapshot < snapshotDir >	允许创建目录的快照。如果操作成功完成，则该目录将变为快照。有关更多信息，请参阅 HDFS 快照文档
-disallowSnapshot < snapshotDir >	不允许创建目录的快照。在禁止快照之前，必须删除目录的所有快照。有关更多信息，请参阅 HDFS 快照文档
-shutdownDatanode < datanode_host: ipc_port > [upgrade]	提交给定 datanode 的关闭请求。有关详细信息，请参阅滚动升级文档
-evictWriters < datanode_host: ipc_port >	使 datanode 驱逐所有正在编写块的客户端。如果由于编写速度慢而停止使用，这将非常有用
-getDatanodeInfo < datanode _ host: ipc _ port >	获取有关给定 datanode 的信息。有关详细信息，请参阅滚动升级文档
-metasave filename	保存的 Namenode 的主要数据结构，文件名由 hadoop. log. dir 属性指定的目录。如果存在，则覆盖 filename。filename 将包含以下每一行的一行 ①使用 Namenode 心跳的数据节点；②等待复制的块； ③当前正在复制的块；④等待删除的块
-triggerBlockReport [-incremental] < datanode_host: ipc_port >	触发给定 datanode 的块报告。如果指定'incremental'，则不然，它将是一个完整的块报告
-listOpenFiles [-blockingDecommission] [-path < path >]	列出 NameNode 当前管理的所有打开文件以及访问它们的客户端名称和客户端计算机。打开的文件列表将按给定的类型和路径进行过滤
-help [cmd]	显示给定命令或所有命令的帮助（如果未指定）

用法：

hdfs dfsadmin [-report [-live] [-dead] [-decommissioning] [-enteringmaintenance] [-inmaintenance]] hdfs dfsadmin [-safemode enter | leave | get | wait | forceExit]

hdfs dfsadmin [-saveNamespace [-beforeShutdown]]

hdfs dfsadmin [-rollEdits]

hdfs dfsadmin [-restoreFailedStorage true | false | check]

hdfs dfsadmin [-refreshNodes]

hdfs dfsadmin [-setQuota <quota> <dirname>… <dirname>]

hdfs dfsadmin [-clrQuota <dirname>… <dirname>]

hdfs dfsadmin [-setSpaceQuota <quota> [-storageType <storagetype>] <dirname>… <dirname>]

hdfs dfsadmin [-clrSpaceQuota [-storageType <storagetype>] <dirname>… <dirname>]

hdfs dfsadmin [-finalizeUpgrade]

hdfs dfsadmin [-rollingUpgrade [<query> | <prepare> | <finalize>]]

hdfs dfsadmin [-upgrade [query | finalize]

hdfs dfsadmin [-refreshServiceAcl]

hdfs dfsadmin [-refreshUserToGroupsMappings]

hdfs dfsadmin [-refreshSuperUserGroupsConfiguration]

hdfs dfsadmin [-refreshCallQueue]

hdfs dfsadmin [-refresh <host: ipc_port> <key> [arg1.. argn]]

hdfs dfsadmin [-reconfig <namenode | datanode> <host: ipc_port> <start | status | properties>]

hdfs dfsadmin [-printTopology]

hdfs dfsadmin [-refreshNamenodes datanodehost: port]

hdfs dfsadmin [-getVolumeReport datanodehost: port]

hdfs dfsadmin [-deleteBlockPool datanode-host: port blockpoolId [force]]

hdfs dfsadmin [-setBalancerBandwidth <bandwidth in bytes per second>]

hdfs dfsadmin [-getBalancerBandwidth <datanode_host: ipc_port>]

hdfs dfsadmin [-fetchImage <local directory>]

hdfs dfsadmin [-allowSnapshot <snapshotDir>]

hdfs dfsadmin [-disallowSnapshot <snapshotDir>]

hdfs dfsadmin [-shutdownDatanode <datanode_host: ipc_port> [upgrade]]

hdfs dfsadmin [-evictWriters <datanode_host: ipc_port>]

hdfs dfsadmin [-getDatanodeInfo <datanode_host: ipc_port>]

hdfs dfsadmin [-metasave filename]

hdfs dfsadmin [-triggerBlockReport [-incremental] <datanode_host: ipc_port>]

hdfs dfsadmin [-listOpenFiles [-blockingDecommission] [-path <path>]]

hdfs dfsadmin [-help [cmd]]

运行 HDFS dfsadmin 客户端。

(6) dfsrouter

用法：hdfs dfsrouter

运行 DFS 路由器。

(7) dfsrouteradmin

dfsrouteradmin 命令选项如表 17 所示。

表 17　　dfsrouteradmin 命令选项

命令选项	描述
-add source nameservices destination	添加装入表条目或更新（如果存在）
-update source nameservices destination	更新装入表条目或创建一个条目（如果不存在）
-rm source	删除指定路径的安装点
-ls path	列出指定路径下的挂载点
-setQuota path-nsQuota nsQuota-ssQuota ssQuota	设置指定路径的配额
-clrQuota path	清除给定挂载点的配额，有关配额详细信息
-safemode enter leave get	手动设置路由器进入或离开安全模式。选项 get 将用于验证路由器是否处于安全模式状态
-nameservice disable enable nameservice	禁用/启用联盟中的名称服务。如果禁用，请求将不会转到该名称服务
-getDisabledNameservices	获取联合中禁用的名称服务

用法：

hdfs dfsrouteradmin

[-add < source > < nameservice1, nameservice2, ... > < destination > [-readonly] [-order HASH | LOCAL | RANDOM | HASH_ALL] -owner < owner > -group < group > -mode < mode >]

[-update < source > < nameservice1, nameservice2, ... > < destination > [-readonly] [-order HASH | LOCAL | RANDOM | HASH_ALL] -owner < owner > -group < group > -mode < mode >]

[-rm < source >]

[-ls < path >]

[-setQuota < path > -nsQuota < nsQuota > -ssQuota < quota in bytes or quota size string >]

[-clrQuota < path >]

[-safemode enter | leave | get]

[-nameservice disable | enable < nameservice >]

[-getDisabledNameservices]

用于管理基于路由器的联合的命令。

(8) diskbalancer

diskbalancer 命令选项如表 18 所示。

表 18　diskbalancer 命令选项

命令选项	描述
-plan	创建一个失衡者计划
-execute	在 datanode 上执行给定的计划
-query	从 datanode 获取当前的 diskbalancer 状态
-cancle	取消正在运行的计划
-report	报告来自 datanode 的卷信息

用法:

hdfs diskbalancer

[-plan < datanode > -fs < namenodeURI >]

[-execute < planfile >]

[-query < datanode >]

[-cancel < planfile >]

[-cancel < planID > -node < datanode >]

[-report-node < file: // > | [< DataNodeID | IP | Hostname > , …]]

[-report-node-top < topnum >]

运行 diskbalancer CLI。

(9) ec

ec 命令选项如表 19 所示。

表 19　　ec 命令选项

命令选项	描述
-setPolicy	将指定的 ErasureCoding 策略设置为目录
-getPolicy	获取有关指定路径的 ErasureCoding 策略信息
-unsetPolicy	取消先前对目录上的 “setPolicy” 调用设置的 ErasureCoding 策略
-listPolicies	列出所有支持的 ErasureCoding 策略
-addPolicies	添加擦除编码策略列表
-listCodecs	获取系统中支持的擦除编码编解码器和编码器列表
-enablePolicy	在系统中启用 ErasureCoding 策略
-disablePolicy	在系统中禁用 ErasureCoding 策略

用法:

hdfs ec [generic options]

[-setPolicy-policy < policyName > -path < path >]

[-getPolicy-path < path >]

[-unsetPolicy-path < path >]

[-listPolicies]

[-addPolicies-policyFile < file >]

[-listCodecs]

[-enablePolicy-policy < policyName >]

[-disablePolicy-policy < policyName >]

[-help [cmd…]]

运行 ErasureCoding CLI。

（10）haadmin

haadmin 命令选项如表 20 所示。

表 20　　　　haadmin 命令选项

命令选项	描述
-checkHealth	检查给定 NameNode 的运行状况
-failover	在两个 NameNode 之间启动故障转移
-getServiceState	确定给定的 NameNode 是 Active 还是 Standby
-getAllServiceState	返回所有 NameNode 的状态
-transitionToActive	将给定 NameNode 的状态转换为 Active（警告：不执行防护）
-transitionToStandby	将给定 NameNode 的状态转换为 Standby（警告：没有完成防护）
-help ［cmd］	显示给定命令或所有命令的帮助（如果未指定）

用法：

hdfs haadmin-transitionToActive < serviceId > ［--forceactive］

hdfs haadmin-transitionToStandby < serviceId >

hdfs haadmin-failover ［--forcefence］ ［--forceactive］ < serviceId > < serviceId >

hdfs haadmin-getServiceState < serviceId >

hdfs haadmin-getAllServiceState

hdfs haadmin-checkHealth < serviceId >

hdfs haadmin-help < command >

（11）journalnode

用法：hdfs journalnode

此 comamnd 启动一个日志节点，用于与 QJM 一起使用 HDFS HA。

mover

Usage：hdfs mover ［-p < files/dirs > | -f < local file name > ］

命令选项	描述
-f < local file >	指定包含要迁移的 HDFS 文件/目录列表的本地文件
-p < files/dirs >	指定要迁移的 HDFS 文件/目录的空格分隔列表

运行数据迁移实用程序。

请注意，当省略-p 和-f 选项时，默认路径是根目录。

此外，从 2. 7. 0 开始引入固定功能，以防止某些复制品被平衡器/移动器移动。默认情况下，此固定功能处于禁用状态，但可通过配置属性 “dfs. datanode. block-pinning. enabled” 启用。启用时，此功能仅影响写入 create（）调用中指定的 favored 节点的块。对于 HBase regionserver 等应用程序，希望维护数据局部性时，此功能非常有用。

（12） namenode

namenode 命令选项如表 21 所示。

表 21　namenode 命令选项

命令选项	描述
-backup	启动备份节点
-checkpoint	启动检查点节点
-format [-clusterid cid]	格式化指定的 NameNode。它启动 NameNode，对其进行格式化然后将其关闭。如果 name dir 已存在且是否为集群禁用了重新格式化，则将抛出 NameNodeFormatException
-upgrade [-clusterid cid] [-renameReserved <kv pairs>]	在分发新的 Hadoop 版本后，应该使用升级选项启动 Namenode
-upgradeOnly [-clusterid cid] [-renameReserved <kv pairs>]	升级指定的 NameNode 然后关闭它
-rollback	将 NameNode 回滚到以前的版本。应在停止群集并分发旧 Hadoop 版本后使用此方法
-rollingUpgrade <rollback | started>	有关详细信息，请参阅滚动升级文档
-importCheckpoint	从检查点目录加载图像并将其保存到当前目录中。从属性 dfs. namenode. checkpoint. dir 读取检查点目录
-initializeSharedEdits	格式化新的共享编辑目录并复制足够的编辑日志段，以便备用 NameNode 可以启动

续表

命令选项	描述
-bootstrapStandby [-force] [-nonInteractive] [-skipSharedEditsCheck]	允许通过从活动 NameNode 复制最新的命名空间快照来引导备用 NameNode 的存储目录。首次配置 HA 群集时使用此选项。-force 或-nonInteractive 选项与 namenode-format 命令中描述的含义相同。-skipSharedEditsCheck 选项跳过编辑检查，确保我们在共享目录中已经有足够的编辑从活动的最后一个检查点启动
-recover [-force]	在损坏的文件系统上恢复丢失的元数据
-metadataVersion	验证配置的目录是否存在，然后打印软件和映像的元数据版本

用法：

hdfs namenode [-backup] |
[-checkpoint] |
[-format [-clusterid cid] [-force] [-nonInteractive]] |
[-upgrade [-clusterid cid] [-renameReserved <k-v pairs>]] |
[-upgradeOnly [-clusterid cid] [-renameReserved <k-v pairs>]] |
[-rollback] |
[-rollingUpgrade <rollback | started>] |
[-importCheckpoint] |
[-initializeSharedEdits] |
[-bootstrapStandby [-force] [-nonInteractive] [-skipSharedEdits-Check]] |
[-recover [-force]] |
[-metadataVersion]

运行 namenode。

(13) nfs3

用法：hdfs nfs3

此 comamnd 启动 NFS3 网关以与 HDFS NFS3 服务一起使用。

(14) portmap

用法：hdfs portmap

此 comamnd 启动 RPC 端口映射以与 HDFS NFS3 服务一起使用。

(15) secondarynamenode

secondarynamenode 命令选项如表 22 所示。

表 22 secondarynamenode 命令选项

命令选项	描述
-checkpoint [force]	如果 EditLog size > = fs. checkpoint. size，则检查 SecondaryNameNode。如果使用 force，则检查点与 EditLog 大小无关
-format	启动期间格式化本地存储
-geteditsize	打印 NameNode 上未取消选中的事务的数量

用法：hdfs secondarynamenode [-checkpoint [force]] | [-format] | [-geteditsize]

运行 HDFS 辅助名称节点。

(16) storagepolicies

用法：

```
hdfs storagepolicies
        [-listPolicies]
        [-setStoragePolicy-path <path>-policy <policy>]
        [-getStoragePolicy-path <path>]
        [-unsetStoragePolicy-path <path>]
        [-satisfyStoragePolicy-path <path>]
        [-isSatisfierRunning]
        [-help <command-name>]
```

列出所有 all/Gets/sets/unsets 存储策略。

(17) zkfc

zkfc 命令选项如表 23 所示。

表 23 **zkfc 命令选项**

命令选项	描述
-formatZK	格式化 Zookeeper 实例。-force：如果 znode 存在，则格式化 znode。-nonInteractive：如果 znode 存在，则格式化 znode 中止，除非指定了-force 选项
-h	显示帮助

用法：hdfs zkfc [-formatZK [-force] [-nonInteractive]]

此 comamnd 启动 Zookeeper 故障转移控制器进程，以便与带有 QJM 的 HDFS HA 一起使用。

3. 调试命令

帮助管理员调试 HDFS 问题的有用命令。这些命令仅适用于高级用户。

(1) verifyMeta

verifyMeta 命令帮助如表 24 所示。

表 24 **verifyMeta 命令帮助**

命令选项	描述
-block block-file	可选参数，用于指定数据节点的本地文件系统上的块文件的绝对路径
-meta metadata-file	数据节点的本地文件系统上的元数据文件的绝对路径

用法：hdfs debug verifyMeta-meta <metadata-file> [-block <block-file>]

验证 HDFS 元数据和块文件。如果指定了块文件，我们将验证元数据文件中的校验和是否与块文件匹配。

(2) computeMeta

computeMeta 命令选项如表 25 所示。

表 25 **computeMeta 命令选项**

命令选项	描述
-block block-file	数据节点的本地文件系统上的块文件的绝对路径
-out output-metadata-file	输出元数据文件的绝对路径，用于存储块文件的校验和计算结果

用法：hdfs debug computeMeta-block <block-file>-out <output-metadata-file>

从块文件计算 HDFS 元数据。如果指定了块文件，我们将从块文件计算校验和，并将其保存到指定的输出元数据文件中。

注意：使用风险自负！如果块文件损坏并且您覆盖了它的元文件，它将在 HDFS 中显示为"良好"，但您无法读取数据。仅用作最后一个度量，当您 100% 确定块文件是好的时。

（3） recoverLease

recoverLease 命令选项如表 26 所示。

表 26　recoverLease 命令选项

命令选项	描述
[-path path]	要恢复租约的 HDFS 路径
[-retries num-retries]	客户端重试调用 recoverLease 的次数。默认重试次数为 1

用法：hdfs debug recoverLease-path <path> [-retries <num-retries>]

恢复指定路径上的租约。该路径必须驻留在 HDFS 文件系统上。默认重试次数为 1。

4. Hadoop 常用命令快速一览

Hadoop 常用命令如表 27 所示。

表 27　Hadoop 常用命令

命令	描述
hdfs dfs-ls/	列出指定 hdfs 目标路径的所有文件/目录
hdfs dfs-ls-d/hadoop	列出 hadoop 文件夹的详细信息，目录以普通文件的形式列出
hdfs dfs-ls-h/data	提供可读的文件格式（例如，64.0m 而不是 67108864）
hdfs dfs-ls-R/hadoop	递归列出 hadoop 目录中的所有文件和所有子目录
hdfs dfs-ls/hadoop/dat *	列出与模式匹配的所有文件。在本例中，它将列出 hadoop 目录中以"dat"开头的所有文件。hdfs dfs-ls/将列出给定 hdfs 目标路径中的所有文件/目录

续表

命令	描述
hdfs dfs-text /hadoop/derby. log	从接收终端上接收文本格式的文件作为输入和输出文件
hdfs dfs-cat/hadoop/test	在标准输出中显示 HDFS 文件 test 的内容
hdfs dfs-appendToFile /home/ubuntu/test1 /hadoop/text2	将本地文件 test1 的内容追加到 hdfs 文件 test2 中
hdfs dfs-cp/hadoop/file1 /hadoop1	在 HDFS 中将源数据复制到目标位置，在本例中，将 hadoop 目录中的 file1 拷贝到 hadoop1 目录
hdfs dfs-cp-p/hadoop/file1 /hadoop1	在 HDFS 上将源文件复制到目标位置。参数-p 可以保留访问和修改时间、所有权和模式
hdfs dfs-cp-f/hadoop/file1 /hadoop1	在 HDFS 上将源文件复制到目标位置。如果目标已经存在，-f 参数会覆盖已经存在的目标
hdfs dfs-mv/hadoop/file1/ hadoop1	文件移动操作。将所有匹配指定模式的文件移动到目标位置。如果要移动多个文件，目标位置必须是一个目录
hdfs dfs-rm/hadoop/file1	删除文件（将其发送到垃圾箱）
hdfs dfs-rmr/hadoop	类似于上面的命令，但是以递归的方式删除文件和目录
hdfs dfs-rm-skipTrash /hadoop	类似于上面的命令，但立即删除文件
hdfs dfs-rm-f/hadoop	如果该文件不存在，则不会显示诊断消息或修改退出状态以反映错误
hdfs dfs-rmdir/hadoop1	删除目录
hdfs dfs-mkdir/hadoop2	在指定的 HDFS 位置创建一个目录
hdfs dfs-mkdir-f/hadoop2	在指定的 HDFS 位置创建一个目录。即使目录已经存在，此命令也不会失败
hdfs dfs-touchz/hadoop3	在 <path> 处创建一个长度为零的文件，并将当前时间作为该 <path> 的时间戳
hdfs dfs-df/hadoop	计算文件系统的总体容量、可用空间和已使用空间
hdfs dfs-df-h/hadoop	计算文件系统的总体容量、可用空间和已使用空间。参数-h 以可读的方式格式化文件的大小

续表

命令	描述
hdfs dfs-du/hadoop/file	显示与指定文件模式相匹配的文件所使用的空间量（以字节为单位）
hdfs dfs-du-s/hadoop/file	不是显示与指定模式相匹配的每个文件的大小，而是显示总的（摘要）大小
hdfs dfs-du-h/hadoop/file	显示与指定文件相匹配的文件所使用的空间量（以字节为单位）

资料来源：https：//linoxide. com/linux-how-to/hadoop-commands-cheat-sheet/.

注意：在操作这些命令时，请确保用户必须创建自己的文件夹并实践，因为它可能直接使用以下路径对 Hadoop 系统产生影响。

5. HDFS 命令参考

HDFS 提供了一个命令行实用程序，我们可以在其中执行 HDFS shell 命令。这些命令与基于 linux 的命令非常相似。

文件系统命令

利用文件系统命令可以直接与 HDFS 进行交互。这些命令也可以在支持 HDFS 的文件系统（如 WebHDFS、S3 等）上执行。

①-ls：ls 命令列出指定路径下的所有目录和文件：

```
$hadoop fs-ls/user/packt/
```

ls 命令返回如下信息：文件权限、副本号、文件所有者的 userid、文件的 groupid、文件大小、最后修改日期、最后修改时间，文件名/目录名

ls 命令还提供了一些可用的选项，例如根据大小对输出进行排序，并仅显示有限的信息：

```
$hadoop fs-ls-h/user/packt
```

-h 选项用于以可读格式显示文件大小。例如，它可以使用 230. 8 MB 或 1. 24 GB 来表示大小，而不是以字节。还可以通过使用--help 来查看其他选项。

②-copyFromLocal 命令和-put 命令：使用-copyFromLocal 和-put 命令，使得用户可以将数据从本地文件系统复制到 HDFS。

```
$hadoop fs-copyFromLocal/home/packt/abc. txt/user/packt
```

```
$hadoop fs-put/home/packt/abc. txt/user/packt
```

也可以使用这些选项将数据从本地文件系统复制到 HDFS 支持的文件系统。例如，-f 选项可用于强制将文件复制到 HDFS 支持的文件系统，即使该文件已经在目标位置存在。

③-copyToLocal 和-get：用于将数据从 HDFS 支持的文件系统复制到本地文件系统。

```
$hadoop fs-copyToLocal/user/packt/abc. txt/home/packt
$hadoop fs-get/user/packt/abc. txt/home/packt
```

④-cp：可以使用-cp 命令将数据从一个 HDFS 位置复制到另一个 HDFS 位置，例如：

```
$hadoop fs-cp/user/packt/path1/file1/user/packt/path2/
```

⑤-du：du 命令可以显示指定路径下包含的文件和目录的大小。包含-h 选项是一个很好的选择，这样就可以以可读的格式查看大小，例如：

```
$hadoop fs-du-h/user/packt
```

⑥-getmerge：getmerge 命令可以从指定的源目录中获取所有文件，并将它们连接成一个文件，然后将其存储在本地文件系统中。

```
$hadoop fs-getmerge/user/packt/dir1/home/sshuser
```

-skip-empty-file：该选项可用于跳过空文件。

⑦-mkdir：mkdir 命令主要用于在 HDFS 上创建目录，可以使用-p 选项创建该路径上的所有目录。例如，创建目录/user/pack/dir1/dir2/dir3，若 dir1 和 dir2 不存在，但如果使用-p 选项，它会先创建 dir1 和 dir2，再创建 dir3：

```
$hadoop fs-mkdir-p/user/packt/dir1/dir2/dir3
```

如果不使用-p 选项，那么前面的命令必须这样写：

```
$hadoop fs-mkdir/user/packt/dir1/user/packt/dir2/user/packt/dir3
```

⑧-rm：rm 命令用于从支持 HDFS 的文件系统中删除文件或目录。默认情况下，所有已删除的文件都将进入回收站，但是如果使用-skipTrash 选项，则该文件将立即从文件系统中删除，而不会进入回收站。-r 可用于递归删除

指定路径下的所有文件：

$hadoop fs-rm-r-skipTrash/user/packt/dir1

⑨-chown：-chown 是要更改文件或目录的所有者。用户必须具有有效权限才能进行更改，否则必须由超级用户更改。-R 选项可用于更改指定路径下所有文件的所有权：

$hadoop fs-chown-R/user/packt/dir1

⑩-cat：该命令的用法与 Linux 中的类似，主要用于将文件数据复制到标准输出：

$hadoop fs-cat/user/packt/dir1/file1

6. 分布式复制

如果要将数据从一个集群复制到另一个集群。这可能是由于旧集群的退役，或者由于某些报告或处理目的需要类似的数据。

-distcp 命令用于将数据从一个 HDFS 支持的系统复制到另一个 HDFS 支持的系统。distcp 使用 MapReduce 作业执行数据分发、错误处理、恢复和报告。它生成一些 map 任务，其中每个任务负责将一些文件复制到另一个集群，例如：

$ hadoop distcp hdfs://198. 20. 87. 78：8020/user/packt/dir1 hdfs://198. 89. 76. 34:8020/user/packt/dir2

也可以将数据拷贝到指定多个源：

hadoop distcp hdfs://198. 20. 87. 78：8020/user/packt/dir1 hdfs://198. 20. 87. 78:8020/user/packt/dir2 \ hdfs://198. 89. 76. 34:8020/user/packt/dir3

当指定多个源时，如果一个源有冲突，distcp 将中止操作。默认情况下，如果目标文件已经存在，则不会跳过新文件，但是可以使用不同的可用选项来覆盖目标文件。

7. 管理员命令

管理员负责维护集群，并持续检查 DataNode 的报表。对于文件系统，管理员经常使用一些命令。管理命令以 hadoop dfsadmin 命令开头。

-report：该命令用于生成 DataNode 的报告，如文件系统基本信息、已用空间和剩余空间统计等。也可以使用-live 和-dead 选项来过滤出活动的或死亡的 DataNode：

```
$hdfs dfsadmin-report-live hdfs dfsadmin-report-dead
```

管理员使用此命令检查哪个 DataNode 的使用率高于或低于集群的平均使用率，以确定是否需要在平衡器操作中排除或包含任何节点，或检查是否需要添加新节点。

-safemode：表示 NameNode 的维护状态，在此期间 NameNode 不允许对文件系统进行任何更改。在安全模式状态下，HDFS 集群是只读的，它不复制或删除块。通常，当 NameNode 启动时，会自动进入安全模式，并执行以下操作：

①将 fsimage 和 editlog 文件加载到内存中；

②将 editlog 文件中的更改应用到 fsimage 文件，这将生成一个新的 FileSystem 名称空间；

③从 DataNode 接收一个块报告，其中包含关于块位置的信息。

管理员也可以手动进入安全模式，也可以检查安全模式状态。手动输入 NameNode 到安全模式不会让 NameNode 自动离开安全模式，必须用命令显式地离开它，如下命令所示：

```
$hdfs dfsadmin-safemode enter/get/leave
```

附录 2

课程实践报告

<table>
<tr><td colspan="3">课程实践报告</td></tr>
<tr><td>班级：</td><td>姓名：</td><td>日期：</td></tr>
<tr><td colspan="3">实践名称：</td></tr>
<tr><td colspan="3">实践环境：</td></tr>
<tr><td colspan="3">解决问题的思路：</td></tr>
<tr><td colspan="3">实践内容与完成情况：</td></tr>
<tr><td colspan="3">出现的问题：</td></tr>
<tr><td colspan="3">解决方案（列出遇到的问题和解决办法，列出没有解决的问题）</td></tr>
</table>

部分课后题答案

第1章

一、选择题

1. D　2. B　3. C　4. D　5. C　6. B　7. A　8. C　9. ABD
10. ABCD

二、判断题

1. 错　2. 对　3. 对　4. 对　5. 错　6. 对　7. 对　8. 错　9. 对
10. 错

第2章

一、填空题

1. HDFS，Yarn，MapReduce

2. 本地模式，伪分布模式，完全分布式模式

3. 分而治之，数据块，并行，计算向数据靠拢

4. XML

5. NameNode，DataNode，NameNode，文件/目录树，DataNode，本地Linux文件系统，校验和

6. Java Development Kit，开发环境

7. java-version

8. ./sbin start-all. sh，./sbin start-dfs. sh，./sbin stop-all. sh，./sbin stop-dfs. sh

9. jps，NameNode，DataNode，SecondaryNameNode

10. core-site. xml，hdfs-site. xml

二、判断题

1. 对　2. 错　3. 错　4. 对　5. 对

第3章

一、填空题

1. Resilient Distributed Datasets，弹性分布式数据集
2. 分布式内存抽象，内存运算
3. Hadoop，Spark，Storm
4. Scala，Java，Python，R 语言，scala
5. Spark Core，Spark SQL，Spark Streaming，Spark MLlib，Spark Graphx
6. Algorithms，Machines，People
7. 内存计算
8. Local Mode 本地模式，Standalone 模式，Spark on Mesos 模式，Spark on YARN 模式
9. $spark-shell
10. DAG 有向无环图

第4章

一、填空题

1. $./sbin start-all. sh，$./sbin start-dfs. sh
2. Hadoop Distributed File System
3. 分布式集群，大规模数据的存储问题
4. 主从架构，NameNode，DataNode
5. 数据块 block，block，数据块 block，DataNode
6. $hadoop fs-mkdir
7. $hdfs dfsadmin-safemode enter
8. $hadoop fs-expunge
9. $hadoop fs-put
10. $hadoop fs-get

第 5 章

一、填空题

1. Python 包管理器
2. Numpy，Matplotlib，Scikit-learn
3. DataFrame，Series
4. conda list
5. conda env list
6. pip install--upgrade numpy
7. pip，list

第 6 章

一、填空题

1. 解释型
2. pip
3. sqrt
4. import
5. pip，import
6. C 语言
7. 编译
8. 字节码
9. sys 库
10. 强制缩进

第 7 章

一、填空题

1. 关系数据结构，关系操作集合，关系完整性约束
2. 二维数据表
3. 选择 select，投影 project，连接 join，除 Divide，并 Union，交 Inter-

section，差 Difference，查询 Query，增加 Insert，删除 Delete，修改 Update

4. 实体完整性，参照完整性，用户定义的完整性，实体完整性，参照完整性，用户定义的完整性，域完整性

5. Structured Query Language，SQL

6. 数据定义，数据操纵，数据控制

7. Relational Database Management System

8. service mysql start

9. mysql-u root-p

10. sudo netstat-tap | grep mysql

11. 联机交互使用，嵌入到某种高级程序设计语言中去使用（嵌入式 SQL）

第8章

一、填空题

1. 非关系型数据库，Not Only SQL

2. key-value

3. 自定义的数据格式

4. 键值数据库，列族数据库，文档数据库，图形数据库

5. 列族数据库，列族数据库，图形数据库，文档数据库，键值数据库

6. 分布式的，面向列的，高可靠性，高性能，可伸缩性，Google BigTable

7. Hadoop

8. Hadoop HDFS，Hadoop MapReduce，Zookeeper

9. 行键

10. 行 row，列族 column family，列 column，单元格 cell，表 table

11. 列名，时间戳，行，列，时间戳，数据值，字节数组

12. hadoop 集群，zookeeper 服务，start-hbase. sh，HBase shell

13. $. /hbase version

14. $. /bin/start-hbase. sh， $. /bin/hbase shell

15. list

二、选择题

1. C　2. BCD　3. A　4. A　5. D　6. BC　7. ABCD　8. D　9. C　10. AB

第9章

一、填空题

1. Remote Dictionary Server
2. 物理独立性，逻辑独立性
3. 内存，磁盘 I/O 操作
4. HSET
5. 高性能，分布式 key-value
6. 哈希表，字符串，唯一，内存
7. String 字符串，List 列表，Set 集合，Zset 有序集合，Hash 哈希表，原子性
8. 字符串，重复，去重
9. 主从复制，集群
10. $. /src/redis-server

第10章

一、填空题

1. 比尔·恩门（Bill Inmon）
2. 面向主题的，集成的，相对稳定的，反映历史变化
3. 数据源层，数据仓库层，数据应用层
4. Extraction，Transformation，Load，抽取，转换，加载
5. Hadoop，结构化，半结构化
6. 用户接口模块，驱动模块，元数据存储模块，用户接口模块，解析器，编译器，优化器，执行器
7. derby
8. 内部表，外部表
9. 内嵌模式，本地模式，远程模式

10. drop，table

第11章

一、填空题

1. 命令行方式，Java API 方式

2. org. apache. hadoop. fs，FileSystem，文件操作

3. get( )

4. Intelligent Java Integrated Development Environment，智能化的 Java 集成开发环境

5. Java 语言

6. open，read，close

7. create，write，close

8. BufferedReader

9. BufferedWriter

10. copyFromLocal

第12章

一、填空题

1. 集中式计算

2. InputFormat，Mapper，Shuffle，Reducer，OutputFormat

3. Master/Slave，JobTracker，TaskTracker，Client，JobTracker，TaskTracker，Map Task，Reduce Task

4. org. apache. hadoop. mapreduce，Mapper 类，map

5. 逻辑，物理切割，Key-Value，mapred. max. split. size，mapred. min. split. size

6. InputSplit，RecordReader，InputSplit，RecordReader

7. 元数据描述信息，等于

8. TextInputFormat

9. 数据所在的节点，本地，setMapperClass （Class），map 类

10. Shuffle 阶段

11. 可选的，Mapper，Reducer，Map 阶段

12. 键值空间，Reducer，HashPartitioner

13. md5 值，Reducer 的个数，key. hashCode( )% （reducer 的个数），不同 Mapper 产生的相同键能被分发至同一个 Reducer

14. TextOutputFormat

15. RecordWriter

第 13 章

一、填空题

1. IDLE，Pycharm，Anaconda

2. Integrated Development and Learning Environment，集成开发和学习环境，Tkinter（界面库）

3. Python 解释器，代码编辑器

4. Shell

5. IPython Notebook，社区版本，面向企业开发者，Windows，Mac，Linux

6. Java 编辑器 IntelliJ IDEA，JavaScript 编辑器 WebStorm，PHP 编辑器 PHPStorm，Ruby 编辑器 RubyMine

7. 开源的

8. Editor（编辑器），Console（控制台），Variable Explorer（变量管理器）

9. Web 应用程序

10. 网页应用，文档